高职高专工程造价专业系列教材

建筑设备安装施工 工艺与识图

吴志红 主编

中国建材工业出版社

图书在版编目（CIP）数据

建筑设备安装施工工艺与识图/吴志红主编. —北京：中国建材工业出版社，2011.5 （2013.9 重印）
高职高专工程造价专业系列教材
ISBN 978-7-80227-890-5

Ⅰ.①建…　Ⅱ.①吴…　Ⅲ.①房屋建筑设备-建筑安装工程-工程施工②房屋建筑设备-建筑安装工程-识图法　Ⅳ.①TU8

中国版本图书馆 CIP 数据核字（2010）第 257832 号

内 容 简 介

　　本教材共分为两篇进行讲述，分别为暖卫及通风空调工程与电气工程。第一篇暖卫及通风空调工程部分包括：暖卫及通风工程常用材料、供暖系统安装、给水排水系统安装、管道系统设备及附件安装、通风空调系统安装、管道及设备的防腐、保温与绝热、暖卫及通风空调工程施工图识读。第二篇电气工程部分包括：电气工程常用材料、变配电设备安装、配线工程、电气照明工程、电气动力工程、防雷与接地装置安装、建筑弱电系统安装、建筑电气及弱电工程施工图识读。

　　本教材除适用于工程造价专业外，还适用于建筑设备工程、建筑环境与设备、土木工程及建筑工程管理等相关专业师生使用，也可作为工程技术人员的学习参考书。

建筑设备安装施工工艺与识图

吴志红　主编

出版发行：中国建材工业出版社
地　　址：北京市西城区车公庄大街 6 号
邮　　编：100044
经　　销：全国各地新华书店
印　　刷：北京鑫正大印刷有限公司
开　　本：787mm×1092mm　1/16
印　　张：22.75
字　　数：548 千字
版　　次：2011 年 5 月第 1 版
印　　次：2013 年 9 月第 3 次
书　　号：ISBN 978-7-80227-890-5
定　　价：**49.00 元**

本社网址：www.jccbs.com.cn
本书如出现印装质量问题，由我社发行部负责调换。联系电话：(010)88386906

《高职高专工程造价专业系列教材》
编 委 会

丛书顾问：杨文峰

丛书编委：（按姓氏笔画排序）

刘 镇　张 彤　张 威

张万臣　邱晓慧　杨桂芳

吴志红　庞金昌　姚继权

洪敬宇　徐 琳　黄 梅

盖卫东　虞 骞

《建筑设备安装施工工艺与识图》
编 委 会

主　编：吴志红

参　编：霍 丹　裴玉栋　高艳明　李 靖

张永超　张文超　丁艳虎　张 彤

前　言

近年来，随着我国国民经济持续、快速、健康地发展，安装工程行业正逐步向技术标准定型化、加工过程工厂化、施工工艺机械化的目标迈进。随着能源、原材料等基础工业建设的发展和建筑市场的开放，安装行业的发展更为迅速。无论是在大中型工矿企业，还是现代公共建筑、民用住宅中，安装工程都展露锋芒，尽显朝晖。

为了适应安装工程行业发展的需要，国家对安装工程行业的相关标准规范进行了大范围的修改与制定，同时各种新技术、新材料、新工艺、新设备在工程中得到了广泛的应用，国外安装工程先进技术不断引进，这些都对安装工程施工人员和管理人员提出了更高的要求。

本书正是以此为基准点，从培养符合现今人才需求的角度出发，系统地介绍了暖卫及通风工程常用材料、供暖系统安装、给水排水系统安装、管道系统设备及附件安装、通风空调系统安装、管道及设备的防腐、保温与绝热、暖卫及通风空调工程施工图识读，电气工程常用材料、变配电设备安装、配线工程、电气照明工程、电气动力工程、防雷与接地装置安装、建筑弱电系统安装、建筑电气及弱电工程施工图识读等内容。希望本书的面世，能够开阔广大读者的视野，成为广大读者的良师益友。

由于编者水平有限，书中难免有缺点和不妥之处，敬请同行专家和广大读者批评指正。

编　者

2011.1

目　录

3

第二篇 电 气 工 程

绪　　论

1. 课程的性质与任务

"建筑设备安装施工工艺与识图"是工程造价专业的主干课程。主要研究建筑设备工程常用材料及常用设备类型、规格及表示方法，建筑设备工程施工图的表示及识读方法，建筑设备安装工艺等基本知识，为准确计量设备工程数量奠定基础。

2. 课程的教学目标

（1）知识目标

通过学习使学生了解常用材料、常用设备的名称、类型、规格、表示方法及用途，熟悉各系统形式及施工安装工艺，掌握施工图的识读方法。

（2）能力目标

培养学生具有一定的识别常用材料、常用设备的能力，具有正确领会设计意图、熟练识读施工图的能力，具备初步施工操作能力。

（3）德育目标

培养学生科学严谨、实事求是的工作作风和吃苦耐劳的精神，满足专业岗位的要求。

3. 课程的教学内容

（1）暖卫及通风空调工程

本篇主要介绍暖卫及通风工程常用材料、供暖系统安装、给水排水系统安装、管道系统设备及附件安装、通风空调系统安装、管道及设备的防腐与绝热以及暖卫及通风空调工程施工图。在学习过程中，学生应将理论知识与实践相结合，熟悉各种暖卫及通风工程的常用材料，掌握供暖系统、给水排水系统、管道系统设备及附件、通风空调系统的安装方法和步骤，熟练识读暖卫及通风空调施工图。

（2）电气工程

本篇主要介绍电气工程常用材料、变配电设备安装、配线工程、电气照明工程、电气动力工程、防雷与接地装置安装、建筑弱电系统安装、建筑电气及弱电工程施工图。学习时，学生应与周围的建筑相联系，及时将课本知识与工程实际结合起来，这样便于理解和记忆。此外，还应多到施工现场参观，建立感性认识。利用课余时间多收集、阅读有关的科技文献和资料，了解建筑设备安装方面的新工艺、新技术、新动态，为以后的工作奠定坚实的基础。

第一篇 暖卫及通风空调工程

第1章 暖卫及通风工程常用材料

重 点 提 示

1. 了解暖卫工程常用管材及管件。
2. 了解通风空调工程常用材料。

1.1 暖卫工程常用管材及管件

1.1.1 常用管材

暖卫工程施工经常使用的管材种类很多，见表1-1。

表1-1 常用管材分类

管材	金属管	钢管	焊接钢管	水、煤气钢管	镀锌钢管、黑铁管
				卷板钢管	直缝卷板管、螺旋卷板管
			无缝钢管	普通碳钢管、不锈钢管、合金钢管、高压钢管	
		铸铁管	给水铸铁管、排水铸铁管、硅铁管		
		有色金属管	钢管、铝管、铅管		
	非金属管	钢筋混凝土管、石棉水泥管、塑料管、耐酸陶瓷管、石墨管、玻璃管、玻璃钢管			

1.1.1.1 钢管

钢管拥有强度高、承受压力大、抗震性能好、质量轻、内外表面光滑、容易加工和安装等优点，但是其耐腐蚀性能差、对水质有影响、价格较高。钢管分为焊接钢管和无缝钢管。

（1）焊接钢管

焊接钢管也称为低压流体输送用焊接钢管，一般由钢板以对缝或螺旋缝焊接而成，所以也称为有缝钢管。

低压流体输送用焊接钢管用于输送水、煤气、空气、油和蒸汽等。按照其表面是否镀锌可以分为镀锌钢管（白铁管）和非镀锌钢管（黑铁管）。按钢管壁厚不同又可以分为普通焊接钢管、加厚焊接钢管及薄壁焊接钢管。

低压流体输送用焊接钢管规格见表 1-2。

表 1-2　低压流体输送用焊接钢管规格

公称口径	外径	壁　厚	
		普通钢管	加厚钢管
6	10.2	2.0	2.5
8	13.5	2.5	2.8
10	17.2	2.5	2.8
15	21.3	2.8	3.5
20	26.9	2.8	3.5
25	33.7	3.2	4.0
32	42.4	3.5	4.0
40	48.3	3.5	4.5
50	60.3	3.8	4.5
65	76.1	4.0	4.5
80	88.9	4.0	5.0
100	114.3	4.0	5.0
125	139.7	4.0	5.5
150	168.3	4.5	6.0

注：表中的公称口径系近似内径的名义尺寸，不表示外径减去两个壁厚所得的内径。

（2）无缝钢管

无缝钢管是用钢坯经穿孔轧制或者拉制而成的管子，常用普通碳素钢、优质碳素钢或低合金钢制造而成，具有承受高压及高温的能力，用来输送高压蒸汽、高温热水、易燃易爆及高压流体等介质。

1.1.1.2　铸铁管

铸铁管分为给水铸铁管和排水铸铁管两种。

（1）给水铸铁管

给水铸铁管按其材质分为球墨铸铁管和普通灰口铸铁管两种。给水铸铁管具有较高的承压能力及耐腐蚀性、使用期长、价格较低，适宜作埋地管道，但是其质脆、自重大、长度小。高压给水铸铁管用于室外给水管道，中、低压给水铸铁管可以用于室外燃气、雨水等管道。给水铸铁管按其接口形式分为承插式和法兰式两种。连续铸铁管的壁厚及质量见表 1-3。

表 1-3　连续铸铁管的壁厚及质量

公称直径 DN (mm)	外径 D_2 (mm)	壁厚 T (mm)			承口凸部质量 (kg)	直部 1m 质量 (kg)			有效长度 L (mm)								
									4000			5000			6000		
									总质量 (kg)								
		LA级	A级	B级		LA级	A级	B级	LA级	A级	B级	LA级	A级	B级	LA级	A级	B级
75	93.0	9.0	9.0	9.0	4.8	17.1	17.0	17.1	73.2	73.2	73.2	90.3	90.3	90.3	—	—	—
100	118.0	9.0	9.0	9.0	6.23	22.2	22.2	22.2	95.1	95.1	95.1	117	117	117	—	—	—

公称直径 DN (mm)	外径 D_1 (mm)	壁厚 T (mm)			承口凸部质量 (kg)	直部 1m 质量 (kg)			有效长度 L (mm)								
									4000			5000			6000		
									总质量（kg）								
		LA 级	A 级	B 级		LA 级	A 级	B 级	LA 级	A 级	B 级	LA 级	A 级	B 级	LA 级	A 级	B 级
150	169.0	9.0	9.2	10.0	9.09	32.6	33.3	36.0	139.5	142.3	153.1	172.1	175.6	189	205	209	225
200	220.0	9.2	10.1	11.0	12.56	43.9	48.0	52.0	188.2	204.6	220.6	232.1	252.6	273	276	301	325
250	271.6	10.0	11.0	12.0	16.54	59.2	64.8	70.5	253.3	275.7	298.5	312.5	340.5	369	372	405	440
300	322.8	10.8	11.9	13.0	21.86	76.2	83.7	91.1	326.7	356.7	386.3	402.9	440.4	477	479	524	568
350	374.0	11.7	12.8	14.0	26.96	95.9	104.6	114.0	410.6	445.4	483	506.5	550	597	602	655	711
400	425.6	12.5	13.8	15.0	32.78	116.8	128.5	139.3	500	546.8	590	616.8	675.3	729	734	804	869
450	476.6	13.3	14.7	16.0	40.14	139.6	153.7	166.6	597.7	654.9	707.1	737.1	808.6	874	877	962	1041
500	528.0	14.2	15.6	17.0	46.88	165	180.8	196.5	706.9	770	832.9	871.9	951	1029	1037	1132	1226
600	630.8	15.8	17.4	19.0	62.71	219.6	241.4	262.9	941.9	1028	1114	1162	1270	1377	1382	1511	1640
700	733.0	17.5	19.3	21.0	81.19	283.2	311.6	338.2	1214	1328	1434	1497	1639	1772	1780	1951	2110
800	836.0	19.2	21.2	23.0	102.63	354.7	388.9	423.0	1521	1658	1795	1876	2047	2218	2231	2436	2641
900	939.0	20.8	23.0	25.0	127.05	432.0	474.5	516.9	1855	2025	2195	2287	2499	2712	2719	2974	3228
1000	1041.0	22.5	24.8	27.0	156.46	518.4	570.0	619.3	2230	2436	2634	2748	3006	3253	3266	3576	3872
1100	1144.0	24.2	26.6	29.0	194.04	613	672.3	731.4	2646	2883	3120	3259	3556	3851	3872	4228	4582
1200	1246.0	25.8	28.4	31.0	223.46	712.0	782.2	852.0	3071	3352	3631	3783	4134	4483	4495	4916	5335

注：1. 计算质量时，铸铁相对密度采用 7.20，承口质量为近似值。

2. 总质量＝直部 1 米质量×有效长度＋承口凸部质量（计算结果，四舍五入，保留三位有效数字）。

（2）排水铸铁管

排水铸铁管承压能力低、质脆、管壁较薄、承口深度较小、耗用钢材多、施工不便，但是耐腐蚀，适用于室内生活污水、雨水等管道，是建筑内部排水系统过去常用的管材。

排水铸铁管出厂时内外表面均未作防腐，它的外表面的防腐需在施工现场操作。排水铸铁管仅有承插式的接口形式，常用公称直径规格为 $DN50$、$DN75$、$DN100$、$DN125$ 等。

1.1.1.3　塑料管

塑料给水管和塑料排水管是目前应用广泛的管材，规格用 de（公称外径，单位为 mm）×δ（壁厚，单位为 mm）表示。

（1）塑料给水管

塑料给水管管材有聚氯乙烯管（PVC 管）、聚乙烯管（PE 管）、聚丙烯管（PP 管）和聚苯乙烯管（ABS 管）等多种。

塑料管的优点是化学性能稳定、耐腐蚀、力学性能好、不燃烧、无不良气味、质轻且坚、密度小、表面光滑、容易加工安装，使用寿命最少可以达到 50 年，在工程中被广泛应用；缺点是强度低、不耐高温，用于室内外（埋地或架空）输送水温不超过 45℃ 的冷热水。

（2）排水塑料管

排水塑料管以聚氯乙烯树脂为主要原料，加入必需的助剂，经过挤压成型，适用于输送生活污水和生产污水。

硬聚氯乙烯塑料管是目前国内外都在大力发展和应用的新型管材，优点是质量轻、耐压强度高、管壁光滑、耐化学腐蚀性能强、安装方便；缺点是耐高温性能差、线性膨胀量大、立管产生噪声、易老化等。

1.1.1.4 其他管材

钢塑复合管有衬塑和涂塑两类，也生产相应的配件、附件，其兼有钢管强度高和塑料管耐腐蚀、保持水质的优点。石棉水泥管优点是质量轻、表面光滑、抗腐蚀性能好；缺点是其机械强度低，适用于振动不大的生产污水管或者作为生活污水通气管。陶土管具有良好的耐腐蚀性，多用于排除弱酸性生产污水。

1.1.2 常用管件

1.1.2.1 钢管件

钢管件是用优质碳素钢或者不锈钢经特制模具压制成型的，分为焊接钢管件、无缝钢管件和螺纹钢管件三类。管箍用于连接管道，两端均为内螺纹，分为等径及异径两种。活接头方便管道安装及拆卸。弯头常用的有 45°和 90°两种，分为等径弯头及异径弯头，用于改变流体方向。异径管用于管道变径。三通用于对输送的流体分流或合流，分为等径及异径两种形式。四通也分为等径及异径两种形式。对丝用于连接两个相同管径的内螺纹管件或阀门。丝堵用于堵塞管件的端头或者堵塞管道上的预留口。钢管件规格及表示方法与管子表示方法一样。

焊接钢管管件用无缝钢管或者焊接钢管经下料加工而成。常用的焊接管件有焊接弯头、焊接三通和焊接异径管等。

无缝钢管管件用压制法、热推弯法以及管段弯制法制成，与管道的连接采用焊接。常用的无缝钢管管件有弯头、三通、四通和异径管四种，如图 1-1 所示。

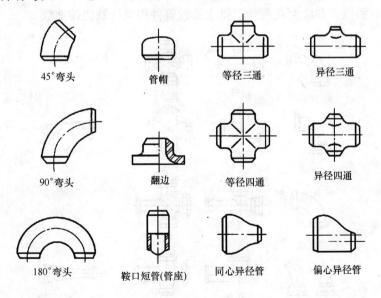

图 1-1 无缝钢管管件

1.1.2.2 可锻铸铁管件与铸铁管件

可锻铸铁管件在暖卫工程中广泛应用，配件规格为 $DN6 \sim DN150$，与管子的连接均采用螺纹连接，分为镀锌管件和非镀锌管件两类，如图 1-2 所示。

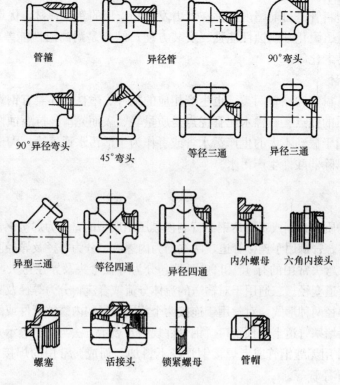

图 1-2　可锻铸铁管件

铸铁管件分为给水铸铁管件和排水铸铁管件两大类，如图 1-3、图 1-4 所示。给水铸铁管的接口形式有承插式和法兰式两种。排水铸铁管件用灰铸铁浇铸而成。

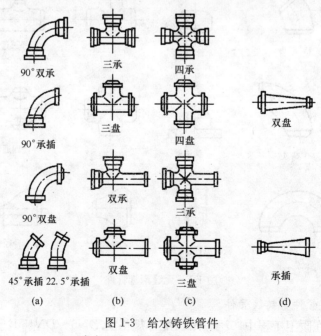

图 1-3　给水铸铁管件

（a）弯头；（b）三通；（c）四通；（d）异径管

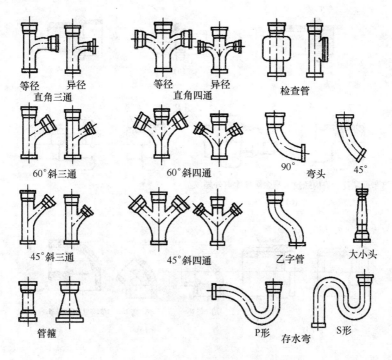

等径　异径
直角三通

等径　异径
直角四通

检查管

60°斜三通

60°斜四通

90° 弯头

45°

45°斜三通

45°斜四通

乙字管

大小头

管箍

P形　存水弯　S形

图 1-4　排水铸铁管件

1.1.2.3　硬聚氯乙烯管件

硬聚氯乙烯管件分为给水和排水两大类。给水硬聚氯乙烯管件的使用水温不超过 45℃。给水、排水用硬聚氯乙烯管件如图 1-5、图 1-6 所示。

1.1.2.4　铝塑复合管管件

铝塑复合管管件通常是用黄铜制造而成，采用卡套式连接，往往用于生活饮用水系统，如图 1-7 所示。

1.1.3　管道的连接方式

（1）螺纹连接

螺纹连接是指在管子端部加工成外螺纹同带有内螺纹的管件拧接在一起。螺纹连接主要适用于 DN 小于等于 100mm 的镀锌钢管的连接及较小管径、较低压力带螺纹的阀门及设备等。

（2）法兰连接

法兰连接是管道通过连接件法兰以及螺栓、螺母的紧固，压紧中间的法兰垫片而使管道连接起来的一种连接方法。法兰连接主要用于经常拆卸的部位，在中、高压管路系统及低压大管径管路系统中，凡是需要经常检修的阀门等附件与管道之间的连接，常用法兰连接。法兰连接的优点是结合强度高、严密性好、拆卸安装方便，缺点是法兰接口耗用钢材多、工时多、价格贵、成本高。

（3）焊接连接

焊接连接是用电焊及氧-乙炔焊将两段管道连接在一起，是管道安装工程中应用最为广泛的连接方法。焊接连接的优点是接头紧密、不漏水、不需配件、施工迅速，缺点是无法拆卸。焊接连接常用于 DN 大于 32mm 的非镀锌钢管、无缝钢管、铜管的连接。

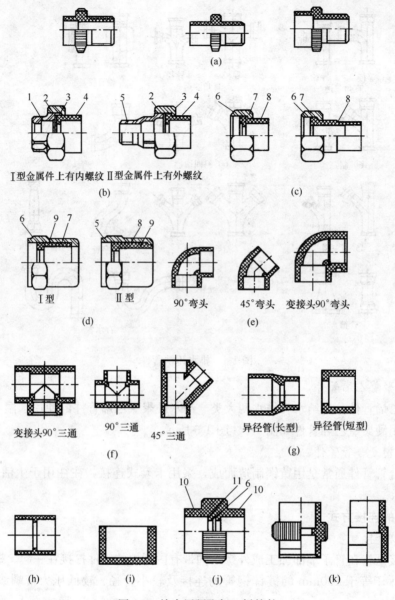

图 1-5　给水用硬聚氯乙烯管件

(a) 粘结和外螺纹变接头；(b) PVC 接头和金属件接头；(c) PVC 接头和活动金
属螺母；(d) PVC 套管和活动金属螺母盖；(e) 弯头；(f) 三通；(g) 异径管；
(h) 套管；(i) 管堵；(j) 活接头；(k) 粘结内螺纹变接头

1—接头套（金属内螺纹）；2—垫圈；3—接头螺母（金属）；4—接头外部（PVC）；
5—接头套（金属外螺纹）；6—平密封垫圈；7—金属螺母；8—接头端（PVC）；
9—PVC 套管；10—承口端；11—PVC 螺母

（4）承插连接

承插连接是将管子或管件的插口（小头）插入承口（喇叭口），并且在其插接的环形间隙内填以接口材料的连接。一般铸铁管、塑料排水管、混凝土管均采用承插连接。

（5）卡套式连接

卡套式连接是由锁紧螺母和带螺纹管件组成的专用接头，是进行管道连接的一种连接形

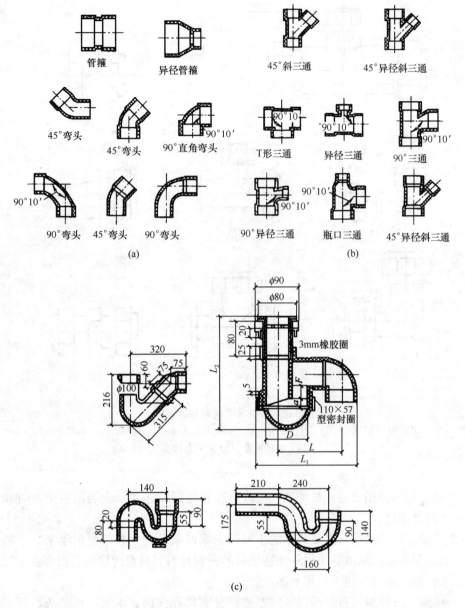

图 1-6 排水用硬聚氯乙烯管件
（a）管箍、弯头；（b）三通；（c）存水弯形状、尺寸

式，广泛使用于复合管、塑料管和 DN 大于 100mm 的镀锌钢管的连接。

1.1.4 管道安装材料

（1）密封材料

密封材料填塞于阀门、泵类以及管道连接等部位，起密封作用，保证管道严密不漏水。

1）水泥。水泥用于承插铸铁管的接口、防水层的制作及水泵基础的浇筑等。常用的有硅酸盐水泥和膨胀水泥，常用水泥的强度等级为 32.5 级和 42.5 级。

2）麻。麻属于植物纤维料。管路系统中一般使用的麻为亚麻、线麻（青麻）、油麻等。平常提到的油麻是指将线麻编成麻辫，在配好的石油沥青溶液内浸透，然后拧干并且晾干

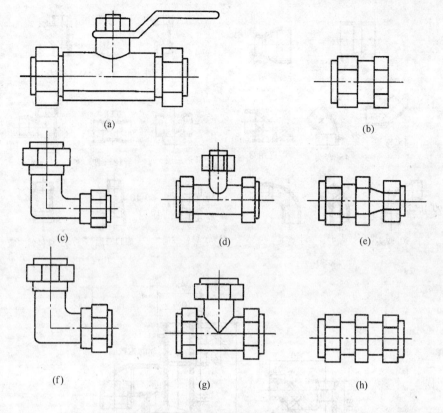

图 1-7　铝塑管的铜阀和铜管件
（a）球阀；（b）堵头；（c）异径弯头；（d）异径三通；（e）异径外接头；（f）等径弯头；
（g）等径三通；（h）等径外接头

的麻。

3）铅油。铅油是用油漆和机油调和而成，在管道螺纹连接及安装法兰垫片时和麻油一起使用，起密封作用。

4）生料带。用于给水管道安装中的生料带为聚四氟乙烯生料带。近年来，生料带广泛用来代替油麻和铅油，用做管道螺纹连接接口的密封材料，具有耐腐蚀、耐高温等性能，既可用于冷水管路，还可以用于热水和蒸汽管道。

5）石棉绳。石棉绳用石棉砂以及线制成，分别用在阀门、水泵、水龙头、管道等处作为填料、密封材料及热绝缘材料等。石棉绳可分为普通石棉绳和石墨石棉绳两种，普通石棉绳一般用于阀门的压盖密封填料等，石墨石棉绳主要用做盘根。

6）橡胶板。橡胶板用于活接头垫片、卫生设备下水口垫片以及法兰垫片等，以保证接口的密封性。

7）石棉橡胶板。石棉橡胶板可分为高压、中压和低压三种，在水暖管道安装工程中常用到的是中压石棉橡胶板。石棉橡胶板具有很强的耐热性，一般用做蒸汽管道中的法兰垫片、小型锅炉的人孔垫等，起到密封的作用。

（2）焊接材料

常用的焊接材料有电焊条和气焊熔剂。

1）电焊条。

结构钢焊条供手工电弧焊焊接各种低碳钢、中碳钢、变通低合金钢及低合金高强度钢结构时作电极和填充金属之用。

铸铁焊条用做手工电弧焊补灰铸铁件、球墨铸铁件的缺陷。

铜及其合金焊条主要用于焊接铜、铜合金等零件。

2）气焊熔剂。

气焊熔剂又名气焊粉，是用氧-乙炔焰进行气焊时的助熔剂。

（3）紧固件

水暖管路系统中常用的紧固件有螺栓、螺母、垫圈、膨胀螺栓、射钉。

1）螺栓和螺母。螺栓和螺母用于水管法兰连接和给排水设备与支架的连接，通常分为六角头螺栓、镀锌半圆头螺栓、地脚螺栓、双头螺栓和六角头螺母等。

2）垫圈。垫圈分为平垫圈和弹簧垫圈两种。平垫圈垫于螺母下面，使螺母承受的压力降低，并且能够起到紧固被紧固件的作用。弹簧垫圈能避免螺母松动，适用于经常受到振动的地方。

3）膨胀螺栓。膨胀螺栓是用于固定管道支架及作为设备地脚的专用紧固件，一般分为锥塞型和胀管型。锥塞型膨胀螺栓较适用于钢筋混凝土建筑结构，胀管型膨胀螺栓适用于砖、木及钢筋混凝土等建筑结构。

4）射钉。射钉用于固定支架和设备。借助于射钉枪中弹药爆炸产生的能量将钢钉射入建筑结构中。

（4）油漆（涂料）

油漆（涂料）是由不挥发物质和挥发物质两部分组成。在油漆涂刷到物体表面之后，挥发部分逐渐散去，剩下的不挥发部分干结成膜，这些不挥发的固体就称为油漆的成膜物质。

油漆按作用分为底漆和面漆两种。底漆直接涂在金属表面作打底用，要具有附着力强、防水和防锈蚀性能良好的特点。面漆是涂在底漆上的涂层，要具有耐光性、耐温性和覆盖性等特点，从而延长管道寿命。

（5）保温材料

常用保温主体材料有膨胀珍珠岩制品、超细玻璃棉制品及矿棉制品等，具有传热系数小、质轻、价低和取材方便等特点。保温辅助材料有铁皮、铝皮、玻璃钢壳、包扎铁丝网、绑扎铁丝、石油沥青、油毡及玻璃布等。

1.2 暖卫工程常用附件

1.2.1 配水附件

配水附件指装在给水支管末端，专供卫生器具和用水点放水用的各式水龙头（也称水嘴）。水龙头的种类很多，按用途不同可分为：配水龙头、盥洗龙头、混合龙头、小嘴龙头。

1.2.1.1 配水龙头

配水龙头按其结构形式分为旋压式、旋塞式配水龙头。

（1）旋压式（图 1-8）。它是一种最常见的普通水龙头，装在洗涤盆、盥洗槽、拖布盆和集中供水点上，专供放水用。通常用铜或可锻铸铁制成，也有塑料和尼龙制品。规格有 $DN15$、$DN20$、$DN25$ 等。其工作条件是：工作压力不超过 6×10^5 Pa，水温低于 $50℃$。

（2）旋塞式（图1-9）。它是一种用于开水炉、沸水器、热水桶上的水龙头或者用于压力不大的较小的给水系统中。用铜制成，规格有 $DN15$、$DN20$ 等。

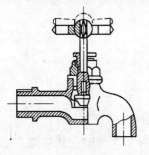 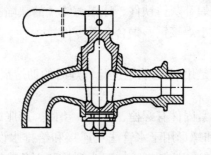 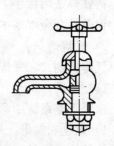

图1-8　旋压式配水龙头　　　　图1-9　旋塞式配水龙头　　　　图1-10　角式水龙头

1.2.1.2　盥洗龙头

盥洗龙头是装在洗脸盆上专供盥洗用冷水或者热水的龙头，式样很多，图1-10所示是一种装在瓷质洗脸盆上的角式水龙头。材质多为铜制，镀镍表面，有光泽，不生锈。

1.2.1.3　混合龙头

混合龙头是指装在洗脸盆、浴盆上作为调节混合冷热水之用的水龙头。种类很多，图1-11所示是浴盆上用的一种。另外，还有肘式、脚踏式开关混合龙头，适用于医院、化验室等特殊场所。

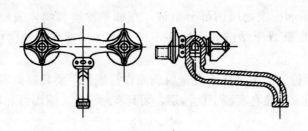 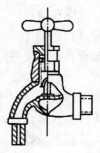

图1-11　混合龙头　　　　　　　　　　图1-12　小嘴龙头

1.2.1.4　小嘴龙头

这是一种专供接胶皮管而用的小嘴龙头，所以又称接管龙头或皮带水嘴，适于实验室、化验室泄水盆用。规格有 $DN15$、$DN20$、$DN25$ 等，如图1-12所示。

1.2.2　控制附件

控制附件一般指各种阀门，用来启闭管路、调节水量或水压、关断水流、改变水流方向等。按照其驱动方式分为驱动阀门和自动阀门。阀门一般由阀体、阀瓣、阀盖、阀杆和手轮等部件组成。

（1）闸阀

闸阀的启闭件为闸板，由闸杆带动闸板做升降运动而切断或者开启管路，在管路中既可以起开启和关闭作用，还可以调节流量。闸阀的优点是对水阻力小，安装时无方向要求，缺点是关闭不严密。闸阀按连接方式可以分为螺纹闸阀和法兰闸阀，如图1-13所示。

（2）截止阀

截止阀的启闭件为阀瓣，由阀杆带动，沿阀座轴线做升降运动而切断或者开启管路，在管路上起开启和关闭水流作用，但是不能调节流量。截止阀关闭严密，缺点是水阻力大，安装时需注意安装方向（低进高出）。截止阀适宜用在热水、蒸汽等严密性要求较高的管道中。

截止阀的构造如图 1-14 所示。

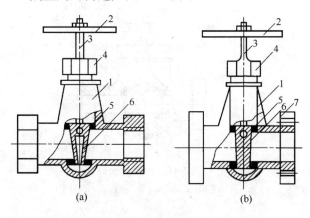

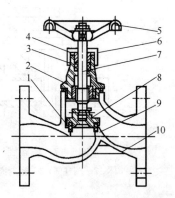

图 1-13　闸阀

（a）内螺纹式；（b）法兰式

1—阀体；2—手轮；3—阀杆；4—压盖；5—密封圈；

6—闸板；7—法兰

图 1-14　截止阀构造

1—密封圈；2—阀盖；3—填料；4—填料压环；5—手轮；6—压盖；7—阀杆；8—阀瓣；9—阀座；10—阀体

（3）单向阀

单向阀的启闭件为阀瓣，用于阻止水的倒流。单向阀按照结构形式分为升降式（图1-15）和旋启式（图1-16）两大类。升降式仅能用在水平管道上，而旋启式既可用在水平管道上，也可用在垂直管道上。单向阀通常用在水泵出口和其他只允许介质单向流动的管路上。

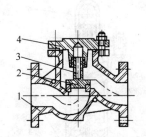

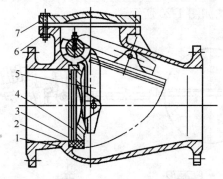

图 1-15　升降式单向阀

1—阀体；2—阀瓣；3—导向套；

4—阀盖

图 1-16　旋启式单向阀

1—阀体；2—阀体密封圈；3—阀瓣密封圈；4—阀瓣；

5—摇杆；6—垫片；7—阀盖

（4）旋塞阀

旋塞阀的启闭件是金属塞状物，塞子中部有一孔道，绕其轴线转动 90°，即为全开或全闭。旋塞阀优点是结构简单、启闭迅速、操作方便、阻力小；缺点是密封面维修困难，在流体参数较高时旋转灵活性和密封性较差，广泛用于热水和燃气管路中，其构造如图 1-17 所示。

（5）球阀

球阀的启闭件为金属球状物，球体中部有一圆形孔道，操纵手柄绕垂直于管路的轴线旋转 90°即可全开或全闭，多用在小管径管道上。球阀优点是结构简单、体积小、阻力小、密封性好、操作方便、启闭迅速、便于维修；缺点是高温时启闭较困难、水击严重、易磨损。球阀按照连接方式分为内螺纹式球阀（图 1-18）和法兰式球阀。

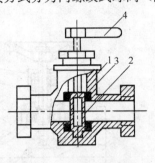

图 1-17　旋塞阀

1—阀体；2—圆柱体；3—密封圈；4—手柄

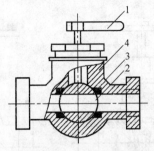

图 1-18　内螺纹式球阀

1—手柄；2—球体；3—密封圈；4—阀体

（6）浮球阀

浮球阀是用来自动控制水流的补水阀门，一般安装于水箱或水池上用来控制水位，水箱水位达到设定位置时，浮球浮起，自动关闭进水口；水位下降时，浮球下落，开启进水口，自动充水，保持液位恒定。浮球阀缺点是体积较大，阀心易卡住引起关闭不严而溢水。中、小型浮球阀的构造如图 1-19 所示。

（7）减压阀

减压阀是通过启闭件（阀瓣）的节流，将介质压力降低，并且依靠介质本身的能量，使出口压力自动保持稳定的阀门。减压阀用来降低介质压力以满足用户的要求。弹簧薄膜式减压阀结构如图 1-20 所示。

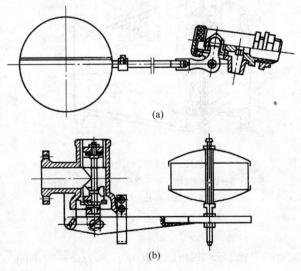

图 1-19　浮球阀

（a）小型浮球阀；（b）中型浮球阀

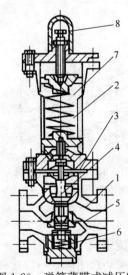

图 1-20　弹簧薄膜式减压阀

1—阀体；2—阀盖；3—薄膜；4—活塞；5—阀瓣；
6—主阀弹簧；7—调节弹簧；8—调整螺栓

（8）溢流阀

溢流阀是当管道或者设备内的介质压力超过规定值时，启闭件（阀瓣）自动开启泄压，低于规定值时，自动关闭，用以保护管道和设备。溢流阀按其构造可分为杠杆重锤式、弹簧式、脉冲式三种。弹簧式溢流阀的结构如图 1-21 所示。

（9）蝶阀

阀板在 90°翻转范围内起调节流量及关闭作用，是一种体积小、构造简单的阀门，操作扭矩小，启闭方便。蝶阀有手柄式以及蜗轮传动式，常用于较大管径的给水管道和消防管道上。蝶阀构造如图 1-22 所示。

（10）疏水阀

疏水阀又叫疏水器，是自动排放凝结水并且阻止蒸汽通过的阀门，常用的有机械型吊桶式疏水器、热动力型圆盘式疏水器。如图 1-23 所示为热动力型圆盘式疏水器结构。

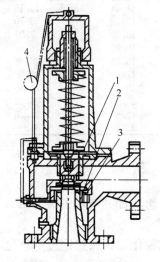 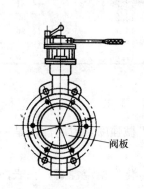 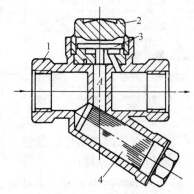

图 1-21 弹簧式溢流阀	图 1-22 蝶阀构造	图 1-23 热动力型圆盘式疏水器
1—阀瓣；2—反冲盘；3—阀座；4—铅封		1—阀体；2—阀盖；3—阀片；4—过滤器

1.3 通风空调工程常用材料

1.3.1 金属材料

1.3.1.1 薄钢板

薄钢板是制作通风管道和部件的主要材料，常用的有普通薄钢板和镀锌钢板。它的规格是通过短边、长边和厚度来表示，常用的薄板厚度为 0.5～2mm，规格为 900mm×1800mm和 1000mm×2000mm。

（1）普通薄钢板

普通薄钢板有板材和卷材两种。板材规格见表 1-4。这类钢板属乙类钢，是钢号为Q235B 的冷轧、热轧钢板。它有较好的加工性能、较高的机械强度及价格便宜等优点。

对该钢板的要求是，表面平整、光滑、厚度均匀，没有裂纹和结疤。应当妥善保管，防止生锈。

（2）镀锌钢板

镀锌钢板厚度一般为 0.5～1.5mm，长宽尺寸同普通薄钢板一样。镀锌钢板表面有保护层，可防腐蚀，一般不需要刷漆。对该钢板的要求是表面光滑干净，镀锌层厚度不应小于0.02mm。它多用于防酸、防潮湿的风管系统，效果比较好。

表 1-4　薄钢板规格

厚度 (mm)	尺寸（长×宽，mm）				
	710×1420	750×1500	750×1800	900×1800	1000×2000
	每张质量（kg）				
0.5	3.96	4.42	5.30	6.36	7.85
0.55	4.35	4.86	5.83	6.99	8.64
0.60	4.75	5.30	6.36	7.63	9.42
0.65	5.15	5.74	6.89	8.27	10.20
0.70	5.54	6.18	7.42	8.90	10.99
0.75	5.94	6.62	7.95	9.54	11.78
0.80	6.33	7.06	8.48	10.17	12.56
0.90	7.12	7.95	9.54	11.44	14.13
1.00	7.91	8.83	10.60	12.72	15.70
1.10	8.70	9.71	11.66	13.99	17.27
1.20	9.50	10.60	12.72	15.26	18.84
1.30	10.29	11.48	13.73	16.53	20.41
1.40	11.08	12.36	14.81	17.80	21.98
1.50	11.87	13.25	15.90	19.07	23.55
1.60	12.66	14.13	16.96	20.35	25.12
1.80	14.24	15.90	19.08	22.80	28.26
2.00	15.83	17.66	21.20	25.43	31.40

1.3.1.2　不锈钢板和铝板

（1）不锈钢板

1）有较高的塑性、韧性和机械强度，耐腐蚀，是一种不锈的合金钢。多用于化工工业耐腐蚀的风管系统中。

2）不锈钢中主要元素是铬，化学稳定性高，在表面形成钝化膜，保护钢板不氧化，并且增加其耐腐蚀能力。

3）不锈钢在冷加工时易弯曲，锤击时会引起内应力，出现不均匀变形。既而使得韧性降低，强度加大，变得脆硬。

4）不锈钢加热到 450～850℃，缓慢冷却后，钢质变坏、硬化，出现裂纹。

（2）铝板

1）铝板分为纯铝和合金铝，主要用在化工工业通风工程中。

2）铝板色泽美观，密度小，有良好的塑性，耐酸性较强，有较好的抗化学腐蚀的性能，但是易被盐酸和碱类腐蚀。

3）合金铝板机械强度较高，抗腐蚀能力较差。通风工程用铝板大多数为纯铝和经退火处理过的合金铝板。

4）由于铝板质软，碰撞不出现火花，所以，多用做有防爆要求的通风管道。

1.3.1.3　塑料复合钢板

在普通钢板上面粘贴或喷涂一层塑料薄膜，就成为塑料复合钢板。其特点是耐腐蚀，弯折、咬口、钻孔等加工性能也好。塑料复合钢板常用做空气洁净系统及温度在 -10～+70℃范围内的通风与空调系统。

它的规格有 450mm×1800mm、500mm×2000mm、1000mm×2000mm 等。

1.3.1.4 型钢

（1）角钢

角钢是通风空调工程中应用广泛的型钢，例如用于制作通风管道法兰盘、各种箱体容器设备框架、各种管道支架等。角钢的规格用"边宽×边宽×厚度"表示，并在规格前加符号"L"，单位为 mm（如 L50×50×6）。工程中常用等边角钢，其边宽为 20～200mm、厚度为 3～24mm。

（2）槽钢

槽钢在供热空调工程中，用来制作箱体框架、设备机座、管道及设备支架等。槽钢的规格以号（高度）表示，单位为 mm。槽钢有普通型和轻型两种，工程中常用普通型槽钢。

（3）扁钢

扁钢在供热空调中主要用来制作风管法兰、加固圈及管道支架等。扁钢常用普通碳素钢热轧而成，其规格用"宽度×厚度"表示，单位为 mm（如 30×3）。

（4）圆钢

管道和通风空调工程中，常用普通碳素钢的热轧圆钢（直条），直径用"ϕ"表示，单位为 mm（如 $\phi5.5$）。圆钢适用于加工制作 U 形螺栓和抱箍（支、吊架）等。

1.3.2 非金属材料

1.3.2.1 聚氯乙烯塑料板

1）这种板耐腐蚀性好，通常情况下与酸、碱和盐类均不产生化学反应。但在浓硝酸、发烟硫酸和芳香碳氢化合物的作用下，表现出不稳定性。

2）此种材料强度较高，弹性较好，热稳定性较差。高温时强度下降，低温时变脆易裂。当加热到 100～150℃时，呈柔软状态；190～200℃时，在较小的压力下，能使其相互粘合在一起。

3）因板材纵向和横向性能不同，内部存在残余应力，在制作风管和部件时，要进行加热和冷却，使其产生收缩。通常，纵横向收缩率分别为 3‰～4‰和 1.5‰～2‰。

4）聚氯乙烯塑料板的密度一般是 1350～1450kg/m³。在通风与空调工程中，此种板材多用做输送含酸、碱、盐等腐蚀性气体的管道和部件，亦有使用在洁净系统中。表 1-5 为塑料板材规格。

表 1-5 塑料板材规格

厚度	宽度	长度	质	量	厚度	宽度	长度	质	量
(mm)			（kg/块）	（kg/m³）	(mm)			（kg/块）	（kg/m³）
2.0			2.52	3.0	10			12.6	15.0
2.5			3.51	3.75	12			15.1	18.0
3.0			3.78	4.50	14			17.4	21.0
3.5			4.41	5.25	15			18.9	22.5
4.0			5.04	6.00	16			20.2	24.0
4.5	≥700	≥1200	5.67	6.75	18	≥700	≥1200	22.7	27.0
5			6.30	7.50	20			25.2	30.3
6			7.56	9.00	22			27.7	33.0
7			8.82	10.5	24			30.2	36.0
8			10.1	12.0	25			31.5	37.5
9			11.3	13.5	28			35.3	42.0

5）对塑料板的要求，表面要平整、厚薄均匀，无气泡、裂缝和离层等缺陷。

6）常用塑料焊条见表1-6。

表1-6 塑 料 焊 条

mm

直　径		长度不小于	焊条质量 （kg/根，不小于）	适用焊件厚度
单焊条	双焊条			
2.0	2.0	500	0.24	2～5
2.5	2.5	500	0.37	6～15
3.0	3.0	500	0.53	16～20
3.5	—	500	0.72	—
4.0		500	0.94	

1.3.2.2 玻璃钢

玻璃钢是一种非金属性防腐材料，由玻璃纤维及合成树脂粘结制成。

玻璃钢的特点是：强度较高，重量轻，具有耐腐蚀性能。在实际应用中，耐酸、耐水性较好的有307、323、168等聚酯树脂；耐碱、耐水性好的呋喃环氧改性树脂等。有阻燃规定时，可以加入定量阻燃剂。为提高玻璃钢的强度和刚度，可在合成树脂中加填充料。

玻璃钢在通风与空调工程中常用做冷却塔，也有用它作输送含腐蚀性气体和大量水蒸气的通风机、管道和部件。

1.3.2.3 砖、混凝土风道

在通风工程中，当在多层建筑中垂直输送气体或地下水平输送气体时，可以采用砖砌或混凝土风道，该类风道具有良好的耐火性能，常用于正压送风或者防排烟系统中。

1.3.3 辅助材料

通风与空调工程所用材料通常分为主材和辅材两类。主材主要指板材和型钢，辅助材料指垫料和紧固件等。

（1）垫料

垫料用于风管之间、风管与设备之间的连接处，用来保证接口的严密性。常用的垫料有橡胶板、石棉橡胶板、石棉绳等。

（2）紧固件

紧固件是指螺栓、螺母、铆钉、垫圈等。

螺栓、螺母的规格用"公称直径×螺杆长度"表示，单位为mm，用于法兰的连接及设备与支座的连接。铆钉有半圆头铆钉、平头铆钉及抽心铆钉等，用于金属板材与材料、风管和部件之间的连接。垫圈有平垫圈及弹簧垫圈，用于保护连接件表面免遭螺母擦伤，防止连接件松动。

上岗工作要点

对暖卫及通风空调工程常用材料有基本的了解，在实际工作中涉及时，能够熟知它们的用途。

思 考 题

1-1 水暖工程中常用管材有哪些？其规格如何表示？

1-2 常用的管件有哪些？

1-3 管道的连接方法有哪些？各适用于哪些管材？

1-4 管道配水附件有哪些？

1-5 控制附件的作用是什么？有哪些控制附件？

1-6 通风空调常用金属材料有哪些？

第2章 供暖系统安装

重 点 提 示

1. 了解供暖系统的组成及分类。
2. 熟悉供暖系统的工作原理及形式。
3. 掌握室内供暖系统管道的安装要求及其安装程序。
4. 了解常用散热器的种类，掌握散热器及辅助设备的安装要求与程序。
5. 了解室内燃气管道的组成，掌握燃气管道的安装要求。
6. 熟悉供热锅炉及辅助设备的安装。
7. 掌握室外供暖管道的安装要求、安装程序。

2.1 供暖系统的组成及分类

2.1.1 供暖系统的组成

一个供热系统包括热源、供热管网和热用户三个部分。

1) 热源是指热媒的来源，目前广泛采用的是锅炉房及热电厂等。

2) 供热管网输送热媒的室外供热管线称为供热管网。热源到热用户散热设备之间的连接管道称为供热管，经散热设备散热后返回热源的管道称为回水管。

3) 热用户是直接使用或消耗热能的用户，例如室内采暖、通风、空调、热水供应及生产工艺用热系统等。

2.1.2 供暖系统的分类

（1）按供热范围分类

1) 局部供暖系统。热源、管道、散热设备连成一整体的供暖系统称之为局部供暖系统。局部供暖系统适用于局部小范围的供暖。

2) 集中供暖系统。集中供暖系统就是热源和热用户分别设置，用管网将其连接，由热源向热用户提供热量的供暖系统。

3) 区域供暖系统。由一个区域锅炉房或者换热站提供热媒，热媒通过区域供热管网输送至城镇的某个生活区、商业区或厂区热用户的散热设备称之为区域供暖系统。区域供暖系统属跨地区、跨行业的大型供暖系统。

（2）按热媒分类

1) 热水供暖系统。热水供暖系统以热水为热媒，把热量带给散热设备的供暖系统称为热水供暖系统。热水供暖系统分为低温热水供暖系统和高温热水供暖系统。

2) 蒸汽供暖系统。蒸汽供暖系统以蒸汽为热媒，把热量带给散热设备的供暖系统称为蒸汽供暖系统。蒸汽供暖系统分为两种：高压蒸汽供暖系统和低压蒸汽供暖系统。

3）热风供暖系统。热风供暖系统是以空气为热媒，把热量带给散热设备的供暖系统。

2.2 供暖系统的工作原理及形式

2.2.1 供暖系统的工作原理

热水供暖系统是目前广泛使用的一种供暖系统，分为两种：自然循环热水供暖系统和机械循环热水供暖系统。

（1）自然循环热水供暖系统

如图 2-1 所示，自然循环热水供暖系统是由中心（锅炉）、散热设备、供水管道（图中实线所示）、回水管道（图中虚线所示）以及膨胀水箱等组成。

膨胀水箱设于系统最高处，用以容纳水受热膨胀而增加的体积，同时兼有排气作用。系统充满水后，水在加热设备中逐渐被加热，水温升高而表观密度变小，同时受自散热设备回来密度较大的回水驱动，热水在供水干管上升流入散热设备，在散热设备中热水放出热量，温度降低水表观密度增加，沿回水管流回加热设备，再一次被加热。水被连续不断地加热、散热、流动循环，这种循环叫做自然循环（或重力循环）。仅依靠自然循环作用压力作为动力的热水供暖系统叫做自然循环热水供暖系统。

（2）机械循环热水供暖系统

机械循环热水供暖系统是依靠水泵提供的动力克服流动阻力使热水流动循环的系统。它的循环作用压力比自然循环系统的作用压力大得多，因此热水在管路中的流速较大，管径较小，启动容易，供暖方式较多，应用范围较广。

机械循环热水供暖系统如图 2-2 所示。机械循环供暖系统由热水锅炉、供水管路、散热器、回水管路、循环水泵、膨胀水箱、集气罐（排气装置）、控制附件等部分组成。与自然循环系统相比，最为

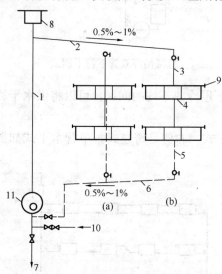

图 2-1 自然循环热水供暖系统

（a）双管上供下回系统；（b）单管
顺流式系统

1—总立管；2—供水干管；3—供水立管；4—散热器支管；5—回水立管；6—回水干管；7—泄水管；8—膨胀水箱；9—散热器放风阀；10—充水管；11—锅炉

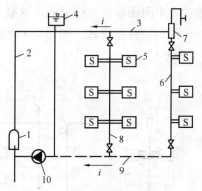

图 2-2 机械循环热水供暖系统
示意图（单管式）

1—热水锅炉；2—供水总立管；3—供水干管；4—膨胀水箱；5—散热器；6—供水立管；7—集气罐；8—回水立管；9—回水干管；10—循环水泵（回水泵）

明显的不同是增设了循环水泵和集气罐，此外，膨胀水箱的安装位置也有所不同。

2.2.2 供暖系统的形式

2.2.2.1 热水供暖系统的形式

自然循环热水供暖系统主要分为单管和双管。

机械循环热水供暖系统的形式有双管上行下回式、双管下行下回式、单管垂直式、单管水平式及上行上回和下行上回（倒流）五种形式。

（1）双管上行下回式。如图 2-3 所示。只要注意与自然循环双管系统的区别即可，其他相同。

（2）双管下行下回式。如图 2-4 所示。它与双管上行下回式的不同点在于供水干管也敷设于最底层散热器的下部。排气方法可以采用在散热器上部设放气阀。其优点是减少了主立管长度，管路热损失较小，上下层冷热不均的问题不会那么突出，可随楼层由下向上安装，施工进度快，可以装一层使用一层；缺点是排气较复杂，造价增加，运行管理不够方便。

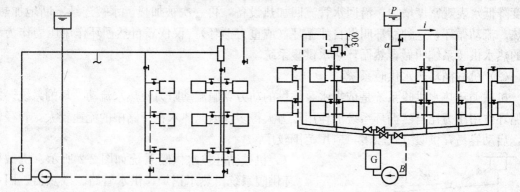

图 2-3　机械循环双管上行下回式　　　图 2-4　机械循环双管下行下回式

为解决上行式管道敷设上可能出现的困难以及上下层冷热不均的问题，可以将供水干管敷设在中间楼层的顶棚下面，这就是中分式系统。

（3）单管垂直式。如图 2-5 所示，图中左侧是顺序式，右侧是跨越式。单管水平式如图2-6 所示。

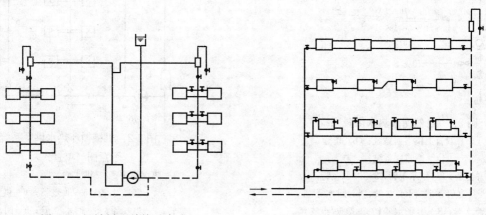

图 2-5　机械循环单管垂直式　　　　图 2-6　机械循环单管水平式

22

2.2.2.2 蒸汽供暖系统的形式

当蒸汽压力（表压）低于 0.7MPa 时，称为低压蒸汽，高于 0.7MPa 时，称为高压蒸汽。

（1）低压蒸汽供暖系统

低压蒸汽供暖系统的基本形式主要有以下几种：

1）双管上分式。系统的蒸汽干管与凝结水管完全分开。蒸汽干管敷设在顶层房间的顶棚下或者吊顶上。

2）双管下分式。蒸汽干管及凝结水干管敷设在底层地面下专用的采暖地沟内。蒸汽通过立管向上供汽。

3）双管中分式。多层建筑的蒸汽供暖系统，在顶层顶棚下面和底层地面不能敷设干管时采用。

4）重力回水式。凝结水依靠重力直接回锅炉。使用时要求锅炉房位置很低。锅炉内水面高度要比凝结水干管至少低 2.25m。

（2）高压蒸汽供暖系统

工业厂房引入口和高压蒸汽供暖系统如图 2-7 所示。蒸汽先进入第一分汽缸，由此分出管道供生产用汽，再经减压阀降到低压进入第二分汽缸，由此分出管道供暖用汽。

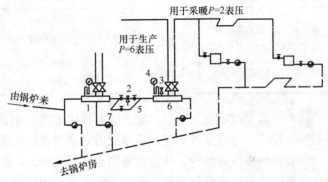

图 2-7 高压蒸汽供暖系统

1—第一分汽缸；2—减压阀；3—安全阀；4—压力表；5—旁通管；
6—第二分汽缸；7—疏水器

高压蒸汽供暖系统大多采用上分下回式。蒸汽干管的坡度：汽水同向流动时 $i=0.003$，汽水反向流动时 $i \geqslant 0.005$；凝结水干管坡度：$i=0.003$。因高压蒸汽温度高，所以应特别注意解决好管子受热膨胀问题，必须按照设计要求装设伸缩器。

2.2.2.3 热风供暖系统

热风供暖系统以空气作为热媒，首先将空气加热，再将高于室温的空气送入室内，放出热量，达到供暖的目的。

热风供暖系统具有热惰性小，并且有通风换气作用，能迅速提高室温，但噪声比较大，适用于体育馆、电影院及大面积的工业厂房等场所。经常采用暖风机或与送风系统相结合的热风供暖方式。

2.3 室内供暖系统管道的安装

2.3.1 一般要求

室内采暖管道的安装应符合下列要求：

（1）使用的材料和设备在安装前，应当按设计要求检查规格、型号和质量。安装前，必须清除内部污垢和杂物。

（2）暖气管道的安装顺序，先安装室外干管，然后再装室内干管、立管和支管。

（3）安装天棚或地下室内的暖气管道时，要按照实际尺寸，事先下料进行组装，管道安装前要先完成管段的除锈刷漆。

（4）把组对好的暖气片组搬到要安装的房间内，并且将暖气片组稳装到暖气片托钩上。

（5）管道穿过基础、墙壁和楼板，应当配合土建预留孔洞。其尺寸如果没有具体要求时，按表2-1的规定执行。

表 2-1　预留孔洞尺寸表

mm

项次	管道名称	明管　长×宽	暗管　长×宽
1	采暖立管 $D \leqslant 25$ $D = 32 \sim 50$ $D = 70 \sim 100$	100×100 150×150 200×200	130×130 150×130 200×200
2	两根采暖立管 $D \leqslant 32$	150×100	200×130
3	散热器支管 $D \leqslant 25$ $D = 32 \sim 40$	100×100 150×130	60×60 150×100
4	采暖主干管 $D \leqslant 80$ $D = 100 \sim 125$	300×250 350×350	—

（6）管道穿过墙壁和楼板，应该设置铁皮套管或钢套管。安装在内墙壁的套管，其两端应与饰面相平。管道穿过外墙或者基础时，套管直径比管道直径大两号为宜。

安装在楼板内的套管，其顶部要高出地面20mm，底部与楼板底面相平。管道穿过容易积水的房间楼板，加设钢套管，其顶部应当高出地面不小于30mm。

（7）安装蒸汽供气干管，蒸汽干管的坡度与回水流动方向相反，热水供热干管的坡度与热水流动方向相同，管道坡度应当根据设计放线。如设计无规定时，应符合下列规定：

1）热水采暖和热水供应管道以及汽水同向流动的蒸汽和凝结水管道，坡度一般为0.003，但不得小于0.002。

2）汽水逆向流动的蒸汽管道，坡度不应小于0.005。

（8）干管安装好以后再安装立支管，暖气立支管应当横平竖直；暖气片组保持水平；在立管上每层要安设一个立管卡子。

连接散热器的支管应有坡度。当支管全长不大于500mm时，坡度值为5mm；当支管全长大于500mm时，坡度值为10mm。当一根立管接有两根支管时，只要是其中一根超过500mm，其坡度值均为10mm。

（9）安装管径小于或等于32mm不保温的采暖双立管道，两管中心距应当为80mm，允许偏差5mm。热水或蒸汽立管应该置于面向的右侧；回水立管置于左侧。

（10）管道支架附近的焊口，距支架净距大于50mm，最好位于两个支座间距的1/5位置上。

2.3.2　热力入口的安装

室内采暖系统与室外供热管道的连接处，就是室内采暖系统入口，也称为热力入口。系统热力入口宜设在建筑物热负荷对称分配的位置，通常在建筑物中部，敷设在用户的地下室或地沟内。入口处装有必要的仪表和设备，进行调节、检测和统计供应热量，一般有温度计、压力表、过滤器或者除污器等，必要时应设调节阀和流量计，但系统小时不必全设。

2.3.3　干管的安装

干管安装标高、坡度应符合设计要求。敷设在地沟内、管廊内、设备层内、屋顶内的采暖干管应当做成保温管；明装于顶板下、楼层吊顶内，明装于一层地面上的干管，可以是不保温干管。

干管安装的程序为：管子调直→刷防锈漆→管子定位放线→安装支架→管子地面组装→调整→上架连接。

干管做分支时，水平分支管应使用羊角弯，如图2-8所示；干管与立管的连接，如图2-9所示；地沟、屋顶、吊顶内的干管，不经水压试验合格验收，不可进行保温及隐蔽。

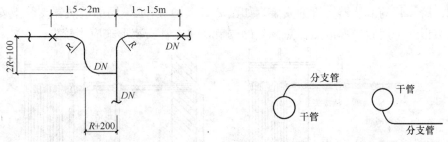

图 2-8　总立管顶部与分支干管的连接　　图 2-9　干管与立管的连接

2.3.4　立管的安装

立管穿楼层应当预留孔洞，自顶层向底层吊通线，在后墙上弹画出立管安装的垂直中心线，作为立管安装的基线；在立管垂直中心线上，确定立管卡的安装位置（距地面1.5～1.8m），安装好各层立管卡；立管安装应当由底层到顶层逐层安装，每安装一层时，切记穿入钢套管，立管安装完毕，应当将各层钢套管内填塞石棉绳或油麻，并封堵好孔洞，使套管固定牢固，并马上用立管卡将管子调整固定于立管中心线上。

采暖立管与干管的连接。干管上焊接短螺纹管头，以便立管螺纹连接。在热水系统中，当立管总长小于等于15m时，应当采用2个弯头连接；立管总长大于15m时，应当采用3个弯头连接，如图2-10所示。蒸汽供暖时，立管总长小于等于12m时，应当采用2个弯头连接；立管总长大于12m时，应当采用3个弯头连接。从地沟内接出的采暖立管应用2～3个弯头连接，并且在立管的垂直底部装泄水装置，如图2-11所示。

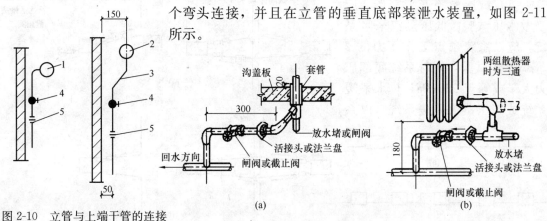

图 2-10　立管与上端干管的连接
1—蒸汽管；2—热水管；3—乙字弯；4—阀门；5—活节

(a)　　　　　　　(b)

图 2-11　立管下端与干管的连接
（a）地沟内立、干管的连接；（b）明装立、干管的连接

2.3.5　散热器支管的安装

散热器支管的安装应在散热器安装并且经稳固、校正合格后进行。支管与散热器安装形式有单侧连接、双侧连接两类。散热器支管的安装一定要具有良好坡度。供水（汽）管、回水支管与散热器的连接均应是可以拆卸连接。采用支管与散热器连接时，对半暗装散热器应用直管段连接，对明装和全暗装散热器应用摵制或者弯头配制的弯管连接；采用弯管连接时，弯管中心距散热器边缘尺寸不超过 150mm 为宜。

（1）单管顺流式支管的安装，如图 2-12（a）所示，供暖支管从散热器上部单侧或双侧接入，回水支管从散热器下部接出，并且在底层散热器支管上装阀。

（2）跨越管的散热器支管的安装，如图 2-12（b）所示，局部散热器支管上安装有跨越管的安装形式，用做局部散热器热流量的调节，此支管安装形式应用较少。

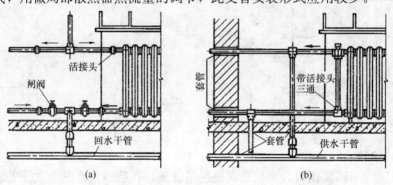

图 2-12　支管与散热器的连接形式
(a) 一般连接形式；(b) 跨越管连接

（3）水平串联式支管的安装如图 2-13 所示，供暖管由散热器下部接入，回水管从下部接出，依次串联安装。

（4）蒸汽采暖散热器支管的安装。蒸汽采暖散热器支管的安装特点是供汽支管上装阀，回水支管上装疏水器，连接形式也分为单侧和双侧连接，如图 2-14 所示。

2.3.6　试压与冲洗

（1）试压系统安装完毕，应当做水压试验。低压蒸汽采暖系统，应以系统顶点工作压力的 2 倍做水压试验，同时系统底部压力大于或等于 250kPa。热水采暖系统或高压蒸汽采暖系统，以系

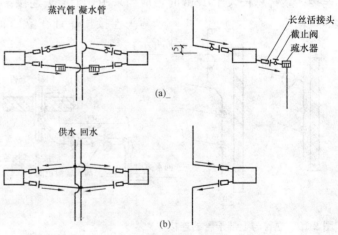

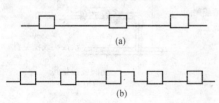

图 2-13　水平串联式的安装
(a) 一般形式；(b) 中部伸缩补偿式安装

图 2-14　散热器支管的安装
(a) 蒸汽支管；(b) 热水支管

统顶点压力加 100kPa 做水压试验，同时系统底部压力大于或等于 300kPa。水压试验时，先升压至试验压力，保持 5min，如压力下降不超过 20kPa，则强度合格，降至工作压力，对系统进行全面检查，以不渗不漏为严密性合格。试验结束，应当将试验用水全部排空。

（2）冲洗水压试验合格后，对系统进行清洗，清除系统中的污泥、铁锈等杂物，保证系统运行时介质流动畅通。清洗时，首先将系统灌满水，然后打开泄水阀门，系统中的水连同杂物一起排出，反复多次，直到排出的水清澈透明为止。

2.4 散热器及辅助设备安装

2.4.1 散热器的种类

散热器种类较多，近年来生产一些新材质、新形式、节能型的散热器，例如铸铁、钢制、铝合金、钢铝复合、铜铝复合等制品。

（1）铸铁散热器

使用灰铸铁和稀土铸铁柱形片式组装散热器居多，下面列举几种铸铁散热器。

1）三柱型，如图 2-15 所示。

2）板翼型，如图 2-16 所示。

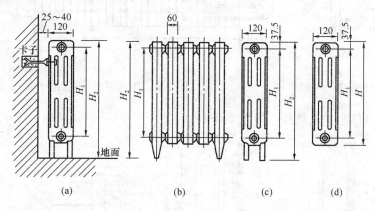

图 2-15　三柱型外形图

（a）侧面；（b）立面；（c）足片；（d）中片

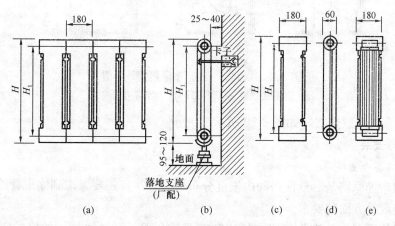

图 2-16　板翼型外形图

（a）立面（一组散热器）；（b）墙上安装；（c）正面；（d）侧面；（e）背面

（2）钢制散热器

1）钢制三柱型散热器，如图 2-17 所示。

2）闭式串片式散热器，如图 2-18 所示。

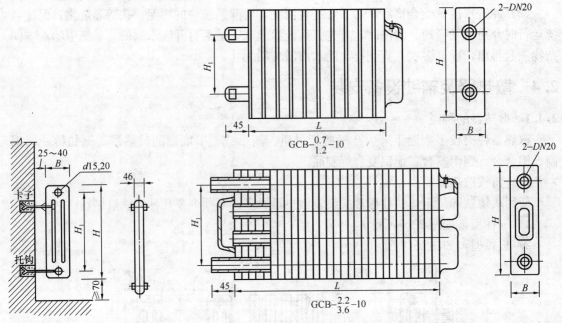

图 2-17　三柱型外形图

图 2-18　闭式串片式散热器外形图

3）钢制管（柱）型散热器，如图 2-19 所示。

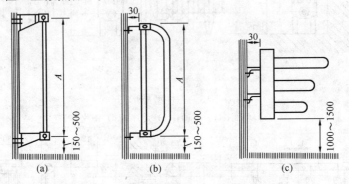

图 2-19　钢制管（柱）型散热器外形图

（a）钢柱型；（b）钢管 D 型；（c）钢管浴巾托架式

4）铝合金管型散热器，如图 2-20 所示。

2.4.2　散热器安装

2.4.2.1　散热器布置

散热器的布置原则是尽量使房间内温度分布均匀，并且还要考虑到缩短管路长度和房间布置协调、美观等方面的要求。

根据对流的原理，散热器布置在外墙窗口下最合理。经过散热器加热的空气沿外窗上升，能够阻止渗入的冷空气沿外窗下降，从而防止冷空气直接进入室内工作地区。在某些民

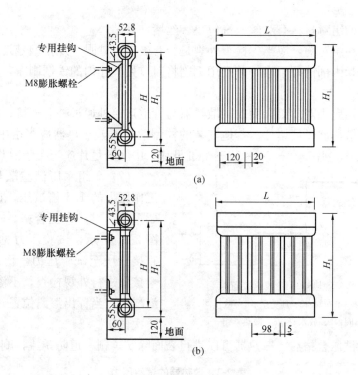

(a)

(b)

图 2-20　铝合金管型散热器

(a) EALJ 外肋矩管铝合金散热器；(b) EALZ 侧翼柱管铝合金散热器

用建筑中，要求不高的房间，为缩短系统管路的长度，散热器也可以沿内墙布置。

　　一般情况下，散热器在房间内都是敞露装置的，也就是明装。这样散热效果好，易于清扫和检修。当在建筑方面要求美观或者由于热媒温度高，防止烫伤或碰伤时，就需要将散热器用格栅、挡板、罩等加以围挡，也就是暗装。

　　楼梯间或净空高的房间内散热器应当尽量布置在下部。因为散热器所加热的空气能自行上升，从而补偿了上部的热损失。在散热器数量多的楼梯间，其散热器的布置参照表 2-2。

　　为了防止冻裂，在双层门的外室以及门斗中不宜设置散热器。

表 2-2　楼梯间散热器分配百分数

楼房层数	各层散热器分配百分数					
	I	II	III	IV	V	VI
2	65	35	—	—	—	—
3	50	30	20	—	—	—
4	50	30	20	—	—	—
5	50	25	15	10	—	—
6	50	20	15	15	—	—
7	45	20	15	10	10	—
8	40	20	15	10	10	5

2.4.2.2　散热器安装

　　散热器的安装，应在供暖系统安装一开始就进行，主要包括散热器的组对、单组水压试验、安装、跑风门安装、支管安装、刷漆。

（1）散热器的组对材料有对丝、汽包垫、丝堵和补芯。

铸铁散热器在组对前，应当先检查外观是否有破损、砂眼，规格型号是否符合图样要求等。然后把散热片内部清理干净，并且用钢刷将对口处丝扣内的铁锈刷净，正扣向上，依次码放整齐。

散热片通过钥匙用对丝组合而成；散热器与管道连接处通过补芯连接；散热器不与管道相连的端部，用散热器丝堵堵住。落地安装的柱型散热器，散热器应当由中片和足片组对，14 片以下两端装带足片；15～24 片装三个带足片，中间的足片应当置于散热器正中间。

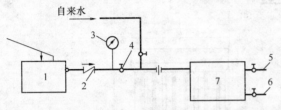

图 2-21　散热器单组试压装置

1—手压泵；2—单向阀；3—压力表；4—截止阀；
5—放气阀；6—放水管；7—散热器组

（2）单组水压试验散热器试压时，用工作压力的 1.5 倍试压，试压不合格的须要重新组对，直至合格。单组试压装置如图 2-21 所示，试验压力见表 2-3。试压时直接升压至试验压力，稳压 2～3min，逐个接口进行外观检查，不渗不漏即为合格，渗漏者应当标出渗漏位置，拆卸重新组对，再次试压。

散热器单组试压合格后，散热器可以进行表面除锈，刷一道防锈漆，刷一道银粉漆。

表 2-3　散热器的试验压力　　　　　　　　　　　　　　　　　MPa

散热器型号	柱型、翼型		扁　管		板式	串片	
工作压力	≤0.25	>0.25	≤0.25	>0.25	—	≤0.25	>0.25
试验压力	0.4	0.6	0.75	0.8	0.75	0.4	1.4

散热器组对的连接零件叫对丝，使用工具叫做汽包钥匙，如图 2-22 所示。柱形、辐射对流散热片组对时用短钥匙，长翼型散热片组对时用长钥匙（长度为 400～500mm）。组对应在木制组对架上进行。

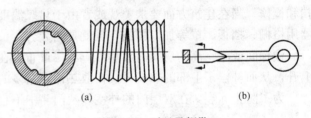

图 2-22　对丝及钥匙

(a) 汽包对丝；(b) 组对用工具——钥匙

（3）散热器的安装应当在土建内墙抹灰及地面施工完成后进行，安装前应按图样提供位置在墙上画线、打眼，并且把做过防腐处理的托钩安装固定。

同一房间内的散热器的安装高度要一致，挂好散热器后，然后安装与散热器连接的支管。

2.4.3　辅助设备安装

（1）排气装置安装

在热水采暖系统中，排气装置用于排出管道、散热设备中的不凝性气体，以免形成空气塞，堵塞管道，破坏水循环，造成系统局部不热。

1）集气罐安装用直径 100～250mm 的钢管制成，分为立式和卧式，如图 2-23 所示。集气罐顶部连有直径为 15mm 的放气管，管子的另一端引到附近卫生器具上方，并且在管子末端设阀门定期排除空气。安装集气罐时应当注意：集气罐应设于系统末端最高处，并使供水干管逆坡以利于排气。

2）自动排气阀安装。自动排气阀是靠阀体内的启闭机构自动排除空气的装置。它安装方便，体积小巧，消除了人工操作管理的麻烦，在热水采暖系统中被广泛采用。

自动排气阀常会因水中污物堵塞而失灵，需要拆下清洗或更换，所以，排气阀前应装一个截止阀，此阀常年开启，仅在排气阀失灵需检修时，才临时关闭。如图 2-24 所示为 ZPT—C 型自动排气阀。

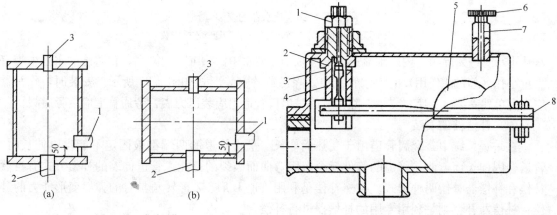

图 2-23　集气罐

（a）立式集气罐；（b）卧式集气罐

1—进水口；2—出水口；3—放气管

图 2-24　ZPT—C 自动排气罐（阀）

1—排气芯；2—阀芯；3—橡胶封头；4—滑动杆；5—浮球；

6—手拧顶针；7—手动排气座；8—垫片

（2）疏水器安装

在螺纹连接的管道系统中安装疏水器时，组装的疏水器两端应当装有活接头，进口端应装有过滤器，以定期清除积存的污物，确保疏水阀孔不被堵塞；当凝结水不需回收而直接排放时，疏水器后可以不设截止阀；疏水器前应设放气管，排放空气或不凝性气体，用以减少系统内气体堵塞现象；当疏水器管道水平敷设时，管道应坡向疏水器，以防水击现象。疏水器的安装如图 2-25、图 2-26 所示。

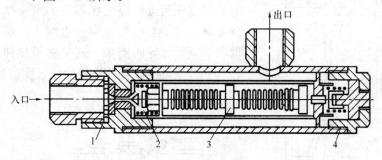

图 2-25　恒温型疏水器

1—过滤网；2—锥形阀；3—波纹管；4—校正螺钉

（3）除污器的安装

除污器的作用是截留管网中的污物及杂质，以防造成管路堵塞，一般安装在用户入口的供水管道上或者循环水泵之前的回水总管上。

除污器构造如图 2-27 所示，为圆筒形钢制筒体，分为卧式和立式两种。其工作原理是：

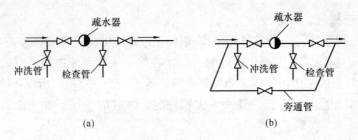

图 2-26　疏水器的安装

(a) 不带旁通管水平安装；(b) 带旁通管水平安装

水从进水管进入除污器内，水流速度突然减小，使水中污物沉降到筒底，较清洁的水是由带有大量小孔（起过滤作用）的出水管流出。除污器的安装形式如图 2-28 所示。安装时，除污器应当有单独支架（支座）支承。除污器的进出口管道上应装压力表，旁通管上应装旁通阀。

（4）补偿器的安装

在采暖系统中，金属管道由于受热而伸长。平直管道的两端都被固定不能自由伸长时，管道会因伸长而弯曲，管道的管件就会有因弯曲而破裂的可能。管道伸缩的补偿方式有自然补偿和补偿器补偿两种形式。自然补偿是利用管道 L 形、Z 形转角具有的弹性变形能力的补偿；补偿器补偿则是利用专用的补偿器进行补偿。

1）方形补偿器。方形补偿器多为现场用无缝钢管制成。安装方便，补偿能力大，不需经常维修，应用广泛。方形补偿器有四种基本形式，如图 2-29 所示。

方形补偿器水平设置时，补偿器的坡度和坡向应当与所连接管道相同；垂直安装时，上部设排气装置，下部应设泄水或者疏水装置；补偿器的安装，应在固定牢靠、阀门和法兰上的螺栓全部拧紧、滑动支架全部装好后进行；安装时可以用拉管器进行预拉伸，预拉伸量为热伸长量的 1/2。

2）套管补偿器。套管补偿器具有补偿能力大，占地面积小，安装方便，水流阻力小等优点，但需经常维修，更换填料，以防漏气漏水，如图 2-30 所示。套管补偿器安装位置应设在靠近固定支架处；补偿器的轴心与管道轴心应当在同一直线上；靠近补偿器的直管段必须设置导向支架，避免管子热伸缩时产生横向位移；补偿器的压盖的螺栓应松紧度适当。

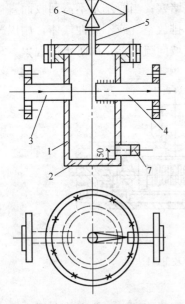

图 2-27　除污器的构造

1—筒体；2—底板；3—进水管；4—出水管；

5—排气管；6—阀门；7—排污丝堵

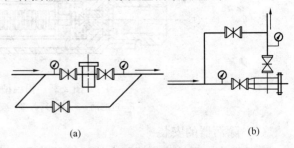

图 2-28　除污器的安装

(a) 直通式；(b) 角通式

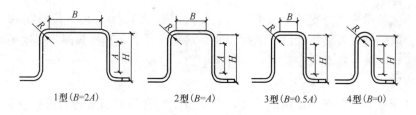

1型(B=2A)　　　2型(B=A)　　　3型(B=0.5A)　　　4型(B=0)

图 2-29　方形补偿器

3）波纹管补偿器。波纹管补偿器具有体积小，结构紧凑，补偿量较大，安装方便等优点。安装前应当进行冷紧，定出预冷拉伸量或预冷压缩量；冷紧前，先在其两端接好法兰短管，再用拉管器拉伸或压缩到预定值，在管道上切割掉一段管长等于预拉（或预压）后补偿器及两侧短管的长度，之后整体地焊接在连接管道上，最后卸掉拉管器，如图 2-31 所示。

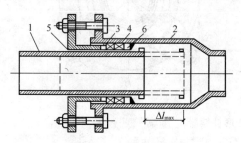

图 2-30　套管补偿器

1—内套筒；2—外壳；3—压紧环；4—密封填料；

5—填料压盖；6—填料支承环

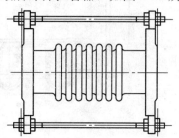

图 2-31　波纹管补偿器

2.5　室内燃气管道系统安装

2.5.1　室内燃气管道系统的组成

室内燃气管道系统是由用户引入管、燃气管网、管件、附属设备、用户支管、燃气表和燃气用具组成，如图 2-32 所示。

2.5.2　燃气管道系统附属设备安装

为了保证燃气管网的安全运行和检修的需要，需在管道的适当位置设置阀门、补偿器、排水器、放散管等附属设备。对于地下管网来说，附属设备要安装在闸井内。

（1）阀门

阀门用来启闭管道通路及调节管内燃气的流量。常用的阀门有闸阀、旋塞阀、截止阀和球阀等。当室内燃气管道 DN 不大于65mm 时采用旋塞阀，DN 大于 65mm 时采用闸阀；室外燃气管道通常采用闸阀；截止阀和球阀主要用于天然气管道。

室内燃气管道在下列位置宜设有阀门：引入管处、每个立管的起点处、从室内燃气

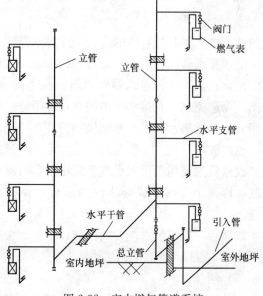

图 2-32　室内燃气管道系统

干管或立管接至各用户的分支管上（可以与表前阀门合设 1 个）、用气设备前和放散管起点处、点火棒、取样管以及测压计前。闸阀安装在水平管道上，其他阀门不受这一限制，但是对于有驱动装置的截止阀必须安装在水平管道上。

（2）补偿器

补偿器是用于调节管段伸缩量的设施，常用做架空管道和需要进行蒸汽吹扫的管道上。常用的补偿器有波形补偿器及橡胶—卡普隆补偿器，其构造如图 2-33、图 2-34 所示。

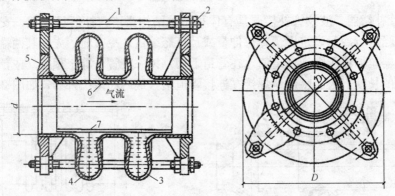

图 2-33　波形补偿器

1—螺杆；2—螺母；3—波节；4—石油沥青；5—法兰盘；6—套管；7—注入孔

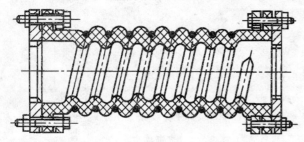

图 2-34　橡胶—卡普隆补偿器

在埋地燃气管道上，大多采用钢制波形补偿器，橡胶—卡普隆补偿器多用于通过山区、坑道及多地震地区的中、低压管道上。

（3）排水器

排水器用于排除燃气管道中的凝结水和天然气管道中的轻质油。按照燃气管道中的压力不同，分为不能自喷的低压排水器和能自喷的高、中压排水器等多种。

低压排水器因管道内压力低，排水器中的油和水依靠手动抽水设备来排出，其结构如图 2-35 所示；高、中压排水器因管道内压力高，当打开排水管旋塞阀时，排水器中的水自行喷出，为避免剩余在排水管内的水在冬季冻结，另设有循环管，利用燃气压力排水管中的水压回到下部的集水器中，其结构如图 2-36 所示。

（4）放散管

放散管主要用于排放燃气管道中的空气或燃气。在管道投入运行时利用放散管排除管中空气，以防止管内形成爆炸性的混合气体；在管道或设备检修时，利用放散管排除管内的气。

放散管一般安装在闸井阀门前；住宅、公共建筑的立管上端以及最远燃具前水平管末端设不小于 $DN15mm$ 放散用堵头。

（5）闸井

闸井用做设置地下燃气管道上的阀门，其构造如图 2-37 所示。

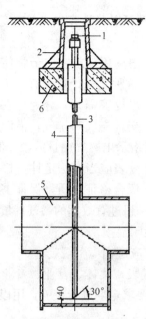

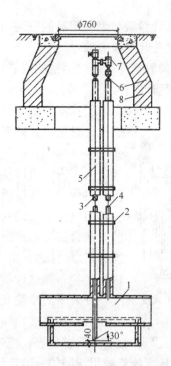

图 2-35　低压排水器
1—旋塞；2—防护罩；3—抽水管；
4—套管；5—集水器；6—底座

图 2-36　高、中压排水器
1—集水器；2—管卡；3—排水管；4—循环管；
5—套管；6—旋塞阀；7—旋塞；8—井圈

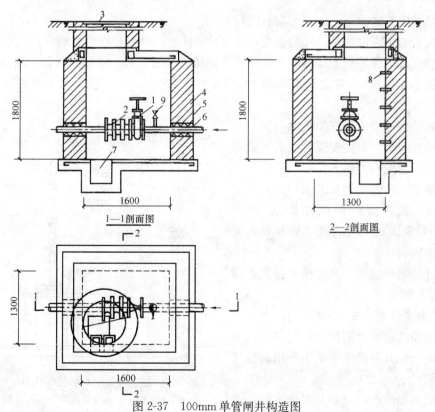

1—1剖面图

2—2剖面图

2—2

图 2-37　100mm 单管闸井构造图
1—阀门；2—补偿器；3—井盖；4—防水层；5—浸沥青麻；6—沥青砂浆；7—集水坑；8—爬梯；9—放散管

2.5.3 燃气计量表与燃气用具的安装

2.5.3.1 燃气计量表安装

燃气计量表是计量燃气用量的仪表，根据其工作原理可以分为容积式、速度式、差压式和涡轮式流量计四种。

图 2-38 干式皮膜式燃气计量表

干式皮膜式燃气计量表是目前我国民用建筑室内最常使用的容积式燃气计量表，其外形如图 2-38 所示。这种燃气计量表有一个方形金属外壳，外壳内安有皮革制的小室，中间以皮膜隔开，分为左右两部分，燃气进入表内，可以使小室左右两部分交替充气和排气，借助杠杆和齿轮传动机构，上部度盘上的指针即可以指示出燃气用量的累计值。

燃气计量表的安装条件：燃气计量表应当有法定计量检定机构出具的检定合格证书；燃气计量表应有出厂合格证、质量保证书，标牌上应当有 CMc 标志、出厂日期和表编号；超过有效期的燃气计量表应当全部进行复检；燃气计量表的外表面应无明显损伤。

安装干式皮膜式燃气计量表时，应遵循以下规定：

（1）住宅建筑应每户装一只燃气表，集体、营业、专业用户及每个独立核算单位最少应装一只燃气表；应当按计量部门的要求定期进行校验，用以检查计量是否有误差。地区校验采用特制的标准喷嘴或标准表进行。

（2）燃气表安装过程中不准碰撞、倒置、敲击，不可以有铁锈杂物、油污等物质掉入表内。

（3）燃气安装必须平正，下部应有支撑。

（4）宜安装在通风良好、环境温度高于 0℃并且便于抄表及检修的地方。

（5）燃气表金属外壳上部两侧有短管，一侧接进气管，另一侧接出气管；高位表表底距地净距不得小于 1.8m；中位表表底距地面不得小于 1.4～1.7m；低位表表底距地面不得小于 0.15m。

（6）安装在过道内的皮膜式燃气表，必须按照高位表安装；室内皮膜燃气表安装以中位表为主，低位表为辅。

（7）燃气表和燃气用具的水平距离不应小于 0.3m，表背面距墙面净距为 10～15mm。一只皮膜式燃气表通常只在表前安装一个旋塞阀。

燃气计量表与燃气用具的相对位置如图 2-39 所示。

2.5.3.2 厨房燃气灶安装

根据使用功能的不同，燃气用具有很多种类，下面介绍几种民用建筑中常用的燃气灶及其安装。

（1）厨房单眼燃气灶和双眼燃气灶

单眼燃气灶是一个火眼的燃气灶；当前

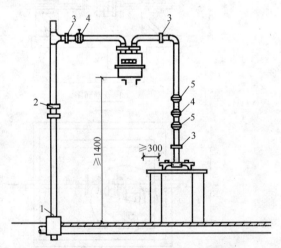

图 2-39 燃气计量表与燃气用具的相对位置

1—套管；2—总立管转芯门；3—管箍；
4—支管转芯门；5—活接头

常用的是双眼燃气灶，配有不锈钢外壳，并装有自动打火装置和熄火保护装置，按照其外观材料分低档铸铁型和中高档薄板（不锈钢、搪瓷、玻璃或烤漆）型。

带有烟道及炉膛的燃气用具，不准在炉膛内排放所置换的混合气体。燃气用具如果一次点火不成功，应当关闭燃气阀门，过几分钟后再二次点火。

厨房燃气灶一般是由炉体、工作面及燃烧器三部分组成，如图2-40所示。

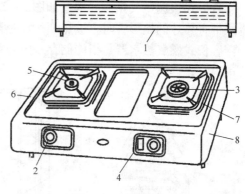

图2-40　双眼燃气灶

1—进气管；2—开关钮；3—燃烧器；4—火焰调节器；5—盛液盘；6—灶面；7—锅支架；8—灶框

（2）烤箱燃气灶

烤箱燃气灶属厨房炊具，由外壳、保温层和内箱三部分构成，其结构如图2-41所示。内箱包用绝热材料以减少热损失，箱内设有承载物品的托网及托盘，顶部有排烟口，烤箱内的温度由感温元件与恒温器联合控制，外玻璃门上安有温度指示器。烤箱燃气灶的安装要求同厨房燃气灶。

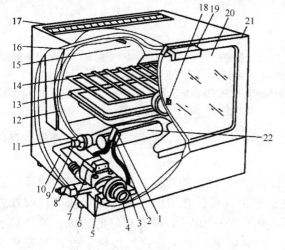

图2-41　烤箱燃气灶

1—点火电极；2—点火辅助装置；3—压电陶瓷；4—炊具阀钮；5—燃气阀门；6—烤箱燃气灶腿；7—恒温器；8—进气管；9—主燃烧器喷嘴；10—气管；11—空气调节器；12—烤箱燃气灶内箱；13—托盘；14—托网；15—恒温器感温件；16—绝热材料；17—排烟口；18—温度指示器；19—拉手；20—烤箱燃气灶玻璃；21—门；22—主燃烧器

厨房燃气灶的安装应当满足下列条件：家用燃气灶的安装场所应符合设计要求；安装前应当进行开箱检验，规格、型号符合设计要求，外观检查合格才准使用。

用户要有具备使用燃气条件的厨房，禁止厨房及居室并用；燃气灶不能同取暖炉火并用；厨房必须通风，一旦燃气泄漏能及时排出室外。燃气灶最好设在通风和采光良好的厨房内，通常要靠近不易燃的墙壁放置，灶具背后与墙的净距不小于150mm的距离，侧面与墙或水池净距不小于250mm；当公共厨房内几个灶具并列安装时，灶与灶之间的净距不小于500mm。

安燃气灶的房间为木质墙壁时，应当做隔热处理；灶具应水平放置在耐火台上，灶台高度一般为700mm；灶具应当安装在光线充足的地方，但应避免穿堂风直吹。

当燃具和燃气表之间硬连接时，其连接管道的直径不小于15mm，并且应装活接头一个，并且应装活接头一个；燃气灶用软管连接时，应当采用耐油胶管，软管与燃气管道接口、软管与灶具接口应用专用固定卡固定，管长度不得超过2m，并且不得有接口，且中间不得有接头和三通分支，软管的耐压能力应当大于4倍工作压力，软管不得穿墙、门和窗。

（3）燃气热水器安装

燃气热水器是一种局部供应热水的加热设备，按其构造可以分为直流式和容积式两种。

直流式快速燃气热器的构造如图 2-42 所示，一般带有自动点火及熄火保护装置，冷水流经带有翼片的蛇形管时，被热烟气加热至所需温度，供生活用。

容积式燃气热水器是指能储存一定容积热水的自动水加热器，其结构如图 2-43 所示。

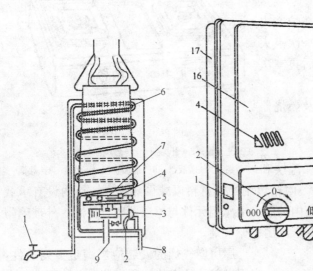

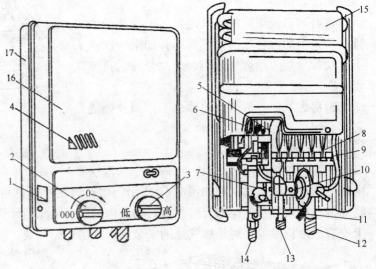

图 2-42　直流式快速燃气热水器

1—热水龙头；2—文氏管；3—弹簧膜片；4—点火苗；5—燃烧器；6—加热盘管；7—点火失败安全装置；8—冷水进口；9—燃气进口

图 2-43　容积式燃气热水器

1—气源名称；2—燃气开关；3—水温调节阀；4—观察窗；5—熄火保护装置；6—点火燃烧器（常明火）；7—压电元件点火器；8—主燃烧器；9—喷嘴；10—水-气控制阀；11—过压保护装置（放水）；12—冷水进口；13—热水出口；14—燃气进口；15—热交换器；16—上盖；17—底壳

燃气热水器的安装应当满足下列要求：家用热水器安装前，必须开箱检验，外观检查合格，并且有产品合格证方可安装。

燃气热水器应当安装在操作、检修方便、不易被碰撞的地方，热水器与对面墙之间应有不小于 1m 的通道；热水器不得直接设在浴室内，可设在厨房或者其他房间内；设置燃气热水器的房间体积不应小于 12m³，房间高度不低于 2.5m，应有良好的通风；燃气热水器的燃烧器距地面应有 1.2～1.5m 的高度，以便于操作和维修；燃气热水器应当安装在不燃的墙上，与墙的净距应当大于 20mm，与房间顶棚的距离不小于 600mm；热水器上部不能有电力明线、电力设备和易燃品。

为防止一氧化碳中毒，保持室内空气的清洁度，提高燃气的燃烧效果，对于使用燃气用具的房间必须采取一定的通风措施，在房间墙壁上面以及下面或者门扇的底部及上部设置不小于 0.02m² 的通风窗，或者在门与地面之间留有不小于 300mm 的间隙，如图 2-44 所示。

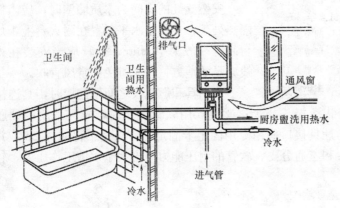

图 2-44　燃气热水器安装

2.5.4 室内燃气管道安装

居民住宅室内低压燃气管道
最好采用"低压流体输送用镀锌焊接钢管"，公称直径小于或等于 $DN50mm$ 时也可以采用牌号为TP2的铜管；民用燃气管道宜明设，螺纹连接；当建筑有特殊要求时，可暗设，但是必须方便安装和检修；管径大于 $DN50mm$ 的燃气管道也可采用焊接。

室内燃气管道安装包括燃气引入管及室内燃气管网的安装、燃气管道的试压和吹扫，应当符合城镇燃气规范的相关要求。

（1）引入管安装

1）燃气引入管不得在卧室、浴室、厕所、电缆沟、暖气沟、烟道、垃圾道、风道、配电室、变电室及易燃易爆品仓库等处引入，当必须穿过设有用电设备的卧室、浴室时，必须设在套管内。燃气引入管应当尽量设在厨房内，有困难时也可以设在走廊或楼梯间、阳台等便于检修的非居住房间内。

2）燃气引入管阀门最好设在室外操作方便的位置；设在外墙上的引入管阀门应设在阀门箱内；阀门的高度：室内在1.5m左右为宜，室外在1.8m左右为宜。

3）输送湿燃气的引入管一般由地下引入室内，当采取防冻措施时也可以由地上引入；在非采暖地区或输送燃气干管而且管径不大于75mm时，可以由地上直接引入室内。建筑设计沉降量大于50mm以上的燃气引入管，可以根据情况采取加大引入管穿墙处的预留洞尺寸，引入管穿墙前水平或者垂直弯曲两次以上及引入管穿墙前设金属软管接头或波纹补偿器等措施。

4）引入管穿墙或基础进入建筑物后，应当尽快出室内地面，不得在室内地面下水平敷设。室内地坪严禁采用架空板，应当在回填土分层夯实后浇筑混凝土地面；用户引入管与城市或庭院低压分配管道连接时，应当在分支处设阀门；引入管上可连接一根立管，也可连接若干根立管，后者则应当设水平干管，水平干管可沿楼梯间或辅助房间的墙壁敷设，坡向引入管，坡度不应小于2‰；输送湿燃气的引入管应有不小于1‰坡度且坡向室外。

5）引入管穿越建筑物基础、承重墙和管沟时设在套管内，如图2-45所示；套管的内径一般不应小于引入管外径加25mm，套管与引入管之间的缝隙应用柔性防腐防水材料填塞。

（2）水平干管安装

燃气干管不能穿过易燃易爆仓库、变电室、卧室、浴室、厕所、空调机房、防烟楼梯间、电梯间及其前室等房间，也不能穿越烟道、风道、垃圾道等处。必须穿过时，要设于套管内。室内水平干管严禁穿过防火墙；室内水平干管的安装高度不低于1.8m，距顶棚不应小于150mm。输送燃气的水平管道可以不设坡度，输送湿燃气的管道其敷设坡度不应小于2‰，特殊情况下不应小于1.5‰。

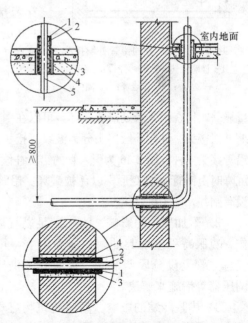

图2-45 用户引入管
1—沥青密封层；2—套管；3—油麻填料；
4—水泥砂浆；5—燃气管道

（3）立管的安装

燃气立管宜设在厨房、开水间、走廊、阳台等处；不应设置在卧室、浴室、厕所或者电梯井、排烟道、垃圾道等内；当燃气立管由地下引入室内时，立管在第一层处设阀门，阀门一般设在室内。

燃气立管穿楼板处和穿墙处应设套管，套管高出地面至少50mm，底部同楼板平齐，套管内不应有接头，套管与管道之间的间隙应用沥青和油麻填塞。套管与墙、楼板之间的缝隙应用水泥砂浆堵严；室内燃气管道穿过承重墙或楼板时应当加钢套管，套管的内径应大于管道外径加25mm。穿墙套管的两边应当与墙的饰面平齐，管内不得有接头。

由燃气立管引出的用户支管，在厨房内安装高度不得低于1.7m，敷设坡度不小于2‰，并且由燃气表分别坡向立管和燃气用具。立管与建筑物内窗洞的水平净距，中压管道不得小于0.5m，低压管道不应小于0.3m。立管支架间距，当管道DN小于等于25mm时，每层中间设一个；DN大于25mm时，按照需要设置。燃气立管宜明设，可与给排水、冷水管、可燃液气体管、惰性气体管等设在一个便于安装及检修的管道竖井内，但是不得与电线、电气设备或进风管、回风管、排气管、排烟管及垃圾道等共用一个竖井；竖井内的燃气管道应当采用焊接连接，且尽量不设或少设阀门等附件。

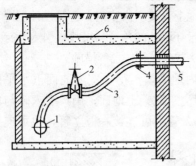

图2-46　引入管的铅管补偿接头
1—楼前供气管；2—阀门；3—铅管；
4—法兰；5—穿墙管；6—闸井

（4）支管的安装

室内燃气支管应明装，敷设在过道的管段不应装设阀门和活接头；燃气用具连接的垂直管段的阀门应距地1.5m左右，室内燃气管道若敷设在可能冻结的地方时应采取防冻措施；当燃气管道从外墙敷设的立管接入室内时，最好先沿外墙接出300～500mm长水平短管，再穿墙接入室内。室内燃气支管的安装高度不得低于1.8m，有门时应高于门的上框；为便于拆装，螺纹连接的立管每隔一层距地1.2～1.5m处设一个活接头为宜。

（5）高层建筑对燃气系统的影响

1）建筑物沉降的影响。由于高层建筑物自重大，沉降量显著，易在引入管处造成破坏，可以在引入管处安装伸缩补偿接头。伸缩补偿接头分为波纹管接头、套管接头和铅管接头三种，图2-46为引入管的铅管补偿接头，建筑物沉降时由铅管吸收变形，以免被破坏。铅管前安装阀门，设有闸井，便于维修。

2）附加压力的影响。为了满足燃气用具的正常工作，克服高程差引起的附加压力影响，可以采取在燃气总立管上设分段调节阀、竖向分区供气、设置用户调压器等措施来解决。

3）热胀冷缩的影响。高层建筑物燃气立管长、自重大，需要在立管底部设置支墩，为了补偿由于温差产生的胀缩变形，需要将管道两端固定，管中间安装吸收变形的挠性管或波纹补偿装置，如图2-47所示。

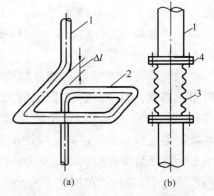

图2-47　燃气立管的补偿装置
(a) 挠性管；(b) 波纹管
1—燃气立管；2—挠性管；3—波纹管；4—法兰

（6）室内燃气管道的试压与吹扫

室内燃气管道只进行严密性试验。试验范围自调压箱起至灶前倒齿管止或者自引入管上总阀起至灶前倒齿管接头止。试验介质为空气，试验压力（带表）为 5kPa，稳压 10min，压降值不超过 40Pa 为合格。

严密性试验完毕后，应当对室内燃气管道系统进行吹扫。吹扫时可将系统末端用户燃烧器的喷嘴作为放散口，通常用燃气直接吹扫，但吹扫现场严禁火种，吹扫过程中应使房间通风良好。

2.6 供热锅炉及辅助设备安装

2.6.1 锅炉的基本构造

锅炉的最基本组成部分是汽锅及炉子，还设有省煤器和空气预热器，为保证锅炉的正常工作和安全，还必须要装设溢流器、水位表、水位报警器、压力表、主阀、排污阀等，如图2-48 所示。

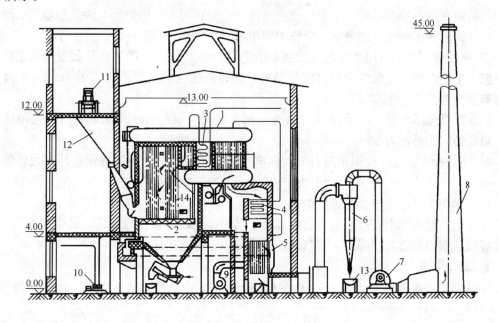

图 2-48　锅炉房设备图

1—锅筒；2—对流管束；3—蒸汽过热器；4—省煤器；5—空气预热器；6—除尘器；7—引风机；
8—烟囱；9—送风机；10—给水泵；11—皮带运输机；12—烟仓；13—灰车；14—对流管束

2.6.2 锅炉本体安装

（1）锅炉水平运输

1）运输前应当先选好路线，确定锚点位置，稳好卷扬机，铺好道木。

2）用千斤顶将锅炉前端（先进锅炉房的一端）顶起放进滚杠，用卷扬机牵引前进，在运输过程中，随时倒滚杠和道木。道木必须高于锅炉基础。保护基础不受损坏。

（2）锅炉就位

1）当锅炉运到基础上以后，不撤滚杠先进行找正。应当达到下列要求。

① 锅炉炉排前轴中心线应当与基础前轴中心基准线相吻合，允许偏差±2mm。

② 锅炉纵向中心线与基础纵向中心基准线相吻合，或者锅炉支架纵向中心线与条形基础纵向中心基准线相吻合。允许偏差±10mm。

（3）撤出滚杠使锅炉就位

1）撤滚杠时用道木或者木方将锅炉一端垫好。用2个千斤顶将锅炉的另一端顶起，撤出滚杠，落下千斤顶，使锅炉一端落在基础上。然后用千斤顶将锅炉另一端顶起，撤出剩余的滚杠和木方，落下千斤顶使锅炉全部落到基础上。如果不能直接落到基础上，应当再垫木方逐步使锅炉平稳地落到基础上。

2）锅炉就位后应进行校正：由于锅炉就位过程中可能产生位移，用千斤顶校正，达到允许偏差以内。

（4）锅炉找平及找标高

1）锅炉纵向找平：用水平尺（水平尺长度不小于600mm）放在炉排的纵排面上，检查炉排面的纵向水平度。检查点最少为炉排前后两处。要求炉排面纵向应水平或者炉排面略偏向炉膛后部。最大倾斜度不大于10mm。

当锅炉纵向不平时，可以用千斤顶将过低的一端顶起，在锅炉的支架下垫以适当厚度的钢板，使锅炉的水平度达到要求。垫铁的间距通常为500～1000mm。

2）锅炉横向找平：用水平尺（长度不小于600mm）放在炉排的横排面上，检查炉排面的横向水平度，检查点最少为炉排前后两处，炉排的横向倾斜度不应大于5mm（炉排的横向倾斜过大会导致炉排跑偏）。

当炉排横向不平时，用千斤顶将锅炉一侧支架同时顶起，在支架下垫以适当厚度的钢板。垫铁的间距通常为500～1000mm。

3）锅炉标高确定：在锅炉进行纵、横向找平时同时兼顾标高的确定，标高允许偏差为±5mm。

（5）锅炉受热面管子及管道的焊接

水冷壁、对流管束、过热器、省煤器管子的对接焊口，管子与集箱、锅筒或者其管座的对接焊口，锅炉管道对接焊口，焊接时应当采取以下工艺措施：

1）对口要求

①锅炉管子通常为V形坡口，单侧为30°～35°。对口时要根据焊接方法不同留有1～2mm的钝边和1～3mm的间隙。

②对口要齐平，管子、管道的外壁错口值不超过以下规定：

A. 锅炉受热面管子：不大于10%壁厚，不超过1mm。

B. 其他管道：不大于10%壁厚，不超过4mm。

③焊接管口的端面倾斜度应当符合表2-4的规定。

表2-4　焊接管口的端面倾斜度　　　　　　　　　　　　　　　　mm

管子公称直径	≤60	60～108	108～159	＞159
端面倾斜度	≤0.5	≤0.6	≤1.5	≤2

④管子对口前应当将坡口表面及内、外壁10～15mm范围内的油、锈、漆、垢等清除干净，并且打磨出金属光泽。

2）焊接要求

①管子焊接时，管内不得有穿堂风。

②点固焊时，其焊接材料、焊接工艺、焊工资质应当与正式施焊时相同。

③在对口根部点固焊时，焊后应当检查各焊点质量，如有缺陷应立即清除，重新点焊。

④管子一端为焊接，另一端为胀接时，应当先焊后胀。

⑤管子一端与集箱管座对接，另一端插入锅筒焊接，一般应当先焊集箱对接焊口。

⑥管子与两集箱管座对口焊接，一般应当由一端焊口依次焊完再焊另一端。

⑦水冷壁、对流管束排管与锅筒焊接，应当先焊两个边缘的基准管，以保证管排与锅筒的相对尺寸。焊接时，应当从中间向两侧焊或者采用跳焊、对称焊，防止锅筒产生位移。

⑧多层多道焊缝焊接时，应当逐层清除焊渣，仔细检查，发现缺陷必须消除，方可焊接次层，直至完成。

⑨多层多道焊的接头应当错开，不得重合。

⑩直径大于194mm的管子和锅炉密集排管（管子间距不大于30mm）的对接焊口，宜采取两人对称焊，用以减少焊接变形和接头缺陷。

⑪焊接过程应连续完成。如果因故被迫中断，再焊时，应仔细检查确认无裂纹后，方可按工艺要求继续施焊。

⑫施焊中应特别注意收弧质量。收弧时应当将熔池填满。

⑬管子对接焊缝均为单面焊，要做到双面成型，焊缝与母材应圆滑过渡。

⑭由于焊接可能在焊口处引起折弯，其折弯度应当用直尺检查，在距焊缝200mm处间隙不应大于1mm。

⑮对质量要求高的焊缝，推荐采用氩弧焊或氩弧焊打底、普通焊填充盖面的方法，以确保焊缝根部成型良好。

⑯额定蒸汽压力不小于9.8MPa的锅炉，锅筒和集箱上管接头的组合焊缝以及管子和管件的手工焊对接接头，应当采用氩弧焊打底焊接。

⑰采用钨极氩弧焊打底的根层焊缝，经检查合格后，应当及时进行次层焊缝的焊接，以防产生裂纹。

⑱焊口焊完应当进行清理，自检合格后，在焊缝附近打上焊工本人的代号钢印。

3）焊口返修

焊接接头有超过标准的缺陷时，可以采取挖补方式返修。但同一位置上的挖补次数一般不得超过3次，中、高合金钢不超过2次，并应遵守以下规定：

①彻底清除缺陷。

②制定具体的补焊措施并且按工艺要求进行。

③需进行热处理的焊接接头，返修后重做热处理。

4）焊前预热

①焊前预热温度应当根据钢材的淬硬性、焊件厚度、结构刚性、可焊性等因素综合确定。

②常用管材焊前预热温度见表2-5。

表 2-5　常用管材焊前预热温度

钢　　种	公称壁厚(mm)	预热温度(℃)
C（含碳量≤35％的碳素钢）	≥26	100～200

钢 种	公称壁厚(mm)	预热温度(℃)
C-Mn(16Mn) Mn-V(15MnV) 0.5Cr-0.5Mo(12CrMo)	≥15	150~200
1Cr-0.5Mo(15CrMo)	≥10	150~200
1Cr-0.5Mo-V(12CrMoV) 1.5Cr-1Mo-V(15Cr$_1$Mo$_1$V) 2Cr-0.5Mo-VW(12Cr$_2$MoWV) 2.25Cr-0.5Mo(12Cr$_2$Mo) 3Cr-1Mo-VTi(12Cr$_2$MoVSiTiB)	≥6	250~350

注：1. 当采用钨极氩弧焊打底时，可按下限温度降低50℃；

2. 当管子外径大于219mm或壁厚大于或等于20mm时，采用电加热法预热。

③壁厚大于或等于6mm的合金钢管子在负温下焊接时，预热温度可按表2-5规定值提高20~50℃。

④壁厚小于6mm的合金钢管子及壁厚大于15mm的碳素钢管子在负温下焊接时，也应适当预热。

⑤预热宽度从对口中心开始，每侧不少于焊件厚度的3倍。

⑥施焊过程中，层间温度不低于规定的预热温度的下限，并且不高于400℃。

5）焊后热处理

①下列焊接接头焊后应当进行热处理：

A. 壁厚大于30mm的碳素钢管与管件。

B. 耐热钢管对接（下述②项规定的内容除外）。

②凡采用氩弧焊或低氢型焊条，焊前预热和焊后适当缓冷的下列焊口可以免做热处理：

A. 壁厚小于或等于10mm，管径小于或等于108mm的15CrMo、12Cr$_2$Mo钢管。

B. 壁厚小于或等于8mm，管径小于或等于108mm的12CrMoV钢管。

C. 壁厚小于或等于6mm，管径小于或等于63mm的12Cr$_2$MoWVB钢管。

③常用钢材的焊后热处理温度见表2-6。

表2-6　焊接常用钢材的焊后热处理表

钢 种	钢 号	公称壁厚 δ（mm）	保温温度（℃）		保温时间
			电弧焊	电渣焊、气焊	
碳素钢	A3、A3F、10、20、20g、20G	>30	600~650 回火	900~960 正火 600~650 回火	δ≤50mm 时取 0.04δh，但不少 于 15min
	St45.8、SB42、SB46、SB49		520~580 回火	870~900 正火 520~580 回火	

钢 种	钢 号	公称壁厚 δ（mm）	保温温度（℃）		保温时间
			电弧焊	电渣焊、气焊	
低合金结构钢	12Mng16Mn，16Mng	≥20	550～600 回火	900～930 正火 550～600 回火	δ＞50mm 时取 (150＋δ) /100h。取 0.04δh，但不少于 15min
	19Mn6		520～580 回火	900～930 正火 520～580 回火	
	15MnVg		600～650 回火	940～980 正火 600～650 回火	
	SA106、SA299			900～960 正火 540～580 回火	
	20MnMo、13MnNiMoNbg 13MnNiMo54		570～650 回火	910～940 正火 610～630 回火	
耐热钢	12CrMo、15CrMo、20CrMo 13CrMoV42、SA335P12	＞10	650～700 回火	890～950 正火 600～680 回火	
	12CrMoV、10CrMo910 SA335P22	＞6			
	12Cr2MoWVTiB	任意厚度	750～780 回火	1000～1090 正火 750～780 回火	
	12Cr3MoVSiTiB		730～760 回火	1040～1090 正火 730～760 回火	
	SA213T91、STBA24 STBA25、STBA26		570～650 回火		

2.6.3　省煤器安装

省煤器按给水加热程度分为沸腾式省煤气和非沸腾式省煤器两种。沸腾式省煤器采用钢管撼制焊接而成，所以也称不可分式省煤器。非沸腾式省煤器由铸铁管及表面肋片组成，并用法兰式铸铁 180°弯头连接，所以也称可分式省煤器或铸铁省煤器。铸铁省煤器的构造和组成如图 2-49 所示。工业锅炉常用的省煤器是铸铁省煤器。锅炉给水经过省煤器的加热后，最高温度应控制在比饱和蒸汽温度低 20～50℃。

整装锅炉的省煤器都是整体组件出厂，因而安装时比较简单。安装前要认真检查省煤器管周围嵌填的石棉绳是否严密牢固，外壳箱板是否平整，肋片是否损坏。铸铁省煤器破损的肋片数不应当大于总肋片数的 5%，有破损肋片的根数不应大于总根数的 10%，符合要求后才可进行安装。

（1）省煤器支架安装

1）清理地脚螺栓孔，将孔内的杂物清理干净，并且用水冲洗。

2）将支架上好地脚螺栓，放在清理好预留孔的基础上，再调整支架的位置、标高和水平度。

3）当烟道为现场制作时，支架可以按基础图找平找正；当烟道为成品组件时，应等省

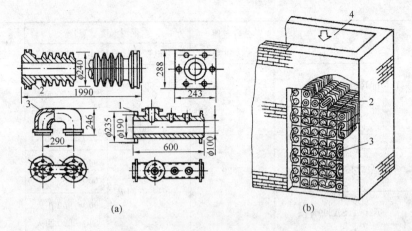

图 2-49　铸铁省煤器的构造和组成

(a) 铸铁省煤器；(b) 省煤器的组成

1—入口集箱；2—省煤器箱；3—弯头；4—烟道

煤器就位后，按实际烟道位置尺寸找平找正。

4）铸铁省煤器支承架安装的允许偏差应符合《建筑给水排水及采暖工程施工质量验收规范》（GB 50242—2002）中的规定，见表 2-7。

表 2-7　铸铁省煤器支承架安装允许偏差和检验方法

项　次	项目	允许偏差 (mm)	检验方法
1	支承架的位置	3	经纬仪、拉线和尺量
2	支承架的标高	0 −5	水准仪、吊线和尺量
3	支承架的纵、横向水平度（每米）	1	水平尺和塞尺检查

（2）省煤器安装

1）安装前应进行水压试验，试验压力为 1.25P＋0.5MPa（P 为锅炉工作压力。蒸汽锅炉指锅筒工作压力，热水锅炉指锅炉额定出水压力）。在试验压力下 10min 内压力降不应超过 0.02MPa；然后降至工作压力进行检查，压力不降、无渗漏为合格。同时进行省煤器安全阀的调整：安全阀的开肩压力应当为省煤器工作压力的 1.1 倍，或为锅炉工作压力的 1.1 倍。

2）用三脚桅杆或其他吊装设备将省煤器安装在支架上，并且检查省煤器的进口位置、标高是否与锅炉烟气出口相符，两口的距离和螺栓孔是否相符。通过调整支架的位置和标高，达到烟道安装的要求。

3）一切妥当后将省煤器下部槽钢与支架焊在一起。

（3）灌注混凝土

支架的位置和标高找好后灌注混凝土，混凝土的强度等级应当比基础强度等级高 1 级，并应当捣实和养护（拌混凝土时最好用豆石）。

（4）拧紧地脚螺栓

当混凝土强度达到75%以上时，将地脚螺栓拧紧。

2.6.4 炉排安装

2.6.4.1 链条炉排安装

链条炉排是一种可靠的机械化层燃炉、全部操作除人工拔出外都是机械化，大大减轻了工人的劳动强度，改善了操作环境，并消除了手动炉排周期性工作的缺点，炉排效率较高。所以链条炉排在大中型锅炉上都得到了应用。

锅筒安装之后，即可以进行链条炉排的安装，同锅炉本体受热面管子的安装交叉进行，以便锅炉本体水压试验时及链条炉排冷态试运转结束，为后面的锅炉砌筑创造条件。

链条炉排安装的施工程序如下：

（1）链条炉排组装前，按照表2-8的规定，检查炉排构件的几何尺寸，不符合要求的应予以校正。

表2-8 链条炉排安装前的检查项目和允许偏差   mm

项　　目	允许偏差	备　　注
型钢构件的长度	±5	
型钢构件的直线度，每米	1	
各链轮与轴线中点间的距离 a，b	±2	见图2-50
同一轴上的任意两链轮，其齿尖前后错位 Δ	2	见图2-51

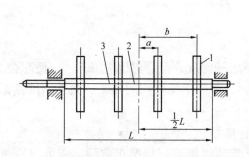

图2-50 链轮与轴线中点间的距离
1—链轮；2—轴线中点；3—主动轴

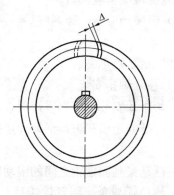

图2-51 链轮的齿尖错位

（2）检查炉排基础上有关的预埋钢板、预埋螺栓、预留孔，如果有缺陷及时处理。炉排基础经检查验收合格后，在基础上画出炉排中心线、前轴中心线、后轴中心线、两侧墙板位置线，如图2-52所示，并且用对角线检查画线的准确度，如图2-53所示。

（3）安装墙板：墙板及其构件是炉排的骨架，在其前后各装1根轴。前轴和变速箱相连，轴上装有齿轮拖动全部链条炉排转动。安装时，应按照设计要求留出轴向及径向热膨胀间隙，如图2-54所示。同时，应按照规定标准调整前轴的标高、水平度、平行度及轴上齿轮和滑轮的位置。

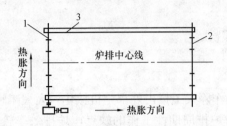

图 2-52　炉排膨胀方向
1—前轴；2—后轴；3—墙板

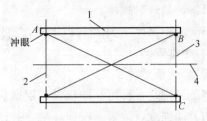

图 2-53　冲眼的测量
1—墙板；2—前轴中心线；3—后轴
中心线；4—炉排中心线

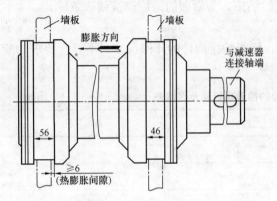

图 2-54　炉排前、后轴承预留热膨胀间隙

（4）炉排片组装不可以过紧、过松，装好用手摇动，以松动灵活为宜，并对销轴、开口销全面检查，不应有缺少及未掰开情况。边部炉条与墙板之间应留有间隙。

（5）对于鳞片或者横梁式链条炉排在拉紧状态下测量，各链条的相对长度差不大于 8mm。

（6）组装加煤斗时，应当检查各机件有无异常现象，方可清干净进行安装。

（7）组装挡渣门时，轴与轴之间和各出渣门之间，应当按规定留出膨胀间隙。操纵机构和轴的转动均应灵活。

（8）组装挡渣器，经调整后，两挡渣器之间应留有适当间隙，端部与墙体间应当留出间隙。

2.6.4.2　往复炉排安装

（1）往复炉排安装

1）炉排片安装前应当进行检查，通风间为 1～2mm，配合部位应刨平，以便吻合。

2）炉排同定梁和炉排框架的连接必须牢固，各固定梁之间的间距、上下高度差都应保持一致。

3）活动梁与固定梁之间的滚动装置要接触良好。

4）推拉轴与变速装置连接后，应当检查活动炉排运行情况正常后，方可将变速装置定位。

5）装炉片时，要留出 5～10mm 间隙，防止炉片受热膨胀后卡住。

6）煤斗闸板安装要操作灵活，以防止漏风和阻碍炉排运行。

（2）炉排试运转

1）炉排试运转宜在锅炉前进行，并应当符合下列要求：

①冷态试运转运行时间，链条炉排不少于 8h；往复炉排不少于 4h。试运转速度不应小于 2 级，在由低速到高速的调整阶段，应当检查传动装置的保安机构动作。

②炉排运转应平稳、无异常声响、卡住、抖动和跑偏等现象。

③炉排片能翻转自如，并且无凸起现象。

④滚柱转动应灵活，与链轮啮合应当平稳，无卡住现象。

⑤润滑油和轴承的温度均应正常。

⑥炉拉紧装置应留适当的调节余量。

2）煤闸门及炉排轴承冷却装置应作通水检查，并且无泄漏现象。

3）煤闸门升降应灵活，开度应当符合设计要求。煤闸门下缘与炉排表面的距离偏差应不大于10mm。

4）挡风门、炉排风管及其法兰接合处、各段风室、落灰门等均应当平整，密封良好。

5）挡渣铁应整齐地贴合在炉排面上，当炉排运转时不应当有顶住、翻倒现象。

6）侧密封块与炉排间隙应当符合设计要求，防止炉排卡住、漏煤和漏风。

2.6.5 锅炉水压试验

锅炉的汽、水压力系统及附属装置组装完毕，应当进行水压试验，用以检查胀口和焊口的质量。水压试验包括锅炉上的一切受内压部件及附属装置（安全阀除外）。

（1）水压试验前准备工作

1）清除锅筒及集箱内的杂物。

2）检查管子有无堵塞现象，必要时应当进行通球试验。

3）装设给水、排水、排放空气的管道。

4）装设校验合格的压力表于锅筒上方和加压泵出口处。

5）封闭人孔、手孔。

（2）水压试验的环境温度及水温

1）为了防止结冰，水压试验环境温度应高于5℃，否则应当采取防冻措施。

2）水压试验时，所用水的温度应高于环境露点温度，通常保持在20～60℃。水温过低，锅炉水管表面会结露，易与微量渗水等不严密情况混淆，很难区别；水温过高，渗出来的水滴会很快蒸发，不易发现渗漏的部位。

（3）水压试验的过程

1）关闭所有的排污阀、放水阀，打开锅筒的排空气阀，准备灌水。

2）向锅炉内灌水不要太快太急，当排空气阀向外排水时，说明锅筒内空气已排净，水已上满，应当关闭排空气阀。检查金属表面有无漏水现象，确认无漏水时，启动加压泵，缓慢升压。

3）当升压至0.3～0.4MPa时，应检查一次试验系统的严密性，必要时可拧紧人孔、手孔和法兰等处的螺栓。

4）当升压至工作压力时，应暂停升压，检查各部位有无漏水。然后升至试验压力（以锅筒上的压力表为准），保持5min，压力降不超过0.05MPa。再降压到工作压力，进行详细检查，对渗漏部位作记录。

（4）水压试验合格的标准

当压力升至试验压力时，保持5min，其间压力下降不得超过0.05MPa。然后回降到额定工作压力进行检查，检查期间压力应保持不变。水压试验时，受压元件金属壁和焊缝上应无水珠和水雾，胀口不得有滴水珠现象，个别胀口处挂有水珠但不滴、不淌或有渗水现象是允许的，可不补胀。

当水压试验不合格时，应返修。返修应当在放水后立即进行补胀，补胀次数不宜多于

2次。

2.7 室外供热管道的安装

2.7.1 室外供热管道的布置

室外供热管道的布置有枝状和环状两种基本形式。

枝状管网，管线较短，阀件少，造价较低，但是缺乏供热的后备能力。一般工厂区、建筑小区和庭院多采用枝状管网。对用汽量大而且任何时间都不允许间断供热的工业区或车间，可以采用复线枝状管网，用来提高其供热的可靠性。

对于城市集中供热的大型热水供热管网，而且有两个以上热源时，可采用环状管网，提高供热的后备能力。但是，此供热管网的造价和钢材耗量都比枝状管网大得多。实际上这种管网的主干线是环状的，通往各用户的管网仍是枝状的。

2.7.2 室外供热管道的敷设

（1）架空敷设。根据支架的高度可以分为低支架敷设、中支架敷设及高支架敷设。低支架敷设适用于人和车辆稀少的地方以及工业区中沿工厂围墙敷设的管道。低支架上保温层的底部与地面间的净距一般为 0.5～1.0m，两个相邻管道保温层外面的间距一般为 0.1～0.2m；中支架敷设在行人频繁出入处，中支架的净高度为 2.5～4.0m；穿越主干道时，可以采用高支架敷设，高支架的净空高度为 4.0～6.0m。

（2）地下敷设。当小区有规划要求或者供热系统自身需满足自流回水的要求，不能采用架空方式敷设时，须采用地下敷设。地下敷设分为地沟敷设及直埋敷设。地沟敷设是将管道敷设在地下管沟内，直埋管道将管道直接埋设在土壤里。地沟又可分为不通行地沟、半通行地沟和通行地沟敷设。

1）埋地敷设。埋地敷设是指直接将管道埋于地下，管道的保温材料与土壤直接接触。这种敷设方式最为经济，但是管道需作防水和保温处理。这种敷设方式适用于地下水位较低，土质不下沉，土壤不带腐蚀性并且不很潮湿的地区。

2）不通行地沟敷设。不通行地沟为内部高度小于 1.0m 的地沟。此种地沟断面尺寸较小，耗费材料少，管道配件较少，常维护工作量不大，管道的运行不受地下水影响，适合于焊接的蒸汽或者热水管道。

3）半通行地沟。半通行地沟的断面净高 1.2～1.4m，通道的净宽为 0.5～0.6m。检修人员能在地沟内弯腰通过，并且能做一般的维修工作，适用于管道需要地沟敷设，又不能掘开路面进行检修、管道数目较少的场所。

4）通行地沟敷设。通行地沟沟内净高通常为 1.8～2.0m，沟内通道净宽一般为 0.7m。通行地沟内应当有检修孔、照明、排水和通风设施。

2.7.3 室外供热管道的安装

（1）直埋供热管道的安装

直埋敷设是将由工厂制作的保温结构及管子结成一体的整体保温管，直接敷设在管沟的砂垫层上，经过砂子或细土埋管后，回填土即可以完成供热管道的安装，如图 2-55 所示。

在管沟开挖并经沟底找坡后，就可铺上细砂进行铺管工作。铺管时按设计标高和坡度，在敷设管道的两端挂两条管道安装中心线（也是安装坡度线），使每根整体保温管中心都就位于挂线上，管子对接时留有对口间隙（用夹锯条或石棉板片控制），之后经点焊、全线安

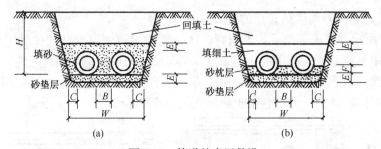

图 2-55 管道的直埋敷设

(a) 砂子埋管；(b) 细土埋管

$B \geqslant 200mm$；$C \geqslant 150mm$；$E = 100mm$；$F = 75mm$

装位置的校正后对各个接口进行焊接，最后回填土分层夯实。

（2）地沟供暖管道的安装

1）不通行地沟供暖管道的安装

不通行地沟供热管道的安装有两种安装形式。一种是采用混凝土预制滑托通过高支座支承管道，称为滑托安装；一种是吊架安装，就是用型钢横梁、吊杆和吊环支承管道，如图 2-56 所示。

室外供热管采用滑托安装，宜在地沟底混凝土施工完毕、沟墙砌筑前进行安装。

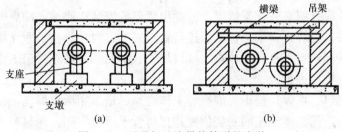

图 2-56 不通行地沟供热管道的安装

(a) 滑托安装；(b) 吊架安装

在地面上加工好对口焊接的坡口，涂刷两遍防锈漆并使其干燥，有条件时还可以将保温结构做好后下管，确定支架安装位置，把各活动支架的安装位置弹画在沟底已弹画的两条管道安装中心线上。在沟底弹画管道安装中心线时，应当使热水采暖的供水管、蒸汽管、生活热水管的供水管处于介质前进方向的右侧，从而使与之并行的供暖回水管、凝结水管、生活热水循环管处于安装的左侧。

按已确定的滑托安装位置十字线，在沟底上铺1：3水泥砂浆，将已预制好的混凝土滑托砌筑在沟底上；在滑托预埋的扁铁上摆放高支座，使之对准管道安装中心线，同时向热膨胀的反方向偏斜1/2伸长量后，点焊在滑托扁铁上；抬管上架，并与高支座结合稳固。

管子对口焊接，并且将高支座与管子焊接牢固，将高支座底部与滑托的一临时点焊割掉，使其能自由滑动。管道安装完毕，经过试验合格，保温结构施工完毕，即可进行地沟沟墙的砌筑及地沟管道的回填隐蔽。

室外供热管采用吊架安装顺序为：下管→吊架横梁及升降螺栓的安装→拉线找正→管子穿入吊环及吊杆→抬管上架，使吊杆弯钩挂入升降螺栓的环孔内→管子对口及通过升降螺栓找正，使平直度、坡度符合设计要求→点焊→找正→管子焊接。

2) 半通行、通行地沟供热管道的安装

如图 2-57 所示，管子下沟后，半通行、通行地沟供热管道安装的关键工序是支架的安装。支架可以单侧或双侧、单层或数层布置，层与层支架横梁一端栽埋于沟墙上，另一端还可以用立柱支撑，做成箱形支架；管道在横梁上可单根布置，也可以将坡度相同的管道并排布置，对坡度不同的管道，也可悬吊于两层之间的横梁上。

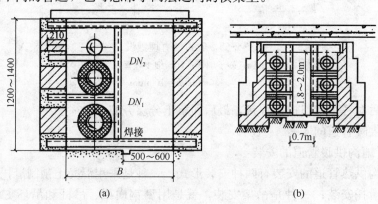

图 2-57　半通行、通行地沟供热管道的安装

(a) 半通行地沟；(b) 通行地沟

支架安装后，应挂线在各支架横梁上弹画出管道的安装中心线，随后即可以安装保温管道的高支架并且临时点焊在横梁上。然后进行管道安装，对口焊接的顺序应从下到上、从里到外。所有管道端部切口平直度的检查、坡口加工、防腐油漆甚至保温工作，应当在管子下沟前在地面施工完毕后进行。

每根管道的对口、点焊、校正、焊接等工作应当尽量采用活口焊接，以提高工效和保证质量；管道焊接后，调整高支座的安装位置并且与管子焊接牢固，同时割去高支座底部的临时点焊点，保证管道能自由伸缩。

(3) 供热管道的架空安装

1) 安装要求。中、高支架多用钢筋混凝土及型钢结构做管道的支承实体。架空供热管道与建筑物、构筑物及电线间的水平和垂直交叉应满足最小间距的要求。

2) 地面预组装。地面组装操作包括管道端部切口平直度的检查、坡口的加工、弯管与管道的对口焊接、管与管之间的对口焊接、管道与法兰阀门的组装、管道的防腐与保温等。

对组装管段可在地面上进行水压试验之后，再进行吊装，使管道焊口部位的防腐与保温结构补做工作也可以在地面上一次性完成。

3) 架空管道的安装。架空管道的安装如图 2-58 所示。

在各低支架预埋的安装钢板上弹画出管道安装中心线，双管及多管并排安装时，应当使各管道安装的中心符合规定。在弹画的管道安装中心线上，摆放保温管安装的高支座并使之与预埋钢板临时点焊固定。

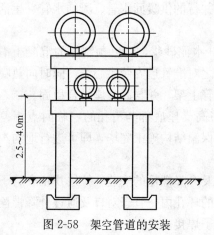

图 2-58　架空管道的安装

吊装就位时，先吊装管道的分支点，使分支管道以及控制阀件就位于设计要求的位置中心线上；吊装带弯管的组合管段，使弯路头中心就位于设计要求的转角中心线上；吊装中，高支架的组装管段就位于要求的位置中心线上，并且用抱柱法（或型钢支架的焊接法）将预埋管段紧固于道路两侧的支架立柱上。

低支架上安装的直管段可单根管上架，也可以将 2～3 根管在地面上组装后吊装上架。每根管子上架时，均需使其就位于高支架的弧形面上，直到配管到已吊装就位的各个分支点。

上岗工作要点

1. 掌握室内供暖系统管道的安装要求、安装程序，当实际工作中需要时，能够熟练安装。

2. 掌握散热器及辅助设备的安装要求与程序，了解散热器的应用。

3. 掌握燃气管道的安装要求，当实际工作中需要时，能够熟练安装。

4. 掌握室外供暖管道的安装要求、安装程序，当实际工作中需要时，能够熟练安装。

思 考 题

2-1 供暖系统包括哪几种？其组成又包括什么？

2-2 室内供暖系统有哪几种常用的系统形式？

2-3 供暖管道的安装有哪些要求？

2-4 管道的安装坡度应符合哪些规定？

2-5 供暖管道安装的允许偏差是多少？

2-6 散热器的种类包括哪些？

2-7 散热器的组对有哪些要求？

2-8 管道架空敷设的类型有哪些？

2-9 管道安装要求的标准有哪些？

2-10 燃气的种类有哪些？

第3章 给水排水系统安装

重点提示

1. 了解室内给水系统的组成及分类，熟悉室内给水系统的给水方式。
2. 掌握室内给水管道的安装要求与程序。
3. 掌握室内消火栓给水系统与室内消防给水管道的安装要求与程序。
4. 了解建筑中水系统的组成及分类，掌握建筑中水系统的安装要求与程序。
5. 了解室内排水系统的组成及分类，掌握室内排水管道的安装要求与程序。
6. 熟悉各种卫生器具的安装要求与程序。
7. 掌握室外给水排水管道的安装要求与程序。

3.1 室内给水系统的组成及分类

3.1.1 室内给水系统的组成

一般情况下，室内给水系统由下列各部分组成，如图 3-1 所示。

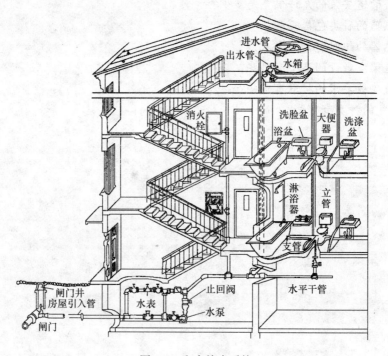

图 3-1 室内给水系统

（1）引入管

对一幢单独建筑物来说，引入管是穿过建筑物承重墙或者基础，自室外给水管将水引入室内给水管网的管段，也称为进户管。对于一个工厂、一个建筑群体、一个学校区，引入管也就是总进水管。

（2）水表节点

水表节点指的是在引入管上装设的水表及其前后设置的阀门、泄水装置的总称。阀门用来修理和拆换水表时关闭管网，泄水装置主要用于系统检修时放空管网、检测水表精度及测定进户点压力值。为了使水流平稳流经水表，保证其计量准确，在水表前后应有符合产品标准规定的直线管段。

水表及其前后的附件通常设在水表井中，如图 3-2 所示。温暖地区的水表井一般设在室外，寒冷地区为避免水表冻裂，可将水表设在供暖房间内。

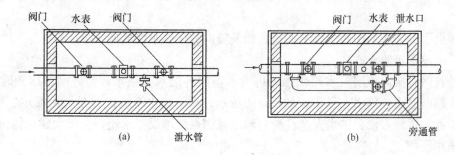

图 3-2　水表节点
(a) 无旁通管的水表节点；(b) 有旁通管的水表节点

在建筑内部的给水系统中，除在引入管上安装水表外，在需计量水量的某些部位和设备的配水管上也要安装水表。为利于节约用水，住宅建筑每户的进户管上均应安装分户水表。

（3）给水管道

给水管道包括水平或者垂直干管、立管、横支管等。

（4）配水龙头和用水设备

配水龙头和用水设备的作用是控制水流量的大小。

（5）给水附件

给水附件分管件、控制附件和配水附件三类，指给水管道上的各种管件、阀门、水表、水龙头、混水器和淋浴器等。

（6）加压和贮水设备

在室外给水管网水量、压力不足或者室内对安全供水、水压稳定有要求时，需在给水系统中设置水泵、气压给水设备及水池、水箱等各种加压、贮水设备。

3.1.2　室内给水系统的分类

根据用户对水质、水压和水量的要求，并且结合外部给水情况对室内给水系统进行划分。按用途可分为：

（1）生活给水系统：供应民用建筑、公共建筑及工业建筑中的饮用、烹饪、洗浴及浇灌和冲洗的生活用水。

（2）生产给水系统：供生产设备用水，包括产品本身用水、生产洗涤用水及设备冷却用水。

（3）消防给水系统：扑救火灾时向消火栓和自动喷水灭火系统供水，其中包括湿式、雨淋、预作用、干式、水幕、水喷雾等自动喷水灭火给水系统供水。

在实际应用中，上述三个给水系统不一定单独设置，可以根据需要将其中的两种或三种给水系统合并，如生活和生产共用的给水系统，生产和消防共用的给水系统，生活和消防共用的给水系统，生活、生产及消防共用的给水系统。

3.1.3 室内给水系统的给水方式

（1）直接给水方式

直接给水方式是一种最简单的无须加压及贮水装置的给水方式（也叫下行上给式），由室外给水管网通过引入管、阀门、水表到干管、立管然后到各层用水点。只要室外给水管网的水压、水量能满足室内最高和最远点的用水要求，便可以采用此种方式，如图3-3所示。

直接供水方式适用于四层以下的建筑物及竖向分区供水的最低一个区。

（2）单设水箱给水方式

室外管网直接向顶层贮水箱供水，再由水箱向各配水点供水；当外网水压短时间不足时，由水箱向室内各供水点供水，如图3-4所示。水箱供水系统优点是管网简单、投资省、运行费用低、维修方便、供水安全性高；缺点是因系统增设了水箱，会增大建筑物荷载，占用室内使用面积。

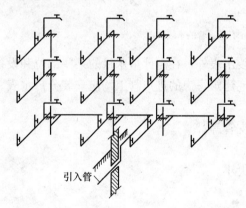

图3-3　直接给水方式

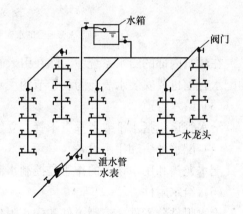

图3-4　水箱给水方式

（3）贮水池、水泵和水箱联合给水方式

这种系统增设了水泵和高位水箱，当市政部门不允许从室外给水管网直接抽水时，需增设地面水池。室外管网水压经常性或者周期性不足时，多采用此种供水方式，如图3-5所示。这种供水系统供水安全性高，但是因增加了加压和贮水设备，系统结构复杂，使投资及运行费用增高。

（4）气压给水方式

当室外给水管网压力不足、室内用水不均匀并且不宜设置高位水箱时可采用此种方式。该方式在给水系统中设置了气压水罐，气压水罐既可贮水又可以维持系统压力，并且不受设置高度的限制，目前大多用于消防供水系统。气压给水方式如图3-6所示。

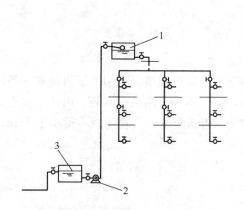

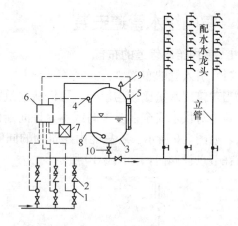

图 3-5 贮水池、水泵和水箱
联合给水方式
1—水箱；2—水泵；3—水池

图 3-6 气压给水方式
1—水泵；2—单向阀；3—气压水罐；4—压力
信号器；5—液位信号器；6—控制器；7—补气
装置；8—排气阀；9—溢流阀；10—阀门

（5）变频调速泵给水方式

变频调速泵给水是在居民小区和公共建筑中应用最为广泛的一种给水方式，变速泵及恒速泵协同工作，工作原理如图 3-7 所示。当供水系统中扬程发生变化时，压力传感器即向微机控制器输入水泵出水管压力的信号，如果出水管压力值大于系统中设计供水量对应的压力时，微机控制器即向变频调速器发出降低电源频率的信号，水泵转速随即降低，使水泵出水量减少，水泵出水管的压力降低；反之也如此。与其他供水方式相比，水泵可以经常在高效区工作，具有能耗低、运行安全可靠、自动化程度高、设备紧凑、占地面积小（省去了高位水箱和气压罐）、对管网系统中用水量变化适应能力强等特点，但是要求电源可靠，所需管理水平高，造价高。

（6）竖向分区给水方式

在多层建筑中，为节约能源，有效地利用外网水压，常将建筑物的低区设置成从室外给水管网直接给水，高区由增压贮水设备供水，如图 3-8 所示。

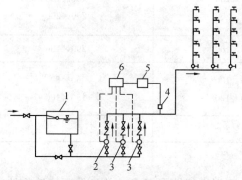

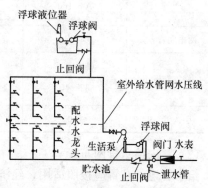

图 3-7 变频调速泵给水装置原理图
1—贮水池；2—变速泵；3—恒速泵；4—压力
变送器；5—调节器；6—控制器

图 3-8 多层建筑竖向分区
给水方式

3.2 室内给水管道安装

3.2.1 室内给水管道的布置

（1）引入管的布置

当建筑用水量比较均匀时，可以从建筑物中部引入。一般情况下引入管可设置一条，如果建筑物对供水安全性要求高或不允许间断供水，应当不少于两条引入管，由建筑物不同侧引入，如图 3-9 所示。若只能由建筑物的同侧引入，相邻两条引入管间距不得小于 15m，并且应在节点设阀门，如图 3-10 所示。

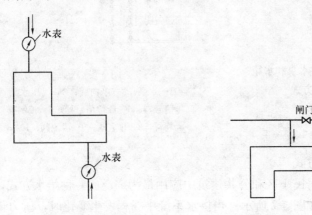

图 3-9　引入管由建筑物不同侧引入　　　图 3-10　引入管由建筑物同侧引入

引入管的埋深主要由地面荷载情况及气候条件决定。在北方寒冷地区，应在冰冻线以下，最小覆土厚度不应小于 0.7m。引入管穿过建筑物基础时，应预留洞口。给水管预留孔洞、墙槽尺寸见表 3-1。

表 3-1　给水管预留孔洞、墙槽尺寸

管道名称	管 径 （mm）	明管留孔尺寸 （长×宽，mm）	暗管墙槽尺寸 （宽×深，mm）
立 管	≤25	100×100	130×130
	32～50	150×150	150×130
	70～100	200×200	200×200
两根立管	≤32	150×100	200×130
横支管	≤25	100×100	60×60
	32～40	150×130	150×100
引入管	≤100	300×200	—

（2）室内给水管网布置

给水管道的布置应按照适用、经济和美观的原则进行综合考虑，并且保证建筑物的使用功能和供水安全。

1）下行上给式水平干管布置在地下室顶棚或底层地下，从下向上供水，如图 3-11 所示。目前，这种形式在各种建筑中应用最为广泛。

2）上行下给式水平干管布置在顶层屋面下或者吊顶内，由上向下供水，如图 3-12 所示。此种供水方式常用于高水箱供水及分区供水系统。

3）环状式对设置两根或两根以上引入管的建筑物，一定要将管网布置成环状，水平干管和配水立管互相连接成环，组成水平管环状或者立管环状，如图 3-13 所示。这种系统供水安全性高，但是造价较高。

（3）给水管道的敷设

根据建筑物的用途和对美观的要求不同，给水管道的敷设可以分为如下两种方式：

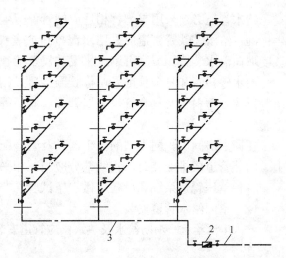

图 3-11　下行上给式给水系统
1—给水引入管；2—水表；3—给水干管

1）明装管道沿墙、梁、柱及楼板暴露敷设，称作明装。明装具有施工、维修方便，造价低，但是室内不美观等特点，较适用于要求不高的民用及公共建筑、工业建筑等。

2）暗装管道布置在管道竖井、吊顶、墙上的预留管槽等内部隐藏设置，称作暗装。暗装具有室内美观的特点，但是造价高、维修不便等特点，较适用于美观性要求高的星级宾馆、酒店等建筑。

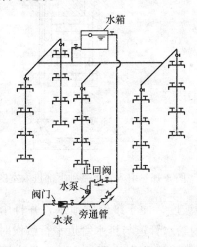

图 3-12　上行下给式给水系统

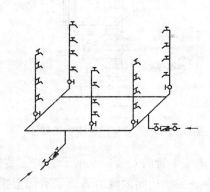

图 3-13　环状给水方式

3.2.2　室内给水管道的安装

（1）基本要求

建筑给水排水工程的施工应当按照批准的工程设计文件和施工技术标准进行施工。建筑工程所使用的主要材料、成品、半成品、配件、器具和设备一定要标明其规格、型号，并且具有中文质量合格证明文件及性能检测报告，包装完好，主要器具和设备必须有完整的安装使用说明书。

给水管道必须采用与管材相适应的管件。生活给水系统所涉及的材料必须达到饮用水卫生标准；给水铸铁管管道应采用水泥捻口或者橡胶圈接口；给水水平管道应有 2‰～5‰ 的坡度坡向泄水装置。坡度可用水平尺和尺量检查。

给水塑料管和复合管可采用橡胶圈接口、粘结接口、热熔连接、专用管件连接及法兰连接等形式。塑料管及复合管与金属管件、阀门等的连接应使用专用管件连接，不得在塑料管上套丝。

在同一房间内，同类型的卫生器具及管道配件，除了有特殊要求外，应安装在同一高度上。明装管道成排安装时，直线部分应当互相平行。

各种承压管道系统和设备应做水压试验，非承压管道系统和设备应当做灌水试验。

（2）室内给水管道安装

室内生活给水、消防给水及热水供应管道安装的一般程序为：引入管→水平干管→立管→横支管。

1）引入管的安装。给水引入管与排水排出管的水平净距不应小于 1m，坡应不小于 3‰，坡向室外。引入管穿过建筑物基础时，应当预留孔洞，其直径应比引入管直径大 100～200mm，预留洞与管道的间隙应当用黏土填实，两端用 1：2 水泥砂浆封口，如图 3-14 所示。

引入管由建筑物基础以下进入室内或者穿过地下室墙壁进入室内时，其安装方法如图 3-15、图 3-16 所示。

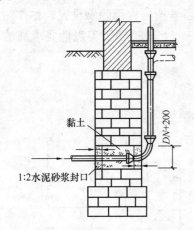

图 3-14　引入管穿过建筑物基础图

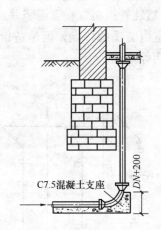

图 3-15　引入管由基础下部进入室内详图

2）水平干管的安装。水平干管的安装保证最小坡度，便于维修时泄水，并且用支架固定。设在非采暖房间的管道需要采取保温措施。室内给水管道与排水管道平行敷设时，两管间的最小水平净距不应小于 0.5m；交叉敷设时，垂直净距不得小于 0.15m。给水管应铺在

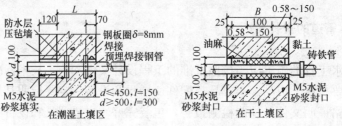

图 3-16　引入管穿过地下室墙壁做法

排水管上面，如果给水管必须铺在排水管下面时，给水管应当加套管，其长度不得小于排水管管径的 3 倍。

3）立管的安装。每根立管的始端应安装阀门，以便于维修时不影响其他立管供水。立管每层设一管卡固定。

4）横支管的安装。水平支管应有 2‰～5‰ 的坡度，坡向立管或配水点，并且用托钩或管卡固定。装有 3 个或 3 个以上配水点的始端均应当安装阀门和可拆卸的连接件。

5）地下室或地下构筑物外墙有管道穿过的，应当采取防水措施。对有严格防水要求的建筑物，必须使用柔性防水套管。

6）冷、热水管上、下平行安装时，热水管在上，冷水管在下；垂直安装时，热水管在左，冷水管在右。给水支管和装有 3 个或 3 个以上配水点的支管始端，都应当安装可拆卸连接件。

7）管道穿过墙壁和楼板，应当设置金属或塑料套管。安装在楼板内的套管，其顶部应高出装饰地面 20mm；安装在卫生间和厨房内的套管，其顶部应高出装饰地面 50mm，底部应与楼板底面相平；安装在墙壁内的套管其两端应当与饰面相平。

3.2.3　室内给水管道的试压与冲洗

（1）室内给水系统的水压试验必须满足设计要求。当设计未注明时，各种材质的给水管道系统试验压力均为工作压力的 1.5 倍，但不应小于 0.6MPa。

检验方法：金属及复合管给水管道系统在试验压力下观测 10min，压力降不得超过 0.02MPa，然后降到工作压力进行检查，应当不渗不漏；塑料管给水管道系统应在试验压力下稳压 1h，压力降不应超过 0.05MPa，然后在工作压力的 1.15 倍状态下稳压 2h，压力降不应超过 0.03MPa，同时检查各连接处不得渗漏。

（2）生活给水系统管道在交付使用前必须冲洗和消毒，并且经有关部门取样检验，符合国家卫生部《生活饮用水水质卫生规范》后，方可使用。给水系统交付使用前必须进行通水试验并做好记录。

（3）室内直埋给水管道（塑料管道和复合管道除外）应当做防腐处理。埋地管道防腐层材质和结构应符合设计要求。

3.3　室内消防给水系统安装

3.3.1　室内消火栓给水系统

3.3.1.1　消火栓给水系统的组成

消火栓给水系统一般是由水枪、水带、消火栓、消防卷盘、消防管网、消防水池、高位水箱、水泵接合器以及增压水泵等组成。

（1）消火栓设备

消火栓设备由消防龙头、水带、水枪组成，且均安装在消火栓箱内，如图 3-17 所示。

1）水枪。水枪为锥形喷嘴，喷嘴口径有 13mm、16mm、19mm 三种，水枪的常用材料为不锈蚀的材料，例如铜、铝合金及塑料等。低层建筑的消火栓可选用 13mm 或 16mm 口径的水枪，高层建筑消火栓可选用 19mm 口径水枪。

2）水带。水带为引水的软管，一般用麻线或化纤材料制成，可以衬橡胶里，口径有 50mm 和 65mm，长度有 15mm、20mm、25mm、30mm 四种。水带要配合水枪的口径使用，口径为 13mm 的水枪配备直径 50mm 水带，16mm 水枪配备 50mm 或者 65mm 水带，19mm

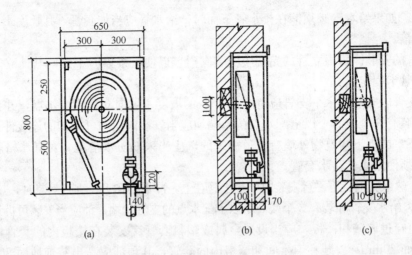

图 3-17　消火栓箱

（a）立面；（b）暗装侧面；（c）明装侧面

水枪配备 65mm 水带。

3）消防龙头。消防龙头为控制水流的球形阀式龙头，通常为铜制品，分单出口龙头及双出口龙头。单出口龙头直径有 50mm 和 65mm，双出口龙头的直径为 65mm。

（2）消防卷盘

消防卷盘是由阀门、软管、卷盘、喷枪等组成，并能够在展开卷盘的过程中喷水灭火的灭火设备。消防卷盘通常设置在走道、楼梯口附近明显位置，且易于取用的地点，可以单独设置，也可与消火栓设置在一起。图 3-18 所示为消火栓与消防卷盘一起设置的情况。

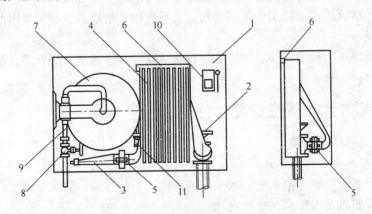

图 3-18　室内消火栓、消防卷盘一起设置安装图

1—消火栓箱；2—消火栓；3—水枪；4—水带；5—水带接扣；6—挂架；
7—消防卷盘；8—闸阀；9—钢管；10—消防按钮；11—消防卷盘喷嘴

（3）水泵接合器

水泵接合器是使用消防车从室外水源取水，向室内管网供水的接口。它的作用是当室内管网供水不足时，可通过接合器用消防车加压供水给室内管网，补充消防用水量的不足。水泵接合器分为地上式、地下式、墙壁式，一般设置在消防车易于接近、方便使用、不妨碍交通的明显地点，如图 3-19 所示。

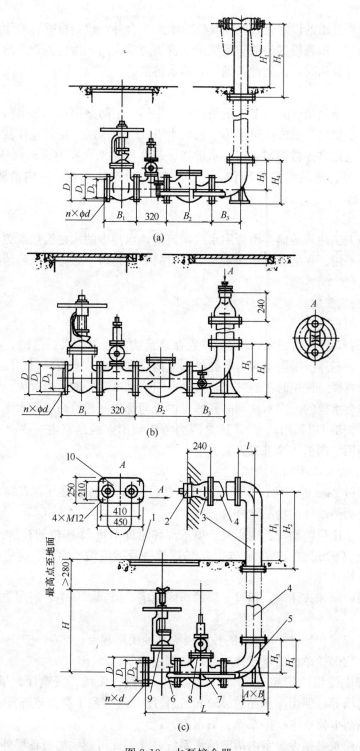

图 3-19 水泵接合器

（a）地上式水泵接合器；（b）地下式水泵接合器；（c）墙壁式水泵接合器

1—井盖；2—接扣；3—本体；4—接管；5—弯管；6—放水阀；7—单向阀；8—溢流阀；9—闸阀；10—标牌

（4）消防管道

建筑物内消防管道的设置是否要同其他给水系统合并，应当根据建筑物的性质和进行技术经济比较后确定。单独设置的消防系统给水管道通常采用非镀锌钢管或给水铸铁管；与生活、生产给水系统合用时，采用镀锌钢管或给水铸铁管。

（5）消防水箱

消防水箱按照使用情况分为专用消防水箱，生活、消防共用水箱和生活、生产、消防共用水箱等多种。底层建筑室内消防水箱（包括水塔、气压水罐）是贮存扑救初期火灾消防用水的贮水设备，它提供扑救初期火灾的水量和保证扑救初期火灾时灭火设备有必要的水压。水箱的安装应设置在建筑的最高部位，且应为重力自流式水箱。室内消防水箱应当贮存 10min 的消防用水量。

（6）消防水池

消防水池是人工建造的储存消防用水的构筑物，水池中的水是天然水源、市政给水管网的一种重要补充手段。根据各种用水系统对水质的要求是否一致，可以将消防水池与生活或生产贮水池合用。

3.3.1.2 消火栓及管道的布置

（1）消火栓的布置

1）消火栓的布置位置。消火栓应当布置在建筑物中经常有人通过的、明显的地方，例如走廊、楼梯间、门厅及消防电梯旁等处的墙龛内，龛外应装有玻璃门，门上应标有"消火栓"标志，平时封锁，使用时击破玻璃，按动电钮启动水泵，取水枪灭火。室内消火栓的布置，应确保有两支水枪的充实水柱同时到达室内任何部位（建筑高度不大于 24m，且体积不大于 5000m³ 的库房可以采用一支），这是因为考虑到消火栓是室内主要灭火设备，在任何情况下，都可使用室内消火栓进行灭火。

2）消火栓的设置范围如下所述：

①高度不超过 24m 的厂房、车库和高度不超过 24m 的科研楼（存有与水接触能引起燃烧、爆炸或助长火势蔓延的物品除外）。

②超过 800 个座位的剧院、电影院、俱乐部和超过 1200 个座位的礼堂、体育馆。

③体积超过 5000m³ 的车站、码头、机场建筑物及展览馆、商店、病房楼、门诊楼、图书馆书库等建筑物。

④超过 7 层的单元式住宅，超过 6 层的塔式住宅、通廊式住宅，底层设有商业网点的单元式住宅。

⑤超过 5 层或体积超过 1000m³ 的教学楼等其他民用建筑。

⑥国家级文物保护单位的重点砖木或木结构古建筑。

⑦人防工程中使用面积超过 300m² 的商场、医院、旅馆、展览厅、旱冰场、体育场、舞厅、电子游艺场等；使用面积超过 450m² 的餐厅、丙类和丁类生产车间及物品库房；电影院、礼堂；消防电梯前室；停车库、修车库。

⑧高层民用建筑必须设置室内消防给水系统。除了无可燃物的设备层外，主体建筑和裙房各层都应当设室内消火栓。

3）消火栓栓口安装需要注意以下两点：

①栓口离地面高度不大于 1.1m。

②栓口出水方向宜向下或与设置消火栓的墙面垂直。

（2）消火栓系统管道的布置

低层建筑，除了有特殊要求设置独立消防管网外，一般都与生活、生产给水管网结合设置；高层建筑室内消防给水管网应与生活、生产给水系统分开独立设置。

1）引入管。室内消防给水管网的引入管一般不得少于两条，当一条引入管发生故障时，其余引入管应当仍能保证消防用水量和水压。

2）管网布置。为保证供水安全，通常采用环式管网供水，保证供水干管和每条消防立管都能做到双向供水。

3）消防竖管布置。消防竖管布置时，应当保证同层相邻两个消火栓的水枪充实水柱能同时达到被保护范围内的任何部位。每根消防竖管的直径不得小于100mm，消防竖管不应通过危险区域，应设置在可防止机械破坏和火灾破坏的地方。

3.3.2 室内消防给水管道安装

3.3.2.1 消防给水管道的布置要求

（1）室内消防给水管道的设置要求

1）室内消火栓超过10个并且室内消防用水量大于15L/s时，室内消防给水管道至少应有两条进水管与室外环状管网连接，并应当将室内管道连成环状或将进水管与室外管道连成环状。当环状管网的一条进水管发生事故时，其余的进水管应当仍能供应全部用水量。

2）超过六层的塔式（采用双出口消火栓者除外）及通廊式住宅、超过五层或体积超过10000m³的其他民用建筑、超过四层的厂房和库房。例如，室内消防竖管为两条或两条以上时，应当至少每两根竖管相连组成环状管道，每条竖管直径应按最不利点消火栓出水量计算。

3）高层工业建筑室内消防竖管应呈环状，且管道的直径不得小于100mm。

4）超过四层的厂房和库房、高层工业建筑、设有消防管网的住宅及超过五层的其他民用建筑，其室内消防管网应当设消防水泵接合器。距接合器15～40m内，应设室外消火栓或消防水池。接合器的数量，应当按室内消防用水量计算确定，每个接合器的流量按10～15L/s计算。

5）室内消防给水管道应用阀门分为若干独立段，当某段损坏时，停止使用的消火栓在一层中不应超过5个。高层工业建筑室内消防给水管道上阀门的布置，应保证检修管道时关闭的竖管不超过一条，超过三条竖管时，可以关闭两条。阀门应经常开启，并且应有明显的启闭标志。

6）消防用水与其他用水合并的室内管道，当其他用水达到最大秒流量时，应当仍能供应全部消防用水量。

7）当生产、生活用水量达到最大而市政给水管道仍能满足室内外消防用水量时，室内消防泵进水管宜直接从市政管道取水。

8）室内消火栓给水管网与自动喷水灭火设备的管网，宜分开设置；如有困难，应当在报警阀前分开设置。

9）严寒地区非采暖的厂房、库房的室内消火栓，可以采用干式系统，但在进水管上应设快速启闭装置，管道最高处应设排气阀。

（2）高层建筑设置自动喷水灭火系统的要求

1）采用临时高压给水系统的自动喷水灭火系统，应当设依靠重力供水的消防水箱，向系统供给火灾初期用水量，并且能满足供水不利楼层和部位的喷水强度。消防水箱的出水管应设单向阀，并应该在报警阀前接入系统管道。出水管管径在轻、中危险级建筑，不应小于80mm，严重危险级和仓库级建筑不得小于100mm。

2）自动喷水灭火系统与室内消火栓系统宜分别设置供水泵。每组水泵的吸水管不应少于2根，每台工作泵应设独立的吸水管，水泵的吸水管应当设控制阀，出水管应设控制阀、单向阀、压力表和直径65mm的试水阀，必要时应当设泄压阀。

3）报警阀后的配水管道不应设置其他用水设施，且工作压力不得大于1.2MPa。

4）报警阀后的管道应采用内外镀锌钢管，或者内外壁经防腐处理的钢管，否则其末端应设过滤器。

5）报警阀后管道应采用丝扣、卡箍或法兰连接，报警阀前可以采用焊接。系统中管径大于等于100mm的管道，应当分段采用法兰和管箍连接。水平管道上法兰间的管道长度不应大于20m；高层建筑中立管上法兰的间距，不应当跨越三个及以上楼层。净空高度大于8m的场所，立管上应当设法兰。

6）短管及末端试水装置的连接管，其管径应当为25mm。

7）干式、预作用、雨淋系统及水幕系统，其报警阀后配水管道的容积，不得大于3000L。

8）干式、预作用系统的供气管道，采用钢管时，管径以不小于15mm为宜；采用铜管时，管径以不小于10mm为宜。

9）自动喷水灭火系统的水平管道宜有坡度，充水管道不小于2‰为宜，准工作状态不充水的管道以不小于4‰为宜，管道的坡度应坡向泄水阀。

3.3.2.2　消防给水管道的安装

（1）室内消防管道安装工艺流程

安装准备→预制加工→干管安装→立管安装→支管安装→管道试压→管道防腐和保温→管道冲洗。

（2）安装准备

认真熟悉图样，按照施工方案决定的施工方法和技术交底的具体措施做好准备工作。参看有关专业设备图和装修建筑图，核对各种管道的坐标、标高有没有交叉，管道排列所用空间是否合理。有问题应及时与设计和有关人员研究解决，办好变更洽商记录。

（3）预制加工

按设计图样画出管道分路、管径、变径、预留管口、阀门位置等施工草图，在实际安装的结构位置做上标记，按照标记分段量出实际安装的准确尺寸，记录在施工草图上，再按草图测得的尺寸预制加工（断管、套丝、上零件、调直、校对），按管段分组编号。

（4）干管安装

在干管安装前清扫管膛，把承口内侧插口外侧端头的沥青除掉，承口朝来水方向顺序排列，连接的对口间隙不得小于3mm。找平找直后，将管道固定。管道拐弯和始端处应支撑顶牢，避免捻口时轴向移动，所有管口随时封堵好。

捻麻时先清除承口内的污物，将油麻绳拧成麻花状，用麻钎捻入承口内，通常捻两圈以上，约为承口深度的三分之一，使承口周围间隙保持均匀，将油麻捻实后进行捻灰，使用32.5级以上水泥加水拌匀（水灰比为1∶9），用捻凿将灰填入承口，随填随捣，填满后用锤子打实，直至将承口打满，灰口表面有光泽。承口捻完后应当进行养护，用湿土覆盖或者用麻绳等物缠住接口，定时浇水养护，一般养护2~5d。冬季应采取防冻措施。

采用青铅接口的给水铸铁管在承口油麻打实后，用定型卡箍或者包有胶泥的麻绳紧贴承口，缝隙用胶泥抹严，用化铅锅加热铅锭至500℃左右（液面呈紫红颜色），水平管灌铅口位于上方，将熔铅缓慢灌入承口内，排出空气。对于大管径管道灌铅速度可适当加快，防止熔铅中途凝固。每个铅口应当一次灌满，凝固后立即拆除卡箍或泥模，用捻凿将铅口打实（铅接口也可以采用捻铅条的方式）。

（5）支管安装

1）支管明装。将预制好的支管从立管甩口依次逐段进行安装，有截门应当将截门盖卸下再安装，按照管道长度适当加好临时固定卡，上好临时丝堵。

2）支管暗装。确定支管高度后画线定位，剔出管槽，把预制好的支管敷在槽内，找平找正定位后用勾钉固定，加好丝堵。

（6）管道试压

敷设、暗装的给水管道隐蔽之前要做好单项水压试验。管道系统安装完后进行综合水压试验。水压试验时放净空气，充满水后进行加压，当压力升至规定要求时停止加压，进行检查，如果各接口和阀门均无渗漏，持续到规定时间，观察其压力下降是否在允许范围内，通知有关人员验收，办理交接手续，再把水泄净，破损的镀锌层和外露丝扣处做好防腐处理，再进行隐蔽工作。

（7）管道防腐

给水管道敷设与安装的防腐均按设计要求以及国家验收规范施工，所有型钢支架及管道镀锌层破损处和外露丝扣要补刷防锈漆。

（8）管道冲洗

管道在试压完成后即可冲洗，冲洗应当用自来水连续进行，应保证有充足的流量。冲洗洁净后办理验收手续。

另外，高层建筑自动喷水灭火系统除满足以上工艺外，还应当注意以下问题：

1）螺纹连接管道变径时，宜采用异径接头，在转弯处不应考虑采用补芯；如果必须采用补芯时，三通上只能用一个。

2）管道穿过建筑物的变形缝，应设置柔性短管。穿墙或者楼板时应加套管，套管长度不得小于墙厚，或应高出楼面或者地面50mm，焊接环缝不得置于套管内，套管与管道之间的缝隙应用不燃材料填塞。

3）管道安装位置应当符合设计要求，管道中心与梁、柱、顶棚等的最小距离应当符合表3-2的规定。

表3-2　管道中心与梁、柱、顶棚的最小距离　　　　　　　　　　mm

公称直径	25	32	40	50	65	80	100	125	150	200
距离	40	40	50	60	70	80	100	125	150	200

3.4　建筑中水系统安装

3.4.1　建筑中水系统的概念

建筑中水系统以建筑物的沐浴排水、冷却水、洗衣排水、盥洗排水等为水源，经过化学、物理方法的工艺处理，用做厕所冲洗便器、绿化、洗车、道路浇洒、空调冷却及水景等的供水系统。其水质指标低于生活饮用水水质标准，但是高于污水排入地面水体的排放标准。"中水"一词来源于日本，因其水质介于"上水（给水）"和"下水（排水）"之间，相应的技术为中水技术。对于淡水资源缺乏、城市供水严重不足的缺水地区，采用中水技术，不仅能节约水资源，还能使污水无害化，是防治水污染的重要途径。

3.4.2　建筑中水系统的组成

不论是单幢建筑中的中水系统，还是建筑小区中水系统，都有下列基本组成部分：

（1）中水原水的集流系统

中水原水的集流系统包括用做中水水源的污水集流管道及与其配套的排水构筑物以及流量控制设备等。

原水集流系统一般有以下三种形式。

1）全集流全回用，就是建筑物排放的污水全部用一套管道系统集流，经处理后全部回用。虽然节省了管材，但是原水水质较差，工艺流程复杂，水处理费用高。

2）部分集流部分回用，通常将粪便污水与厨房污水分流排出，集流优质污水，经处理后回用。虽然增加了一套管道系统和基建费用，但是原水水质好，工艺流程简单，管理方便，水处理费用低。

3）全集流部分回用，即将建筑污水全部集流，分批分期修建回用工程。常用于需增建或扩建中水系统，并且采用合流制排水系统的建筑。

（2）中水处理设施

中水处理设施包括各类处理构筑物和设备及相应的控制和计量检测装置。常用的处理构筑物和设备有：截流粗大悬浮或者漂浮物的格栅；截留毛发的毛发去除器；为确保处理系统连续、稳定运行，用于调节原水水量和均化水质的调节池；用水中微生物的生命活动，氧化分解污水中有机物的生物处理构筑物和接触氧化池和生物转盘等；去除水中悬浮和胶体杂质的滤池及用于氯化消毒的加氯装置等。

（3）中水供水系统

中水供水系统与给水系统相似，包括中水配水管网和升压贮水设备，如水泵、气压给水设备，高位中水箱和中水贮水池等。中水配水管网按照供水用途可分为生活杂用管网和消防管网两类。生活杂用管网可以供冲洗便器、浇灌园林、绿地和冲洗汽车、道路等生活杂用；消防管网主要供建筑小区及大型公共建筑独立消防系统的消防用水，也可以将以上不同用途的中水合流，组成生活杂用-消防共用的中水供水系统。

3.4.3　建筑中水系统的分类

中水系统是给水工程技术、排水工程技术、水处理工程技术及建筑环境工程技术的综合，按其服务范围可以分为建筑中水系统、小区中水系统和城镇中水系统。

（1）建筑中水系统

原水取自建筑物内的排水，经处理达到中水水质标准后回用，可以利用生活给水补充中水水量,具有投资少、见效快的特点,如图 3-20 所示。

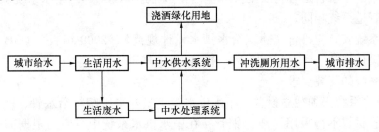

图 3-20　建筑中水系统框图

(2) 小区中水系统

小区中水系统如图 3-21 所示,适用于居住小区、大中专院校等建筑群。中水水源来自小区内各建筑排放的污废水。室内饮用水及中水供应采用双管系统分质给水,排水按照生活废水和生活污水分质排放。

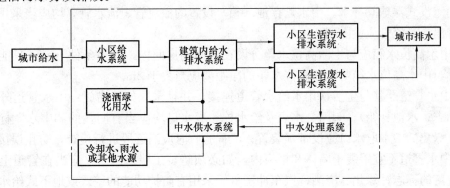

图 3-21　小区中水系统框图

(3) 城镇中水系统

城镇中水系统如图 3-22 所示,经过城镇二级污水处理厂的出水和雨水作为中水水源,通过水处理站处理达到生活杂用水水质标准后,供城镇杂用水使用,目前采用较少。

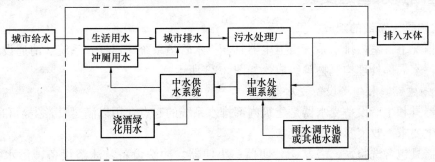

图 3-22　城镇中水系统框图

3.4.4　建筑中水系统的安装

(1) 一般规定

中水设施一定要与主体工程同时设计、同时施工、同时使用。中水工程设计必须采取确保使用、维修的安全措施,严禁中水进入生活饮用水给水系统。

中水系统中的原水管道管材及配件和室内排水管道系统一样。中水系统供水管道检验标准与室内给水管道系统相同。

建筑中水系统安装应符合《建筑给水排水设计规范》（2009年版）（GB 50015—2003）和《建筑中水设计规范》（GB 50336—2002）的有关规定。

（2）中水系统的安装要求

1）中水供水系统必须独立设置；中水供水管道最好采用塑料给水管、塑料和金属复合管或其他给水管材，不得采用非镀锌钢管；在中水供水系统中，应当根据需要安装计量装置；中水管道上不得装设取水龙头；当装有取水接口时，一定要采取严格的防止误饮、误用的措施。

2）中水贮水池（箱）最好采用耐腐蚀、易清垢的材料制作。钢板池（箱）内、外壁及其附配件均应当进行防腐蚀处理；中水贮水池（箱）内的自来水补水管应采取自来水防止污染措施，补水管出水口应当高于中水贮存池（箱）内溢水位，其间距不得小于2.5倍管径。严禁使用淹没式浮球阀补水。中水贮存池（箱）设置的溢流管、泄水管，均应当采用间接排水方式排出，溢流管应设隔网。

3）中水高位水箱应与生活高位水箱分设在不同的房间内，如果条件不允许只能设在同一房间时，中水高位水箱与生活高位水箱的净距离应当大于2m。

4）中水管道严禁与生活饮用水给水管道连接，并且采取如下措施：中水管道外壁应涂浅绿色标志；水池（箱）、阀门、水表及给水栓、取水口均应当有明显的"中水"标志；公共场所及绿化的中水取水口应设带锁装置；工程验收时应当逐段进行检查，防止误接。

5）中水管道不宜暗装于墙体和楼板内，如必须暗装于墙槽内时，应当在管道上有明显且不会脱落的标志；绿化、浇洒、汽车冲洗最好采用有防护功能的壁式或地下式给水栓。

6）中水管道与生活饮用水给水管道、排水管道平行埋设时，其水平净距不应小于0.5m；交叉埋设时，中水管道应当位于生活饮用水给水管道下面，排水管道的上面，其净距不应小于0.15m。

3.5 室内排水管道安装

3.5.1 室内排水系统的组成

通常情况下，室内排水系统由卫生器具、排水管道系统、通气管系统、清通设备、抽升设备以及污水局部处理构筑物等组成，如图3-23所示。

（1）卫生器具和生产设备受水器

卫生器具和生产设备受水器是建筑内部排水系统的起点，用以满足日常生活和生产过程中各种卫生要求，收集及排除污废水。

卫生器具包含洗脸盆、浴盆、大便器、小便器、冲洗设备、沐浴设备、污水盆、洗涤盆、地漏等。除大便器以外，其他卫生器具都应在排水口处设置栏栅，以防止粗大的污物进入管道系统，堵塞管道。因各种卫生器具的结构、形式等各不相同，应结合其结构特点及与管道系统的配套、安装尺寸等选用。

（2）排水管道系统

排水管道系统包括器具排水管、存水弯、横支管、立管、埋地横干管、排出管等。

排水系统中必须设置存水弯，在每一个卫生器具的排水口的下方或者在与卫生器具连接的器具排水管上。其作用是以防管道内的有害气体、虫类等通过管道进入室内，危害人们健康。

（3）清通设备

污水管道容易堵塞，为了疏通室内排水管道，保障排水畅通，需要设置清通设备。室内排水系统中的清通设备通常有检查口、清扫口及检查井。

1）检查口是带有螺栓盖板的短管，清通时将盖板打开。通常在立管上设置检查口，在室内埋地横干管上设检查口井；在管道最容易堵塞处，设置清扫口，如设置在横支管的起端、乙字弯上部等处。

2）检查井一般不设在室内，对于工业废水管道，如果厂房很大，排水管难以直接排出室外，而且无有毒有害气体或大量蒸汽时，才可以在室内设置检查井。

生活污水管道一般不在室内设置检查井。但是有时建筑物间距过小，或情况特殊，只能设在室内时，要考虑密封措施，双层井盖或者密封井盖等。

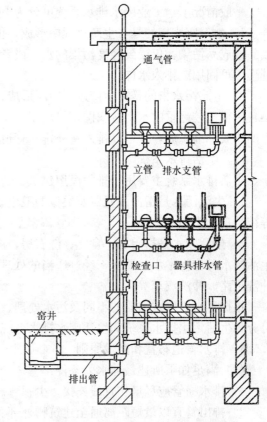

图 3-23　室内排水系统基本组成

（4）污水提升设备

地下室、人防工程、地下铁道等处，污水无法自流到室外，一定要设有集水池，设水泵将污水抽送到室外排出去，以维持室内良好的卫生环境。建筑内部污废水提升需要设置污水集水池及污水泵房，配置相应的污水提升泵。

（5）通气管系统

因室内排水管道中是气水两相流，当排水系统中突然、大量排水时，可能导致系统中的气压波动，破坏水封，使有毒有害气体进入室内。所以要在室内排水系统中设置通气管系统，以避免此类现象发生。

（6）污水局部处理构筑物

当建筑物内部的污水未经处理不允许直接排入市政排水管网或者排入水体时，必须设置污水局部处理构筑物，一般包括隔油池、降温池、化粪池。

3.5.2　室内排水系统的分类

室内排水系统主要是将人们在日常生活中或者生产活动中使用过的水及时、顺利地收集并排出室外。根据其污染情况的不同，一般分为下列三类：

（1）建筑雨水排水系统

建筑雨水排水系统主要用于排除建筑物屋面雨水或积雪。通常建筑雨水排放系统需要单独设置，新建居住小区应采用生活排水与雨水分流排水系统，以便于雨水的回收利用。

（2）工业废水排水系统

一般情况下，工业废水排水系统可分为下列两类：

1）生产废水指的是在生产过程中形成，但是未直接参与生产工艺，未被生产原料、半成品或成品污染，仅受到轻度污染的水，或者温度稍有上升的水。如循环冷却水等，经简单处理后可回用或排入水体。

2）生产污水指的是在生产过程中所形成，并且被生产原料、半成品或成品等废料所污染且污染比较严重的水。按我国环保法规，类似这些生产污水必须在厂内经过处理，达到国家的排放标准以后，才可以排入室外排水管道。

（3）生活排水系统

生活排水系统主要用于排除民用建筑、公共建筑及工业企业生活间的生活污废水。

1）生活污水是指冲洗便器及类似的卫生设备所排出的，含有大量粪便、纸屑、病原菌等被严重污染的水。

2）生活废水是指厨房、食堂、洗衣房、浴室、盥洗室等处卫生器具所排出的洗涤废水。生活废水可作为中水的原水，经过适当的处理，可作为杂用水，用于冲洗厕所、浇洒绿地、冲洗道路、冲洗汽车等。

根据污水、废水水质的不同及污水处理、杂用水的需要等情况的不同，生活排水系统也可分为生活污水排水系统和生活废水排水系统。

3.5.3 排水管道布置和敷设原则

（1）满足如下所述最佳水力条件：

1）排水横管应尽量作直线连接，少拐弯。

2）排出管宜以最短距离通至建筑物外部。

3）卫生器具排水管与排水横支管可用90°斜三通连接。

4）排水立管不得不偏置时，应当采用乙字管或两个45°弯头。

5）排水立管应设在靠近杂质最多、最脏及排水量最大的排水点处。

6）立管与排出管的连接，应当采用两个45°弯头或者弯曲半径不小于4倍管径的90°弯头。

7）横管与横管（或立管）的连接，应当采用：45°或90°斜三（四）通，不得采用正三（四）通。

8）排出管与室外排水管道连接时，前者管顶标高应当大于后者；连接处的水流转角不小于90°，如果有大于0.3m的落差可不受角度的限制。

9）无通气立管时，最低排水横支管高度的确定应符合表3-3的要求。

表3-3　最低排水横支管高度

图　示	立管高（层数）	h
	≤4	450（mm）
	5～6	750（mm）
	7～19	1层
	≥20	2层

10）最低排水横支管直接连接在排水横干管（或排出管）上时，应当符合图3-24的规定。

（2）维修及美观要求

1）排水管道一般应埋在地下，或在楼板上沿墙、柱明设，或者吊设于楼板下。

图 3-24　最低排水横支管直接与排水横干管（或排出管）连接

2）当建筑或工艺有特殊要求时，排水管道可以在管槽、管井、管沟及吊顶内暗设。

3）必须在立管检查口设检修门，以便于检修；管井应当每层设检修门与平台。

4）架空管道应尽量避免通过民用建筑的大厅等建筑艺术及美观要求较高处。

（3）保证生产及使用安全

1）排水管道的位置不得妨碍生产操作、交通运输及建筑物的使用。

2）排水管道不得布置在遇水能引起燃烧、爆炸或者损坏的原料、产品与设备的上面。

3）架空管道不得吊设在生产工艺或者对卫生有特殊要求的生产厂房内。

4）架空管道不得吊设在食品仓库、贵重商品仓库、通风小室及配电间内。

5）排水管应尽量避免布置在饮食业厨房的主副食操作烹调的上方，不能避免时应采取防护措施。

6）生活污水立管应尽量避免穿越卧室、病房等对卫生、安静要求较高的房间，并不要靠近与卧室相邻的内墙。

7）排水管穿过地下室外墙或地下构筑物的墙壁处，应当采取防水措施。

（4）保护管道不受破坏

1）排水埋地管道应当避免布置在可能受到重物压坏处，管道不得穿越生产设备基础，在特殊情况下，应当与有关专业部门协商处理。

2）排水管道不得穿过沉降缝、抗震缝、烟道和风道。

3）排水管道应避免穿过伸缩缝，如果必须穿过时，应采取相应技术措施，不使管道直接承受拉伸与挤压。

4）排水管道穿过承重墙或者基础处应预留洞口，尺寸见表 3-4。

表 3-4　排水管道穿过承重墙或基础处预留洞口尺寸　　　　　　　　　　　mm

管径（d）	50～75	>100
洞口尺寸（高×宽）	300×300	(d+300)×(d+200)

5）在一般厂房内部，为了防止管道受机械损坏，排水管最小埋深见表 3-5；在铁轨下应采用钢管或给水铸铁管，并且最小埋深不小于 1.0m。

表 3-5　排水管最小埋深

管　材	地面至管顶距离（m）	
	素土夯实、缸砖、木砖等地面	水泥、混凝土、沥青混凝土等地面
排水铸铁管	0.7	0.4
混凝土管		0.5
带釉陶土管	1.0	0.6
硬聚氯乙烯管		

3.5.4 室内排水管道的安装

3.5.4.1 排水管道的安装要求

1) 按设计图纸上管道的位置确定标高并且放线，经复核无误后，将管沟开挖至设计深度。

工业厂房内生活排水管埋设深度若设计没有要求时，应符合表3-6中规定。

表 3-6　工业厂房生活排水管由地面至管顶最小埋设深度　　　　　　　　　m

管材	地　面　种　类	
	土地面、碎石地面、砖地面	混凝土地面、水泥地面、菱苦土地面
铸铁管、钢管	0.7	0.7
钢筋混凝土管	0.7	0.5
陶土管、石棉水泥管	1.0	0.6

注：1. 厂房生活房间和其他不受机械损坏的房间内，管道的埋设深度可酌减到300mm；

　　2. 在铁轨下敷设钢管或给水铸铁管，轨底至管顶埋设深度不得小于1m；

　　3. 在管道有防止机损损伤措施或不可能受机械损坏的情况下，其埋设深度可小于表中及注2规定数值。

2) 凡有隔绝难闻气体要求的卫生洁具及生产污水受水器的泄水口下方的器具排水管上，均须设置存水弯。设存水弯不方便时，应当在排水支管上设水封井或水封盒，其水封深度应当分别不小于100mm和50mm。

3) 埋地敷设的管道应当分两段施工。第一段先作室内部分，至伸出外墙为止。待土建施工结束后，再敷设第二段，从外墙接入检查井。若埋地管为铸铁管，地面以上为塑料管时，底层塑料管插入其承口部分的外侧应当先用砂纸打毛，插入后用麻丝填嵌均匀，以石棉水泥捻口。操作时要防止塑料管变形。

4) 排水横支管的位置及走向，应当根据卫生洁具和排水立管的相对位置而定，可以沿墙敷设在地板上，也可以用间距为1～1.5m的吊环悬吊在楼板下。

①排水支管连接在排出管或者排水横干管上时，连接点距立管底部的水平距离不应小于3.0m。

②排水横支管不宜过长，一般不应超过10m，以防因管道过长而产生虹吸作用，破坏卫生洁具的水封；同时，要尽量少转弯，尤其是连接大便器的横支管，宜直线地与立管连接，以减少阻塞及清扫口的数量。

③排水横管支架的最大间距见表3-7。

表 3-7　排水横管支架的最大间距

公称直径 DN（mm）		50	75	100
支架最大间距（m）	塑料管	0.6	0.8	1.0
	铸铁管	≤2		

④ 排水立管仅设出顶通气管时，最低排水横支管和立管相连处距排水立管管底的垂直距离，应符合表3-8的要求。

表 3-8　最低横支管与立管连接处距立管底部的垂直距离

立管连接卫生器具的层数（层）	垂直距离（m）	立管连接卫生器具的层数（层）	垂直距离（m）
≤4	0.45	7～19	3.00
5～6	0.75	≥20	6.00

74

5）按各受水口位置及管道走向进行测量，绘制实测小样图并且详细注明尺寸。

6）埋地管道的管沟应底面平整，无突出的尖硬物；对塑料管通常可做 100～150mm 砂垫层，垫层宽度不应小于管径的 2.5 倍，坡度与管道坡度相同。

7）清除管道及管件承口、插口的污物，铸铁管有沥青防腐层的要使用气焊设备（或喷灯）将防腐层烤掉。

8）在管沟内安装的要按照图纸和管材、管件的尺寸，先将承插口三通、阀门等位置确定，并挖好操作坑；若管线较长，可逐段定位。

9）排水管安装一般为承插管道接口，就是用麻丝填充，再用水泥或者石棉水泥打口（捻口），不应用一般水泥砂浆抹口。麻丝是用线麻在 5％的 30 号石油沥青、95％的汽油溶剂中浸泡后风干而制成的。

10）地面上的管道安装：按照管道系统和卫生设备的设计位置，结合设备排水口的尺寸与排水管管口施工要求，在墙柱和楼地面上画出管道中心线，并且确定排水管道预留管口坐标，做出标记。

11）按管道走向及各管段的中心线标记进行测量，绘制实测小样图，详细注明尺寸。管道距墙柱尺寸为立管承口外侧与饰面的距离应当控制在 20～50mm 之间。

12）按照实测小样图选定合格的管材和管件，进行配管和断管。预制的管段配制完成后，应按照小样图核对节点间尺寸及管件接口朝向。

13）排水立管应靠近杂质最多、最脏和排水量最大的卫生洁具设置，从而减少管道堵塞的机会，并且尽量使各层对应的卫生洁具中的污水从同一立管排出。

① 排水立管一般不允许转弯，当上下层位置错开时，应使用乙字管或两个 45°弯头连接；错开位置较大时，也可以有一段不太长的水平管段。

② 立管管壁与墙、柱等表面应当有 35～50mm 的安装净距。立管穿楼板时，应加段套管，对于现浇楼板应预留孔洞或者镶入套管，其孔洞尺寸较管径大 50～100mm。

③ 立管的固定常采用管卡，管卡的间距不应超过 3m，但每层必须设一个管卡，宜设于立管接头处。

④ 为了便于管道清通，排水立管上应设检查口，其间距不大于 10m 为宜；若采用机械疏通时，立管检查口的间距可达 15m。

14）选定的支承件和固定支架的形式应当符合设计要求。吊钩或卡箍应固定在承重结构上。

① 铸铁管的固定间距：横管不得大于 2m，立管不得大于 3m；层高小于或者等于 4m，立管可安设一个固定件，立管底部的弯管处应当设支墩。

② 塑料管支承件的间距：立管外径为 50mm 的不应大于 1.5m；外径为 75mm 及以上的应不大于 2m。横管不应大于表 3-9 中的规定。

表 3-9　塑料横管支承件的间距　　　　　　　　　　　　　　　mm

外径	40	50	75	110	160
间距	400	500	750	1100	1600

15）将材料和预制管段运至安装地点，按照预留管口位置及管道中心线，依次安装管道和伸缩节（塑料管），并且连接各管口。管道安装一般自下向上分层进行，先安装立管，后

横管，连续施工。

16）为保证水流畅通，排水横干管要尽量少转弯，横干管与排出管之间、排出管与其同一检查井内的室外排水管之间的水流方向的夹角不应小于90°；当跌落差大于0.3m时，可不受此限制。排出管与室外排水管连接时，其管顶标高不得低于室外排水管管顶标高，以利于排水。

17）排出管及排水横干管在穿越建筑物承重墙或者基础时，要预留孔洞，其管顶上部的净空高度不得小于房屋的沉降量，且不小于0.15m。排出管穿过地下室外墙或地下构筑物的墙壁外，应当采取防水措施。高层建筑的排出管，应采取有效的防沉降措施。

3.5.4.2 排水管道的安装

（1）立管安装

1）根据施工图校对预留管洞尺寸有无偏差，如是预制混凝土楼板则需剔凿楼板洞，应按位置画好标记，对准标记剔凿。如果需断筋，必须取得土建单位有关人员同意，按规定要求处理。

2）立管检查口设置按设计要求。如果排水支管设在吊顶内，应在每层立管上都装上检查口，以便做闭水试验。

3）立管支架在核查预留洞孔无误后，用吊线锤及水平尺找出各支架位置尺寸，统一编号进行加工，同时在安装支架位置进行编号以便支架安装时，能按照编号进行就位，支架安装完毕后进行下道工序。

4）安装立管须两人上下配合，一人在上一层楼板上，从管洞内投下一个绳头，下面一人将预制好的立管上半部拴牢，上拉下托将立管下部插口插入下层管承口内。

5）立管插入承口后，下层的人把甩口和立管检查口方向找正，上层的人用木楔将管在楼板洞处临时卡牢，打麻、吊直、捻灰。复查立管垂直度，将立管临时固定卡牢。

6）立管安装完毕后，配合土建用不低于楼板强度的混凝土将洞灌满堵实，并且拆除临时固定。高层建筑或管井内，应当按照设计要求设置固定支架，同时检查支架及管卡是否全部安装完毕并固定。

7）高层建筑管道立管应严格按设计装设补偿装置。

8）高层建筑采用辅助透气管，可以采用辅助透气异型管件。

（2）支立管安装

1）安装支立管前，应先按照卫生器具和排水设备附件的种类及规格型号，检查预留孔洞的位置尺寸是否符合图纸和规范要求；如果不符合，则应进行清洗和扩孔，直至符合要求。先在地面上按正确尺寸画出大于管径的十字线，修好孔洞后，可以按此十字线中心尺寸配制支立管。若上层墙面和下层墙面在同一平面内时，可以直接按标准图尺寸配制支立管。若上下墙面不在一平面或无法确定时，则应当进行实际测量，按实际尺寸进行配制。

2）在配制支立管时，要和土建密切配合，并且按卫生器具的种类增加或减少一定数量的尺寸。如果地漏应低于地面5～10mm，坐式大便器落水口处的铸铁管应高出地面10mm等。

3）在吊装立管时，可以在管件的承口位置绑上铁丝吊在楼板上作为临时吊卡，调整好坡度和垂直度后，捻口将其固定于横托管上，最后将楼板孔洞及墙洞用砖塞牢，并填入水泥砂浆固定，使补洞的水泥砂浆表面低于建筑表面10mm左右，以便于建筑完成最后表面装饰。

（3）横管安装

1）先将安装横管尺寸测量记录好，按照正确尺寸和安装的难易程度在地面进行预制（若横管过长或吊装有困难时可分段预制和吊装），再将吊卡装在楼板上，并按横管的长度和规范要求的坡度调整好吊卡高度，然后开始吊管。吊横托管时，要将横管上的三通口或弯头的方向及坡度调好后，之后将吊卡收紧，然后打麻和捻口，将其固定于立管上，并且应随手将所有管口堵好。

2）横管与立管的连接和横管与横管的连接，应采用 45°三通或者四通和 90°斜三通或斜四通，严禁采用 90°正三通或四通连接。吊卡的间距不应大于 2m，且必须装在承口部位。

（4）塑料排水管安装

1）管道配管及粘结工艺。

① 锯管及坡口。

A. 锯管长度应当根据实测并结合连接件的尺寸逐层决定。

B. 锯管工具宜选用细齿锯、割刀和割管机等机具，断口平整并且垂直于轴线，断面处不得有任何变形。

C. 插口处可以用中号锉刀锉成 15°～30°坡口，坡口厚度宜为管壁厚度的 1/3～1/2，长度通常不小于 3mm，坡口完成后，应将残屑清除干净。

② 管材或管件在粘合前应用棉纱或者干布将承口内侧和插口外侧擦拭干净，使被粘结面保持清洁，没有尘砂与水迹。当表面粘有油污时，需要用棉纱蘸丙酮等清洁剂擦净。

③ 粘结前应对承插口与管材试插一次，并且在其表面划出标记。管件插入的深度一般为承口的 3/4 深度。

④ 试插合格后，用油刷蘸胶粘剂涂刷被粘结插口外侧及粘结承口内侧。胶粘剂涂刷时，应轴向涂刷，动作迅速，涂抹均匀，并且涂刷的胶粘剂应适量，不得漏涂或涂抹过厚。冬季施工时应当先涂承口，后涂插口。

⑤ 胶粘剂涂刷后，立即找正方向将管子插入承口，使其准直，再加以挤压。应使管端插入深度符合所画标记，并且保证承插接口的直度和接口的位置正确，还应静置 2～3min，避免接口滑脱；预制管段节点间误差应不大于 5mm。

⑥ 承插接口插接完毕后，应当将挤出的胶粘剂用棉纱或干布蘸清洁剂擦拭干净。根据胶粘剂的性能及气候条件静置至接口处固化为止。冬季施工时，固化时间应适当延长。

2）干管安装。首先按照设计图纸要求的坐标标高预留槽洞或预埋套管。埋入地下时，按设计坐标、标高、坡向、坡度开挖槽沟并且夯实。采用托吊管安装时，应按设计坐标、标高、坡向做好托、吊架。施工条件具备时，将预制加工好的管段，按其编号运至安装部位进行安装。各管段粘连时也必须按照粘结工艺依次进行。全部粘连后，管道要直，坡度均匀，各预留口位置准确。安装立管需装伸缩节，伸缩节上沿距地坪或蹲便台 70～100mm。干管安装完后应当做闭水试验，出口用充气橡胶堵封闭，达到不渗漏，水位不下降为合格。地下埋设管道应当先用细砂回填至管上皮 100mm，上覆过筛土，夯实时要小心，以防碰损管道。托吊管粘牢后再按照水流方向找坡度，最后将预留口封严和堵洞。

3）立管安装。按设计坐标要求，将洞口预留或者后剔，洞口尺寸不得过大，更不可损伤受力钢筋。安装之前清理场地，根据需要支搭操作平台。将已预制好的立管运到安装部位。先清理已预留的伸缩节，将锁母拧下，取出 U 形橡胶圈，清理杂物。复查上层洞口是否合适。立管插入端应先划好插入长度标记，再涂上肥皂液，套上锁母及 U 形橡胶圈。安装时将立管上端伸入上一层洞口内，垂直用力插入至标记为止（通常预留胀缩量为 20～30mm）。合适后即用自制 U 形钢制抱卡紧固于伸缩节上沿，然后找正找直，并且测量顶板距三通口中心是否符合要求。无误后即可堵洞，并且将上层预留伸缩节封严。

4）支管安装。别出吊卡孔洞或者复查预埋件是否合适。清理场地，按需要支搭操作平台。将预制好的支管按照编号运至场地，清除各粘结部位的污物及水分。将支管水平初步吊起，涂抹粘结部位的污物以及水分。将支管水平初步吊起，涂抹粘结剂，用力推入预留管口。依据管段长度调整好坡度，合适后固定卡架，封闭各预留管口和堵洞。

5）闭水试验。排水管道安装后，按照规定要求必须进行闭水试验。凡属隐蔽暗装管道必须按照分项工序进行。卫生洁具以及设备安装后，在油漆粉刷最后一道工序前，必须进行通水试验。

3.6 卫生器具安装

卫生器具通常采用不透水、无气孔、表面光滑、耐腐蚀、耐磨损、耐冷热、便于清扫、有一定强度的材料制造，如陶瓷、塑料、复合材料等。

卫生器具主要包括：大便槽、大便器、小便槽、小便器、浴盆、淋浴器、洗脸盆、洗涤盆、化验盆、防水盆、地漏和存水弯等。

3.6.1 便溺卫生器具安装

3.6.1.1 大便器安装

（1）坐式大便器

坐式大便器常用于住宅、宾馆、医院。一般分为：低水箱坐式大便器和高水箱坐式大便器两种，它的安装分别如图 3-25 及图 3-26 所示。

（2）蹲式大便器

蹲式大便器常用于住宅、公共建筑卫生间以及公共厕所内。与坐式大便器不同的是本身不带有存水弯，需要另外装置铸铁或者陶瓷存水弯。铸铁存水弯分为 S 形和 P 形。S 形存水弯通常用于低层，P 形存水弯用于楼间层。为便于装置存水弯，大便器一般都安装在地面以上的平台上。高水箱冲洗管同大便器连接处，扎紧皮碗时必须采用 14# 铜丝，严禁使用铁丝，以防生锈渗漏，且此处应留出小坑，填充砂子，上面装上铁盖，便于以后更换或检修。大便器的排水接口应当用油灰将里口抹平挤实，接口处应用白灰麻刀及砂子混合物填充，保证接口的严密性，以防止渗漏。蹲式大便器有低水箱蹲式大便器及高水箱蹲式大便器，它的安装分别如图 3-27 及图 3-28 所示。

（3）大便槽

大便槽是一种狭长开口的槽。一般情况下，用于建筑标准不高的公共建筑或公共厕所。采用自动水箱定时冲洗，冲洗管下端与槽底有 30°～45°夹角，用以增强冲洗力。排出管径及存水弯一般采用 150mm。

3.6.1.2 小便器安装

（1）挂式小便器

挂式小便器一般悬挂在墙上。为能很好地冲洗小便斗，在其内部进水孔处设有一排小

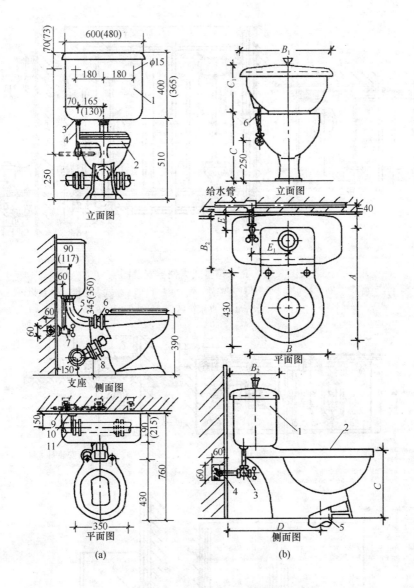

图 3-25　低水箱坐式大便器

(a) 低水箱坐式大便器安装图；　　(b) 低水箱坐式大便器安装图；

1—低水箱；2—坐式大便器；　　　1—低水箱；2—坐式大便器；

3—浮球阀配件；4—水箱进水管；　　3—角式截止阀；4—三通；

5—冲洗管及配件；6—胶皮碗；　　　5—排水管；6—水箱进水管

7—角型截止阀；8—三通；9—给水管；

10—三通；11—排水管

孔，使水进入后经小孔均匀冲洗小便斗壁。小便斗按照同时使用人数的多少，其冲洗设备可以采用自动冲洗水箱或小便器龙头，在有小便器的地板上应设置地漏或排水沟，它的安装如图 3-29 所示。

（2）立式小便器

立式小便器常安装在卫生设备标准较高的公共建筑男厕所中，多为成组装置。

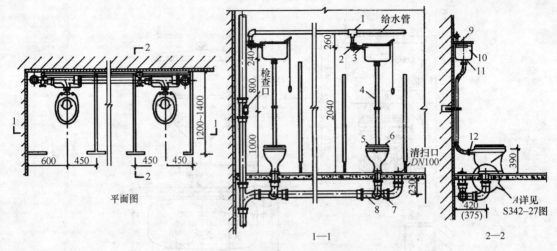

图 3-26　高水箱坐式大便器安装图

1—三通；2—角式截止阀；3—浮球阀配件；4—冲洗管；5—坐式大便器；6—盖板；
7—弯头；8—三通；9—弯头；10—高水箱；11—冲洗管配件；12—胶皮碗

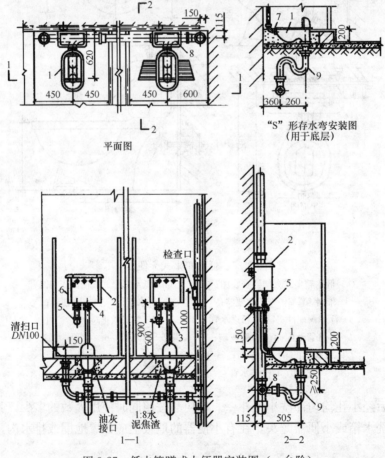

图 3-27　低水箱蹲式大便器安装图（一台阶）

1—蹲式大便器；2—低水箱；3—冲洗管；4—冲洗管配件；5—角式截止阀；
6—浮球阀配件；7—胶皮碗；8—90°三通；9—存水弯

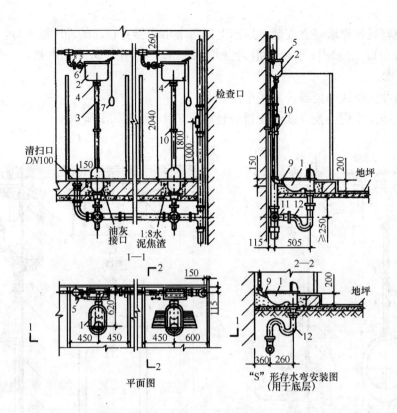

图 3-28　高水箱蹲式大便器安装图（一台阶）

1—蹲式大便器；2—高水箱；3—冲洗管；4—冲洗管配件；

5—角式截止阀；6—浮球阀配件；7—拉链；8—弯头；9—胶皮碗；

10—单管立式支架；11—90°三通；12—存水弯

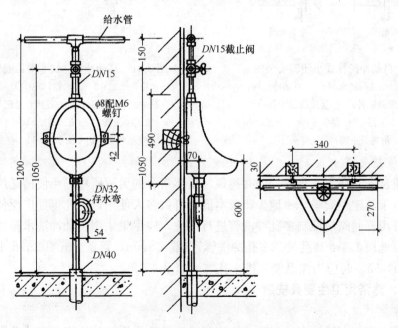

图 3-29　挂式小便器安装图

立式小便器通常靠墙竖立安装在地面上，每个小便器有自己的冲洗进水口，在进水口下方设有扇形布水口，使冲洗水可以沿内壁均匀流下。采用自动冲洗水箱，一般每隔 15～20min 冲洗一次。

（3）自动冲洗挂式小便器及立式小便器

自动冲洗挂式小便器及立式小便器安装如图 3-30 及图 3-31 所示。

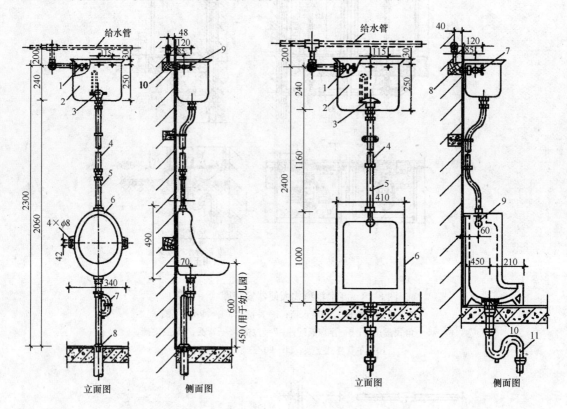

图 3-30　自动冲洗挂式小便器安装图
1—水箱进水阀；2—高水箱；3—自动冲洗阀；
4—冲洗管及配件；5—连接管及配件；
6—挂式小便器；7—存水弯；8—压盖；
9—角式截止阀；10—弯头

图 3-31　自动冲洗立式小便器安装图
1—水箱进水阀；2—高水箱；3—自动冲洗阀；
4—冲洗管及配件；5—连接管及配件；
6—立式小便器；7—角式截止阀；8—弯头；
9—喷水鸭嘴；10—排水栓；11—存水弯

3.6.1.3　小便槽安装

小便槽通常安装在工业企业、公共建筑、集体宿舍的男厕所中。小便槽是用瓷砖沿墙砌筑的浅槽，由于其建造简单，占地少，成本低，可供多人使用，因此得到广泛使用。

小便槽可用普通阀门控制多孔冲洗管进行冲洗，应尽量采用自动冲洗水箱冲洗。多孔冲洗管安装在距地面 1.1m 高度处。多孔冲洗管管径≥15mm，管壁上开有 2mm 小孔，孔间距为 10～12mm，安装时应当注意使一排小孔与墙面呈 45°角。

3.6.2　盥洗、沐浴用卫生器具安装

（1）洗脸盆

洗脸盆通常安装在盥洗室、浴室、卫生间供洗脸洗手用。按照安装方式分有墙架式、柱脚式。按照其形状来分有长方形、三角形、椭圆形等。在洗脸盆后壁盆口下面开有溢水孔，

盆身后面开有安装龙头用的孔，以供接冷、热水管用，底部有带栏栅的排水口，可以用橡胶塞头关闭。洗脸盆安装形式如图 3-32 所示。

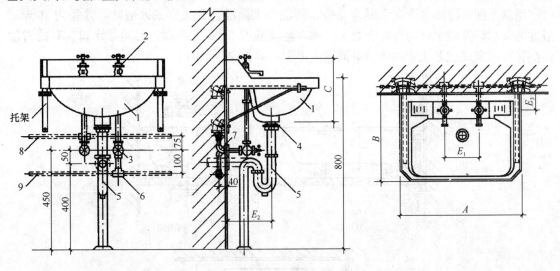

图 3-32　单个洗脸盆安装图

1—洗脸盆；2—龙头；3—角式截止阀；4—排水栓；5—存水弯；
6—三通；7—弯头；8—热水管；9—冷水管

（2）盥洗槽

盥洗槽通常安装在工厂、学校集体宿舍。盥洗槽通常用水磨石筑成，形状为长条形。在距地面 1m 高处装置水龙头，其间距通常为 600～700mm，槽内靠墙边设有泄水沟，沟的中部或者端头装有排水口，其安装形式如图 3-33 所示。

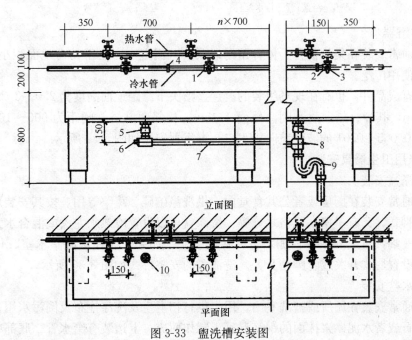

立面图

平面图

图 3-33　盥洗槽安装图

1、8—三通；2—弯头；3—龙头；4、5—管接头；6—管塞；7—排水管；9—存水弯；10—排水栓

83

（3）浴盆

浴盆通常安装在住宅、宾馆、医院等卫生间以及公共浴室内。

浴盆上配有冷热水管或者混合龙头，其混合水经混合开关后流入浴盆，管径为20mm。浴盆的排水口及溢水口均设置于龙头一端，浴盆底有0.02的坡度，坡向排水口。有的浴盆还配置有固定式或者软管式活动淋浴莲蓬喷头，浴盆安装如图3-34所示。

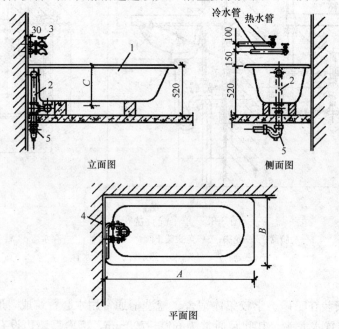

图3-34　冷、热水龙头浴盆安装图
1—浴盆；2—排水配件；3—龙头；4—弯头；5—存水弯

（4）淋浴器

淋浴器通常安装在集体宿舍、体育馆场以及公共浴室中。由于其占地面积小，成本低，清洁卫生，使用广泛。

淋浴器有成品件，也有在现场组装的。莲蓬喷头下缘距地面高度为2.0～2.2m，给水管管径为15mm，其冷、热水截止阀离地面1.15m，相邻两淋浴头间距为900～1000mm。地面上应当有0.005～0.01的坡度坡向排水口。淋浴器安装如图3-35所示。

3.6.3　洗涤用卫生器具安装

（1）洗涤盆安装

洗涤盆通常安装在厨房或者公共食堂内，供洗涤碗碟、蔬菜等用。按其安装形式可分为墙架式、柱脚式，又有单格、双格之分等。洗涤盆可以设置冷热水龙头或混合水龙头，排水口在盆底的一端，口上有十字栏栅，备有橡胶塞头。如果安装在医院手术室、化验室等处时，常需要设置肘式开关或者脚踏开关。洗涤盆的安装形式如图3-36所示。

（2）污水盆安装

污水盆通常安装在厕所或盥洗室内，用来供打扫卫生及洗涤拖布及倒污水用。其大多数是采用水磨石或者水泥砂浆抹面的钢筋混凝土制作而成，上边装有给水管、底部中心装有排水栓以及排水管，其配管形式如图3-37所示。

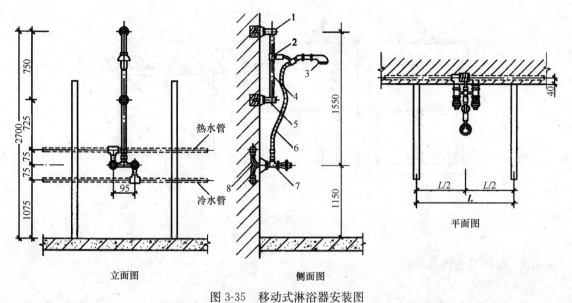

图 3-35 移动式淋浴器安装图

1—上支架；2—调节架；3—莲蓬头；4—滑杆；5—下支架；6—蛇皮管；7—混合阀；8—弯头

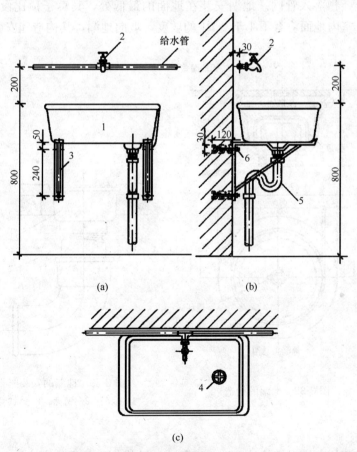

(a)   (b)

(c)

图 3-36 洗涤盆安装图

（a）立面图；（b）侧面图；（c）平面图；

1—洗涤盆；2—龙头；3—托架；4—排水栓；5—存水弯；6—螺栓

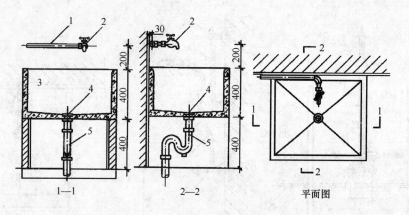

图 3-37　污水盆安装图

1—给水管；2—龙头；3—污水池；4—排水栓；5—存水弯

3.6.4　专用卫生器具安装

（1）地漏

地漏安装在室内地面上，用铸铁或者塑料制成，其作用是排除地面积水。在排水口上盖有箅子，以防止杂物落入管网。地漏安装在地面的最低处，其箅子顶比设置地面低 5mm，从而便于排水，室内地面应有不小于 0.01 的坡度，坡向地漏，其构造和安装如图 3-38 及图 3-39 所示。

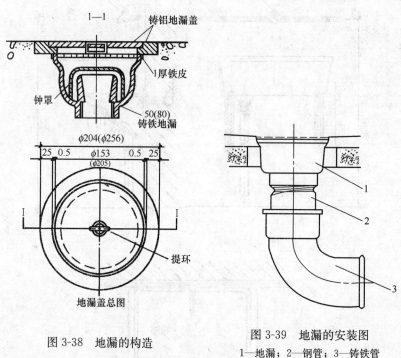

图 3-38　地漏的构造

图 3-39　地漏的安装图

1—地漏；2—钢管；3—铸铁管

（2）清扫口

清扫口通常安装在排水横管的末端，以便于清除横管内的污物。清扫口在安装时盖子应与地面相平，首先将清扫口扣在铸铁管的承口里，进行捻口密封。再装于管子末端或引到上一层楼板上，如图 3-40 所示。

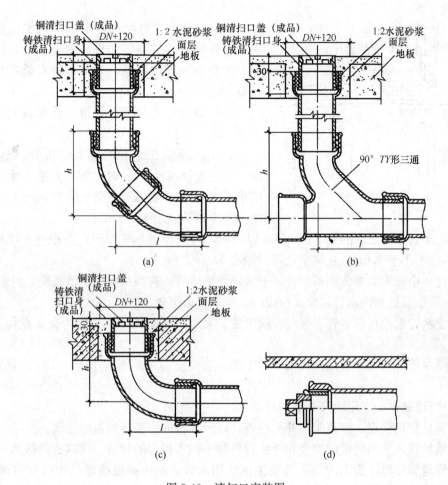

图 3-40　清扫口安装图

（a）把清扫口引到地面上或上一层楼板面；（b）水平管中途清扫口安装图；

（c）地下室清扫口引到地面上；（d）将堵头捻在承口里

3.7　室外给水排水管道安装

室外给水排水系统指住宅小区、民用建筑群及厂区的室外给水排水管网系统。室外工程管线多而复杂，既要考虑其自身的安装要求，也要考虑与其他管线的相互关系。

3.7.1　室外给水管道安装

3.7.1.1　管道布置

建筑小区给水管道由小区干管、支管和接户管三部分组成，如图 3-41 所示。

建筑小区给水管道布置应满足下列要求：

（1）给水管的埋设深度，应当根据当地土壤的冰冻深度、外部荷载、管材强度等因素确定。

（2）干管应敷设成环状，以最短的距离向用水大户供水，配水支管及进户管可布置成枝状。

（3）给水管道应沿小区道路布置或与主要建筑物呈平行布置，尽量与其他管道减少交叉。

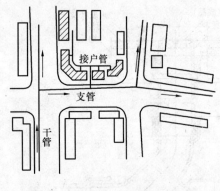

接户管

支管

干管

图 3-41　管道布置

（4）自设水源的给水管道不得与城市生活饮用水给水管网直接连接。如果必须连接时，应征得当地卫生和有关部门同意，并且采取有效措施，防止污染。

（5）给水管道与污水管道平行敷设时，应符合以下要求：

1）给水管在污水管的侧上面 0.5m 以内时，若给水管的管径≤200mm 时，管径外壁的水平净距不应小于 1.0m；如给水管的管径＞200mm 时，管外壁的水平净距不应小于 1.5m。

2）给水管在污水管的侧下面 0.5m 以内时，管外壁的水平净距应当根据土壤的渗水性决定，一般不小于 3.0m。在狭窄处可以减为 1.5m。

3）设计中确因场地狭小不能满足上述距离要求时，应当采取有效措施使上述距离减小。

（6）给水管道与污水管道交叉敷设时，应符合以下规定：

1）给水管敷设在污水管下面时，给水管加套管或者管沟，其长度为交叉点每边不得小于 3.0m。

2）给水管应当尽量敷设在污水管的上面，管外壁的净距不应小于 0.15m，且允许有接口重叠。

（7）管道的平面净距应符合下列要求：

1）满足管道敷设、砌筑阀门井、检查井以及膨胀伸缩节等所需的距离。

2）满足投入使用后维护检修和更换管道时不损害相邻的管道、建筑物的基础。

3）管道损坏时，管内液体不污染生活饮用水管，不冲刷侵蚀建筑物以及构筑物基础，不造成其他不良后果。

4）给水管和排水管离建筑物及构筑物的平面最小净距根据表 3-10 确定。

表 3-10　给水管和排水管离建筑物及构筑物的平面最小净距

最小净距（m） 名称	给水管		污水管	雨水管	排水盲沟
	$d>200$	$d\leqslant200$			
建筑物	3～5	3～5	3.0	3.0	1.0
铁路中心线	4.0	4.0	4.0	4.0	4.0
围墙	2.5	1.5	1.5	1.5	1.0
照明及通信电杆	1.0	1.0	1.0	1.0	1.5
高压电线杆支座	3.0	3.0	3.0	3.0	3.0
乔木	1.0	1.0	1.5	1.5	1.5
灌木	—	—	—	—	1.0

5）给水管和排水管离其他管道的水平与垂直最小净距按表 3-11 确定。

（8）各种管道平面排列及标高设计，相互冲突时应按下列要求处理：

1）小管径管道让大管径管道。

2）有压力的管道让自流的管道。

3）新设的管道让已建的管道。

4）临时性的管道让永久性的管道。

5）可弯的管道让不可弯的管道。

表3-11　给水管和排水管离其他管道的水平与垂直最小净距离

管道名称	水平净距离（m）					垂直净距离（m）				
	给水管		污水管	雨水管	排水盲沟	给水管		污水管	雨水管	排水盲沟
	$d \leqslant 200$	$d > 200$				$d \leqslant 200$	$d > 200$			
给水管 $d \leqslant 200$	0.5	1.0	1.0	1.0	1.0	0.10	0.15	0.1~0.15	0.1~0.15	—
给水管 $d > 200$	1.0	1.0	1.5	1.5	1.0	0.15	0.15	0.1~0.15	0.1~0.15	—
污水管	1.0	1.5	0.8~1.5	0.8~1.5	0.8~1.5	0.1~0.15	0.1~0.15	0.1~0.15	0.1~0.15	—
雨水管	1.0	1.5	0.8~0.15	0.8~0.15	0.8	0.1~0.15	0.1~0.15	0.1~0.15	0.1~0.15	—
热力管沟	0.5	1.0	1.0	1.0	1.0	—	—	—	—	—
直埋式热水管	1.0	1.0	1.0	1.0	—	0.1~0.15	0.1~0.15	0.1~0.15	0.1~0.15	—
煤气管										
低压	0.5~1.0	0.5~1.0	1.0	1.0	1.5	0.1~0.15	0.1~0.15	0.1~0.15	0.1~0.15	—
中压	1.5	1.5	1.5	1.5	1.5	0.15	0.15	0.15	0.15	—
高压	2.0	2.0	2.0	2.0	1.5	0.20	0.20	0.15	0.15	—
特高压	5.0	5.0	5.0	5.0	2.0	0.20	0.20	0.15	0.15	—
压缩空气管	1.5	1.5	1.5	1.5	1.5	0.15	0.15	0.15	0.15	—
乙炔、氧气管	1.5	1.5	1.5	1.5	1.5	0.25	0.25	0.25	0.25	—
石油管	1.5	2.0	1.5	1.5	1.5	0.25	0.25	0.25	0.25	—
电力电缆	1.0	1.0	1.0	1.0	1.0	0.5 (0.25)	0.5 (0.25)	0.5 (0.25)	0.5 (0.25)	—
通信电缆	1.0	1.0	1.0	1.0	1.0	0.5 (0.15)	0.5 (0.15)	0.5 (0.15)	0.5 (0.15)	—
架空管架基础	3.0	3.5	3.0	3.0	3.0	—	—	—	—	—
涵洞基础底	—	—	—	—	—	0.15	0.15	0.15	0.15	—

注：1. 煤气管道压力：低压：不超过49kPa；中压：49~147kPa；高压：148~294kPa；特高压：295~981kPa；

2. 特殊情况下不能满足要求时，采取有效措施后，表中数字可适当减小；

3. 在"电力电缆"、"通信电缆"距离一栏数字，带（ ）者为穿管敷设，不带（ ）为直埋敷设。

3.7.1.2　给水管道安装

（1）输送生活用水的管道应采用塑料管、复合管或者给水铸铁管。塑料管、复合管或给水铸铁管的管材、配件，应当是同一厂家的配套产品。防水泵接合器及室外消火栓的安装位置、形式必须符合设计要求。

（2）架空或在地沟内敷设的室外给水管道其安装要求按照室内给水管道的安装要求执行。塑料管道不得露天架空敷设，必须露天架空敷设时应当有保温和防晒等措施。

（3）普通钢管的埋地防腐必须符合设计要求，如设计无规定时，可以按照表3-12规定执行。卷材与管材间应当粘贴牢固，无滑移、空鼓、接口不严等。

表 3-12 管道防腐层种类

防腐层层次 （从金属表面起）1	正常防腐层	加强防腐层	特加强防腐层
1	冷底子油	冷底子油	冷底子油
2	沥青涂层	沥青涂层	沥青涂层
3	外包保护层	加强保护层（封闭层）	加强保护层（封闭层）
4		沥青涂层	沥青涂层
5		外保护层	加强包扎层（封闭层）
6			沥青涂层
7			外包保护层
防腐层厚度不小于（mm）	3	6	9

（4）管道和金属支架的涂漆应附着良好，无脱皮、起泡、流淌及漏涂等缺陷。管道连接应当符合工艺要求，阀门、水表等安装位置应正确。

（5）给水管道在竣工后，必须对管道进行冲洗，饮用水管道还要在冲洗后进行消毒，满足饮用水卫生要求。

（6）管道进口法兰、卡扣、卡箍等应安装在检查井或地沟内，不要埋在土壤中。给水系统各种井室内的管道安装，若设计无要求，井臂距法兰或承口的距离按下述规定来选择：

①管径小于或等于 450mm 时，不应小于 250mm；

②管径大于 450mm 时，不应小于 350mm。

（7）管网必须进行水压试验，试验压力为工作压力的 1.5 倍，但是不得小于 0.6MPa。

检验方法：当管材为钢管、铸铁管时，试验压力下 10min 内压力降不应大于 0.05MPa，然后降至工作压力进行检查，压力应当保持不变，不渗不漏；管材为塑料管时，试验压力下，稳压 1h 压力降不大于 0.05MPa，之后降至工作压力进行检查，压力应保持不变，不渗不漏。

（8）管沟回填土，管顶上部 200mm 以内应当用沙子或无块石及冻土块的土，并不得用机械回填；管顶上部 500mm 以内不应回填直径大于 100mm 的块石和冻土块；500mm 以上部分回填土中的块石或者冻土不得集中。

（9）消防水泵结合器和消火栓的位置应明显，栓口的位置应当方便操作。消防水泵结合器和室外消火栓当采用墙壁式，进、出水栓口的中心安装高度距地面应当为 1.10m，其上方应设有防坠落物打击的措施；地下式消防水泵结合器顶部进水口或者地下式消火栓的顶部出水口与消防井盖底面的距离不得大于 400mm，井内应当有足够的操作空间，并设爬梯。寒冷地区井内应当做防冻保护。

（10）橡胶接口的埋地给水管道，在土壤或者地下水对橡胶圈有腐蚀的地段，在回填土前应用沥青胶泥、沥青麻丝或沥青锯末等材料封闭橡胶圈接口。

（11）捻口用的油麻填料必须清洁，填塞后应捻实，其深度应当占整个环形间隙深度的 1/3；接口水泥应密实饱满，其接口水泥面凹入承口边缘的深度不应大于 2mm；采用水泥捻口的给水铸铁管，在安装地点有腐蚀性的地下水时，应当在接口处涂抹沥青防腐层。

（12）设在通车路面下或小区管道路下的各种井室，必须使用重型井圈及井盖，井盖上表面应与路面相平，允许偏差为 ±5mm。绿化带上和不通车的地方可以采用轻型井圈和井盖，井盖上表面应高出地坪 50mm，并且在井口周围以 2‰ 的坡度向外做水泥砂浆的护坡。

（13）管沟的坐标、位置、沟底的标高应符合设计要求。管沟的沟底层应当是原土层，或是夯实的回填土，沟底应平整，坡度应顺畅，不应有尖硬的物体、石块等。如沟基为岩石、不易清除的石块或砾石层时，沟底应当下挖 100～200mm，填铺细砂或粒径不大于 5mm 的细土，夯实到沟底标高后，方可以进行管道敷设。

（14）重型铸铁或混凝土井圈，不得直接放在井室的砖墙上，砖墙上应当做不少于 80mm 厚的细石混凝土垫层。井室的底部标高在地下水位以上时，基层应当为素土夯实；在地下水位以下时，基层应打 100mm 厚的混凝土底板。砌筑应当采用水泥砂浆，内表面抹灰后应严密不透水。

（15）给水管道与污水管道在不同标高平行敷设，当其垂直间距在 500mm 以内时，给水管道管径不大于 200mm 的，管壁水平间距不得小于 1.5m；管径大于 200mm 的，管壁水平间距不应小于 3m；铸铁管承插捻口连接的对口间隙应不小于 3mm，最大间隙应当符合表 3-13 的规定。

表 3-13　铸铁管承插捻口的对口最大间隙　　　　　　　　　mm

管径	沿直线敷设	沿曲线敷设
75	4	5
100～250	5	7～13
300～500	63	14～22

3.7.2　室外排水管道安装

3.7.2.1　排水管道敷设要求

（1）排水管敷设间距要求

排水管最好沿道路和建筑物周边平行敷设，其与建筑基础的水平净距应符合以下要求：

当管道埋深浅于基础时，应≥1.5m；

当管道埋深深于基础时，应≥2.5m。

为便于管道的施工、检修应将管道尽量埋在绿地或者不运行车辆的地段，且居住小区的室外给水管与其他地下管线之间的最小净距应当符合表 3-14 的规定。

表 3-14　居住小区地下管线（构筑物）间最小净距　　　　　　　　m

种　类	给水管		污水管		雨水管	
	水平	垂直	水平	垂直	水平	垂直
给水管	0.5～1.0	0.1～0.15	0.8～1.5	0.1～0.15	0.8～1.5	0.1～0.15
污水管	0.8～1.5	0.1～0.15	0.8～1.5	0.1～0.15	0.8～1.5	0.1～0.15
雨水管	0.8～1.5	0.1～0.15	0.8～1.5	0.1～0.15	0.8～1.5	0.1～0.15
低压煤气管	0.5～1.0	0.1～0.15	1.0	0.1～0.15	1.0	0.1～0.15
直埋式热水管	1.0	0.1～0.15	1.0	0.1～0.15	1.0	0.1～0.15
热力管沟	0.5～1.0		1.0		1.0	
乔木中心	1.0		1.5		1.5	
电力电缆	1.0	直埋 0.5 穿管 0.25	1.0	直埋 0.5 穿管 0.25	1.0	直埋 0.5 穿管 0.25
通讯电缆	1.0	直埋 0.5 穿管 0.15	1.0	直埋 0.5 穿管 0.15	1.0	直埋 0.5 穿管 0.15

注：1. 净距指管外壁距离，管道交叉设套管时指套管外壁距离，直埋式热力管指保温管壳外壁距离。

　　2. 电力电缆在道路的东侧（南北方向的路）或南侧（东西方向的路）；通信电缆在道路的西侧或北侧。一般均在人行道下。

（2）排水管的管径与敷设坡度

为防止管道损坏，管顶应有一定的覆土厚度，当管道不受冰冻或者外部荷载影响时应大于等于 0.3m，埋设在车行道下时应当大于等于 0.7m，且应根据管道布置位置、地质条件和地下水位等具体情况，分别采用素土或者灰土夯实、砂垫层和混凝土等基础。

为防止管道堵塞，便于清通、检查，排水管的管径不应当小于表 3-15 中的规定。排水管转弯或交汇处，水流转弯不得小于 90°，当管径≤300mm 且跌水水头大于 0.3m 时，可不受此限制。

表 3-15 排水管最小管径   mm

管　别		位　置	最小管径
污水管道	接户管	建筑物周围	150
	支管	组团内道路下	200
	干管	小区道路、市政道路下	300
雨水管和合流管道	接户管	建筑物周围	200
	支管及干管	小区道路、市政道路下	300
雨水连接管			200

注：污水管道接户管最小管径150mm，服务人口不宜超过250人（70户）；超过250人（70户）时，最小管径宜用200mm。

生产废水、生活污水、雨水、生产污水管道敷设坡度，应当满足表 3-16 中的要求。

表 3-16 排水管道的最小坡度

管径 DN (mm)	生活污水		生产废水、雨水	生产污水
	标准坡度	最小坡度		
50	0.035	0.025	0.020	0.020
75	0.025	0.015	0.015	0.020
100	0.020	0.012	0.008	0.012
125	0.015	0.010	0.006	0.010
150	0.010	0.007	0.005	0.006
200	0.008	0.005	0.004	0.004
250	—	—	0.0035	0.0035
300	—	—	0.003	0.003

（3）管道埋设深度

排水管的埋设深度是覆土厚度和埋设深度之和。覆土厚度是指管道外壁顶部到地面的距离；埋设深度是指管道内壁底到地面的距离。排水管道施工图中所列的管道安装标高均指管道内底标高，如图 3-42 所示。

3.7.2.2 排水管道安装

（1）管道铺设

1）下管前要从两个检查井的一端开始，如果为承插管敷设时以承口在前。

2）根据管径大小和现场的施工条件，分别采用压绳法，三角架、木架漏大绳、大绳二绳挂钩法，倒链滑车、列车下管法等。

3) 下管后找正拨直，在撬杆下垫以木板，不可以直插在混凝土基础上。待两窨井间全部管子下完，检查坡度无误后即可接口。

4) 稳管前将管口内外全刷洗干净，管径在 600mm 以上的平口或者承插管道接口，应留有 10mm 缝隙，管径在 600mm 以下者，留出不小于 3mm 的对口缝隙。

5) 使用套环接口时，先稳好一根管子，再安装一个套环。敷设小口径承插管时，稳好第一节管后，在

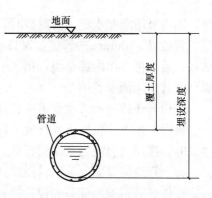

图 3-42　埋设深度与覆土厚度

承口下垫满灰浆，之后将第二节管插入，挤入管内的灰浆应从里口抹平。

（2）管道接口

排水管道的接口形式有承插口、平口管子接口及套环接口三种。

1）承插接口。带有承插接头的排水管道连接时，可以采用沥青油膏或水泥砂浆填塞承口。沥青油膏的配合比（质量比）为：6 号石油沥青 100，重松节油 11.1，废机油 44.5，石棉灰 77.5，滑石粉 119。调制时，首先把沥青加热至 120℃，加入其他材料搅拌均匀，再加热至 140℃即可使用。施工时，先将管道承口内壁及插口外壁刷净，涂冷底子油一道，最后填沥青油膏。采用水泥砂浆作为接口填塞材料时，一般用 1：2 水泥砂浆，施工时应当将插口外壁及承口内壁刷净，然后将和好的水泥砂浆由下往上分层填入捣实，表面抹光后覆盖湿土或者湿草袋养护。

敷设小口径承插管时，可以在稳好第一节管段后，在下部承口上垫满灰浆，再将第二节管插入承口内稳好。挤入管内的灰浆用于抹平里口，多余的要清除干净，接口余下的部分应填灰打严或用砂浆抹严，按照上述程序将其余管段敷完。

2）平口和企口管子接口。平口和企口管子都采用 1：2.5 的水泥砂浆抹带接口。抹带工作必须在八字枕基或包接头混凝土浇筑完后进行。操作前应当将管接口处进行局部处理，管径 $d \leqslant 600$mm 时，应当刷去抹带部分管口浆皮；管径 $d > 600$mm 时，应将抹带部分的管口凿毛刷净，管道基础与抹带相接处混凝土表面也应当凿毛刷净，使之粘结牢固。抹带时，应当使接口部位保持湿润状态，先在接口部位抹上一层薄薄的素灰浆，并分两次抹压，第一层为全厚的 1/3，抹完之后在上面割划线槽使其表面粗糙，待初凝后再抹第二层，并赶光压实。抹好后，应当立即覆盖湿草袋并不断洒水养护，以防龟裂。

排水管道抹带接口操作中，如果遇管端不平，应以最大缝隙为准；接口时不应往管缝内填塞碎石、碎砖，必要时应塞麻绳或在管内加垫托，待抹完后取出。抹带时，禁止在管上站人、行走或坐在管上操作。

3）套环接口。采用套环接口的排水管道下管时，稳好一根管子，马上套上一个预制钢筋混凝土套环。接口一般采用石棉水泥作填充材料，接口缝隙处填充一圈油麻。接口时，先检查管子的安装标高和中心位置是否符合设计规定管道，是否稳定，然后调节套环，使管子接口处于套环正中，套环与管外壁间的环形间隙应当均匀，套环和管子的接合面用水冲刷干净，将油麻填入套环中心，把和好的石棉灰用灰钎子自下而上填入套环缝内。石棉灰的配合比（质量比）为水：石棉：水泥＝1：3：7。水泥强度等级不得低于 42.5，为了防止套环胀

裂，不得采用膨胀水泥。打灰口时，应当使每次灰钎子重叠一半。打好的灰口与套环边口取平。管径 $d>700mm$ 的管道，对口处缝隙较大时，应当在管内临时用草绳填塞，待打完外部灰口后，再取出内部草绳，用 1：3 水泥砂浆将内缝抹严。打完的灰口应立即覆盖潮湿草袋，并且定期洒水养护 2～3d。

采用套环接口的排水管道应先作接口，后作接口处混凝土基础。

敷设在地下水位以下并且地基较差，可能产生不均匀沉陷地段的排水管，在用预制套环接口时，接口材料应当采用沥青砂。沥青砂的配制及接口操作方法应按施工图纸要求。

排水管道接口完成且填料强度达到要求后，方可进行充水试验及回填。在安装过程中，一定要做好管道安装标高和位置检查及充水试验记录，以便交工验收及存档。

上岗工作要点

1. 掌握室内给水管道的安装要求与程序，实际工作中，能够熟练安装室内给水管道。

2. 掌握室内消火栓给水系统与室内消防给水管道的安装要求与程序，了解其在实际生活中的应用。

3. 掌握建筑中水系统的安装要求与程序，了解其在实际生活中的应用。

4. 掌握室内排水管道的安装要求与程序，实际工作中，能够熟练安装室内排水管道。

5. 熟悉各种卫生器具的安装要求与程序，实际工作中需要时，能够熟练安装。

6. 掌握室外给水排水管道的安装要求与程序，实际工作中，能够熟练安装室外给水排水管道。

思　考　题

3-1　室内给水系统分为哪几类？其组成包括什么？

3-2　室内给水系统有哪些给水方式？

3-3　管道敷设有哪些原则？

3-4　室内消防系统的组成有哪些？

3-5　什么是建筑中水系统？它包括哪些种类？

3-6　室内排水系统分为哪几类？其组成包括什么？

3-7　铸铁管在混凝土地面的最小埋设深度是多少？

3-8　卫生器具包括哪些种类？

第4章 管道系统设备及附件安装

重 点 提 示

1. 了解水泵的工作原理，掌握水泵机组的选择与安装方法，熟悉水泵机组的试运行及运行故障的检查与处理。

2. 熟悉阀门和水表的类型，掌握阀门和水表的安装要求。

3. 熟悉水箱的配管及附件，掌握水箱的安装要求。

4. 熟悉支架的适用范围，了解支架安装位置及其间距的确定，掌握管道支架的制作要求与安装方法。

4.1 水泵安装

水泵是给水系统中的主要升压设备。在建筑内部的给水系统中，通常采用离心式水泵。它具备结构简单、体积小、效率高、流量和扬程在一定范围内可调整等优点。

4.1.1 水泵的工作原理

（1）离心式水泵的工作原理

离心式水泵的基本构造是由泵壳、泵轴、叶轮、密封装置等部分组成，如图4-1所示。

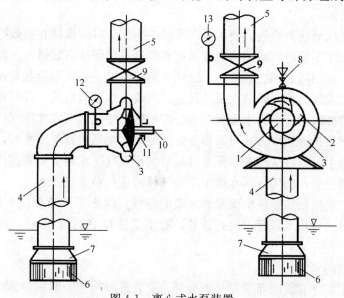

图 4-1 离心式水泵装置

1—叶轮；2—叶片；3—泵壳；4—吸水管；5—压水管；6—格栅；7—底阀；8—灌水口；
9—阀门；10—泵轴；11—填料函；12—真空表；13—压力表

离心水泵通过离心力的作用来输送和提升液体。水泵启动前，要将泵壳及吸水管中充满水，用以排除泵内空气。当叶轮高速转动时，在离心力的作用下，叶轮间的水被甩入泵壳获得动能和压能。因泵壳的断面是逐渐扩大的，所以水进入泵壳后流速逐渐减小，部分动能转化为压能，继而流入压水管，所以，泵出口处的水便具有较高的压力。在水被甩走的同时，水泵进口形成真空，因大气压力的作用，吸水池中的水沿吸水管源源不断地被压入水泵进口，进而流入泵体。因电动机带动叶轮连续旋转，所以，离心水泵是均匀的连续供水。

（2）水泵的基本性能参数

每台水泵均有一个表示其工作特性的铭牌。铭牌中的参数代表着水泵的性能，包括下列几个基本性能参数。

1）流量。泵在单位时间内输送水的体积，称之为泵的流量，以符号"Q"表示，单位为 m^3/h 或 L/s。

2）扬程。单位质量的水在通过水泵以后获得的能量，称之为水泵扬程，用符号"H"表示，单位为 m。

3）功率。水泵在单位时间内做的功，即是单位时间内通过水泵的水获得的能量，以符号"N"表示，单位为 kW。水泵的这个功率称为有效功率。

4）效率。水泵功率与电动机加在泵轴上的功率之比，用符号"η"表示，用百分数表示。水泵的效率越高，说明泵所做的有用功越多，损耗的能量就越少，水泵的性能就好。

5）转速。水泵转速指叶轮每分钟的转数，用符号"n"表示，单位为 r/min。

6）吸程。吸程也称允许吸上真空高度，即水泵运转时吸水口前允许产生真空度的数值，通常用符号"H_0"表示，单位为 m。

在以上几个参数中，以流量和扬程最为重要，它们表明水泵的工作能力，是水泵最主要的性能参数，也是选择水泵的主要依据。水泵铭牌上型号意义可以参照水泵样本。

4.1.2　水泵机组的选择与安装

（1）水泵的选择

选择水泵主要以节能为原则，使水泵在系统中大部分时间保持在高效率段运行。若水泵的出水量和扬程几乎不变时，选用离心式恒速水泵即可以保持高效运行。若系统用水量和所需水压不均匀时，选用离心式变频调速泵。现今调速装置主要采用变频调速器，利用水泵出口压力或者管网末端压力控制调节水泵的转速，来改变水泵的流量、扬程和功率，使水泵变流量供水时，保持高效运行。因水泵只有在一定的转速变化范围内才能保持高效运行，所以选用调速泵和恒速泵组合供水方式可取得更好的效果。在系统微量用水时，为防止水泵工作效率降低导致水温上升，可选用并联配有加压泵的小型气压水罐变频调速供水装置，在此种情况下停止变频调速泵，利用气压水罐中压缩气体的压力向系统供水。

选择水泵的主要依据是系统的流量和所需的扬程。供水系统流量应当按实际需要确定，可根据不同用水目的按用水量标准进行计算。有了流量 Q 和扬程 H 后，即可选择泵的型号及机号。

（2）水泵机组的安装

泵的安装质量好坏和管路布置得是否合理，会直接影响泵的使用寿命及经济效果，所以必须认真地做好这项工作。

1）基础的检查和画线。基础的检查是泵安装工作中一项重要的工序，若基础质量不符合要求，就会影响泵的安装质量，使泵在运转过程中发生振动以至于损坏设备。泵在就位前，应当根据设计图样复测基础的标高及中心线，并将确定的中心线用标记明显地标识在基础上，然后画出各地脚螺栓预留孔或者预埋位置的中心线，以此检查各预留孔或预埋地脚螺栓的准确度。

基础经过检查后，如发现不符合要求的地方应当立即进行处理，至达到要求为止。一般情况下，容易产生的缺陷为标高不符合要求，预留孔位置不准和预埋地脚螺栓偏移。因此，在浇制基础预埋地脚螺栓时，必须谨慎小心，根据泵的安装尺寸，预制一副模架，将地脚螺栓正确地固定在模架上，然后按基础中心线将模架定位在基础中，在找正位置后，与基础中钢筋结扎固定，最后浇灌基础。

2）水泵的就位。水泵就位于基础时，必须将泵底座底面的油污及泥土等脏物清除干净。就位时，一方面是根据基础上画出的纵、横向中心线，另一方面是按照泵本身的中心位置，使两者对准定位。

水泵就位后应将垫铁垫实，放置平稳，以防倾倒和变形。

3）水泵的找正找平。水泵的找正找平，概括来说，主要是找水平、找标高和找中心。一般说来，泵的找正找平工作是分两步进行的。

① 初平，主要是初步找正泵的水平、标高、中心和相对位置。

② 精平，是在地脚螺栓二次灌浆干涸后进行，在初平的基础上对泵作精密的调整，完全达到符合要求的程度。

找平应当以泵轴外伸部分、泵体水平中分面、轴颈、底座的水平加工面等为基准，用水平仪进行测量。

主动轴与从动轴以联轴节连接时，应当找正两轴的同轴度、两半联轴器端面间的间隙，使其符合设备技术文件的要求或者规范的规定。

4）二次灌浆。所谓二次灌浆，即用碎石混凝土将地脚螺栓孔、泵底座与基础表面间的空隙填满。二次灌浆的作用是固定地脚螺栓，并且承受部分设备负荷。灌浆时，一般应先灌满地脚螺栓孔，边灌边捣实，使地脚螺栓不歪斜，不影响泵的安装精度。灌浆层的厚度应不小于25mm。

5）精平和清洗加油。当地脚螺栓孔二次灌浆混凝土的强度达到设计强度的70%以上时，方可对地脚螺栓紧固，进行泵的精平。在精平过程中，一边拧紧地脚螺栓，一边进一步找正、找平泵的水平度、同轴度及平行度，使之完全达到要求。

6）吸水管和压水管的安装。泵吸水管、压水管及阀的安装，对泵的正常运行有着十分重要的影响。实际工作中，常由于泵进出口的管阀布置不合理，或者安装不当，影响了泵的流量和正常运行。所以，在安装泵的吸水管和压水管阀时，必须注意以下几点：

① 吸水管口要处于水源的最低水位以下，大流量水泵要侵入水下至少1m。

② 整个吸入管路从泵吸入口起应当保持下坡的趋势，以免在管路中积聚气泡。如安装不当，装成水平或者局部鼓起的状态，容易在管内积聚气泡，影响吸水。

③ 在压水管路上应当安装单向阀，使用单向阀的目的是在电动机突然发生故障后，阻止压力水反击水泵，以防水泵受到损坏。

④ 压水管上的闸阀应安装在单向阀的后面，比单向阀远离泵出口。闸阀用来调节泵的流量和扬程，并可用来检查和修理管路的堵塞。

⑤ 底阀安装在吸水管的底部，经常浸入水内，不使引水有困难。

7）泵体和管道的减振与防噪声。水泵工作时因压力的波动与脉动、流体的不稳定流动及阀半开引起的涡流影响、汽蚀、水锤、转动部件不平衡、安装缺陷引起的偏心转动及油膜的影响等因素，都会产生振动与噪声。泵与电动机运转产生的噪声，通过管道、管道支架、建筑物实体、流体等进行传播，因而影响建筑物的使用寿命和造成环境污染。所以，泵体及其管道的减振和防噪声工作显得十分重要。

① 泵体的减振。在安装时，减振垫的材质和厚度必须按设计规定选用。各类减振器均需按设计规定的型号订货。现场安装时，各地脚螺栓及底座安装槽钢等必须预埋。

② 水泵管道的减振。水泵的压出管及吸入管应当采用挠性连接。管道的支架应采用减振防噪声传播的方法安装。在安装时，垂直支撑托架下的减振器、吊架用的弹簧吊钩、软吊杆中的圆柱形橡胶等，均应当按设计规定的规格选用，所需地脚螺栓应予预埋。

4.1.3　水泵机组的试运行

设备安装完毕，经检验合格，应当进行试运转以检查安装质量。试运转前应制定运转方案，检查与水泵运行有关的仪表、开关，应当保证完好、灵活；检查电动机转向应符合水泵转向的要求。设备检查包括对润滑油的补充或更换，各部位紧固螺栓是否松动或不全，填料压盖松紧度要适宜，吸水池水位是否正常，盘车应灵活、正常，无异常声音。

运转时，先关闭出水管上的阀门和压力表、真空考克，打开吸水管上的阀门，灌水或打开水管阀门，并且打开压力表、真空考克。

水泵机组在设计负荷下连续运转，运转时间、轴承温升必须符合设备说明书要求。填料函处温升很小，压盖松紧适度，仅允许每分钟有 20～30 滴水滴泄出。运转中不应有不正常声音，无较大振动，各连接部分不应松动和有泄漏现象。附属设备运行正常，真空、压力流量、温度等指标符合设备技术文件规定。

运转合格后，慢慢地关闭出水阀门及压力表、真空考克，停止电动机运行，试运转完毕。完毕后要断开电源，排除泵及管道中的存水，复查水泵轴向间隙和紧固部分。

单机试运转正常后，准备带负荷运转。带负荷运转一定要在水泵充水状态下运行，严禁水泵无水转动。

带负荷运转操作程序：

（1）检查水池（水箱）内水是否已充满，打开水泵吸水管阀门，使吸水管及泵体充水，这时检查底阀是否严密。打开泵体排气阀排气，满水正常后，关闭水泵出水管上的阀门。

（2）启动水泵运转，逐渐打开出水阀门，直到全部打开，系统正常运转。

（3）水泵运转后，检查如下项目：填料压盖滴水情况、水泵及电动机振动情况、有无异常声响情况、记录电动机在带负荷后启动电流和运转电流情况、观察出水管压力表的表针有无较大范围的跳动或不稳定情况、检查出水流量和扬程情况。

水泵试运转，叶轮与泵壳不应相碰，进、出口部位的阀门应当灵活。轴承温升应符合产品说明书的要求。

检验方法：通电、操作和测温检查。

4.1.4　水泵机组运行故障的检查与处理

水泵经常处于运转状态，常因各种故障使水泵不能正常工作。离心式水泵常见的故障、发生的原因及处理方法如下所述。

（1）水泵不上水

1）水泵的吸水管因倒坡使管内存有空气并且已形成气塞，使水泵无法连续吸水而造成水泵不出水。当出现倒坡时，应调整坡度，并且及时排放泵体及吸水管内的空气。

2）吸水底阀不严或损坏，使吸水管不满水，或者底阀与吸水口被泥沙杂物堵塞，使底阀关闭不严。当确认上述故障后，应当及时清理污物，检修底阀，损坏时应更换。

3）底阀淹没深度不够也会造成水泵不上水，应当增加吸水管浸入在水中的深度。

4）水池（水箱）中水位过低也会使水泵不上水，此时应当检查进水系统中的进水量、水压是否严重不足或浮球阀、液位控制阀等是否失灵。发现问题应当及时调整补水时间（如利用夜间低峰用水时补水），修理或者更换失灵的进水阀。

（2）水泵不出水或水量过少

故障原因：压力管阻力太大；水泵叶轮转向不对；水泵转速低于正常数；叶轮流道阻塞等。

排除方法：检查压力管，清除阻塞；检查电动机转向并改变转向；调整转速；清理叶轮流道。

（3）水泵运行中突然出现停止出水

故障原因：进水管突然被堵塞；叶轮被吸入杂物打坏；进水口吸入大量空气。

排除方法：检查进水管，清除堵塞物；检查叶轮并更换；检查吸水池的水位及水泵的安装高度，保证有足够的水量。

（4）水泵轴承过热

在水泵运转时，轴承温升不宜超过 60℃，当轴承缺油或者水泵与电动机轴不同心、轴承间隙太小、填料压得过紧，均可造成轴承过热。此时，应当调整同心度、加油、调整填料压盖松紧度。

（5）水泵运转振动及噪声过大

水泵同心度偏差过大时会产生较大振动，其次应当检查地脚螺栓、底座螺栓是否拧紧无松动。对要求控制噪声和振动较严格的建筑物应当增加减振或隔振装置。

当吸水管深度过大、吸水池水位低时，还会使水泵产生汽蚀现象且增大水泵的噪声。

离心式水泵减振装置常用的有橡胶隔振垫和减振弹簧盒。橡胶隔振垫通常安装在减振平衡板下面，安装时应当根据水泵的型号，按图集要求的垫块的规格型号和数量分别垫在减振板四角及边位下，垫板必须成对支垫。采用减振盒时，其减振板必须留洞准确，预制板表面应平整。弹簧减振盒应当准确平稳地摆放在板下的孔内，减振盒的规格型号及数量需按设计选定购置，不应任意变更型号和规格。

减振平衡板为钢筋混凝土预制板，加工时应当严格按有关图集尺寸、混凝土强度等级、预留孔及预埋件的位置施工。

4.2 阀门、水表安装

4.2.1 阀门的安装

4.2.1.1 阀门的分类

阀门按结构和用途分类见表 4-1，按压力分类见表 4-2。

表 4-1　阀门按结构和用途分类

名　称	闸　阀	截止阀	球　阀	旋塞阀	节流阀
用途	接通或截断管路中的介质			接通或截断管路中的介质，调节介质流量	调节介质流量
传动方式	手动或电动，液动，直齿圆柱齿轮传动，锥齿轮传动	手动或电动	手动或电动，气动，电—液动，气—液动，蜗轮传动	手动	手动
连接形式	法兰，焊接，内螺纹	法兰，焊接，内（外）螺纹，卡套	法兰，焊接，内（外）螺纹	法兰，内螺纹	法兰，外螺纹，卡套

名　称	止回阀	安全阀	减压阀	疏水阀
用途	阻止介质倒流	防止介质压力超过规定数值，以保证安全	降低介质压力	阻止蒸汽逸漏，并迅速排除管道及用热设备中的凝结水
传动方式	自动	自动	自动	自动
连接形式	法兰，内（外）螺纹，焊接	法兰，螺纹	法兰	法兰，螺纹

表 4-2　按阀门压力分类

低压阀	$PN \leqslant 1.6$MPa	高压阀	10MPa$\leqslant PN \leqslant$100MPa
中压阀	1.6MPa$< PN \leqslant$6.4MPa	超高压阀	$PN >$100MPa

4.2.1.2　阀门的安装

（1）阀门安装的一般要求

1）安装阀门前，应按工程图样核对型号，并且对阀门进行检验，合格后送到工地。

2）安装前应检查填料是否完好，压盖螺栓有无足够的调节余量。法兰和螺纹连接的阀门应给予关闭后再行安装。不得用阀门手轮作为吊装的承重点。

3）安装时应进一步核对型号和安装位置，并且根据介质流向确定阀门安装方向。

4）安装铸铁、铜质阀门时，须防止因强力连接或者受力不均引起法兰破裂或螺纹连接处挤裂。

5）焊接阀件与管道连接焊缝的封底焊宜采用氩弧焊施焊，以确保其内部平整光洁。焊接时应打开阀门，以防止过热变形。

6）水平管道上的阀门，其阀杆应当安装在上半圆周范围内。

7）阀门的操作机构和传动装置应当使其传动灵活，指示准确。

8）安装蝶阀时应注意阀芯能否自由转动，对接管道对其是否有妨碍。

（2）安装的方向和位置

许多阀门具有方向性，如截止阀、节流阀、减压阀、单向阀等。如果装倒装反就会影响其使用效果与使用寿命（比如节流阀）；或者根本不起作用（比如减压阀）；甚至造成危险（比如单向阀）。一般阀门，在阀体上有方向标志，若没有方向标志，应根据阀门的工作原理正确识别。

阀门的安装位置必须便于操作；阀门手轮和胸口取齐，这样启闭阀门省劲。落地阀门手轮朝上，不许倾斜，一定要便于操作。靠墙设备的阀门，要给操作人员留出站立余地，避免仰天操作，特别是酸、碱、有毒介质等。

1）截止阀一般安装在管径 DN 小于等于 50mm 或者经常启闭的管道上。截止阀安装时应使水流方向同阀门标注方向一致，切勿装反。截止阀如图 4-2 所示。

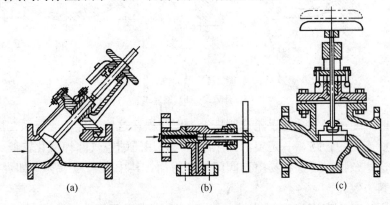

图 4-2　截止阀
(a) 直流式；(b) 角式；(c) 标准式

截止阀的阀腔左右不对称，流体由下而上通过阀口可减小流体阻力（由形状所决定），开启省力（因介质压力向上），关闭后介质不压填料，以便于检修。这就是截止阀不可以安反的原因。其他阀门也有其各自的特点。

2）闸阀一般安装在引入管或管径 DN 大于 50mm 的双向流动并且不经常启闭的管道上。闸阀如图 4-3 所示。

闸阀不要倒装（即手轮向下），否则将会使介质长期留存在阀盖空间，容易腐蚀阀杆，并且为某些工艺要求所禁忌，同时更换填料极不方便。

明杆闸阀，不要安装在地下，否则因潮湿而腐蚀外露的阀杆。

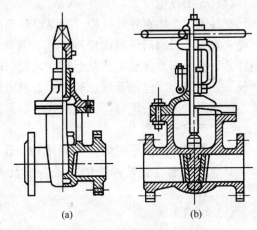

图 4-3　闸阀
(a) 平行式闸阀；(b) 楔式闸阀

3）单向阀有严格的方向性，用来防止管路中液体倒流。单向阀有升降式和旋启式两种，如图 4-4 所示。其中，升降式有横式和立式，横式安装在水平管道上，立式安装在垂直管道上。旋启式要保证摇板旋转轴呈水平放置，可以安装在水平或垂直管道上。

4）减压阀要直立安装在水平管道上，各个方向都不能倾斜。

（3）施工作业

安装施工必须小心，切忌撞击脆性材料制作的阀门。

安装前，需对阀门进行检查，核对规格型号，鉴定有无损坏，特别要转动阀杆数次，检验是否歪斜，因为阀门在运输过程中，易撞歪阀杆。此外要清除阀内的杂物。

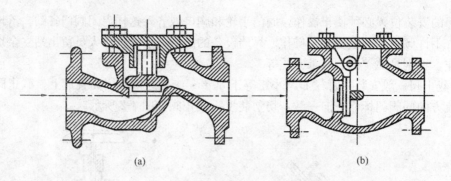

图 4-4　单向阀

(a) 升降式；(b) 旋启式

阀门起吊时，绳子切勿系在手轮或阀杆上，以防损坏这些部件，应该系在法兰上。

对于阀门所连接的管路，一定要清扫干净，可以用压缩空气除掉氧化铁屑、泥沙、焊渣和其他杂物。这些杂物，不仅容易擦伤阀门的密封面，其中大颗粒杂物（如焊渣），还能堵塞小阀门，使其失效。

安装螺口阀门时，应当将密封填料（线麻加铅油或聚四氟乙烯生料带）包在管子螺纹上，不要弄到阀门里，以防阀内存积，影响介质流通。

安装法兰阀门时，要注意对称均匀地把紧螺栓。阀门法兰应与管子法兰平行，间隙合理，以免阀门产生过大压力，甚至开裂。对于脆性材料及强度不高的阀门，尤其要注意。须与管子焊接的阀门，应当先点焊，再将关闭件全开，然后焊死。

（4）保护设施

有些阀门还须有外部保护，即保温和保冷。保温层内有时还要加伴热蒸汽管线。根据生产要求来确定对阀门保温或保冷。通常凡阀内介质降低温度过多会影响生产效率或冻坏阀门，此种情况需要保温，甚至伴热；凡阀门裸露，对生产不利或引起结霜等不良现象时就需要保冷。保温材料包括石棉、矿渣棉、玻璃棉、珍珠岩、硅藻土、蛭石等；保冷材料包括软木、珍珠岩、泡沫、塑料等。蒸汽阀门必须放掉长期不用的积水。

（5）旁路和仪表

有的阀门，除了必要的保护设施外，还要有旁路和仪表。安装旁路可以便于疏水阀检修。其他阀门也有安装旁路的。是否安装旁路，要看阀门状况、重要性及生产上的要求而定。

（6）填料更换

库存阀门，有的填料已失效，有的与使用介质不符，则需要更换填料。

阀门制造厂无法考虑使用单位的不同介质，填料函内总是装填普通盘根，但是，使用时必须让填料与介质相适应，所以要根据实际需要来更换填料。

4.2.2　水表的安装

4.2.2.1　水表种类及选用

通常情况下，水表的种类主要有以下三种：

（1）旋翼式水表

旋翼式水表的翼轮转轴和水流方向垂直，装有平直叶片，流动阻力较大，适于测小的流量，多用于小直径管道上。需特别注意的是：水表计数度盘上指针所指示的数值是累计的流量，即所测得流量的总和，但不是流量的瞬时值，其构造如图 4-5 所示。

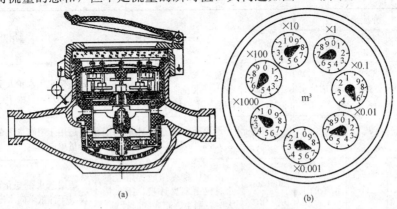

图 4-5 旋翼式水表
(a) 旋翼湿式水表；(b) 水表读数示意

（2）螺翼式水表

螺翼式水表的翼轮转轴和水流方向平行，装有螺旋叶片，流动阻力小，适于测大的流量，大多用在较大直径（大于 $DN80$）的管道上，其构造如图 4-6 所示。

（3）翼轮复式水表

翼轮复式水表同时配有主表和副表，其构造如图 4-7 所示。

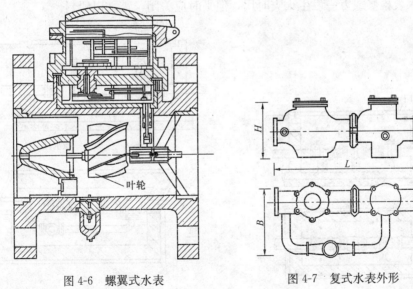

图 4-6 螺翼式水表   图 4-7 复式水表外形

一般情况下，水表的选用应遵循以下规定：

公称直径≤50mm 时，选用旋翼式水表；

公称直径>50mm 时，选用螺翼式水表；

当通过流量变化幅度很大时，应当采用螺翼式和旋翼式组合而成的复式水表。

水表的公称直径应按设计秒流量不超过水表的额定流量来决定，通常等于或略小于管道公称直径。实际工程中，可以根据常用水表的技术特性来选取，见表 4-3。

表 4-3　常用水表的技术特性

类型	介质条件			公称直径 (mm)	主要技术特性	适用范围
	水温 (℃)	压力 (MPa)	性质			
旋翼式水表	0～40	1.0	清洁的水	15～150	最小起步流量及计量范围较小，水流阻力较大，湿式构造简单，精度较高	适用于用水量及其逐时变化幅度小的用户，只限于计量单向水流
螺翼式水表	0～40	1.0	清洁的水	80～400	最小起步流量及计量范围较大，水流阻力小	适用于用水量大的用户，只限于计量单向水流
复式水表	0～40	1.0	清洁的水	主表：50～400　副表：15～40	由主、副表组成，用水量小时仅由副表计量，用水量大时，则主、副表同时计量	适用于水量变化幅度大的用户，仅限于计量单向水流

4.2.2.2　水表的安装

（1）水表节点的组成

水表节点是由水表及其前后的阀门和泄水装置等组成，如图 4-8 所示。为检修和拆换水表，水表前后必须设阀门，以便于检修时切断前后管段。在检测水表精度以及检修室内管路时，还要放净系统的水，所以需在水表后装泄水阀或泄水丝堵三通。对于设有消火栓或不允许间断供水，并且只有一条引入管时，应设水表旁通管，其管径与引入管相同，如图 4-9 所示，以便于水表检修或万一发生火灾时用，但平时应关闭，需加以铅封。

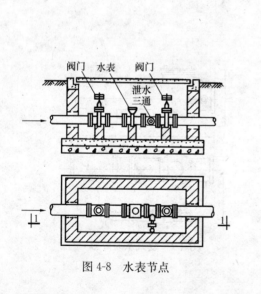

图 4-8　水表节点

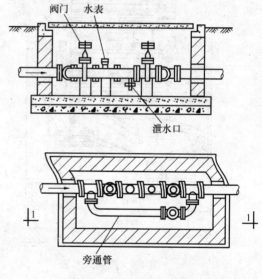

图 4-9　带旁通管水表节点

水表节点应设在便于查看和维护检修并且不受振动和碰撞的地方，可装于室外管井内或室内的适当地点。在炎热地区，要防止暴晒；在寒冷地区要有保温措施，防止冻结。水表应水平安装，方向不能装反，螺翼式水表与其前面的阀门间应当有 8～10 倍水表直径的直线管段，其他水表的前后应当有不少于 0.3m 的直线长度。

（2）水表的安装

水表的安装应满足下述要求：

1）要将水表安装在便于抄读处，并且尽量与主管靠近，以减少进水管长度。

2）应保证表前阀门与水表之间的稳流长度不小于 8～10 倍管径。

3）注意水表安装方向，使进水方向与表上标注方向一致，旋翼式水表只能水平安装，水平螺翼式水表可以水平、倾斜、垂直安装，但是要使水流自上而下。

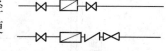

4）小口径水表在水表与阀门之间应装设活接头；大口径水表前后采用伸缩相连，或水表两侧法兰采用双层胶垫，以便于拆卸水表。

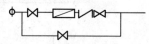

5）大口径水表组装形式应加旁通管，从而便于水表维修时，不影响通水。如图 4-10 所示。

图 4-10 大口径水表的组装形式

（3）水表安装的注意事项

1）连接方式：$DN \leqslant 40mm$ 时，采用螺纹连接；$DN \geqslant 50mm$ 时，采用法兰连接。

2）在安装水表前，要清理管道中的污物，以防止堵塞，也可在水表前加装过滤器，污水表不用进行此操作。

3）旋翼式水表和垂直螺翼式水表应当水平安装，水平螺翼式可根据实际情况确定水平、倾斜或垂直安装，垂直安装时，水流方向一定要自上而下。

4）水表前后和旁通管上均应设检修阀门，水表与表后阀门间应当装设泄水装置。为减少水头损失并保证表前管内水流的直线流动，表前检修阀门最好采用闸阀。住宅中的分户水表，其表后检修阀及专用泄水装置可以不设。

5）方向、位置：水表只能安装在水平管道上、保持刻度盘的水平，并且使水表外壳上的箭头方向与水流方向一致，一定不要装反。水表前后应当装设阀门，对于不允许停水或没有消防管道的建筑，应设旁通管道，这时水表后侧要装止回阀，旁通管上的阀门要设有铅封。

6）安装地点的确定：水表安装在查看方便、不受暴晒、不致受冻以及不受污染的地方，一般引入管上的水表装在室外水表井、地下室或者专用的房间内。家庭独用的小水表，明装于每户的进水总管上。水表前应有阀门，水表外壳距墙面不应大于 30mm，水表中心距另一墙面（端面）的距离为 450～500mm，安装高度为 600～1200mm。为保证水表计量准确，螺翼式水表的上游端应有 8～10 倍水表公称直径的直线管段，其他类型水表的前后也应有不小于 300mm 的直线管段。水表前后直管段长度大于 300mm 时，其超出管段应当用弯头引靠到墙面，沿墙面敷设，管中心距墙面 20～25mm。

4.3 水箱安装

4.3.1 水箱的配管及附件

水箱配管及附件如图 4-11 所示。

（1）进水管

当水箱直接由管网进水时，进水管上应当装设不少于两个浮球阀或液压水位控制阀，为了检修的需要，在每个阀前设置阀门。进水管距水箱上缘应当有 150～200mm 距离。当水箱利用水泵压力进水，并且采用水箱液位自动控制水泵启闭时，在进水管出口处可不设浮球阀或液压水位控制阀。进水管管径按照水泵流量或室内设计秒流量计算决定。

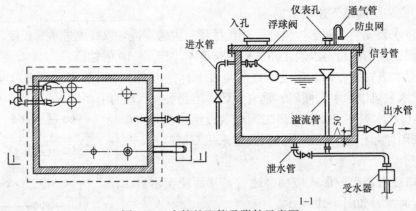

图 4-11　水箱的配管及附件示意图

(2) 出水管

管口下缘应高出水箱底 50～100mm，以防止污物流入配水管网。出水管与进水管可以分别和水箱连接，也可合用一条管道，合用时出水管上设有止回阀。

(3) 溢流管

溢流管口应高于设计最高水位 50mm，管径应当比进水管大 1～2 号，但在水箱底 1m 以下管段可以用大小头缩成等于进水管管径。溢流管上不应装设阀门。溢流管不得与排水系统连接，必须经过间接排水。

(4) 泄水管

泄水管为放空水箱及排出冲洗水箱而设置。管口由水箱底部接出与溢流管连接，管径为 40～50mm，在泄水管上应当设置阀门。

(5) 信号管

信号管通常在水箱的最高水位处引出，再通到有值班人员的水泵房内的污水盆或地沟处，管上不装阀门，管径通常为 32～40mm。该管属于高水位的信号，表明水箱满水。有条件的可以采用电信号装置，实现自动液位控制。

(6) 通气管

供生活饮用水的水箱，当储存量较大时，最好在箱盖上设通气管，以使箱内空气流通。通气管管径一般不小于 50mm，管口应朝下并设网罩。

(7) 入孔

为便于清洗、检修，箱盖上应设入孔。

4.3.2　水箱的安装

水箱的作用主要是储存、调节用水量。水箱有圆形及方形两种，可用钢板或钢筋混凝土制成。高位水箱一般设置在顶层房间、闷顶或者平屋顶上的水箱间内，为了减轻建筑结构承重，多采用钢板水箱。

4.3.2.1　给水水箱的安装

(1) 水箱箱体安装

1) 水箱安装高度。水箱的安装高度和建筑物高度、配水管道长度、管径及设计流量有关。安装高度应满足建筑物内最不利配水点所需的流出水头，并且经管道的水力计算确定。根据构造上要求，水箱底距顶层板面的高度最小不应小于 0.4m。

2）水箱间的布置。水箱间的净高不得低于 2.2m，采光、通风良好，保证不冻结，如有冻结危险时，要采取保温措施。水箱的承重结构应当为非燃烧材料。水箱应加盖，以防止污染。

为便于操作安装和维修管理，水箱之间及其与建筑结构之间的距离应当符合表 4-4 的要求。

表 4-4　水箱之间及其与建筑结构之间的最小净距

水箱形式	水箱壁与墙面之间的距离（m）		水箱之间的净距（m）	水箱顶至建筑结构最低点的距离（m）
	有浮球阀一侧	无浮球阀一侧		
圆　形	0.8	0.5	0.7	0.6
矩　形	1.0	0.7	0.7	0.6

注：水箱旁连接管道时，表中所规定的距离应从管道外面算起。

3）托盘安装。有的水箱设置在托盘上。托盘一般是用木板制作（50～65mm 厚），外包镀锌铁皮，并且刷防锈漆两道。周边高 60～100mm，边长（或直径）比水箱大 100～200mm。箱底距盘上表面，盘底距楼板面各不应小于 200mm。

（2）水箱管道连接

1）当水箱利用管网压力进水时，其进水管上应装设浮球阀。它的安装要求如图 4-12 所示，图中进、出水管和溢水管也可以从底部进出水箱；出水管管口应当高出水箱内底 100mm。

① 进水管上一般装设不少于两个浮球阀，仅有在水泵压力管直接接入水箱，不与其他管道相接，并水泵的启闭由水箱的水位自动控制时，才允许不设置浮球阀。

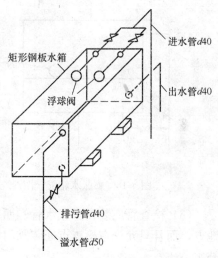

图 4-12　水箱管道安装示意图

② 每个浮球阀最好不大于 $d=50$mm，其引水管上均应当设一个阀门。

2）溢水管由水箱壁到与泄水管相连接处的管段的管径，一般应当比进水管大 1～2 号，与泄水管合并后可采用与进水管相同的管径。由底部进入的溢水管管口应当做成喇叭口，喇叭口的上口应当高出最高水位 20mm。溢水管上不得设任何阀门，与排水系统相接处应当做空气隔断及水封装置，如图 4-13 所示。

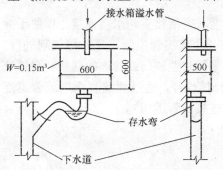

图 4-13　溢水管空气隔断及水封装置

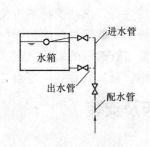

图 4-14　进出水管连接装置

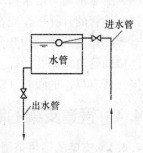

图 4-15　进出水管单独设置

3）当水箱进水管和出水管接在同一条管道上时，出水管上应当设有止回阀，并在配水管上也设阀门，如图4-14所示。而当进水管以及出水管分别与水箱连接时，只需在出水管上设阀门，如图4-15所示。

（3）水箱防锈与保温

水箱如为钢板制造，其内外表面都应涂防锈漆；内表面的涂料不得影响水质，以樟丹为宜。为防冻结和结露，需设有保温层（包括管道在内）。

4.3.2.2　膨胀水箱的安装

膨胀水箱一般用钢板焊制而成，分为矩形和圆形两种，以矩形水箱使用较多。膨胀水箱一般置于水箱间内，水箱间净高不得小于2.2m，并且应有良好的采光通风措施，室内温度不得低于5℃，当有冻结可能时，箱体应作保温处理。

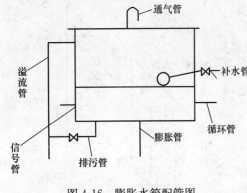

图4-16　膨胀水箱配管图

膨胀水箱配管包括有膨胀管、信号管、补给水管（手动和浮球阀自动控制）、溢流管、排污管等。图4-16为膨胀水箱的配管图。

膨胀水箱上配管的安装要求如下：

（1）泄水管，清洗水箱或放空时使用，接在水箱底部，应当装阀门。阀门以后可以与溢流管合并。

（2）溢流管应装在距膨胀水箱顶部约100mm的侧面，并且引至就近的水池、室内排水管或天沟内。溢水管上不得安装阀门。

（3）检查管应装在膨胀水管侧面三分之一的高处，并且引到泵房水池或其他容易观察的地方，而且只允许在检查点处装阀门，用以检查膨胀水箱水位情况是否已降至最低水位而需补水。

（4）循环管装在膨胀水箱下部的侧面是为了让水箱内的水能缓慢循环，避免冻结，循环管应连接在回水干管上，和膨胀管的连接点保持3～5m的距离。当膨胀水箱设在采暖房间内时，循环管可不设。

（5）膨胀管装在膨胀水箱底，是系统水膨胀进入膨胀水箱及膨胀水箱向系统补水的管道。在机械循环采暖系统中，应接在循环水泵吸入口前的回水干管上；当膨胀水箱远离锅炉房时，应尽量接在锅炉房至外网分支前的回水干管上。自然循环采暖系统的膨胀水箱，应接在出水干管的顶端。

膨胀水箱、给水箱配管时，所有连接管道均应以法兰或者活接头与水箱连接，以便于拆卸。接管的开孔工作应在现场进行，以便选择最方便的开孔和接管位置，开孔用气割进行。对焊接连接的管道，开孔后焊上一截带法兰的短管，用来同法兰阀门或管道的连接；对螺纹连接的管道，开孔后焊上一截带管螺纹的短管（或者钢制管箍），通过螺纹和阀门或管道连接。所有焊接的短管（或者钢管箍）其管径均应当与所连接的管道相同。

4.4　管道支架的制作及安装

4.4.1　支架的适用范围

管道支架适用于室内外的沿墙柱架空安装管道所需的支架或者管架，其质量在50kg以内者，均可套用。

木垫式管架是用型钢做成框架，再在框内衬填硬木垫，悬吊于顶棚或固定于墙上，通常用于制冷工艺的压缩气体管道，是用以减轻因压缩机组的运转而产生的剧烈振动。

滚动、滑动式支架是在型钢框架的底杆上，在与管道接触的部分设置一个支座，此支座根据需要可做成滑动的或滚动的，一般用于蒸汽管道或其他热介质管道，其主要作用是当管道热膨胀和冷收缩时，不会影响管架的稳定而破坏建筑物安全。

4.4.2 管道支架的制作

管道支架、支座的制作应按照图样要求进行施工，代用材料应当取得设计者同意；支吊架的受力部件，如横梁、吊杆及螺栓等的规格应当符合设计及有关技术标准的规定；管道支吊架、支座及零件的焊接应遵守结构件焊接工艺。焊缝高度不得小于焊件最小厚度，并不得有漏焊、结渣或者焊缝裂纹等缺陷，制作合格的支吊架，应进行防腐处理和妥善保管。

4.4.3 支架安装位置及其间距

（1）支（吊）架的安装位置

1）风管转弯处两端加支架。

2）穿楼板和穿屋面处。因竖风管支架只起导向作用，所以穿楼板应当加固定支架。

固定螺栓个数：D 或 A＜500mm，4 个。

$\qquad$ D 或 A＝500～1000mm，6 个。

$\qquad$ D 或 A＞1000mm，8 个。

3）风管始端与通风机、空调器和其他振动设备连接于风管与设备的接头处。

4）干管上有较长的支管时，支管上一定要设置支、吊、托架，避免干管承受支管的重量而造成破坏现象。

（2）支（吊）架固定件的位置

支（吊）架的固定件及位置应符合设计规定，或者满足下列要求：

1）也可采用组合型通用构架新支（吊）架。

2）支（吊）架的预埋件、射钉或者膨胀螺栓位置经核对应正确、牢固、可靠。

3）用钢卷尺排距，发现有支、吊架设在风口、阀门、检查门或者自控机构处时，要重新调整个别预埋件。

4）靠墙、靠柱的水平风管支架用悬臂或者有支撑的支架，否则采用托底吊架；直径或边长小于 400mm 的风管采用吊带或吊架。

5）靠墙、靠柱安装的垂直风管用悬臂托架或者有斜撑的支架；穿过楼板不靠墙柱的风管用抱箍支架固定；室外立管用拉索固定。

（3）支（吊）架的安装间距

1）风管支、吊架间距如无设计要求时，对于不保温风管应当符合表 4-5 要求；对于保温风管，支、吊架间距无设计要求时，按照表 4-5 中间距要求值乘以 0.85；对于螺旋风管的支、吊架间距可适当增大。

2）对于保温风管，因选用的保温材料不同，其风管的单位长度质量也不同，风管支、吊架的间距应当符合设计要求。矩形保温风管的支、吊、托架最好设在保温层外部，不得损坏保温层。

表 4-5　支、吊架间距

圆形风管直径或矩形风管长边尺寸（mm）	水平风管间距（m）	垂直风管间距（m）	最少吊架数（付）
≤400	不大于 4	不大于 4	2
≤1000	不大于 3	不大于 3.5	2
>1000	不大于 2	不大于 2	2

4.4.4　管道支架的安装

（1）管道支架的放线定位

首先根据设计要求定出固定支架和补偿器的位置；按照管道设计标高，把同一水平面直管段的两端支架位置画在墙上或柱上。按照两点间的距离和坡度大小，算出两点间的高度差，标在末端支架位置上；在两高差点拉一条直线，根据支架的间距在墙上或柱上标出每个支架位置。土建施工时，在墙上如果预留有支架孔洞或在钢筋混凝土构件上预埋了焊接支架的钢板，应当采用上述方法进行拉线校正，然后标出支架实际安装位置。

（2）安装方法

支架结构多为标准设计，可按照国标图集《给水排水标准图集》（S402）要求集中预制。现场安装中可以根据实际情况用栽埋法、膨胀螺栓法、射钉法、预埋焊接法、抱柱法安装。

1）栽埋法。栽埋法适用于墙上直形横梁的安装。安装步骤和方法为：在已有的安装坡度线上，画出支架定位的十字线和打洞的方块线，即可以打洞、浇水（即用水壶嘴往洞顶上沿浇水，直至水从洞下沿流出）、填实砂浆直至抹平洞口，插栽支架横梁。栽埋横梁必须拉线（就是将坡度线向外引出），使横梁端部 U 形螺栓孔中心对准安装中心线，即对准挂线后，填塞碎石挤实洞口，在横梁找平找正后，抹平洞口处灰浆。

2）膨胀螺栓法。膨胀螺栓法适用于角形横梁在墙上的安装。安装步骤和方法为：按坡度线上支架定位十字线向下量尺，画出上下两膨胀螺栓安装位置十字线后，用电钻钻孔。孔径等于套管外径，孔深为套管长度加 15mm 并且与墙面垂直。清除孔内灰渣，套上锥形螺栓并拧上螺母，打入墙孔直至螺母与墙平齐，用扳手拧紧螺母直至胀开套管，打横梁穿入螺栓，并且用螺母紧固在墙上。

3）射钉法。射钉法多用于角形横梁在混凝土结构上的安装。安装步骤和方法为：按膨胀螺栓法定出射钉位置十字线。用射钉枪射入长度为 8～12mm 的射钉，用螺纹射钉紧固角形横梁。

4）预埋焊接法。预埋焊接法安装步骤和方法为：在预埋的钢板上，弹上安装坡度线，作为焊接横梁的端面安装标高控制线，把横梁垂直焊在预埋钢板上，并使横梁端面与坡度线对齐，先电焊，校正后焊牢。

5）抱柱法。管道沿柱子安装时，可以用抱柱法安装支架。安装步骤和方法为：把柱上的安装坡度线用水平尺引至柱子侧面，弹出水平线作为抱柱托架端面的安装标高线，用两条双头螺栓把托架紧固于柱子上，托架安装一定要保持水平，螺母应当紧固。

　　　　　　　　　　上岗工作要点

1. 掌握水泵机组的选择与安装方法，了解其在实际生活中的应用。
2. 掌握阀门和水表的安装要求，了解其在实际生活中的应用。
3. 掌握水箱的安装要求，了解其在实际生活中的应用。
4. 掌握管道支架的制作要求与安装方法，实际工作中需要时，能够熟练安装。

思 考 题

4-1　怎样安装水泵？

4-2　阀门按压力分为几类？

4-3　水表有哪些种类？其怎样安装？

4-4　水箱的安装高度有什么要求？

4-5　管道支架的安装间距有什么要求？

第5章 通风空调系统的安装

重 点 提 示

1. 了解通风系统及空调系统的组成及分类。

2. 了解通风空调工程的常用材料,掌握通风管道的制作步骤与安装方法、通风部件及消声器的安装要求。

3. 掌握通风机与空调设备的安装要求与安装方法。

4. 熟悉通风空调系统检测及调试的内容。

5.1 通风空调系统的组成及分类

5.1.1 通风系统的组成及分类

5.1.1.1 通风系统的组成

通风工程包括风管、风管部件、配件、风机及空气处理设备等。风管部件包括各类风口、阀门、排气罩、消声器、检查测定孔、风帽、吊托支架等;风管配件包括弯管、三通、四通、异径管、静压箱、导流叶片、法兰及法兰连接件等。

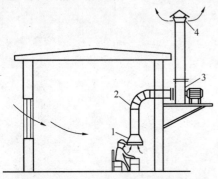

图 5-1 局部机械排风系统

1—排风罩;2—风管;3—风机;4—伞形风帽

(1) 自然通风

自然通风可利用建筑物内设置的门窗进行通风换气,它是一种既经济又有效的措施,所以对室内空气的温度、湿度、洁净度、气流速度等参数无严格要求的场合,应当优先考虑自然通风。

(2) 局部机械排风系统

局部机械排风系统组成如图 5-1 所示。

1) 吸风口。吸风口将被污染的空气吸入排风管道内,其有吸风罩、吸风口、吹吸罩等形式。

2) 排风管道及管件。排风管道及管件用于输送被污染的空气。

3) 排风机。排风机提供的机械动力排出被污染空气。

4) 风帽。风帽是将被污染的空气排入大气中,防止空气倒灌或者防止雨灌入的管道部件。

5) 空气净化处理设备。当被污染的空气有害物浓度超过国家规定卫生许可标准时,排放前需要进行净化处理,常用的形式是除尘器。

(3) 局部机械送风系统

室外新鲜空气通过进风装置进入，经由送风机、送风管道、送风口送到局部通风地点，以改善工作人员周围的局部环境。此种处理方式适用于大面积空间、工作人员较少的场合。

（4）全面通风系统

全面通风系统是对整个控制空间而非局部空间进行通风换气，这种通风方式实际是将室内污浊的空气稀释，以使整个控制空间的空气质量达到标准，同时将室内被污染的空气直接或经处理后排出室外。所以其通风量及通风设备较大，投资及维护管理量大，仅当局部通风无法适用时才考虑全面通风。

5.1.1.2 通风系统的分类

按通风系统处理房间空气方式不同，可以分为送风和排风。送风是指将室外新鲜空气送入房间，以改善空气质量；排风是指将房间内被污染的空气直接或经处理后排出室外。

按通风系统作用范围不同，可以分为局部通风和全面通风。局部通风是为了改善房间局部地区的工作条件而进行的通风换气；全面通风是为了改善整个空间空气质量而进行的通风换气。

按通风系统工作动力不同，可以分为自然通风和机械通风。自然通风是借助室内外压差和室内外温差进行通风换气；机械通风是指依靠机械动力（风机风压）通过管道进行通风换气。

5.1.2 空调系统的组成及分类

5.1.2.1 空调系统的组成

空调系统由空气处理设备、空气输送设备、空气分配装置、冷热源以及自控调节装置组成。空气处理设备主要负责对空气的热湿处理及净化处理等，例如表面式冷却器、加热器、喷水室、加湿器等；空气输送设备包括风机（如送风机、排风机）、回风管、送风管、排风管及其部件等；空气分配装置主要是指各种回风口、送风口、排风口；冷热源是指为空调系统提供冷量和热量的成套设备，例如锅炉房（安装锅炉及其附属设施的房间）、冷冻站（安装冷冻机及附属设施的房间）等。常用的冷冻机有冷水机组（将制冷压缩机、冷凝器、蒸发器及自控元件等组装成一体，可提供冷水的压缩式制冷机称为冷水机组）及压缩冷凝机组（将压缩机、冷凝器及必要附件组装在一起的机组）。

（1）分散式空调系统

分散式空调系统又称之为局部式空调系统，该系统由空气处理设备、风机、制冷设备、温控装置等组成，上述设备集中安装在一个壳体内，是由厂家集中生产，现场安装，因此，这种系统可以不用风道或者用很少的风道。此系统多用于用户分散、彼此距离远、负荷较小的情况，经常用的有窗式空调器、立柜式空调机组、分体挂装式空调器等。

（2）集中式全空气系统

集中式全空气系统指空气经集中设置在机房的空气处理设备集中处理后，由送风管道送入空调房间的系统。集中式全空气系统分为单风道系统和双风道系统两种。

1）单风道系统

单风道系统适用于空调房间较大或各房间负荷变化情况类似的场合，例如办公大楼、剧场等。该系统主要是由集中设置的空气处理设备、风道及阀部件、风机、送风口、回风口等组成。常用的系统形式包括有一次回风系统、二次回风系统、全封闭式系统、直流式系统等。

2）双风道系统

双风道系统是由集中设置的空气处理设备、送风机、冷风道、热风道、阀部件及混合箱、温控装置等多个部分组成。冷热风分别送入混合箱，通过室温调节器控制冷热风混合比例，从而保证各房间温度独立控制。此系统特别适合负荷变化不同或温度要求不同的用户。但是具有初投资大、运行费用高、风道断面占用空间大、不易布置等缺点。

（3）半集中式空调系统

半集中式空调系统是结合了集中式空调系统设备集中、维护管理方便的特点及局部式空调系统灵活控制的特点发展起来的，最主要的形式有风机盘管加新风系统和诱导器系统两种。

1）诱导式空调系统

诱导器加新风的混合系统称为诱导式空调系统。此系统中，新风通过集中设置的空气处理设备处理，经风道送入设置于空调房间的诱导器中，再由诱导器喷嘴高速喷出，同时吸入房间内空气，使得这两部分空气在诱导器内混合后送入空调房间。空气-水诱导式空调系统，诱导器带有空气再处理装置即盘管，可通入冷、热水，对诱导进入的二次风进行冷热处理。冷热水可以通过冷源或热源提供。该系统与集中式全空气系统相比风道断面尺寸较小、容易布置，但是设备价格贵、初投资较高、维护量大。

2）风机盘管加新风系统

风机盘管加新风系统是由风机盘管机组和新风系统两部分组成的混合系统。新风由集中的空气处理设备处理，通过风道、送风口送入空调房间，或者与风机盘管处理的回风混合后一并送入；室内空调负荷由集中式空调系统和放置在空调房间内的风机盘管系统共同负担。

风机盘管机组的盘管内通入热水或冷水用来加热或者冷却空气，热水和冷水又称为热媒和冷媒，因此机组水系统至少应当装设供、回水管各一根，即做成双管系统。若冷、热媒分开供应，还可做成三管系统及四管系统。盘管内热媒和冷媒由热源和冷源集中供给。所以，这种空调系统既有集中的风道系统，又有集中的空调水系统，初期投资较大，维护工作量大。在高级宾馆、饭店等建筑物中采用这种系统很广泛。

5.1.2.2 空调系统的分类

空调系统分类方法通常有以下几种：

（1）按室内环境的要求，可分为三类：恒温恒湿空调工程、一般空调工程以及净化空调工程。

1）恒温恒湿空调工程。恒温恒湿空调工程指在生产过程中，为保证产品质量，空调房间内的空气温度和相对湿度要求恒定在一定数值范围之内。例如机械精密加工车间、计量室等。

2）一般空调工程。一般空调工程指在某些公共建筑物内，对房间内空气的温度和湿度不要求恒定，随着室外气温的变化，室内空气温度、湿度允许在一定范围内变化。例如体育场、宾馆、办公楼等。

3）净化空调工程。净化空调工程指在某些生产工艺要求房间不仅保持一定的温度、湿度，还需有一定的洁净度。例如电子工业精密仪器生产加工车间。

（2）按空气处理设备集中程度，可分为三类：集中式系统、分散式系统以及半集中式空调系统。

1）集中式系统。所有的空气处理设备集中设置在一个空调机房内，通过一套送回风系统给多个空调房间提供服务。

2）分散式系统。空气处理设备、冷热源、风机等集中设置在一个壳体内，形成结构紧凑的空调机组，分别放置在空调房间内承担各自房间的空调负荷而相互之间不影响。

3）半集中式空调系统。除了有集中的空调机房以外还有分散设置在每个空调房间的二次空气处理装置（又称末端装置）。集中的空调机房内空气处理设备将来自室外的新鲜空气处理之后送入空调房间（即新风系统），分散设置的末端装置处理来自空调房间的空气（即回风），与新风一道或者单独送入空调房间。

（3）按负担室内负荷所用的介质，可分为四类：全空气系统、全水系统、空气-水系统以及制冷剂系统。

1）全空气系统。空调房间所有负荷全部是由经过处理的空气承担。集中式空调系统即为全空气系统。

2）全水系统。空调房间负荷全部依靠水作为介质来承担。不设新风的独立的风机盘管系统属于全水系统。

3）空气-水系统。该系统中一部分负荷是由集中处理的空气承担，另一部分负荷是由水承担。风机盘管加新风系统和有盘管的诱导器系统都是空气-水系统。

4）制冷剂系统。房间负荷是由制冷和空调机组组合在一起的小型空气处理设备负担。分散式空调系统属于此类。

（4）按处理空气的来源，可分为三类：全新风系统、混合式系统以及封闭式系统。

1）全新风系统。全新风系统所处理的空气全部是来自室外的新鲜空气，经集中处理后送入室内，然后全部排出室外。它主要应用于空调房间内产生有害气体或者有害物而不允许利用回风的场所。

2）混合式系统。混合式系统所处理的空气，一部分来自室外新风，另一部分来自空调房间的回风，其主要作用是为了节省能量。

3）封闭式系统。封闭式系统所处理的空气全部来自空调房间本身，其经济性好但是卫生效果差，此系统主要用于无人员停留的密闭空间。

（5）按风管内空气流速，可分为两类：低速空调系统和高速空调系统。

1）低速空调系统。工业建筑主风道风速低于 15m/s，民用建筑主风道风速低于 10m/s。

2）高速空调系统。工业建筑主风道风速高于 15m/s，对于民用建筑主风道风速高于 12m/s 的也称之为高速系统。这类系统噪声大，应当设置相应防治措施。

5.2 通风空调管道安装

5.2.1 通风空调工程常用材料

（1）板材通风工程中常用的板材分为金属板材和非金属板材，其中金属板材有普通钢板、镀锌钢板、不锈钢以及铝板等，一般的通风空调管道可以采用 0.5～1.5mm 厚的钢板，有防腐及防火要求的场合可以选用不锈钢和铝板；非金属板材有塑料复合钢板（在普通钢板表面喷涂 0.2～0.4mm 厚的塑料层，用来防腐要求高或温度在 −10～70℃ 间有腐蚀性的空调系统，连接方式仅能是咬口和铆接）、塑料板、玻璃钢等。塑料板因其光洁耐腐蚀，有时用来洁净空调系统中。玻璃钢板材耐腐蚀强度好，常用于带有腐蚀性气体的通风系统中。

风管系统中按其工作压力划分为三个类别，类别划分见表 5-1。根据系统类别和应用场合不同，应当选用不同厚度的板材。常用板材厚度见表 5-2～表 5-7。

表 5-1　风管系统类别划分

系统类别	系统工作压力 p（Pa）	密 封 要 求
低压系统	$p \leqslant 500$	接缝和接管连接处严密
中压系统	$500 < p \leqslant 1500$	接缝和接管连接处增加密封措施
高压系统	$p > 1500$	所有的拼接缝和接管连接处，均采取密封措施

表 5-2　普通钢板通风管道及配件的板材厚度

圆形风管直径 D 或矩形风管大边长尺寸 b（mm）	厚　度（mm）			
	圆形风管	矩形风管		除尘系统风管
		中、低压系统	高压系统	
$D(b) \leqslant 320$	0.5	0.5	0.75	1.5
$320 < D(b) \leqslant 450$	0.6	0.6	0.75	1.5
$450 < D(b) \leqslant 630$	0.75	0.6	0.75	2.0
$630 < D(b) \leqslant 1000$	0.75	0.75	1.0	2.0
$1000 < D(b) \leqslant 1250$	1.0	1.0	1.0	2.0
$1250 < D(b) \leqslant 2000$	1.2	1.0	1.2	按设计
$2000 < D(b) \leqslant 4000$	按设计	1.2	按设计	按设计

注：1. 螺旋风管的钢板厚度可适当减小 10%～15%；
　　2. 排烟系统风管钢板厚度按高压系统计算；
　　3. 特殊除尘风管钢板厚度应符合设计要求；
　　4. 不适用于地下人防与防火隔墙的预埋管。

表 5-3　低、中、高压系统不锈钢风管板材厚度

圆形风管直径或矩形风管大边长 b（mm）	厚度（mm）
$b \leqslant 500$	0.5
$500 < b \leqslant 1120$	0.75
$1120 < b < 2000$	1.0
$2000 < b \leqslant 4000$	1.2

表 5-4　中、低压系统铝板风管板材厚度

圆形风管直径或矩形风管大边长 b（mm）	厚度（mm）
$b \leqslant 320$	1.0
$320 < b \leqslant 630$	1.5
$630 < b \leqslant 2000$	2.0
$2000 < b \leqslant 4000$	按设计

表 5-5　中、低压系统有机玻璃钢风管板材厚度

圆形风管直径或矩形风管大边长 b（mm）	厚度（mm）
$b \leqslant 200$	2.5
$200 < b \leqslant 400$	3.2
$400 < b \leqslant 630$	4.0
$630 < b \leqslant 1000$	4.8
$1000 < b \leqslant 2000$	6.2

表 5-6　中、低压系统无机玻璃钢风管板材厚度

圆形风管直径或矩形风管大边长 b（mm）	厚度（mm）
$b \leqslant 300$	2.5～3.5
$300 < b \leqslant 500$	3.5～4.5
$500 < b \leqslant 1000$	4.5～5.5
$1000 < b \leqslant 1500$	5.5～6.5
$1500 < b \leqslant 2000$	6.5～7.5
$b > 2000$	7.5～8.5

表 5-7 中、低压系统聚氯乙烯风管板材厚度

圆形风管直径 D （mm）	矩形风管大边长 b （mm）	厚度（mm）
$D\leqslant320$	$b\leqslant320$	3.0
$320<D\leqslant630$	$320<b\leqslant500$	4.0
$630<D\leqslant1000$	$500<b\leqslant800$	5.0
$1000<D\leqslant2000$	$800<b\leqslant1250$	6.0
—	$1250<b\leqslant2000$	8.0

（2）型材通风空调工程中常用角钢、扁钢、槽钢等制作管道以及设备支架、管道连接用法兰、管道加固框。

（3）垫料每节风管两端法兰接口之间要加衬垫，衬垫应当具有不吸水、不透气、耐腐蚀、弹性好等特点。衬垫的厚度通常为 3～5mm。目前，在一般通风空调系统中应用较多的垫料是橡胶板。输送烟气温度高于 70℃的风管，可以用石棉橡胶板或石棉绳。另外，泡沫氯丁橡胶垫也是应用较广泛的一种衬垫材料。

5.2.2 通风空调管道的制作

一般情况下，通风空调管道及部件配件加工制作步骤如下：

（1）放样下料

按照风管或配件的外形尺寸将其表面展开呈平面，按照展开尺寸画出展开图。展开图应留出接口余量。在风管圆周或周长方向预留咬口或者焊接余量，在管节长度方向上预留与法兰连接的板边余量（以不盖住法兰螺栓孔为宜，通常为 8～10mm）。较厚的钢板法兰与风管间采用焊接连接，不留余量。风管放样下料如图 5-2 所示。

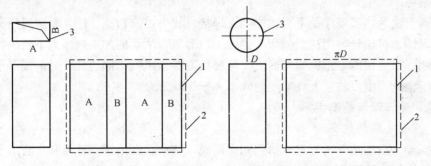

图 5-2 风管放样下料
1—风管；2—展开图；3—接口余量

风管的放样下料通常在平台上进行，以每块板材的长度作为风管的长度，板材的宽度作为管道的圆周或周长。当一块板材不够用时，可以用几块板材拼接起来。对于矩形风管，应当将咬口闭合缝设置在角上。

（2）板材的剪切

对于板材厚度在 1.2mm 以内的钢板，可以选用手工剪切，常用的工具为手剪；板材厚度大于 1.2mm 的钢板可选用剪切机进行剪切，一般常用的剪切机械有龙门剪板机、双轮剪板机、振动式曲线剪板机、电动手提式曲线剪板机等。

（3）折方及卷圆折方

折方及卷圆折方用于矩形风管及配件的直角成型。厚度在 1.0mm 以下的板材可采用手工折方的方法，用硬木尺敲打。当机械折方时，则使用折边折方机。卷圆用于圆形风管和配件的加工制作，同样根据板材厚度选择手工及机械两种施工方法。机械卷圆利用卷圆机进行。

（4）连接成型

风管及配件的连接方式选用取决于风管的材质和厚度，下面介绍几种常用的连接方式：

1）咬口连接。咬口连接是将相互结合的两个板边折成能互相咬合的各种钩形，钩接后压紧折边。其可以采用手工咬口，也就是在需要咬口的钢板上画出咬口折边的位置，放在固定有槽钢或者角钢的工作台上，用木槌拍打成型。当两块板材加工成配套折边钩住后，再沿接口打平压实，也可以用咬口机咬口，提高生产效率。

咬口连接适用于厚度 δ 小于或等于 1.2mm 的薄钢板、厚度 δ 小于或等于 1.0mm 的不锈钢板、厚度 δ 小于或等于 1.5mm 的铝板。

2）铆钉连接。铆钉连接简称铆接，就是将要连接的板材板边搭接，用铆钉穿连铆合在一起。此种连接方式多用于当管壁厚度 δ 小于或等于 1.5mm 时，风管与角钢法兰之间的连接，通风工程中很少使用。

3）焊接连接。焊接连接分为电焊、气焊、氩弧焊、锡焊四种，在通风空调工程中应用广泛。它适用的厚度是 δ 大于 1.2mm 的薄钢板、厚度 δ 大于 1.0mm 的不锈钢板、厚度 δ 大于 1.5mm 的铝板。

（5）法兰的制作安装

通风空调管道之间及管道与部件、配件间最主要连接方式是法兰连接。常用的有角钢法兰和扁钢法兰。

圆形风管法兰加工顺序是下料、卷圆、焊接、找平以及钻孔。法兰卷圆可以分为手工撼制和机械卷圆。机械卷圆用法兰撼弯机进行。矩形风管法兰的加工顺序为下料→找正→焊接→钻孔。矩形法兰由四根角钢焊接而成。两根长度等于风管一侧边长，另两根等于另一侧边长加上两倍角钢宽度。法兰上孔间距通常不大于 150mm。

5.2.3 通风空调管道的安装

5.2.3.1 风管支架制作安装

风管支架一般用角钢、扁钢和槽钢制作而成，其形式有吊架、托架和立管卡子三种。如图 5-3 所示是各种风管支架形式。

风管支架安装若设计无专门要求，可以按照下列要求设置：

（1）水平不保温风管：风管直径或者大边长小于 400m，间距不超过 4m；400～1000mm 之间的风管支架间距不超过 3m，大于 1000mm 的风管支架间距不超过 2m。

（2）垂直不保温风管：风管直径或大边长小于 400m，间距不得大于 4m，400～1000mm 之间的风管支架间距不超过 3.5m，大于 1000mm 的风管支架间距不超过 2m，每根立管固定件不少于 2 个；塑料风管支架间距不大于 3m。

（3）保温风管支架间距由设计规定，或者按不保温风管支架间距乘以 0.85 的系数。

（4）风管转弯处两端应设支架。支架可以根据风管的质量及现场情况，选用扁钢、角钢、槽钢制作，吊筋用 $\phi10$ 的圆钢。具体可以按设计要求或参照标准图集制作。吊托支架制作完毕后应当除锈、刷油后安装。

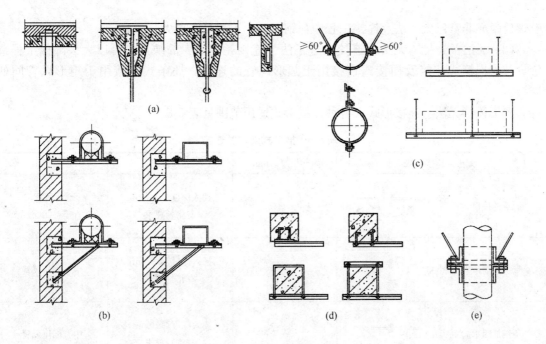

图 5-3　风管支架形式

（a）钢筋混凝土楼板、大梁上；（b）墙上托架；（c）吊架；（d）柱上托架；（e）竖风管卡子

支架不能设置在风口、阀门、检查孔及自控机构处，也不能直接吊在法兰上，离风口或插接板的距离不小于 200mm 为宜。当水平悬吊的主、干管长度超过 20m 时，应当设置防止摆动的固定点，每个系统不少于 2 个。安装在托架上的圆风管应设置圆弧木托座和抱箍，外径与管道外径一致，其夹角不小于 60°为宜。矩形保温风管支架宜设在保温层外部，并不得损伤保温层。铝板风管钢支架应当进行镀锌防腐处理。不锈钢风管的钢支架应按设计要求喷刷涂料，并且在支架与风管之间垫非金属块。塑料风管支架接触部位垫 3～5mm 厚的塑料板，且其支管需单独设置管道支吊架。

5.2.3.2　风管间的连接

风管最主要的连接方式是法兰连接，也可以采用抱箍式无法兰连接、承插式无法兰连接、插条式无法兰连接。

（1）法兰连接风管与扁钢法兰之间的连接可以采用翻边连接。风管与角钢法兰之间的连接，管壁厚度小于或等于 1.5mm 时，可以采用翻边铆接；管壁厚度大于 1.5mm 时，可采用翻边点焊或周边满焊。法兰盘同风管连接方式如图 5-4 所示。

风管由于受材料限制，每段长度均在 2m 以内，因此工程中法兰的数量极大，密封垫

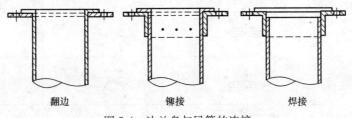

翻边　　　　铆接　　　　焊接

图 5-4　法兰盘与风管的连接

119

及螺栓量亦非常巨大。法兰连接工程中耗钢量大，工程投资也大。

（2）无法兰连接。无法兰连接改进了法兰连接耗钢量大的缺点，可以大大降低工程造价。其中抱箍式连接及插接式连接用于圆形风管的连接，插条式连接用于矩形风管间的连接。

圆形风管无法兰连接形式和各种连接形式适用范围见表5-8。

表 5-8　插条式无法兰连接

无法兰连接形式		附件板厚（mm）	接口要求	使用范围
承插接口	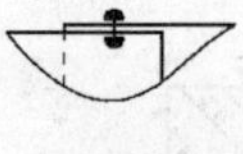	—	插入深度≥30mm，有密封要求	低压风管，直径<700mm
带加强筋承插	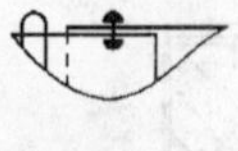	—	插入深度≥20mm，有密封要求	中、低压风管
角钢加固承插	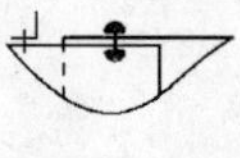	—	插入深度≥20mm，有密封要求	中、低压风管
芯管连接		≥管板厚	插入深度≥20mm，有密封要求	中、低压风管
立筋抱箍连接	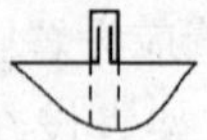	≥管板厚	翻边与楞筋匹配一致，紧固严密	中、低压风管
抱箍连接	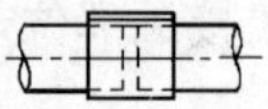	≥管板厚	对口尽量靠近不重叠，抱箍应居中	中、低压风管，宽度≥100mm

矩形风管无法兰连接形式见表5-9。把钢板加工成不同形状的插条，插入到风管的端部进行连接。插条式连接宜用于不常拆卸的风管系统中。

表 5-9　矩形风管无法兰连接形式

无法兰连接形式		附件板厚（mm）	使用范围
S形插条		≥0.7	低压风管单独使用连接处必须有固定措施
C形插条		≥0.7	中、低压风管
立插条		≥0.7	中、低压风管
立咬口	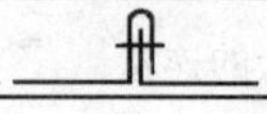	≥0.7	中、低压风管

无法兰连接形式		附件板厚（mm）	使用范围
包边立咬口		≥0.7	中、低压风管
薄钢板法兰插条		≥1.0	中、低压风管
薄钢板法兰弹簧夹		≥1.0	中、低压风管
直角形平插条		≥0.7	低压风管
立联合角形插条		≥0.8	低压风管

5.2.3.3 风管的加固

对于管径较大的风管，为使其断面不变形，同时减少由于管壁振动而产生的噪声，需要对管壁加固。常见的需加固的情况有以下几种：

1）金属板材圆形风管（不包括螺旋风管）直径大于 800mm，并且其管段长度大于 1250mm 或总表面积大于 4m² 时；

2）矩形不保温风管当其边长大于或等于 630mm，保温风管边长大于或等于 800mm，管段法兰间距大于 1.25m 时；

3）非规则椭圆风管加固，参照矩形风管执行；

4）硬聚氯乙烯风管的管径或者边长大于 500mm 时，其风管与法兰的连接处设加强板，并且间距不得大于 450mm；

5）玻璃钢风管边长大于 900mm，并且管段长度大于 1250mm 时。

风管加固可采用以下几种方法：

1）压楞筋法，钢板上加工出凸楞，可呈对角线交叉或者沿轴线方向压楞。不保温管凸向外侧，保温管凸向内侧，如图 5-5（a）、（b）所示。

2）角钢或扁钢加固法，制作成角钢或者扁钢框加固或仅在大边上做角钢或扁钢加固条，角钢高度可小于或等于角钢法兰的宽度。这种加固方法强度好，应用广泛。如图 5-5（c）、（d）、（e）所示。

3）加固筋法，在风管表面制作凸起的加固筋，并且用铆钉铆接，如图 5-5（f）所示。

4）管内支撑法，将加固件做成槽钢形状，并且用铆钉上下铆固，如图 5-5（g）所示。

5.2.3.4 风管安装要求

1）聚氯乙烯风管直管段连续长度大于 20m 时，应当按设计要求设置伸缩节。

2）钢板风管安装完毕后需除锈、刷漆，如果为保温风管，只刷防锈漆，不刷面漆。

3）风管穿出屋面高度超过 1.5m，应当设拉索。拉索用镀锌铁丝制成，并不少于 3 根。拉索不应拉在避雷针或者避雷网上。

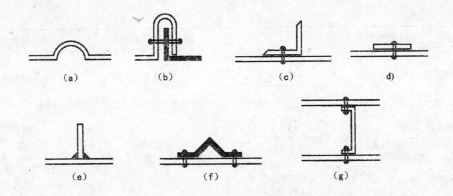

图 5-5　风管加固形式

(a) 楞筋；(b) 主筋；(c) 角钢加固；(d) 扁钢平加固；

(e) 角钢立加固；(f) 加固筋；(g) 管内支撑

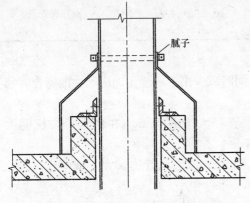

图 5-6　风管穿屋面做法

4) 风管穿墙、楼板时一般要设预埋管或者防护套管，钢套管板材厚度不小于 1.6mm，高出楼面大于 20mm，套管内径应当以能穿过风管法兰及保温层为准。需要封闭的防火、防爆墙体或楼板套管内，应当用不燃且对人体无害的柔性材料封堵。

5) 风管穿屋面应当做防雨罩，做法如图 5-6所示。

5.2.3.5　洁净空调系统风管的安装

1) 施工、制作风管的环境必须保持清洁。

2) 加工制作完毕的风管部件及配件等应当将两端及开口处封闭，防止灰尘进入。

3) 风管接口处或有可能漏风的部位全部采取密封措施。法兰螺栓孔距减小不大于 120mm。

4) 制作风管时应尽量减少拼接缝，并且所有铆钉为镀锌铆钉，加固筋均设置于风管外。

5) 凡是与净化空气接触的风阀或风口上的活动件、固定件以及拉杆等均需作防腐处理。

5.2.3.6　风管的检测

风管系统安装后，必须对其强度和严密性进行检测，合格后方能交付下道工序。检测时，以主、干管为主。

1) 风管的强度试验在 1.5 倍工作压力下进行，若风管接口处无开裂，则风管强度试验合格。

2) 风管的严密性检测方法有漏光检测法及漏风量检测法两种。

在加工工艺得到保证的前提下，低压系统可以采用漏光检测法，按系统总量的 5％抽检，且不得少于一个系统。检测不合格时，应当按规定抽检率作漏风量检测。

中压系统风管的严密性检测，应当在系统漏光检测合格后，对系统进行漏风量的抽查检测，抽检率 20％，并且不得少于一个系统。

高压系统风管严密性检测为全部进行漏风量检测。

被抽查进行严密性检测的系统，如果检测结果全部合格，则视为通过；若有不合格时，则应再加倍抽查，直至全数合格。

净化系统风管的严密性检测，洁净等级 1～5 级的系统，按照高压系统风管的规定执行；6～9 级按系统风压执行。排烟、除尘、低温送风系统按照中压系统风管的检测要求进行。

1）漏光检测法。对一般长度的风管，在周围漆黑的环境下，用一个电压不高于 36V，功率 100W 以上的带保护罩的灯泡，在风管内由其一端缓缓移向另一端。若在风管外能观察到光线射出，说明有较严重的漏风，应当做好记录，以备修补。

对系统风管密封性检测，应当分段进行。当采用漏光法检测系统严密性时，低压系统风管以每 10m 接缝漏光点不大于 2 处，并且 100m 接缝漏光点平均不大于 16 处为合格；中压系统风管以每 10m 接缝漏光点不大于 1 处，并且 100m 接缝漏光点平均不大于 8 处为合格。

2）漏风量检测法。漏风测试装置是由风机、测压仪表、连接风管、节流器、整流栅及风量测定装置等组成。系统漏风量测试可以整体或分段进行。试验前先将连接风口的支管取下，将风口等全部开口处密封。利用试验风机向风管内鼓风，使风管内静压上升到规定压力并保持，这时进风量等于漏风量。该进风量用设置于风机与风管间的孔板和压差计来测量。风管内的静压则是由另一台压差计测量。漏风量小于相应系统允许的漏风量为合格。

5.2.4 通风部件及消声器的安装

（1）阀门制作安装

阀门制作按照国家标准图集进行，并按照《通风与空调工程施工质量验收规范》（GB 50243—2002）的要求进行验收。阀门与管道间的连接与管道的连接方式一样，主要是法兰连接。通风和空调工程中常用的阀门有以下几种。

1）调节阀。例如对开多叶调节阀、蝶阀、防火调节阀、三通调节阀、插板阀等；插板阀安装阀板必须为向上拉启；水平安装阀板还应当顺气流方向插入。

2）防火阀。防火阀是指通风空调系统中的安全装置，用于防止火灾沿通风管道蔓延的阀门。制作时，阀体板厚不小于 2mm，防火分区两侧的防火阀，距离墙体表面不应大于 200mm。防火阀应当设置单独的支架，以防风管在高温下变形影响阀门的功能。防火阀易熔金属片应当设置于迎风面一侧，另外防火阀安装有垂直安装和水平安装之分，有左右之分，安装时注意其方向性。防火阀安装完毕后应当做漏风试验。风管防火阀如图 5-7 所示。

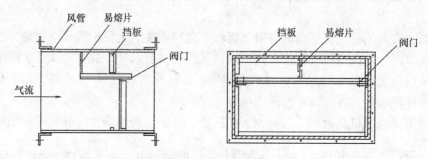

图 5-7　风管防火阀

3）单向阀。单向阀防止风机停止运转后气流倒流。单向阀安装具有方向性。

4）圆形瓣式启动阀及旁通阀。圆形瓣式启动阀以及旁通阀为离心式风机启动用阀。

阀门安装完毕后应当在阀体外标明阀门开启和关闭的方向，保温风管应当在阀门处做明显标志。

（2）风口安装

通风空调系统中风口设置于系统末端，安装在墙上或者顶棚上，与管道间用法兰连接，空调用风口多为成品，常用的有百叶风口、格栅风口、条缝式风口、散流器等形式。风口安装应当保证具有一定的垂直度和水平度，风口表面平整，调节灵活。净化系统风口与建筑结构接缝处应当加设密封垫料或密封胶。

（3）软管接头安装

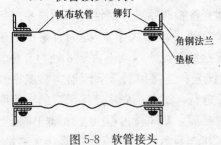

图5-8 软管接头

软管接头一般设置在风管与风机进出口连接处及空调器与送风、回风管道连接处，用做减小噪声在风管中的传递。在一般通风空调系统中，软管接头用厚帆布制作，输送腐蚀性介质时也可以采用耐酸橡胶板或0.8～1.0聚氯乙烯塑料板制成，洁净系统多用人造革制作。柔性软管接头的长度通常为150～300mm，用法兰与风管和风机等连接，如图5-8所示。软管接头外部不宜作保温，且不能用来替代变径管。

当系统风管跨越建筑物沉降缝时，也应当设置软管接头，其长度可根据沉降缝的宽度适当加长100mm及以上。

（4）消声器安装

消声器内部装设吸声材料，用来消除管道中噪声。消声器常设置于风机进、出风管上以及产生噪声的其他空调设备处。消声器可以按国家标准图集现场加工制作，也可购买成品，常用的有管式消声器、片式消声器、微穿孔板式消声器、复合阻抗式消声器、折板式消声器及消声弯头等。消声器一般单独设置支架，以便于拆卸和更换。普通空调系统消声器可不作保温，但是对于恒温恒湿系统，要求较高时，消声器外壳应与风管一样作保温。

5.3　通风空调系统设备安装

5.3.1　通风机安装

通风机按其工作原理分为离心式通风机及轴流式通风机。空调系统中最常用的是离心式通风机。

（1）离心式通风机气流送出的方向与机轴方向相垂直。主要由机壳、叶轮、机轴、轴承和机座组成。因电动机与风机连接方式不同，其传动共有六种方式，如图5-9所示，其旋转方向及出风口位置如图5-10所示，在风机铭牌上常标有"右旋90°"或者"左旋90°"字样，就是指风机叶轮的旋转方向以及出风口位置。

（2）轴流式通风机是由机壳、叶轮、扩压器、电动机等组成。叶轮具有斜面形状，当叶

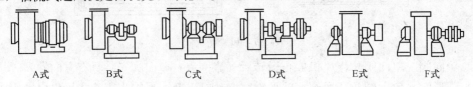

A式　　B式　　　C式　　　D式　　　E式　　　F式

图5-9 通风机的转动方式

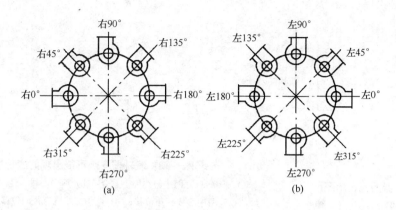

图 5-10　风机出风口位置

(a) 右旋 90°；(b) 左旋 90°

轮转动时，空气一面随叶轮转动，一面沿着轴推进。

5.3.1.1　离心式通风机的安装

（1）三角皮带轮找正

用三角皮带轮传动的通风机，在安装电动机时，应当对电动机上的皮带轮进行找正，以保证电动机及通风机的轴线相互平行，要使两个皮带轮的中心线相重合，三角皮带被拉紧。其找正方法可按下列顺序进行：

1）把电动机用螺栓固定在电动机的两根滑轨上，注意不要将滑轨的方向装反，将两根滑轨相互平行并且水平放在基础上。

2）移动滑轨，调整皮带的松紧程度。

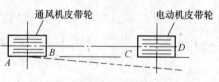

图 5-11　皮带轮找正

3）两人用细线拉直，使线的一端接触图 5-11 中通风机皮带轮轮缘的 A、B 两点。调整电动机滑轨，使细线的另一端也接触电动机皮带轮轮缘的 C、D 两点。这样 A、B、C、D 四点同在一条直线上，通风机的主轴中心线及电动机轴的中心线平行。两个皮带轮的中心线也可重合。

4）电动机可在滑轨上进行调整，使三角皮带松紧程度适宜。通常用手敲打已装好皮带的中间，稍有弹跳，或者用手指压在两个皮带上，能压下 2cm 左右就算合格。

皮带轮找正后的允许偏差，一定要符合表 5-10 的规定。三角皮带传动的通风机和电动机轴的中心线间距和皮带的规格应当符合设计要求。

表 5-10　风机安装允许偏差　　　　　　　　　　　　　　　　　　mm

中心线的平面位移	标高	皮带轮轮宽中心平面位移	传动轴水平度		联轴器同心度	
			纵向	横向	径向位移	轴向倾斜
10	±10	1	0.2/1000	0.3/1000	0.05	0.2/1000

（2）联轴器安装。联轴器连接通风机与电动机时，两轴中心线应当在同一直线上，其轴向倾斜允许偏差为 0.2‰，其径向位移的允许偏差为 0.05mm，如图 5-12 所示。

找正联轴器的目的是为了要消除通风机主轴中心线和电动机传动轴中心线的不同心度和不平行度。否则，将会引起通风机振动、电动机及轴承过热等现象。

图 5-13 所示为联轴器在安装过程中可能出现的四种情况。

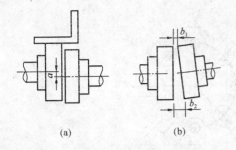

(a)　　　　　　　(b)

图 5-12　联轴器的找正示意图

(a) 径向偏差；(b) 倾斜偏差

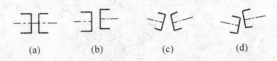

(a)　　　　(b)　　　　(c)　　　　(d)

图 5-13　联轴器安装可能出现的四种情况

(a) 两中心线完全重合；(b) 两中心线有径向位移；

(c) 两中心线有角位移；(d) 两中心线既有径向位移，又有角位移

1）为两中心线完全重合，这是最理想的情况。

2）表示不同心，有径向位移，但是两轴的中心线是平行的。

3）为两中心线不平行，有轴向倾斜。

4）既有径向位移，又有轴倾斜，这是安装中常见的情况。

在实际安装过程中，要想达到两中心线完全重合如图 5-13（a）所示是很难做到的，但只要达到表 5-10 中要求的允许偏差，就算合格。联轴器找正方法可以按下列步骤进行：

1）将两半联轴器用键分别安装在通风机及电动机轴上。在通风机联轴器上将轴中心线找平。

2）粗找：以通风机为准，移动电动机及在电动机下加垫铁与通风机轴对中，进行联轴器的初步找正。找正时，可不转动两个轴，以角尺的一边紧靠在联轴器的外圆表面上，按上、下、左、右四个位置进行检查，直至两联轴器的外圆表面基本平齐。

3）细找：在两半轴器上用螺栓固定两个夹具，如图 5-14 所示。夹具上装有中心卡和测点螺栓。检查时，转动联轴器，在上、下、左、右四个相互垂直的位置，使用测点螺丝和塞尺同时测量联轴器的径向间隙 a 和轴向间隙 b，直到满足要求为止。如果有百分表时，可以把测点螺丝换成百分表来进行检查，这样就更为方便和准确。

（3）离心式通风机的进出口接管。离心式通风机进、出口处的动压较大，动压值越大，局部阻力就越大，所以进出口接管的做法对通风机效率影响是很明显的。

1）通风机出口接管。通风机出口应当顺通风机叶片转向接出弯管，如图 5-15 所示。在

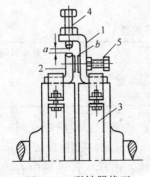

图 5-14　联轴器找正

1、2—卡子；3—夹箍；4、5—测量螺丝

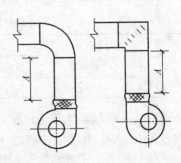

图 5-15　通风机出口接管示意图

现场条件允许的情况下，还应当保证通风机出口至弯管的距离 A 最好为风机出口长边的 1.5～2.5 倍。但是在实际工程中往往由于现场条件的限制，不能按规定去做，应采取其他措施，如果弯管内设导风叶片等予以弥补。

2）通风机进口接管口。在实际工程中，常因各种具体情况或者条件限制，有时采取一种不良的接口，而造成涡流区，增加了压力损失。可以在弯管内增设导风叶片以改善涡流区。

3）通风机的进风口或进风管路直通大气时，应当加装保护网或采取其他安全措施。

4）通风机的进风管、出风管等应有单独的支撑，并且与基础或其他建筑物连接牢固；风管与风机连接时，法兰面不得硬拉，机壳不应当承受其他机件的质量，防止机壳变形。

5.3.1.2　轴流式通风机的安装

（1）轴流式通风机在墙上安装。如图 5-16 所示，支架的位置和标高应当符合设计图纸的要求。支架应当用水平尺找平，支架的螺栓孔要与通风机底座的螺孔一致，底座下应当垫 3～5mm 厚的橡胶板，以避免刚性接触。

（2）轴流式通风机在墙洞内或风管内安装。墙的厚度应当为 240mm 或 240mm 以上。土建施工时应当及时配合留好孔洞，并预埋好挡板的固定件及轴流风机支座的预埋件。其安装方法如图 5-17 所示。

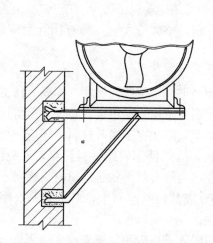

图 5-16　墙上安装轴流式通风机示意图

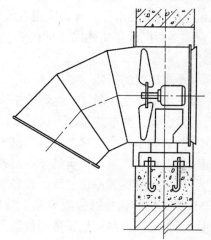

图 5-17　墙洞内安装轴流式通风机示意图

（3）轴流式通风机在钢窗上安装。在需要安装通风机的窗上，应当用厚度为 2mm 的钢板封闭窗口，钢板应在安装前打好与通风机框架上相同的螺孔，并开好与通风机直径相同的洞。洞内安装通风机如图 5-18 所示，洞外装铝质活络百叶格，当通风机关闭时，叶片向下挡住室外气流进入室内；当通风机开启时，叶片被通风机吹起，排出气流。有遮光要求时，在洞内安装带有遮光百叶排风口。

（4）大型轴流风机组装间隙允差。大型轴流风机组装，叶轮与机壳的间隙应当均匀分布，并且符合设备技术文件要求。叶轮与进风外壳的间隙允差见表 5-11。

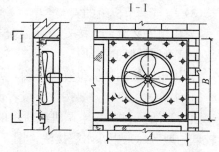

图 5-18　钢窗上安装轴流式通风机示意图

表 5-11　叶轮与主体风筒对应两侧间隙允差　　　　　　　　　　　mm

叶轮直径	≤600	>600～1200	>1200～2000	>2000～3000	>3000～5000	>5000～8000	>8000
对应两侧半径径间隙之差不应超过	0.5	1	1.5	2	3.5	5	6.5

5.3.2　空调设备安装

5.3.2.1　组合式空调机组安装

组合式空调机组是由制冷压缩冷凝机组及空调器两部分组成。组合式空调机组与整体式空调机组基本相同，区别是安装时将制冷压缩冷凝机组由箱体内移出，安装在空调器附近。电加热器安装在送风管道内，通常分为三组或四组进行手动或自动调节。电气装置和自动调节元件安装在单独的控制箱内。

组合式空调机组的安装内容包括压缩冷凝机组、空气调节器、风管的电热器、配电箱及控制仪表的安装。各功能段的组装，应当符合设计规定的顺序和要求。

（1）组合式空调机组安装要求

1）组合式空调机组各功能段的组装，应当符合设计规定的顺序和要求。

2）机组应清理干净，箱体内应当无杂物。

3）机组应放置在平整的基础上，基础应当高于机房地平面。

4）机组下部的冷凝水排放管，应当有水封，与外管路连接应正确。

5）组合式空调机组各功能段之间的连接应当严密，整体应平直，检查门开启应灵活，水路应畅通。

（2）压缩冷凝机组的安装

压缩冷凝机组应安装在混凝土达到养护强度，表面平整，位置、尺寸、标高、预留孔洞及预埋件等应符合设计要求的基础上。设备吊装时应当注意用衬垫将设备垫妥，以防止设备变形；并在捆扎过程中，主要承力点应当高于设备重心，防止在起吊时倾斜；还应防止机组底座产生扭曲和变形。吊索的转折处与设备接触部位，应当使用软质材料衬垫，避免设备、管路、仪表、附件等受损和擦伤油漆。设备就位后，应当进行找平找正。机身纵横向不水平度不应大于 0.2/1000，测量部位应当在立轴外露部分或其他基准面上；对于公共底座的压缩冷凝机组，可以在主机结构选择适当位置作基准面。

压缩冷凝机组与空气调节器管路的连接，压缩机吸入管可以用紫铜管或无缝钢管与空调器引出端的法兰连接，如采用焊接时，不得有裂缝、砂眼等渗漏现象。压缩冷凝机组的出液管可用紫铜管与空调器上的蒸发器膨胀阀连接，连接前应当将紫铜管螺母后，用扩管器制成喇叭形的接口，管内应确保干燥洁净，不应有漏气现象。

（3）空气调节机组的安装

1）机组安装时，直接安放在混凝土的基座上，根据要求也可以在基座上垫上橡胶板，以减少机组运转时的振动。

2）机组安装的坐标位置应正确，并且对机组找平找正。

3）水冷式的机组，要按设计或者设备说明书要求的流程，对冷凝器的冷却水管进行连接。图 5-19 是 LH48 型空调机组所示的冷凝器冷却水的流程。图 5-19（a）适用于冷却水温度较低的地区，采用八水程接法；图 5-19（b）适用于冷却水温度较高的地区，采用四水程接法。

4）机组的电气装置及自动调节仪表的接线，应当参照电气、自控平面敷设电管、穿线，并且参照设备技术文件接线。

（4）风管内电加热器的安装

采用一台空调器，用来控制两个恒温房间，通常除主风管安装电加热器外，在控制恒温房间的支管上还得安装电加热器，这种电加热器叫微调加热器或者收敛加热器，它是受恒温房间的干球温度来控制。

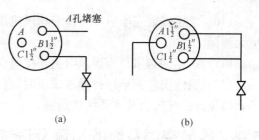

图 5-19　冷却水管连接方式
(a) 八水程接法；(b) 四水程接法

电加热器安装后，在其电加热器前后 800mm 范围内的风管隔热层应当采用石棉板、岩棉等不燃材料，防止因系统在运转出现不正常情况下致使过热而引起燃烧。

（5）漏风量测试。对现场组装的空调机组应当做漏风量测试，其漏风量标准如下：

1）空调机组静压为 700Pa 时，通风率不得大于 3%。

2）用于空气净化系统的机组，静压应当为 1000Pa，当室内洁净度低于 1000 级时，漏风率不得大于 2%。

3）洁净度高于或等于 1000 级时，漏风率不得大于 1%。

5.3.2.2　吊顶式新风机组的安装

（1）安装前，应首先阅读生产厂家所提供的产品样本以及安装使用说明书，详细了解其结构特点和安装要点。

（2）因该种机组吊装于楼板上，所以应确认楼板的混凝土强度等级是否合格，承重能力是否满足要求。

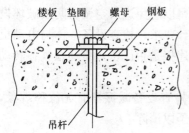

图 5-20　大风量机组吊杆顶部连接图

（3）确定吊装方案。在一般情况下，若机组风量和质量均不过大，而机组的振动又较小的情况下，吊杆顶部采用膨胀螺栓与屋顶连接，吊杆底部采用螺扣加装橡胶减振垫与吊装孔连接的办法。若是大风量吊装式新风机组，质量较大，则应当采用一定的保证措施，图5-20是大风量机组吊杆顶部连接图。

（4）合理选择吊杆直径的大小，保证吊挂安全。

（5）合理考虑机组的振动，采取适当的减振措施，通常情况下，新风机组空调器内部的送风机与箱体底架之间已加装了减振装置。若是小规格的机组，可直接将吊杆与机组吊装孔采用螺扣加垫圈连接，若进行试运转机组本身振动较大，则应考虑加装减振装置。或在吊装孔下部粘贴橡胶垫使吊杆与机组之间减振，或在吊杆中间加装减振弹簧。

（6）在机组安装时应当特别注意机组的进出风方向，进出水方向，过滤器的抽出方向是否正确等，以免失误。

（7）安装时应当特别注意保护好进出水管、冷凝水管的连接丝扣，缠好密封材料，防止管路连接处漏水，同时应当保护好机组凝结水盘的保温材料，不要使凝结水盘有裸露情况。

（8）机组安装后应进行调节，用以保持机组的水平。

（9）在连接机组的冷凝水管时应当有一定的坡度，以使冷凝水顺利排出。

（10）机组安装完毕后应当检查送风机运转的平衡性，风机运转方向。同时冷热交换器应无渗漏。

（11）机组的送风口与送风管道连接时应当采用帆布软管连接形式。

（12）机组安装完毕进行通水试压时，应当通过冷热交换器上部的放气阀将空气排放干净，以保证系统压力及水系统的通畅。

5.4 通风空调系统的检测及调试

5.4.1 检测及调试的目的和内容

为检查通风空调系统的制作安装质量是否能达到预期效果，需要对施工后的通风空调系统进行检测及调试。通过检测和调试，一方面可以发现系统设计、施工质量和设备性能等方面的问题，另一方面为通风空调系统经济合理的运行积累资料。通过测定找出原因，提出解决方案，确保系统正常使用。

通风空调系统安装完毕后，按照《通风与空调工程施工质量验收规范》（GB 50243—2002）的规定应对系统中风管、部件及配件进行测定和调整，简称为调试。系统调试包括设备单机试运转及调整、系统无负荷联合试运转的测定与调试等。无负荷联合试运转的测定与调整包括：通风机风量、风压及转数的测定，系统与风口风量的平衡，制冷系统压力、温度的测定等，这些技术数据应当符合有关技术文件的规定；空调系统带冷热源的正常联合试运转等。

5.4.2 单机试运转

通风空调系统主要传动设备安装完毕后，按照规范规定都要进行单机试运转。这些传动设备主要包括有通风机、水泵、空调机、制冷机、冷却塔、带有动力的除尘器及过滤器等。

试运转前应将机房打扫干净，清除空调机及管道内污物，以避免进入空调房间或破坏设备；核对风机、电动机型号、规格以及带轮直径是否符合设计要求；检查设备本体与电动机轴是否在同一轴线上，地脚螺栓是否拧紧；设备与管道之间连接是否严密；手动检查各转动部位转动是否灵活；电动机等电器装置接地是否可靠等。

各种设备试运转按规范规定连续运转时间进行。运转后检查设备减振器有无位移现象，轴承连接处有无过大升温，如果轴承温升过大，要检查原因予以消除。

5.4.3 联合试运转

在单机试运转合格的基础上可进行联合试运转，一般按照如下程序进行。

（1）联合试运转前的准备工作。首先应当熟悉整个通风空调系统的全部设计图样、设计参数、设备技术性能和使用方法等；其次应当对整个工程的风管、部件、设备的安装及防腐保温等进行外观质量检查。

（2）通风机风量及风压的测定。

（3）风管系统的风量平衡。系统各部位风量应当按设计要求数值进行平衡，可通过调节阀进行风量调整。调试时可以从系统末端开始，逐步调到风机，使各分支管的风量与设计风量相等或者接近。系统平衡后，各送风口、回风口、新风口、排风口实测风量与设计风量偏差应当在10%以内，新风量与回风量之和应近似等于送风量之和，总送风量应当略大于回风量与排风量之和。

（4）制冷系统压力、温度的测定等技术数据应当符合有关技术文件的规定。

（5）系统联合试运转。空调系统带冷热源的正常联合试运转时间不得少于 8h；通风除尘系统连续试运转时间不得少于 2h。

5.4.4　通风空调系统综合效能的测定与调整

通风空调系统在交工前，应当进行系统生产负荷综合效能的测定与调整。带负荷综合效能的测定与调整应当由建设单位负责，设计施工单位配合进行。按工艺要求，各类空调系统测试调整内容包括：室内温度和相对湿度的测定与调整；室内气流组织的测定与调整；室内噪声和静压的测定与调整；送、回风口空气状态参数的测定与调整；空气调节机组性能参数和各功能段性能的测定与调整；对气流有特殊要求的空调区域的气流速度的测定；防排烟系统测试模拟状态下安全正压变化测定和烟雾扩散试验等。

上岗工作要点

1. 掌握通风管道的制作步骤与安装方法、通风部件及消声器的安装要求，当实际工作中需要时，能够熟练安装。

2. 掌握通风机与空调设备的安装要求与安装方法，当实际工作中需要时，能够熟练安装。

3. 掌握通风空调系统试运转及调试的要求。

思　考　题

5-1　通风系统分为哪几类？

5-2　空调系统分为哪几类？

5-3　风管的连接方法有哪几种？圆形、矩形风管无法兰连接有哪几种形式？

5-4　风管加固的方法有哪几种？

5-5　风管安装完毕后，如何进行严密性检测？

5-6　简述风管系统的安装步骤。

5-7　风管系统调试的内容有哪些？

第6章 管道及设备的防腐、保温与绝热

重 点 提 示

1. 熟悉常用管道及设备的防腐、保温与绝热材料。
2. 掌握管道及设备的防腐施工要求及程序。
3. 掌握风管及设备保温的施工方法与施工要求。
4. 掌握制冷管道绝热的施工要求及程序。

6.1 管道及设备的防腐

在通风空调工程中，设备和管道大部分都是钢铁制品，所处的环境都是湿空气，特别是空气处理室及送风管道中的空气，往往接近或达到饱和状态，所以，通风空调的风管等部件如果不采取防腐措施，将很快被大气腐蚀掉，工程中常用的防腐方法是在金属的表面涂刷涂料，从而起到保护作用。

6.1.1 常用防腐涂料

6.1.1.1 常用防腐涂料的品种

（1）通风、空调系统风管的常用油漆品种见表6-1。

表 6-1 薄钢板用油漆

序号	风管输送的气体介质	油漆类别	油漆遍数
1	不含有灰尘，且温度不高于 70℃的空气	内表面涂防锈底漆	2
		外表面涂防锈底漆	1
		外表面涂面漆	2
2	不含有灰尘，且温度高于 70℃的空气	内、外表面各涂耐热漆	2
3	含有粉尘或粉屑的空气	内表面涂防锈漆	1
		外表面涂防锈漆	1
		外表面涂面漆	2
4	含有腐蚀性介质的空气	内外表面涂耐酸底漆	≥2
		内外表面涂耐酸面漆	≥2

（2）空气洁净系统中用的油漆见表6-2。

表 6-2　空气洁净系统用油漆

序号	系统部位	用　料	油漆类别			油漆遍数
1	中效过滤器前的送风管及回风管	薄钢板	内表面	醇酸类底漆		2
				醇酸类磁漆		2
			外表面	保温	铁红底漆	2
				非保温	铁红底漆	1
					调和漆	2
2	中效过滤器后和高效过滤器前的送风管	镀锌钢板	一般不涂漆			
		薄钢板	内表面	醇酸类底漆		2
				醇酸类磁漆		2
			外表面	保温	铁红底漆	2
				非保温	铁红底漆	1
					调和漆	2
3	高效过滤器后的送风管	镀锌钢板	内表面	磷化底漆		1
				面漆(磁漆、调和漆等)		2
			外表面	一般不涂漆		

（3）制冷剂管道用油漆见表 6-3。

表 6-3　制冷剂管道用油漆

管　道　类　别		油漆类别	油漆遍数
低压系统	保温层以沥青为胶粘剂	沥青漆	2
	保温层不以沥青为胶粘剂	防锈底漆	2
高压系统		防锈底漆	2
		色　漆	2

（4）制冷管道色漆见表 6-4。

表 6-4　制冷管道色漆

管道名称	颜　色	管道名称	颜　色
高压排气管	红色	制冷剂液体管	黄色，氟管为银灰色
低压吸气管	蓝色	冷冻水送水管	绿色
放空管	黑色	冷冻水回水管	棕色
放油管	紫色	冷却水上水管	天蓝色

6.1.1.2　防腐涂料的选用

防腐涂料品种繁多，对品种的选择是直接决定油漆工程质量因素之一。通常选择应考虑以下几个方面因素：

（1）使用场合和环境是否含有化学腐蚀作用的气体，是否为潮湿的环境。

（2）是用在钢铁上，还是用在其他材料制成的风管上。

（3）是打底用，还是罩面用。

（4）按工程质量要求、技术条件、耐久性、经济效果、非临时性工程等因素，来选择适当的涂料品种。不应将优质品种降格使用，也不应当勉强使用达不到性能指标的品种。

6.1.2 表面处理

为保证管道及设备防腐的质量，在喷涂底漆前务必做好金属表面的除锈、清理工作。表面常用的除锈方法通常采用机械除锈、手工除锈两种，有条件的地方也可以采用酸洗除锈。但是，应当注意不得使用使金属表面受损或使其变形的工具和工艺手段；除去金属表面上的油脂、疏松氧化皮、污锈、焊渣等杂物后，然后用干燥清洁的压缩空气或刷子清除粉尘。

（1）喷砂除锈

机械除锈中，常用喷砂除锈法。喷砂除锈所用的压缩空气，不得含有水分和油脂，所以在空气压缩机的出口处，一定要装设油水分离器。压缩空气的压力应保持 0.4～0.6MPa。喷砂所用的砂粒，应当坚硬又有棱角，粒度一般为 1.5～2.5mm，而且需要过筛除去泥土和其他杂质，还应当经过干燥。

喷砂操作时，应顺气流方向；喷嘴与金属表面通常成 70°～80°夹角；喷嘴与金属表面的距离通常在 100～150mm 之间。

（2）酸洗除锈

1）酸洗除锈常用的酸有无机酸（硫酸、盐酸、硝酸、磷酸等）及有机酸（醋酸、柠檬酸等）两大类。无机酸作用力强，除锈速度快，且价格低廉；但控制不好，会造成对金属的过度腐蚀，酸洗中产生大量氢气会致使金属性能变脆，即发生所谓氢脆现象，同时析出的氢气会形成酸雾，影响人体健康。

2）酸洗场地应通风良好，操作人员要穿戴防护用品。酸对人体及衣服均有强烈的腐蚀作用，所以在酸洗过程中，必须穿戴耐酸手套、围裙和脚盖，严防酸液飞溅伤害人体，造成事故。

3）在酸洗前，应当对管材或管件（工件）进行清理，除去污物。如果管材表面有油脂，会影响酸洗除锈的效果，应当先用碱水除油或作脱脂处理。酸洗操作条件见表 6-5。

表 6-5　钢材酸洗操作条件

酸洗种类	浓度（%）	温度（℃）	时间（min）
硫　酸	10～20	50～70	10～40
盐　酸	10～15	30～40	10～50
磷　酸	10～20	60～65	10～50

4）酸洗时先将水注入硫酸槽中，再将硫酸以细流慢慢注入水中（切忌先加硫酸后加水），并不断搅拌，当加热到适当温度后，把被酸洗物缓慢轻轻地放入酸洗槽中。到预计的酸洗时间后，立即取出并且放入中和槽内（中和槽内盛稀碱液，一般用 NaOH 或 Na_2CO_3）中和。之后再将其放入热水槽中用热水洗涤，使其完全呈中性后并取出及时干燥。

5）酸洗、中和、热水洗涤、干燥和刷涂料等操作应当连续进行，以免重新锈蚀。

6）为了防止过蚀和氢脆，酸洗操作的温度及时间，应当根据工件表面锈蚀去除情况，在规定范围内进行调节。酸洗液的成分应定期分析并且及时补充新液。酸洗施工时，酸洗液的配比及工艺条件可以参照表 6-6 选用。

表 6-6　酸洗液的配比及工艺条件

名　称	配　比	处理温度 (℃)	处理时间 (min)	备　注
工业盐酸(%) 乌洛托平(%) 水	15～20 0.5～0.8 余量	30～40	5～30	除铁锈快，效果好，适用于钢铁表面严重积锈的工件
工业盐酸(相对密度1.18,%) 工业硫酸(相对密度1.84,%) 乌洛托平(L/g) 水	110～180 75～100 5～8 余量	20～60	5～50	适用于钢铁及铸铁工件除锈
工业盐酸(1.84，g/L) 食盐(g/L) 水 缓蚀剂	180～200 40～50 余量 适量	65～80	16～50	适用于铸铁及清理大块锈皮，若铸铁表面有型砂，可加2%～5%氢氟酸
工业磷酸(%) 水	2～15 余量	80	表面铁锈除尽为止	适用于锈蚀不严重的钢铁工件，常用作涂料的基本金属表面处理

7) 为了减轻酸洗液对金属的溶解，可以加入约 20％的缓蚀剂，如乌洛托平或若丁。

(3) 钝化处理

经酸洗后的金属表面，必须进行中和钝化处理。根据被处理管道及管件形状、体积大小、环境温度、湿度以及酸洗方法的不同，可以选用以下方法：

1) 中和钝化一步法：附着于金属表面的酸液应当立即用热水冲洗，当用 pH 试纸检查金属表面呈中性时，随即进行钝化处理。

2) 中和钝化二步法：附着金属表面的酸液应当立即用水冲洗，继之用 5％碳酸钠水溶液进行中和处理，再用水洗法洗去碱液，最后进行钝化处理。

经中和处理后的金属表面，应当再用温水冲洗干净，在空气流通的地方晾干或用压缩空气吹干后，立即喷、刷涂料，不可以久置。

(4) 风管除锈

1) 风管制作完成后，表面上往往有灰尘、铁锈、焊渣、油污及水分等物。表面的处理工作就是清除这些污物，减轻表面缺陷，使涂层牢固地粘附在风管表面上。处理工作的好坏一方面取决于涂料的质量；另一方面则取决于风管表面的处理情况。

2) 用在有腐蚀性化工环境中的风管，其表面处理工作即把金属表面的各种杂物完全清除干净。清理后的风管，表面颜色一致呈灰白色，这样才能够增加油漆涂层的附着能力。

3) 通常在大气环境中的风管，要求钢板表面除去浮锈，允许紧密的氧化皮存在，有利于油漆涂层的附着力。

4) 有些施工单位在薄钢板风管成型后再涂刷或喷涂油漆，这样，咬口缝内漏漆，日久易锈。因此，为提高防腐质量，咬接风管前宜预先在钢板上涂一层防锈漆，这样可以保证不漏漆。

(5) 基层处理

1) 除锈、清扫、磨砂纸。用钢丝刷、砂布、尖头锤、锉刀以及扁铲等将金属表面的锈皮氧化层、焊渣、毛刺及其他污物铲刮净，再使用砂布（2 号）普遍打磨一遍，露出金属原色，然后用棕扫帚清扫干净。遇有油污、沥青等物，应用汽油或者煤油、松香水、苯类溶剂清洗处理干净。也可以用电动、风动除锈工具除锈。

2）刷防锈漆。用设计要求的防锈漆满刷一遍。如果原先已刷过防锈漆，应检查其有无损坏及有无锈斑。凡有损坏及锈斑处，应当将原防锈漆层铲除，用钢丝刷和砂布彻底打磨干净后，再补刷防锈漆一遍。涂刷方法为油刷上下铺油（开油），横竖交叉地将油刷匀，再把刷迹理平。注意每次刷油应当"少蘸油，蘸多次油"。

3）局部刮腻子。待防锈漆干透后，将金属面的砂眼、缺棱、凹坑、拼缝间隙等处用石膏腻子刮抹平整。石膏腻子配合比（质量比）为石膏粉∶熟桐油∶油性腻子（或醇酸腻子）∶底漆∶水＝20∶5∶10∶7∶45。

4）磨光。腻子干透后，使用砂布1号打磨平整（先用开刀将灰疙瘩铲平整），然后用潮布擦净表面。

6.1.3 防腐施工

6.1.3.1 刷涂法防腐施工

刷涂法是用漆刷进行涂装施工的一种方法。其优点是工具简单、施工方便、容易掌握、适应性强、节省漆料和溶剂，并且可用于多种涂料的施工；其缺点是：劳动强度大、生产效率低、施工的质量在很大程度上取决于工人的操作技术，对一些快干和分散性差的涂料不太适用。

（1）刷涂操作要点

刷涂的质量好坏，主要取决于操作者的实际经验及熟练程度。刷涂时应注意以下基本操作要点：

1）使用漆刷时，一般应采用直握方法，用手将漆刷握紧，主要用腕力进行操作漆刷。

2）涂漆时，漆刷应蘸少许的涂料，刷毛浸入漆的部分，应当为毛长的1/2到1/3。蘸漆后，要将漆刷在漆桶内的边上轻抹一下，除去多余的漆料，以防止产生流坠或滴落。

3）对干燥较慢的涂料，应当按涂敷、抹平和修饰三道工序进行操作。

① 涂敷：即将涂料大致地涂布在被涂物的表面上，使涂料分开。

② 抹平：即用漆刷将涂料纵、横反复地抹平至均匀。

③ 修饰：即用漆刷按一定方向轻轻地涂刷，消除刷痕及堆积现象。

在进行涂敷和抹平时，应当尽量使漆刷垂直，用漆刷的腹部刷涂。在进行修饰时，则应当将漆刷放平些，用漆刷的前端轻轻地涂刷。

4）对干燥较快的涂料，应当从被涂物的一边按一定的顺序快速、连续地刷平和修饰，不宜反复刷涂。

5）刷涂的顺序：一般应当按自上而下，从左到右，先里后外，先斜后直，先难后易的原则，最后用漆刷轻轻地抹理边缘及棱角，使漆膜均匀、致密、光亮和平滑。

6）刷涂的走向：刷涂垂直表面时，最后一道，应当由上向下进行；刷涂水平表面时，最后一道应当按光线照射的方向进行。

（2）涂刷第一遍油漆

涂刷第一遍油漆应符合下列规定：

1）分别选用带色铅油或者带色调和漆、磁漆涂刷，但此遍漆应适当掺加配套的稀释剂或稀料，以达到盖底、不流淌、不显刷迹。冬季施工最好适当加些催干剂［铅油用铅锰催干剂，掺量2%～5%（质量比）；磁漆等可以用钴催干剂，掺量一般小于0.5%］。涂刷时厚度应当一致，不要漏刷。

2）复补腻子：如果设计要求有此工序时。将前数遍腻子干缩裂缝或者残缺不足处，用带色腻子局部补一次，复补腻子与第一遍漆色相同。

3）磨光：如设计有此工序（属中、高级油漆），最好用1号以下细砂布打磨，用力应轻而匀，注意不要磨穿漆膜。

（3）刷第二遍油漆

1）如为普通油漆，为最后一层面漆。应当用原装油漆（铅油或调和漆）涂刷，但不宜掺催干剂。

2）磨光：设计要求此工序（中、高级油漆）时，同上。

3）潮布擦净：将干净潮布反复在已磨光的油漆面上揩干净，注意不要将擦布上的细小纤维沾在漆面上。

（4）施工应注意事项

1）所用的油漆牌号必须符合设计要求或者施工验收规范的规定，有产品出厂合格证，并在有效使用期内，没有变质。

2）油漆涂刷前，应检查管道或设备的表面处理是否符合要求。涂刷前，管道或设备表面必须彻底干燥。

3）涂刷油漆一般要求环境温度不得低于5℃，相对湿度不大于85%，以免影响涂刷质量。

4）薄钢板风管的防腐工作最好在风管制作前预先在钢板上涂刷防锈底漆，以提高涂刷的质量，减少漏涂现象，并使风管咬口缝内均布油漆，延长风管的使用寿命，且下料后的多余边脚料短期内不会锈蚀，能回收利用。

6.1.3.2 喷涂法防腐施工

喷涂法施工多用于要求较高的油漆施工。喷涂装置使用前，应当先检查高压系统各固定螺母，以及管路接头是否拧紧，如果松动，则应拧紧。

1）当在室内风管表面上喷漆时，应当事先将非喷涂部位用废纸等物件遮挡好，防止被污染。风管与喷枪应当先清洗，经试喷正常后才能正式施工。

2）用于喷涂的油漆，使用时必须掺加相应的稀释剂或者相应的稀料，掺量以能顺利喷出成雾状为准（通常为漆重的1倍左右）。应过0.125mm孔径筛清除杂质。一个工作物面层或一项工程上所用的喷漆量最好一次配够。

通常，涂料需经过滤后才能使用，否则容易堵塞喷嘴。一般应当过0.125mm孔径筛清除杂质。

3）在喷涂施工时，其施工操作要点如下：

① 喷距是指喷枪嘴与被喷物表面的距离，一般应当控制在300～380mm为宜。

② 喷幅宽度：较大的物件宜为300～500mm，较小的物件100～300mm为宜，一般以300mm左右为宜。

③ 喷枪与物面的喷射角度为30°～80°。

④ 喷幅的搭接应为幅宽的1/6～1/4，视喷幅的宽度而定。

⑤ 喷枪运行速度为60～100cm/s。

4）在喷涂过程中不得将吸入管拿离涂料液面，以避免吸空，造成漆膜流淌。而且涂料容器内的涂料不应太少，应当经常注意加入涂料。

5）发生喷嘴堵塞时，应当关枪，将自锁挡片置于横向，取下喷嘴，先用刀片在喷嘴口切割数下（不得用刀尖凿），并且用刷子在溶剂中清洗，然后再用压缩空气吹通，或用木签捅通，不可用金属丝或铁钉捅喷嘴，以防止损伤。

6）在喷涂过程中，如果停机时间不长，可以不排出机内涂料，把枪头置于溶剂中即可，但对于双组分涂料（干燥较快的），则应当排出机内涂料，并应清洗整机。

7）喷涂结束后，将吸入管从涂料桶中提起，使泵空载运行，将泵内、过滤器、高压软管以及喷枪内剩余涂料排出。然后用溶剂空载循环，将上述各器件清洗干净。清洗时应将进气阀门开小些。上述清洗工作，应当在结束后及时进行，否则涂料变稠或固化（双组分涂料）之后，再清洗就十分困难了。

8）高压软管弯曲半径不应大于 50mm，也不允许将重物压在上面，以防损坏。

9）在施工过程中，高压喷枪绝对不许对准操作者或他人，停喷时应当将自锁挡片横向放置。

10）喷涂过程中涂料会自然地发生静电，所以要将机体和输漆管做好接地，防止意外事故。

6.1.3.3 支、吊、托架及某些部件的防腐施工

通风空调中，管道、设备及其部件和支、吊、托架的防腐，必须按照设计和规范规定的层数进行涂刷。

（1）支、吊、托架防腐

在一般情况下，支、吊、托架与设备、风管所处环境相同，所以其防腐处理应与设备、风管一样；但是当含有酸、碱或者其他腐蚀性气体的厂房内，采用不锈钢板、硬聚氯乙烯板等风管时，则支、吊、托架的防腐处理应当由设计单位另行规定。

（2）活动部件防腐

实际施工中，有些风口、阀门等的活动部件会被油漆粘住；有的风口不能扳动，阀门开启不能达到规定角度；还有的调节阀启、闭分辨不清，主要是由于明装系统中最后一遍油漆喷、涂，将启闭标记覆盖。为此，应当注意以下几点：

1）风管法兰或加固角钢制作后，必须在和风管组装之前涂刷防锈底漆，不能在组装后涂刷，否则将会使法兰或者加固角钢与风管接触面漏涂防锈底漆，而产生锈蚀。

2）送回风口和风阀的叶片和本体，应当在组装前根据工艺情况先涂刷防锈底漆，可防止漏涂的现象。例如组装涂刷防锈底漆，致使局部位置漏涂，而产生锈蚀。

6.2 风管及设备保温

6.2.1 材料选用

（1）保温材料的选用

通风空调工程中的保温材料用量较大，且安装于顶棚内的保温风管占多数，所以保温材料的选择，对防火性能要求至为重要。

可燃性材料采用越来越少，非燃及难燃保温材料被广泛地采用。尤其对于高级民用建筑，对于风管保温材料要求很严，要求认真执行防火要求。选择保温材料应注意以下几点：

1）选择隔热材料，包括辅助材料，一定要符合温度的要求。

2）隔热材料的导热系数要低。

3）具有耐火性，吸湿性小。

4）便于施工。

5）不易燃烧，最好为非燃或难燃材料。

6）电加热器在空调系统中一般用于二次加热或者是局部温度调节，也有的用于冬季采暖。电加热器及其前后 800mm 处的保温应当根据设计的要求选用保温材料。常用的材料包括石棉板、石棉泥、玻璃棉、矿渣棉等。

7）对于自熄性聚苯乙烯保温材料在现场可进行试验。其方法是：将聚苯乙烯泡沫板放在火上燃烧，移开火源后 1～2s 内自行熄灭视为合格。

（2）隔热层用胶粘剂选用

目前用于风管及设备保温层的粘胶剂有沥青类和合成高分子胶粘剂类。

1）沥青是一种较好的胶粘剂，例如大庆 55 号石油沥青具有良好的粘结性、塑性、不透水性及耐化学侵蚀性，并且能抵抗大气的风化作用，软化点不低于 100℃，闪点不低于 230℃。

沥青经加热后均匀地涂刷在风管及设备表面上，将保温材料覆盖在上面轻压即可粘牢，操作方便，软木、聚苯乙烯、玻璃棉毡都可粘贴，使用效果好。隔热层拼缝之间的缝隙可以用沥青与木锯末混合拌匀后作为填充嵌缝之用，可得到满意的效果。选择沥青时应注意软化点不低于 60℃，以避免保温层脱落。

2）合成高分子胶粘剂例如酚醛树脂胶粘剂（2122 胶），操作方法也比较简单，首先清除风管及设备表面的浮尘，将胶粘剂均匀地涂刷在风管及其设备表面上，敞开凉置 4～15min，观察其表面有结皮时，接触其表面能拉起长丝则为最佳粘贴时刻，把保温材料铺设平整，用手轻压，在室温情况下硬化 3～5h 方可以搬运安装。

6.2.2 施工方法

（1）绑扎法保温

绑扎法保温是国内广泛采用的结构形式。它是将多孔材料或者矿纤材料等制成的保温板、管壳、管筒或者弧形块直接包覆在设备和管道上。

多孔材料制品应打灰浆敷设，但也可以用矿质纤维填塞制品对缝（缺口和缝隙）。矿纤材料制品采用干缝对严——干保温。绑扎法需按照管径大小，分别用 φ1.2～φ2.0 的镀锌钢丝随即固定。

（2）木龙骨保温

木龙骨保温结构常用保温材料包括脲醛泡沫塑料、沥青矿棉毡、玻璃纤维缝毡、超细玻璃棉毡、聚氯乙烯泡沫塑料板（自熄性）作保温材料。其施工操作要点如下：

1）除锈刷漆。

2）木龙骨断面高度一般同保温厚度一样，当保温层厚度小于法兰高度时，法兰两边使用高度为 50mm 的木龙骨以便法兰部分保温。法兰部分可用同类保温材料或聚氯乙烯泡沫塑料。

3）如采用脲醛泡沫塑料保温，由于该材料吸湿性大，吸湿后保温效果差，需用塑料薄膜做成袋将其填入，再将袋口粘合或者压焊严密封口。如用毡材或聚苯乙烯泡沫塑料板可直接敷设，聚苯乙烯泡沫塑料板拼缝用石棉硅藻土填补抹平。如果用两层板，则木龙骨断面可以减小，第一层填在木龙骨内，第二层钉在木龙骨外面。

4）保温层做好后满包一道塑料薄膜，搭接宽度为50～80mm。

5）将三合板或纤维板钉在木龙骨上，并且在四角通长放镀锌薄钢板包角，最后涂调和漆两道，颜色由工程设计决定。如果为暗装风管可不钉三合板或纤维板。龙骨保温的标准结构，如图6-1所示。

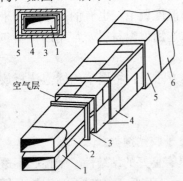

图 6-1 木龙骨保温结构
1—风管；2—红丹防锈漆；3—木龙骨；
4—保温层；5—胶合板或硬纸板；
6—调和漆

（3）粘结法保温

粘结法保温的特点是取消保温结构外表常用的钢丝网和抹面层，用胶粘剂代替对缝灰浆。粘结的保温结构保护层可以采用金属护壳或包缠玻璃丝布，玻璃丝布表面再涂刷银粉漆或其他涂料。

1）保温制品外形必须整齐，特别是椭圆度误差均不得超过 3mm；如有边棱残缺，应先加修补。选用的胶粘剂应当符合使用温度和主材特性，泡沫塑料可用聚酯酸乙烯乳液、酚醛树脂、环氧树脂等材料作为胶粘剂；水玻璃制品采用水玻璃加促凝剂作为胶粘剂，使用温度 250℃ 以下，也可以采用聚酯酸乙烯乳液加有机硅溶液作为胶粘剂。

2）隔热层若采用粘结材料粘贴，应符合下列要求：

① 粘结材料应均匀地涂在风管以及设备的外表面上，隔热层与风管及设备表面应紧密贴合。

② 隔热层的纵、横间接缝应当错开。

③ 隔热层粘贴后，应当进行包扎或捆扎，包扎的搭接处应均匀贴紧，捆扎时不得破坏隔热层。

3）粘结保温结构在施工前，应当以抛甩撞击等方法检验胶粘剂的性能。一般以保温管壳本身损坏，而粘结缝处不开裂为合格。

（4）涂抹保温

涂抹保温是采用不定型保温材料，例如膨胀珍珠岩、膨胀蛭石、石棉白云石粉、石棉纤维、硅藻土熟料等，加入胶粘剂（例如水泥、水玻璃、耐火黏土等），或再加入保凝剂（氟硅酸钠或霞石安基比林），选定一种配方，加水搅拌均匀，使其成为塑性泥团，徒手或用工具涂抹到保温管道或者设备上的施工方法，又称为涂抹法保温或泥饼保温。此种保温方法是一种传统的保温结构和操作工艺，它便于接岔施工和填灌孔洞，不需支模，整体性好，因此至今仍然在使用。涂抹法保温配方见表6-7。

表 6-7 涂抹法保温的配方   kg

配料名称	规 格	配方Ⅰ	配方Ⅱ	配方Ⅲ
硅酸盐水泥	32.5 级	150		200
水玻璃	密度 1.25～1.3		300	
石棉纤维	3～5 级		20	
膨胀珍珠岩	密度≤100%	100		
膨胀蛭石	3.5～7mm		2m³	1.6～1.7m³
石棉灰或石棉硅藻土		50		50
耐火黏土			50	
氟硅酸钠			30	

通入热介质进行烘烤的设备和管道，涂抹一层泥料后接着进行烘烤，才可继续下一层涂抹，并分层包扎镀锌铁丝网。这种保温结构不仅密度大，而且劳动强度大，工效低。但管道或设备需要检修的小部位，也往往采用涂抹法。另外在管束之间，联箱容器引出的排管空隙，均可采用保温泥料涂抹填充，用以弥补板型或弧型保温制品的缺口，并且形成防止热对流的阻尼。

涂抹法保温不适用于露天或潮湿地点。

6.2.3 风管保温施工

（1）圆形风管保温施工

圆形风管的保温结构如图 6-2 所示，其保温的厚度按照设计规定。其操作步骤如下：

1）风管表面防腐处理。

2）用保温毡包扎风管，其前后搭接边应当贴紧，保温层外面每隔 300mm 左右用 $\phi1.2\sim\phi1.6$ 镀锌钢丝绑扎，包完第一层之后再包第二层并和第三层拼缝错开，层数根据设计要求的厚度决定。

3）风管法兰连接处必须保温，用同类保温材料或者软聚氯乙烯泡沫塑料均可，如图 6-3 所示。

4）保温层外包一层沥青油毡，油毡的搭接处用沥青胶泥粘结，并且每隔 400mm 用 $\phi1.2$ 镀锌钢丝绑扎。

5）最后包扎玻璃丝布一道，玻璃丝布幅面宽应当裁成 $200\sim300$mm，每道布的缠绕搭接宽度应为 $50\sim80$mm。

6）玻璃丝布外涂调和漆两道，颜色由工程设计决定。暗装风管玻璃丝布外可不涂调和漆。

（2）矩形风管保温

矩形风管的板材绑扎式保温结构如图 6-4 所示，其保温厚度按设计规定。

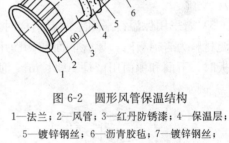

图 6-2 圆形风管保温结构

1—法兰；2—风管；3—红丹防锈漆；4—保温层；
5—镀锌钢丝；6—沥青胶毡；7—镀锌钢丝；
8—玻璃丝布；9—调和漆

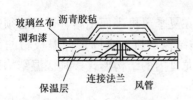

图 6-3 风管法兰连接
处保温示意图

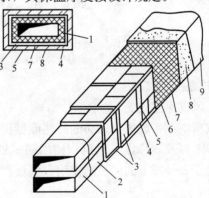

图 6-4 板材绑扎式风管保温

1—风管；2—红丹防锈漆；3—保温板；
4—角形垫铁片；5—绑件；6—细钢丝；
7—镀锌钢丝网；8—保护壳；9—调和漆

1）将风管（或设备）表面铁锈除净，然后在外表面涂红丹防锈漆一遍；内表面除有特殊要求按照设计之外，其余均涂红丹防锈漆两遍。

2）按风管尺寸裁配好，使用铬皮铁将保温板绑扎紧（铬皮铁用打包机咬紧）。绑扎前先在四角放角形垫铁片，当风管宽度或者高度大于 600mm 时，为防止保温板拱起和下坠，每隔 200～300mm 左右应当设一加固卡子，加固卡子用黑薄钢板或镀锌薄钢板制作。加固卡与管壁固定可以采用胶粘剂、锡焊或气焊点焊几种方法。

若用一层以上保温板则每层保温板之间的拼缝应当错开，聚苯乙烯泡沫塑料板拼缝用石棉硅藻土填补抹平，其余保温板拼缝间灌入热沥青胶泥并且用同类保温材料填补。

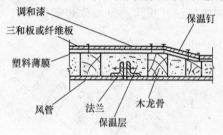

图 6-5 法兰部位保温示意图

3）风管法兰连接处一定要用同类保温材料补包，做法如图 6-5 所示。

4）保温层外满涂沥青胶泥（聚苯乙烯泡沫塑料板不涂），外包一道玻璃丝布，布幅宽度裁成 200～300mm，前后搭接宽度为 50～80mm。玻璃丝布外涂调和漆两道，颜色由设计定。暗装时，玻璃丝布外可以不涂调和漆。沥青胶泥配合比：30 号（甲）建筑石油沥青加 6～7 级石棉绒 1：1～1：1.5（质量比）。

5）若采用保温钉来固定保温结构时，风管保温结构如图 6-6 所示。保温钉的用量：当保温材料为岩棉板时，风管下面和侧面用量是 20 只/m²，顶面 10 只/m²；保温材料为玻璃棉板时，下面和侧面用量是 10 只/m²，顶面 5 只/m²。

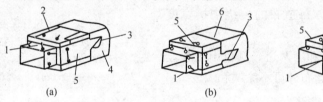

图 6-6 用保温钉固定保温材料的结构

(a) 明装；(b) 暗装；(c) 室外用

1—保温钉；2—镀锌薄钢板框；3—胶粘剂；4—面层（玻璃布）；5—保温材料；

6—铝皮（防湿保温用）；7—镀锌薄钢板；8—防水纸（沥青油毡）

6.2.4 设备保温施工

（1）风机保温施工

为减少空调系统风机表面的冷热能量损耗，尤其在夏季风机表面结露，风机必须进行保温。对于 8 号及 8 号以下风机，使用固定铁爪（或粘结保温钉）来固定保温板材的结构形式；而对于 8 号以上的风机则使用保温板材固定在木龙骨内的结构形式，其保温结构形式如图 6-7 所示。

1）保温材料及使用厚度，见表 6-8。保温材料可以选用玻璃棉板、软木板、岩棉板及自熄式的聚苯乙烯泡沫塑料板等。在风机保温时，应当用角钢将风机轴围住并焊在风机外壳上。风机的铭牌应外露。

142

表 6-8　风机保温材料及厚度

材料名称	密度 （kg/m³）	热导率 [W/(m·K)]	保温厚度(mm)		
			Ⅰ区	Ⅱ区	Ⅲ区
玻璃纤维板	90～120	0.035～0.047	25	35	55
软木板	200～240	0.058～0.07	30	55	75
水玻璃膨胀珍珠岩板	200～300	0.056～0.07	30	55	75
水泥膨胀珍珠岩板	250～350	0.07～0.08	35	60	—
聚苯乙烯泡沫塑料板(自熄性)	30～50	0.035～0.047	25	35	55

2）风机保温前进行试运转，必须确认连接处不漏风，运转平稳，将风机铭牌取下进行保温。保温做好后将铭牌钉上。

3）在风机壁上焊铁爪，如图 6-7 所示；也可以用粘贴保温钉的方法来固定保温板材。每隔 25～30cm 固定一个塑料保温钉，底盘上可以用胶粘剂粘结。

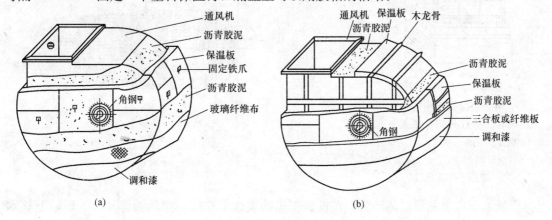

图 6-7　风机保温

(a) 8 号及 8 号以下风机保温；(b) 8 号以上风机保温（板材木龙骨）

4）8 号以上风机钉木龙骨，通常采用边长 25～35mm 方木，其间距按保温板的长度决定，但不应大于 0.5～0.6m。

施工时，首先在风机外表面涂热沥青胶泥，随即将裁配好的保温板贴上。如果用两层保温板则第一层填在木龙骨内，第二层钉在木龙骨外面，两层之间涂沥青胶泥并贴紧，第一层与第二层保温板拼缝应当错开，其缝间灌入沥青胶泥并且用相同保温材料填补。

用聚苯乙烯泡沫塑料板保温时，不涂沥青胶泥，拼缝使用石棉硅藻土填补抹平。8 号以上风机外钉三合板或纤维板，表面涂两道调和漆。

5）8 号及 8 号以下风机的保温层放置好以后，将固定铁爪板扳倒压紧，外满涂沥青胶泥随即粘包一道玻璃丝布，表面涂调和漆两道。如果用聚苯乙烯泡沫塑料板保温时不涂沥青胶泥，保温层外包一道挂胶玻璃丝布。把布幅面宽度裁成 200～300mm，缠绕搭接宽度为 50～80mm，外表面涂两道调和漆。

6）风机轴不保温，机轴周围用角钢围住焊在风机外壳上。

（2）冷水箱与蒸发器保温施工

1）冷水箱和水箱式蒸发器必须在保温之前经过试水，保证无渗漏的情况下才能进行。

2）为防止支架出现"冷桥"现象而造成冷量损失，制冷设备支架应采用同类材料进行保温，与制冷设备的保温层连接严密。

3）冷水箱和水箱式蒸发器由于体积较大，通常采用木龙骨内粘结玻璃纤维板、软木板、聚苯乙烯泡沫板、水玻璃膨胀珍珠岩板等结构形式；保护壳采用三合板、纤维板、石棉水泥及薄钢板等材料，其结构形式如图6-8所示。

水箱放在楼层或底层时，在水箱底部支架或木龙骨空档内应当填塞相同材质的保温板，其厚度与水箱的侧壁相同。水箱放在底层时，底部也可采用加气混凝土兼作保温层，其厚度不小于300mm。

4）壳管蒸发器保温材料与水箱式蒸发器相同，如图6-9所示的保温结构中的隔热层采用软木板。其施工操作要点如下：

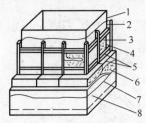

图6-8　三合板或纤维
板保护壳构造

1—水箱；2—红丹防锈漆或沥青漆；
3—沥青胶泥；4—木龙骨；5—保温板；
6—挂胶玻璃丝布；7—三合板和调和
漆；8—底部保温层

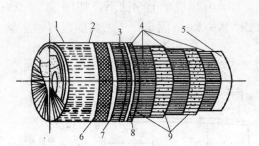

图6-9　壳管蒸发器的保温结构

1—涂漆；2—1：2.5水泥砂浆抹面；3—低镁钢
丝；4—沥青；5—设备；6—钢丝网；7—油毡；
8—钢带；9—软木

① 软木板应事先浸以热沥青，在设备干燥的表面上涂刷一层热沥青并且立即贴上软木板，并须交错粘结，之后再涂刷一层热沥青贴另一层软木板，达到要求的厚度为止。

② 然后用镀锌铁丝或钢带扎紧。即每隔1m用铁丝或钢带扎紧。

③ 再用热沥青贴油毡纸防潮层，其搭接部分不少于50mm。

④ 在油毡纸上包扎铁丝网，再用水泥石棉灰浆抹面。

5）对于离心式冷水机组的冷凝器和蒸发器壳管筒体，通常采用30mm厚的海绵橡胶板保温。这种特制的海绵橡胶板两端面光平，且中间呈多孔的海绵状，有一面带有粘结胶，可裁成一定形状直接粘结在筒体上，外加镀锌钢板保护壳。此种保温工艺与传统的保温工艺相比，工艺简单，外形美观，保温效果良好。

6.3　制冷管道绝热

6.3.1　绝热材料

管道绝热材料及其制品必须具有产品质量证明书或者出厂合格证，其规格、性能等技术要求应符合设计文件的规定。

当绝热材料及其制品的产品质量证明书或者出厂合格证中所列的指标不全或对产品质量（包括现场自制品）有异议时，供货方应当负责对下列性能进行复检，并应提交检验合格证：

1）多孔颗粒制品的表观密度、机械强度、热导率、外形尺寸等。松散材料的表观密度、热导率及粒度等。

2) 矿物棉制品的表观密度、热导率、使用温度及外形尺寸等。散棉的表观密度、热导率、使用温度、纤维直径、渣球含量等。

3) 泡沫多孔制品的表观密度、热导率、含水率、使用温度及外形尺寸。

4) 软木制品的表观密度、热导率、含水率及外形尺寸等。

5) 用于奥氏体不锈钢管道上的绝热材料及其制品，应当提交氯离子含量指标。

对于受潮的绝热材料及其制品在经过干燥处理后仍不能恢复合格性能时，不得使用。保冷工程所用的绝热材料及其制品，其含水率不得超过 1%。软木制品的最大含水率不应超过 5%。

6.3.2 管道绝热层施工

管道绝热层常采用的材料有硬质材料、半硬质材料、软质材料及散料，其采用的保温材料不同，与之相适应的施工方法也不相同。

(1) 施工要求

管道绝热层的施工，应当符合下列规定：

1) 绝热产品的材质和规格，应当符合设计要求，管壳的粘贴应牢固、铺设应平整；绑扎应紧密，无滑动、松弛与断裂现象。

2) 硬质或半硬质绝热管壳的拼接缝隙，保温时不得大于 5mm、保冷时不应大于 2mm，并用粘结材料勾缝填满。当绝热层的厚度大于 100mm 时，应当分层铺设，层间应压缝。

① 纵缝应错开，外层的水平接缝应设在侧下方。

② 在绝热层的同层应错缝，上下层应压缝，其搭接的长度不小于 50mm 为宜。当外层管壳绝热层采用粘胶带封缝时，可以不错缝。

③ 水平管道的纵向接缝位置，不应布置在管道垂直中心线 45°范围内。当采用大管径的多块硬质成型绝热制品时，绝热层的纵向接缝位置，可以不受此限制，但应偏离管道垂直中心线位置。

3) 硬质或半硬质绝热管壳应用金属丝或者难腐织带捆扎，其间距为 300～350mm，且每节至少捆扎 2 道。

4) 松散或软质绝热材料应按规定的密度压缩其体积，疏密应当均匀。毡类材料在管道上包扎时，搭接处不应当有空隙。

(2) 硬质材料的施工

1) 硬质材料较容易固定在管道的外表面，当在直径小于 300mm 上敷设时，常采用钢丝绑扎。可以用直径 1.2～2.0mm 经退火的镀锌钢丝绑扎，每隔 300～500mm 绑扎一道箍。

2) 不同的材料采用不同的胶粘剂，大部分的材料都可以用石油沥青做胶粘剂。采用石油沥青做胶粘剂的材料，也可以用石油沥青调制的沥青玛瑞脂做胶粘剂。

用沥青做胶粘剂时应控制沥青温度，其熔化的温度不得超过 220℃，但也不能低于 180℃。在管子上涂刷时，把熔化的沥青注入沥青盘内，盘下用木炭加热，使熔化的沥青温度保持在 160～200℃之间。

3) 采用聚苯乙烯泡沫塑料保温管壳时，可以直接用胶粘剂粘结。如需要少量特殊尺寸或形状的制品时，可在施工现场用板材切割。通常用电热切割，可用 19 号电阻丝通以 5～12V 的低压电源，温度可以控制在 200～250℃范围。对聚苯乙烯泡沫塑料进行粘结的胶粘剂，大多采用沥青胶和101胶。

4）铝箔玻璃棉管壳保温材料，施工方便，仅在接合缝处贴合铝箔胶粘带即可，外包六角钢丝网。

5）制冷管道保温常用的为二合管壳，有时小口径的管道还可以用只有一条接缝的保温管。包扎二合管时应当左右合拢；二合管应互相交错1/2。二合管外面每隔200mm左右扎一道钢丝予以紧固。

弯头的三合管结构最好为定型的，也可用二合管加工配砌。

6）采用膨胀珍珠岩及泡沫水泥管壳时，可以用硅酸盐水泥为胶粘剂，二合管缝隙以挤出胶粘剂为饱满。用硬质聚苯乙烯管壳或者聚氨酯泡沫塑料管壳时，使用的胶粘剂宜用202胶，配胶质量比为1∶5混合后搅均匀使用，涂胶以后在常温下放置5～10min再进行粘合，粘合后即可捆扎，如果管壳间还存在缝隙，可以用树脂腻子或胶泥嵌缝。

（3）半硬质材料的施工

半硬质材料一般不用胶粘剂与管子表面固定，通常采用钢丝或钢丝网固定的方法。

1）在管道上安装半硬质保温材料时，通常用直径1.0～2.0mm的退火镀锌钢丝或难腐织带绑扎，其间距为300～350mm，并且每节至少捆扎两道。

2）由于半硬质材料具有一定弹性，在直管段不需要留伸缩缝，应当将管壳紧密粘贴在管子上。管壳间要对缝严密，其缝隙不应大于2mm，并且用粘结材料勾缝填满。

3）当绝热层厚度大于100mm时，应当分层铺设，层间应压缝。管壳间的横缝应错开，水平接缝要设在管道的侧下方。

4）采用半硬质保温材料的管壳外贴在铝箔玻璃布时，仅将管壳纵向缝隙扒开套到管子上，用多余一段的铝玻璃布粘结带粘牢即可，不需钢丝绑扎。管壳与管壳间的横向缝隙，再用铝箔玻璃布粘结带进行环形粘结。此种整体式的保温材料，铝箔玻璃布已代替了防潮层和保护层。

（4）散材及软质材料的施工方法

1）散材：指超细玻璃棉、矿渣棉等尚未形成管壳以及板材的散装轻质保温材料。

在很多情况下，要采用未加工成制品的散料做保温层。施工时，应当尽力创造条件自行在现场将散料加工成制品或半制品。采用制品或半制品施工方便，劳动条件好，能保证质量，劳动效率高。

2）软质材料：指聚氨酯泡沫塑料等柔软材料。

软质材料有弹性、无抗压强度，通常制成卷材形式。在施工中经常使用的有以沥青或酚醛树脂为胶粘剂制成的矿渣棉毡、玻璃棉毡、岩棉毡等，及以玻璃布或牛皮纸为贴面材料。

3）散材及软质材料的施工要点如下：

① 散材包扎在管道上之前，应当根据管道直径计算出周长，铺成毡状，厚薄基本一致，然后才能包在管道上，并且进行捆扎。

② 施工时，可以将保温毡剪成200～300mm宽的带，呈螺旋状在管道上缠绕，有时也可采用平包的方法。在缠绕或者平包时，都要边包缠、边压、边拉，在包缠时，纵环缝不应有缝隙。保温材料包缠好后，外面用钢丝网压紧，然后用$\phi 1.2$～$\phi 2.0$退火镀锌钢丝扎紧。

③ 软质聚氨酯泡沫塑料保温时，可以先切割成规定尺寸（切割一般采用电阻丝，使用低电压5～12V，温度控制在200～250℃之间），然后进行包扎保温。

④ 散材或者软质材料保温要扎的松紧均匀，压缩合理，厚薄基本一致，外包防潮层。

6.3.3 管道防潮层施工

防潮层应敷设在绝热层温度较高的一侧，就是敷设在绝热层的外面。如果绝热层外表面没有防潮层，大气中的水蒸气就将和空气一同进入绝热层。进入绝热层内的水蒸气，在被冷却之后而凝固成水，会破坏绝热材料的绝热性能。保冷绝热与保温的区别主要在于保冷结构中有一层优良、经久耐用的防潮层。

（1）防潮层的形式

1）根据绝热层的材质情况，可以直接涂刷沥青玛璃脂。

2）带有玻璃布贴面的玻璃棉或者矿棉制品，在其外部涂刷沥青玛璃脂。

3）绝热材料未带有贴面层而又不能涂刷沥青玛璃脂，应当先包缠一层玻璃布，再涂刷沥青玛璃脂。

4）绝热材料带有铝箔玻璃布，且接缝用铝箔玻璃布粘结带粘结牢固，以起到防潮层作用。

（2）防潮层施工要点

1）防潮层粘贴在绝热层上，应当紧密地封闭，其间不允许有虚粘、气泡、褶皱、裂缝等缺陷。

2）防潮层应由低端向高端敷设，其环向搭缝口要朝向低端，而纵向搭接缝要在管道的侧面。

3）采用卷材作防潮层时，通常用螺旋缠绕法牢固粘贴在绝热层上，其搭接宽度为30～50mm。

4）采用油毡纸作防潮层时，可以用包卷的方式包扎，并用 $\phi0.3～\phi0.5$ 退火镀锌钢丝绑扎牢固，其搭接宽度为 50～60mm。油毡接口应当朝下，并用沥青玛璃脂密封，每 300mm 扎镀锌钢丝或铁箍一道。

5）设置防潮层的绝热层的外表面，应清理干净，保持干燥，并且应平整、均匀。不得有凸角、凹坑及起砂现象。

6）室外施工不宜在雨雪天或夏日曝晒中进行。操作时的环境温度应当符合设计文件或产品说明书的规定。

7）防潮层以冷法施工为主。在用沥青胶粘贴玻璃布，绝热层为无机材料（泡沫玻璃除外）时，方可采用热法施工。沥青胶的配方，应当按设计文件或产品标准的规定执行。

8）沥青胶玻璃布防潮层的组成，应符合以下规定：

第一层石油沥青胶层的厚度，应为 3mm。

第二层中碱粗格平纹玻璃布的厚度，应为 0.1～0.2mm。

第三层石油沥青胶层的厚度，应为 3mm。

9）防水冷胶料玻璃布防潮层的组成，应符合以下规定：

第一层防水冷胶料层的厚度，应为 3mm。

第二层中碱粗格平纹玻璃布的厚度，应为 0.1～0.2mm。

第三层防水冷胶料层的厚度，应为 3mm。

10）当涂抹沥青胶或防水冷胶料时应满涂至规定厚度，其表面应当均匀平整，并应符合下列规定：

① 玻璃布应随沥青层边涂边贴，其环向缝、纵向缝搭接应当不小于50mm，搭接处必须粘贴密实。

② 垂直管道的环向接缝，应为上搭下，水平管应当从低点向高点顺序进行，环向搭缝口应朝向低端。水平管道的纵向接缝位置，应当在两侧搭接，缝口朝下。

③ 粘贴的方式，可以采用螺旋形缠绕或平铺。待干燥后，应在玻璃布表面再涂抹沥青胶或防水冷胶料。

④ 管道阀门，支、吊架防潮层做法，应当按设计文件的规定进行。

⑤ 防潮层应当紧密粘贴在隔热层上，封闭良好，厚度均匀拉紧，无气泡、褶皱、裂缝等缺陷。

6.3.4 管道保护层施工

保护层用以保护绝热层和防潮层，以避免受机械损伤；在室外免受雨、雪、风、雹等的冲刷、压撞。在保温工程中，常用的保护材料一般可分为金属薄板加工的保护壳、石棉石膏保护壳及玻璃布外刷油漆保护壳三种，另外，还有玻璃钢铝箔复合材料。

(1) 金属保护层施工

1) 金属薄板保护层施工时，通常采用平搭缝，其搭缝长度为30～40mm。两段保护壳的搭接位置和方向应能防止雨水浸入。水平管道的金属薄板上半壳，应当搭在下半壳之上。

2) 金属薄板保护壳常用的接缝方法包括有咬口连接、自攻螺钉连接、拉铆钉连接及扎带等。

金属薄板保护壳所用的材料主要用镀锌钢板和铝板，亦有用一般薄钢板制作保护壳，但必须在内外表面涂刷防腐油漆。为使金属薄板保护壳的加工和制成后具有一定的刚度和强度，直径小于1000mm的制冷管道，金属薄板应当按如下厚度选用：

镀锌钢板或薄钢板：$\delta \geqslant 0.5$mm

铝板：$\delta \geqslant 0.7$mm

为了不降低其防潮性能，在施工保护层时，应当注意不得损坏防潮层。

3) 直管段金属保护壳的外圆周长下料，应当比绝热层外圆周长加长30～50mm。保护壳环向搭接一端应压出凸筋；较大直径管道的保护壳纵向搭接也应压出凸筋；其环向搭接尺寸不得少于50mm。

4) 管道弯头部位金属保护壳环向与纵向接缝的下料富裕量，应当根据接缝形式计算确定。弯头与直管段上的金属保护壳搭接尺寸，应当为30～50mm。搭接部位不得固定。

5) 在金属保护层安装时，应当紧贴保温层或防潮层。硬质绝热制品的金属保护层纵向接缝处，可进行咬接，但是不得损坏里面的保温层或防潮层。半硬质和软质绝热制品的金属保护层纵向接缝可以采用插接或搭接。

6) 水平管道金属保护层的环向接缝应当沿管道坡向，搭向低处，其纵向接缝宜布置在水平中心线下方的15°～45°处，缝口朝下。

当侧面或底部有障碍物时，纵向接缝可以移至管道水平中心线上方60°以内。

7) 垂直管道金属保护层的敷设，应当由下而上进行施工，接缝应上搭下。

8) 垂直管道或斜度大于45°的斜立管道上的金属保护壳，应当分段将其固定在支承件上。

9) 有下列情况之一时，金属保护层必须按照规定嵌填密封剂或者在接缝处包缠密封带：

① 露天或潮湿环境中的保温设备、管道及室内外的保冷管道与其附件的金属保护层。

② 保冷管道的直管段与其附件的金属保护层接缝部位及管道支、吊架穿出金属保护壳部位。

10）管道金属保护层的接缝除环向活动缝外，应使用抽芯铆钉固定。保温管道也可用自攻螺丝固定，固定间距宜为200mm，但是每道缝不得少于4个。

11）直管段金属护壳膨胀缝的环向接缝部位，其金属护壳的接缝尺寸，应当能满足热膨胀的要求，均不得加置固定件，做成活动接缝。其间距应当符合下列规定：

① 应当与保温层设置的伸缩缝一致。

② 半硬质和软质保护层金属壳的环向活动缝间距，应当符合表6-9的规定。

表6-9 环向活动缝间距

介质温度（℃）	间距（m）	介质温度（℃）	间距（m）
≤100	视具体情况确定	>320	3～4
101～320	4～6		

（2）抹面保护层施工

1）抹面保护层的灰浆应符合以下规定：

① 密度不得大于1000kg/m³。

② 抗压强度不得大于0.8MPa。

③ 烧失量（包括有机物和可燃物）不得大于12%。

④ 干燥后（冷状态下）不得产生裂缝、脱壳等现象。

⑤ 不得对金属产生腐蚀。

2）露天的绝热结构不得采用抹面保护层。若必须采用，应在抹面层上包缠毡、箔或布类保护层，并且应在包缠层表面涂敷防水、耐候性的涂料。

3）保温抹面保护层施工前，除局部接茬外，不应将保温层淋湿，应当采用两遍操作，一次成活的施工工艺。接茬应良好，并且应消除外观缺陷。

4）抹面保护层硬化前，应防止雨淋水冲。当昼夜室外平均温度低于5℃且最低温度低于-3℃时，应按照冬季施工方案采取防寒措施。

5）采用微孔硅酸钙专用抹面灰浆材料时，应当进行试抹，符合上述1）的规定后，方可使用。

6）石膏石棉保护层是较常使用的一种保护层。它是用一般建筑用石膏与特级石棉灰或5、6级石棉绒配制而成，其容量比例为3∶1或者2∶1。对于管道直径小于800mm的保护壳厚度不得低于10mm。保护壳的厚度分两层涂抹，第一遍灰浆为整个厚度的1/5～2/5；第二遍灰浆的作用为整圆及粘结绷带，趁灰浆未干时，按螺旋形缠绕绷带。绷带与绷带应当有10mm的搭接。灰浆干后绷带与灰浆牢固地凝结成一个整体。如有局部未凝结在一起，可以用排笔涂刷稀石膏浆，使其牢固凝结。

应注意配料比例的准确性，并且要保持厚度均匀、表面平整，无明显裂纹等缺陷。

（3）毡、箔、布类保护层施工

1）保护层包缠施工前，应对胶粘剂做试样检验。

2）用聚酯酸乙烯乳液作胶粘剂的毡、布类保护层的施工环境温度应当在8℃以上。除掺入憎水剂配成耐水性的胶粘剂外，不得用于露天或者潮湿环境中。

3）毡、布类保护层的施工，应当在抹面层表面干燥后进行。当在绝热层上直接包缠时，应清除绝热层表面的灰尘、泥污，并且修饰平整。

4）管道上毡、箔、布类保护层的搭接缝，应当粘贴严密，其环缝及纵缝搭接尺寸应不小于50mm。

5）毡、箔、布类的包缠接缝，应当按有关规定施工。毡类包缠时，起端和终端应用镀锌钢丝或包装钢带捆紧；圆筒状分段包缠的，应当分段捆紧。箔、布类包缠时，起端和终端宜用粘胶带捆紧。

铝箔复合保护层采用圆筒分段包缠时，搭接缝用压敏胶带粘贴封闭。

6）玻璃布保护层是用平纹或者斜纹玻璃布裁成幅宽为120～150mm的长条布卷，螺旋状缠绕在防潮层外，然后在玻璃布保护层上涂刷两遍色漆，颜色应符合设计要求或工程规定。

6.3.5 冷水管道绝热

（1）瓦状材料保温法

1）瓦状材料保温法适用于瓦状材料保温：玻璃纤维瓦、水玻璃膨胀珍珠岩瓦、水泥珍珠岩瓦、软木瓦等。如保温层外用塑料薄膜、玻璃丝布作隔汽保护层，材料数量宜适当增加。

2）将沥青胶泥涂刷在管道上，随即将瓦贴在管道上，每隔400mm左右就用ϕ1.2镀锌钢丝绑扎（钢丝断头必须嵌入保温瓦内），瓦之间的缝隙灌入沥青胶泥，然后用相同保温材料填补。

沥青胶泥配比：30号（甲）建筑石油沥青加6～7级石棉绒1：1～1：1.5（质量比）。

3）在保温瓦外涂一道沥青胶泥，如图6-10所示。若管道敷设在可能经常被人踢碰处，则用12mm×12mm×1.0mm的镀锌钢丝网包上，并用镀锌钢丝将网的纵向接缝处缝合拉紧，钢丝网外抹石棉水泥保护壳（厚度5mm左右），待保护壳干后涂两道调和漆，颜色由工程设计决定。

石棉水泥配比：Ⅴ级石棉20%，42.5级水泥80%（质量比）。

4）当管道敷设在不常踢碰处则在沥青胶泥外包一道塑料薄膜之后，再包一道玻璃丝布（包时将布幅面裁为条宽200～300mm，前后搭接宽度是50～80mm），外涂两道调和漆。

（2）毡状材料保温

冷水管毡状材料保温结构如图6-11所示。

1）毡状材料保温方法适用于超细玻璃棉毡、沥青矿棉毡等毡状材料保温。

2）管道外用保温毡包扎，包扎时要注意搭接边要贴紧。保温层外每隔400mm左右用直径1.2mm镀锌钢丝绑扎。包完第一层后再包第二层，

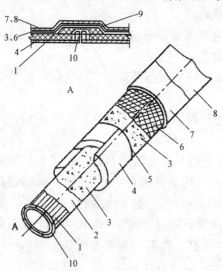

图6-10 瓦状材料保温法

1—管道；2—沥青清漆或红丹防锈漆；3—沥青胶泥；4—保温瓦；5—镀锌钢丝；6—镀锌钢丝网；7—石棉水泥保护壳；8—调和漆；9—保温材料（软泡沫塑料）；10—法兰盘；A—法兰部位保温

层数按照所需厚度决定。

3）保温层外包一层沥青油毡，接缝处使用搭接，外用直径 1.2mm 镀锌钢丝绑扎。

4）油毡外包玻璃丝布，将布幅面宽裁成 200～300mm，搭接宽度是 50～80mm。外表面涂两道调和漆，颜色由设计决定。

5）用毡材保温的管道不要敷设在易被人踢碰处。

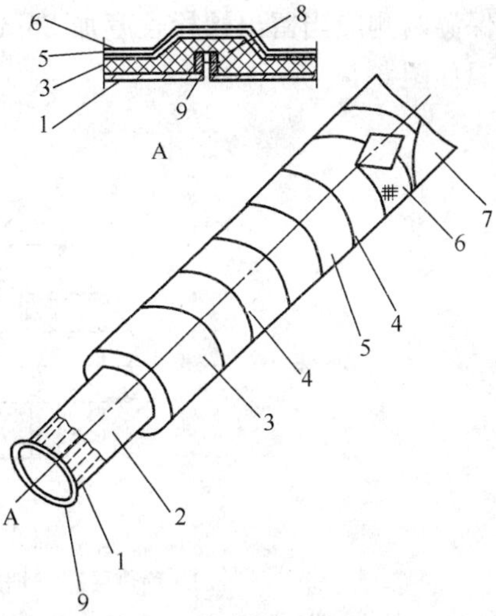

6.3.6 管道绝热细部处理

（1）绝热层伸缩缝及膨胀间隙的留设

1）管道采用硬质绝热制品时，应当留设伸缩缝。

2）两固定管架间水平管道绝热层的伸缩缝，至少应当留设一道。

3）立式设备及垂直管道，应当在支承环下面留设伸缩缝。

4）弯头两端的直管段上，可以各留一道伸缩缝，当两弯头之间的间距很小时，其直管段上的伸缩缝可以根据介质温度确定仅留一道或不留设。公称直径大于 300mm 的高温管道，必须在弯头中部加设一道伸缩缝。

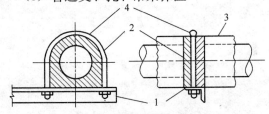

图 6-11　冷水管毡状材料保温
1—管道；2—沥青清漆或红丹防锈漆；3—保温层；4—镀锌钢丝；5—油毡；6—挂胶玻璃丝布；7—调和漆；8—保温材料（与管道保温用相同毡材）；9—法兰盘；A—法兰部位保温

5）伸缩缝留设的宽度宜为 20mm。

6）伸缩缝内应先清除杂质和硬块，然后充填。保温层的伸缩缝应当采用矿物纤维毡条、绳等填塞严密，捆扎固定。高温管道的伸缩缝外应当再进行保温。

保冷层的伸缩缝应当采用软质泡沫塑料条填塞严密，或挤入发泡型胶粘剂，外面用 50mm 宽的不干胶带粘贴密封。在缝的外面一定要进行保冷。

7）多层绝热层保冷层的各层伸缩缝，一定要错开，错开距离不宜大于 100mm。

8）在下列情况之一时，必须按照膨胀移动方向的另一侧留有膨胀缝。

① 填料式补偿器和波形补偿器。

② 相邻管道的绝热结构之间。

③ 绝热结构与墙、梁、栏杆、平台、支撑等固定构件及管道所通过的孔洞之间。

（2）端部和收头处保温

制冷系统管道的缝端部位，改变管道口径的大小头（变径管）和管道检查孔等处，保温施工时易被忽视。

（3）管道支、托、吊架保温

图 6-12　管道支架处防冷桥做法
1—支架；2—垫木；3—保冷层；4—管卡

1）管道的支、吊、托架使用的木垫块，应当浸渍沥青防腐。

2）直接接触管道的支、吊、托架必须进行保冷，其保冷层长度不应小于保冷层厚度的 4 倍，否则应敷设于垫木处，如图 6-12 所示。

管道上的阀门、法兰及其他可拆卸部件

151

的保温两侧应当留出螺栓长度加 25mm 的空隙。阀门、法兰部位应当单独进行保温，阀门保温如图 6-13 所示。

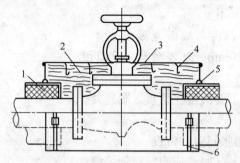

图 6-13　阀门可拆式绝热结构
1—绝热层；2—填充保温层；3—金属外壳；4—薄钢板钩钉；
5—沥青玛琋脂封口；6—薄钢板扎带

上岗工作要点

1. 掌握管道及设备的防腐施工要求及程序，了解其在实际工作中的应用。
2. 掌握风管及设备保温的施工方法与施工要求，在实际工作中熟练运用。
3. 掌握制冷管道绝热的施工要求及程序，在实际工作中熟练运用。

思 考 题

6-1　常用防腐涂料有哪些？

6-2　表面常用的除锈方法有哪些？

6-3　使用刷涂法进行防腐施工时，应注意哪些基本操作？

6-4　选择保温材料特点有哪些？

6-5　管道绝热层进行施工时，施工应符合哪些规定？

6-6　简述防潮层的施工要点。

第7章 暖卫及通风空调工程施工图

重点提示

1. 了解暖卫及通风空调工程施工图的一般规定。
2. 熟悉暖卫及通风空调工程施工图的内容。
3. 熟练掌握暖卫及通风空调工程施工图的识读要领及方法，正确理解设计意图。

7.1 给水排水施工图

7.1.1 给水排水施工图的一般规定

给水排水施工图分为室内给水排水和小区给水排水两部分。给水排水施工图应符合《建筑给水排水制图标准》（GB/T 50106—2010）和《房屋建筑制图统一标准》（GB/T 50010—2010）的规定。

（1）图线

图线的宽度 b，应当根据图纸的类别、比例和复杂程度，按《房屋建筑制图统一标准》（GB/T 50001—2010）中的规定选用，具体见表 7-1。线宽 b 通常为 0.7mm 或 1.0mm。给水排水工程制图常用的各种线型应符合表 7-2 的规定。

表 7-1 线 宽   单位：mm

线宽比	线宽组			
b	1.4	1.0	0.7	0.5
$0.7b$	1.0	0.7	0.5	0.35
$0.5b$	0.7	0.5	0.35	0.25
$0.25b$	0.35	0.25	0.18	(0.13)

注：1. 需要微缩的图纸，不宜采用 0.18mm 及更细的线宽；
    2. 同一张图纸内，各不同线宽组的细线，可统一采用最小线宽组的细线。

表 7-2 给水排水工程制图常用的各种线型

名 称	线 型	线 宽	用 途
粗实线	——————	b	新设计的各种排水和其他重力流管线
粗虚线	━ ━ ━ ━	b	新设计的各种排水和其他重力流管线的不可见轮廓线
中粗实线	——————	$0.7b$	新设计的各种给水和其他压力流管线；原有的各种排水和其他重力流管线

名 称	线 型	线 宽	用 途
中粗虚线	▄▄ ▄▄ ▄▄ ▄▄ ▄▄	0.7b	新设计的各种给水和其他压力流管线及原有的各种排水和其他重力流管线的不可见轮廓线
中实线	——————	0.5b	给水排水设备、零（附）件的可见轮廓线；总图中新建的建筑物和构筑物的可见轮廓线；原有的各种给水和其他压力流管线
中虚线	▄ ▄ ▄ ▄ ▄ ▄	0.5b	给水排水设备、零（附）件的不可见轮廓线；总图中新建的建筑物和构筑物的不可见轮廓线；原有的各种给水和其他压力流管线的不可见轮廓线
细实线	——————	0.25b	建筑的可见轮廓线；总图中原有的建筑物和构筑物的可见轮廓线；制图中的各种标注线
细虚线	- - - - - -	0.25b	建筑的不可见轮廓线；总图中原有的建筑物和构筑物的不可见轮廓线
单点长画线	—·—·—·—	0.25b	中心线、定位轴线
折断线	—— /\/ ——	0.25b	断开界线
波浪线	∼∼∼∼∼	0.25b	平面图中水面线；局部构造层次范围线；保温范围示意线

（2）比例

给水排水工程制图常用的比例，应当符合表7-3的规定。

表7-3　给水排水工程制图常用的比例

名 称	比 例
区域规划图 区域位置图	1∶50000，1∶25000，1∶10000，1∶5000，1∶2000
总平面图	1∶1000，1∶500，1∶300
管道纵断面图	纵向1∶200，1∶100，1∶50；横向1∶1000，1∶500，1∶300
水处理厂（站）平面图	1∶500，1∶200，1∶100
水处理构筑物、设备间、卫生间，泵房平、剖面图	1∶100，1∶50，1∶40，1∶30
建筑给水排水平面图	1∶200，1∶150，1∶100
建筑给水排水轴测图	1∶150，1∶100，1∶50
详图	1∶50，1∶30，1∶20，1∶10，1∶5，1∶2，1∶1，2∶1

（3）标高

1）标高符号及一般标注方法应符合《房屋建筑制图统一标准》（GB/T 50001—2010）中的相关规定。

2）室内工程应当标注相对标高；室外工程宜标注绝对标高，当无绝对标高资料时，可标注相对标高，但应当与总图专业一致。

3）压力管道应当标注管中心标高；沟渠和重力流管道宜标注沟（管）内底标高。标高单位以 m 计时，可注写到小数点后第二位。

4）在下列部位应当标注标高：

154

① 沟渠和重力流管道：

a. 建筑物内应标注起点、变径（尺寸）点、变坡点、穿外墙及剪力墙处；

b. 需控制标高处；

c. 小区内管道按《建筑给水排水制图标准》（GB/T 50106—2010）第 4.4.3 条或第 4.4.4 条、第 4.4.5 条的规定执行。

② 压力流管道中的标高控制点；

③ 管道穿外墙、剪力墙和构筑物的壁及底板等处；

④ 不同水位线处；

⑤ 建（构）筑物中土建部分的相关标高。

5）标高的标注方法应当符合下列规定：

① 平面图中，管道标高应当按如图 7-1 所示的方式标注。

② 平面图中，沟渠标高应当按如图 7-2 所示的方式标注。

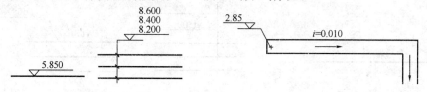

图 7-1　平面图中管道标高标注法　　　图 7-2　平面图中沟渠标高标注法

③ 剖面图中，管道及水位的标高应当按如图 7-3 所示的方式标注。

④ 轴测图中，管道标高应当按如图 7-4 所示的方式标注。

6）建筑物内的管道也可按本层建筑地面的标高加管道安装高度的方式标注管道标高，标注方法应为 $H+\times.\times\times$，H 表示本层建筑地面标高（例如 $H+0.250$）。

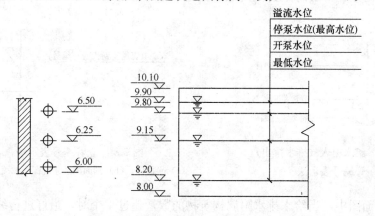

图 7-3　剖面图中管道及水位标高标注法

（4）管径

1）管径应以 mm 为单位。

2）管径的表达方式应当符合下列规定：

① 水煤气输送钢管（镀锌或非镀锌）、铸铁管等管材，管径宜以公称直径 DN 表示。

② 无缝钢管、焊接钢管（直缝或螺旋缝）等管材，管径宜以外径 $D\times$壁厚表示。

③ 铜管、薄壁不锈钢管等管材，管径宜以公称外径 $D\omega$ 表示。

④ 建筑给水排水塑料管材，管径宜以公称外径 dn 表示。

⑤ 钢筋混凝土（或混凝土）管，管径宜以内径 d 表示。

④ 复合管、结构壁塑料管等管材，管径应按产品标准的方法表示。

⑤ 当设计中均用公称直径 DN 表示管径时，应当有公称直径 DN 与相应产品规格对照表。

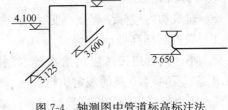

图 7-4　轴测图中管道标高标注法

3）管径的标注方法应符合下列要求：

① 单根管道时，管径应当按如图 7-5 所示的方式标注。

② 多根管道时，管径应当按如图 7-6 所示的方式标注。

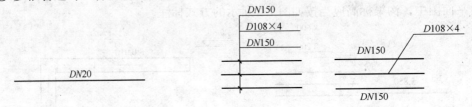

图 7-5　单管管径表示法　　　　　　图 7-6　多管管径表示法

（5）编号

1）当建筑物的给水引入管或者排水排出管的数量超过 1 根时，宜进行编号，编号宜按如图 7-7 所示的方法表示。

2）建筑物内穿越楼层的立管，其数量超过 1 根时宜进行编号，编号宜按照如图 7-8 所示的方法表示。

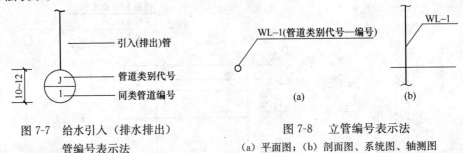

图 7-7　给水引入（排水排出）
　　　　　管编号表示法

图 7-8　立管编号表示法
（a）平面图；（b）剖面图、系统图、轴测图

3）在总平面图中，当给水排水附属构筑物的数量超过 1 个时，最好进行编号。

① 编号方法为：构筑物代号—编号。

② 给水构筑物编号顺序宜为：从水源到干管，再从干管到支管，最后到用户。

③ 排水构筑物的编号顺序宜为：从上游到下游，先干管后支管。

4）当给水排水机电设备的数量超过 1 台时，宜进行编号，并且应有设备编号与设备名称对照表。

（6）图例

给水排水施工图常用图例见表 7-4。

表 7-4　给水排水施工图常用图例

序　号	名　　称	图　　例	备　　注
一、管道			
1	生活给水管	—— J ——	—
2	热水给水管	—— RJ ——	—
3	热水回水管	—— RH ——	—
4	中水给水管	—— ZJ ——	—
5	循环冷却给水管	—— XJ ——	—
6	循环冷却回水管	—— XH ——	—
7	热媒给水管	—— RM ——	—
8	热媒回水管	—— RMH ——	—
9	蒸汽管	—— Z ——	—
10	凝结水管	—— N ——	—
11	废水管	—— F ——	可与中水原水管合用
12	压力废水管	—— YF ——	—
13	通气管	—— T ——	—
14	污水管	—— W ——	—
15	压力污水管	—— YW ——	—
16	雨水管	—— Y ——	—
17	压力雨水管	—— YY ——	—
18	虹吸雨水管	—— HY ——	—
19	膨胀管	—— PZ ——	—
20	保温管		也可用文字说明保温范围
21	伴热管		也可用文字说明保温范围
22	多孔管		—
23	地沟管		—
24	防护套管		—
25	管道立管	XL-1　　XL-1 平面　　系统	X 为管道类别 L 为立管 1 为编号
26	空调凝结水管	—— KN ——	—
27	排水明沟	坡向　　—→	—
28	排水暗沟	坡向　　—→	—
二、管道附件			
1	管道伸缩器		—
2	方形伸缩器		—
3	刚性防水套管		—
4	柔性防水套管		—
5	波纹管		—
6	可曲挠橡胶接头	单球　　双球	—

序 号	名 称	图 例	备 注
二、管道附件			
7	管道固定支架		—
8	立管检查口		—
9	清扫口	平面　　　系统	—
10	通气帽	成品　　　蘑菇形	—
11	雨水斗	YD-　　　YD- 平面　　　系统	—
12	排水漏斗	平面　　　系统	—
13	圆形地漏	平面　　　系统	通用。如无水封，地漏应加存水弯
14	方形地漏	平面　　　系统	—
15	自动冲洗水箱		—
16	挡墩		—
17	减压孔板		—
18	Y形除污器		—
19	毛发聚集器	平面　　　系统	—
20	倒流防止器		—
21	吸气阀		—
22	真空破坏器		—
23	防虫网罩		—
24	金属软管		—

序号	名称	图例	备注
		三、管道连接	
1	法兰连接		—
2	承插连接		—
3	活接头		—
4	管堵		—
5	法兰堵盖		—
6	盲板		—
7	弯折管	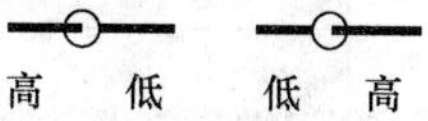 高 低　低 高	—
8	管道丁字上接	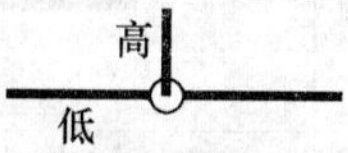 高 低	—
9	管道丁字下接	 高 低	—
10	管道交叉	 低 高	在下面和后面的管道应断开
		四、管件	
1	偏心异径管	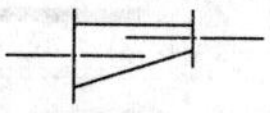	—
2	同心异径管	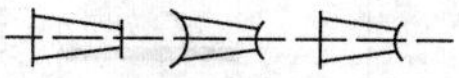	—
3	乙字管		—
4	喇叭口		—
5	转动接头		—
6	S形存水弯		—
7	P形存水弯		—
8	90°弯头		—
9	正三通		—
10	TY三通		—
11	斜三通		—
12	正四通		—
13	斜四通		—
14	浴盆排水管		—

序　号	名　称	图　例	备　注
五、阀门			
1	闸阀		—
2	角阀		—
3	三通阀		—
4	四通阀		—
5	截止阀		—
6	蝶阀		—
7	电动闸阀		—
8	液动闸阀		—
9	气动闸阀		—
10	电动蝶阀		—
11	液动蝶阀		—
12	气动蝶阀		—
13	减压阀		左侧为高压端
14	旋塞阀	平面　　　系统	—
15	底阀	平面　　　系统	—
16	球阀		—
17	隔膜阀		—

160

序　号	名　称	图　例	备　注
	五、阀门		
18	气开隔膜阀		—
19	气闭隔膜阀		—
20	电动隔膜阀	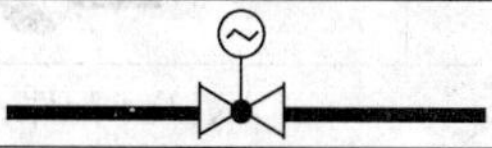	—
21	温度调节阀		
22	压力调节阀	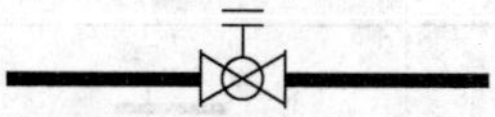	
23	电磁阀		—
24	止回阀		—
25	消声止回阀	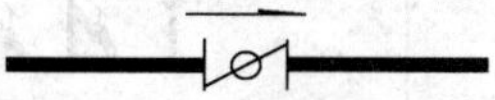	—
26	持压阀		—
27	泄压阀	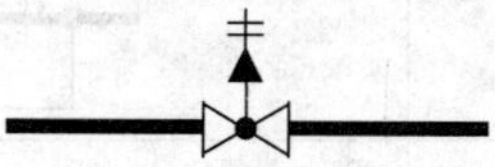	—
28	弹簧安全阀	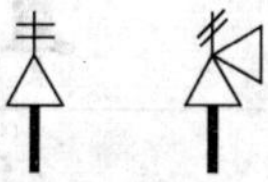	左侧为通用
29	平衡锤安全阀	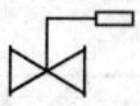	—
30	自动排气阀	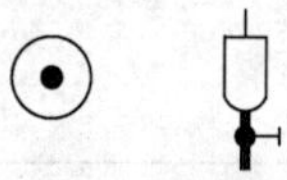 平面　　系统	—
31	浮球阀	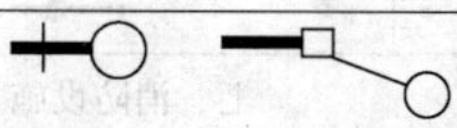 平面　　系统	—
32	水力液位控制阀	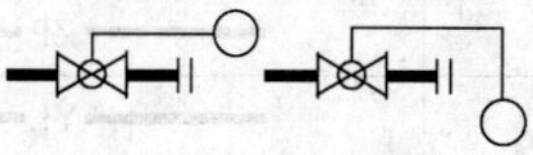 平面　　系统	—
33	延时自闭冲洗阀		—
34	感应式冲洗阀		—

序 号	名 称	图 例	备 注
五、阀门			
35	吸水喇叭口	 平面　　系统	—
36	疏水器		—
六、给水配件			
1	水嘴	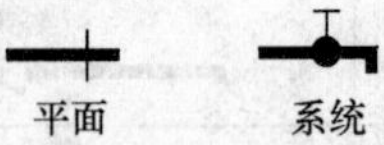 平面　　系统	—
2	皮带水嘴	 平面　　系统	—
3	洒水（栓）水嘴		—
4	化验水嘴		—
5	肘式水嘴	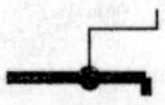	—
6	脚踏开关水嘴	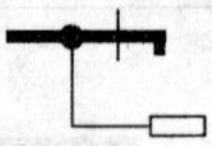	—
7	混合水嘴		—
8	旋转水嘴		—
9	浴盆带喷头混合水嘴		—
10	蹲便器脚踏开关		—
七、消防设施			
1	消火栓给水管	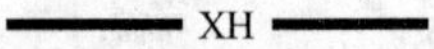 XH	—
2	自动喷水灭火给水管	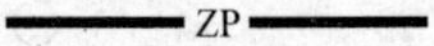 ZP	—
3	雨淋灭火给水管	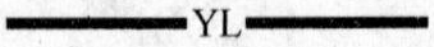 YL	—
4	水幕灭火给水管	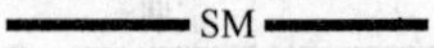 SM	—
5	水炮灭火给水管	 SP	—
6	室外消火栓		—
7	室内消火栓（单口）	 平面　　系统	白色为开启面

162

序　号	名　　称	图　　例	备　　注
七、消防设施			
8	室内消火栓（双口）	 平面　　系统	—
9	水泵接合器	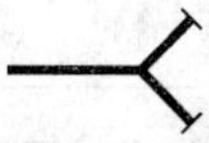	—
10	自动喷洒头（开式）	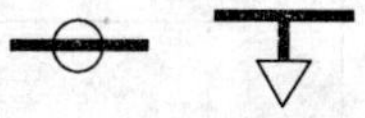 平面　　系统	—
11	自动喷洒头（闭式）	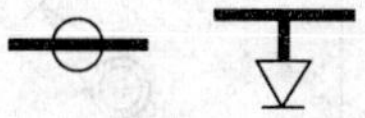 平面　　系统	下喷
12	自动喷洒头（闭式）	 平面　　系统	上喷
13	自动喷洒头（闭式）	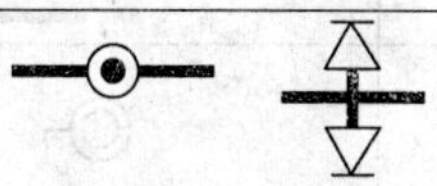 平面　　系统	上下喷
14	侧墙式自动喷洒头	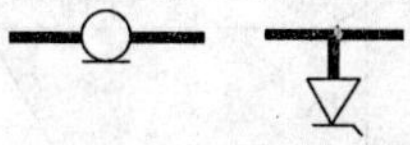 平面　　系统	—
15	水喷雾喷头	 平面　　系统	—
16	直立型水幕喷头	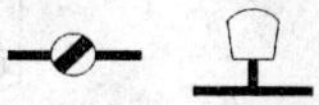 平面　　系统	—
17	下垂型水幕喷头	 平面　　系统	—
18	干式报警阀	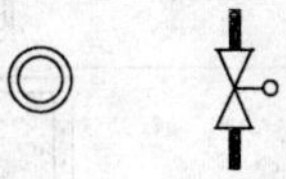 平面　　系统	—
19	湿式报警阀	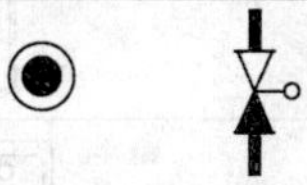 平面　　系统	—
20	预作用报警阀	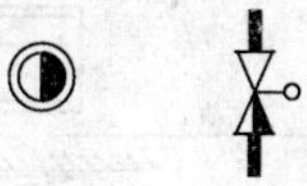 平面　　系统	—

序 号	名 称	图 例	备 注
七、消防设施			
21	雨淋阀	平面　　系统	—
22	信号闸阀		—
23	信号蝶阀		—
24	消防炮	平面　　系统	—
25	水流指示器		—
26	水力警铃		—
27	末端试水装置	平面　　系统	—
28	手提式灭火器		—
29	推车式灭火器		—
八、卫生设备及水池			
1	立式洗脸盆		—
2	台式洗脸盆		—
3	挂式洗脸盆		—
4	浴盆		—
5	化验盆、洗涤盆		—
6	厨房洗涤盆		不锈钢制品
7	带沥水板洗涤盆		—
8	盥洗槽		—

164

序号	名称	图例	备注
		八、卫生设备及水池	
9	污水池		—
10	妇女净身盆	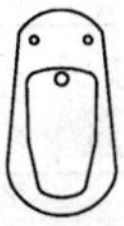	—
11	立式小便器	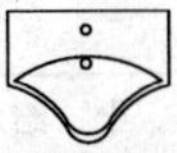	—
12	壁挂式小便器		—
13	蹲式大便器	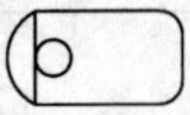	—
14	坐式大便器	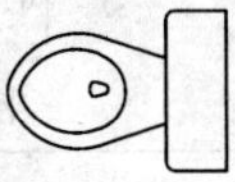	—
15	小便槽	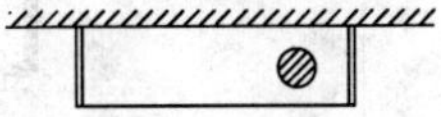	—
16	淋浴喷头		
		九、小型给水排水构筑物	
1	矩形化粪池	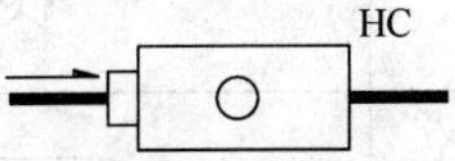 HC	HC 为化粪池
2	隔油池	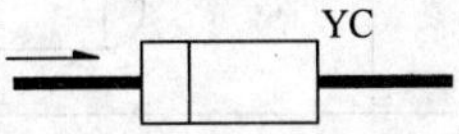 YC	YC 为隔油池代号
3	沉淀池	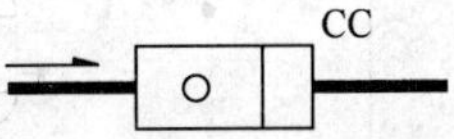 CC	CC 为沉淀池代号
4	降温池	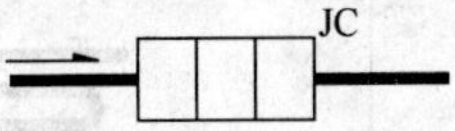 JC	JC 为降温池代号
5	中和池	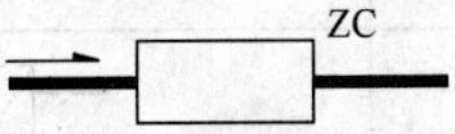 ZC	ZC 为中和池代号
6	雨水口（单箅）		—
7	雨水口（双箅）		—
8	阀门井及检查井	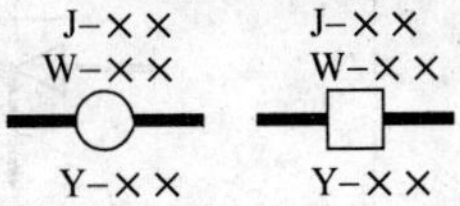 J-×× J-×× W-×× W-×× Y-×× Y-××	以代号区别管道

序　号	名　　称	图　　例	备　　注
九、小型给水排水构筑物			
9	水封井		—
10	跌水井		—
11	水表井		—
十、给水排水设备			
1	卧式水泵	平面　　　系统 或	—
2	立式水泵	平面　　　系统	—
3	潜水泵		—
4	定量泵		—
5	管道泵		—
6	卧式容积热交换器		—
7	立式容积热交换器		—
8	快速管式热交换器		—
9	板式热交换器		—
10	开水器		—
11	喷射器		小三角为进水端

序　号	名　称	图　例	备　注
十、给水排水设备			
12	除垢器		—
13	水锤消除器	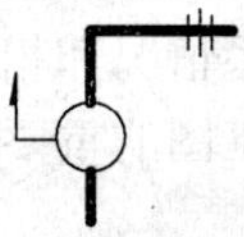	—
14	搅拌器	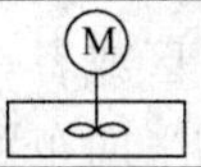	—
15	紫外线消毒器	 ZWX	—
十一、仪表			
1	温度计		—
2	压力表		—
3	自动记录压力表		—
4	压力控制器		—
5	水表		—
6	自动记录流量表	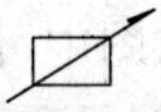	—
7	转子流量计	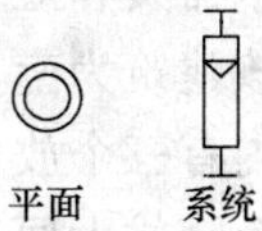 平面　　系统	—
8	真空表		—
9	温度传感器	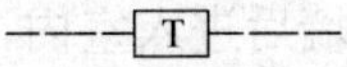 T	—
10	压力传感器	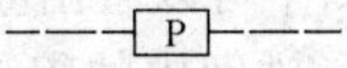 P	—
11	pH 传感器	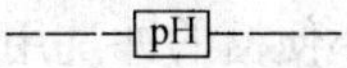 pH	—
12	酸传感器	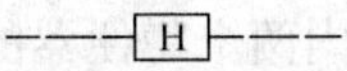 H	—
13	碱传感器	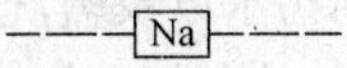 Na	—
14	余氯传感器	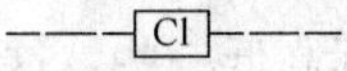 Cl	—

7.1.2 给水排水工程施工图内容

给水排水施工图按其作用和内容来分，一般包括下列三种：

（1）室内给水排水施工图

这类图一般包括管道平面布置图、管道系统轴测图、卫生设备安装图以及用水设备安装图。室内给水、排水管道平面布置图主要是用于表示室内给水排水设备和给水、排水、热水等管道的布置。为说明管道空间联系情况和相对位置，通常还把室内管网画成轴测图。它同平面布置图一起是室内给水排水施工图的重要图样。

（2）室外管道及附属设备图

为说明一个市区或一个厂（校）区或者一条街道的给水排水管道的布置情况，就需要在该区的总平面图上，画出各种管道的平面布置，这种图称之为该区的管网总平面布置图。有时为了表示敷设在室外地下的各种管道埋置深度以及高程布置，还会有相应的管道纵剖面图和横剖面图等。管道的附属设备图有管道上的阀门井、水表井、管道穿墙、排水管相交处的检查井等构造详图。

（3）水处理工艺设备图

这类图样指的是自来水厂及污水处理厂的总平面布置图、高程布置图等。例如，水厂内各个构筑物和连接管道的总平面布置图；反映高程布置的流程图；及取水构筑物、投药间、水泵房等单项工程平面图和剖面图；此外还包括各种水处理构筑物，如沉淀池、过滤池、曝气池、消化池等全套图样。

7.1.3 给水排水工程施工图的识读

7.1.3.1 管道平面图的识读

图 7-9～图 7-12 所示是某高中办公楼的管道平面图。图 7-9 为底层管道平面图，由于比例较小，管道在该平面图中不太清晰，因此，图 7-10～图 7-12 将管道集中的房间放大画出，以方便读图。下面以此为例来识读管道平面图。

1）明确配水器具和卫生设备。从图中可以看出，该办公楼共有四层，要了解各层给水排水平面图中，哪些房间布置有配水器具和卫生设备，以及这些房间的卫生设备又是怎样布置的。从管道平面图中可以看出，该建筑为南、北朝向的四层建筑，用水设备集中在每层的盥洗室和男、女厕所内。在盥洗室内有三个放水龙头的盥洗槽和一个污水池，在女厕所内有一个蹲式大便器，在男厕所内有两个蹲式大便器和一个小便槽。

2）明确管道系统的布置。根据底层管道平面图（图 7-9）的系统索引符号可知：给水管道系统有 Ⓙ ；污水管道系统有 Ⓦ12 、 Ⓦ13 。

给水管道系统 Ⓙ 的引入管穿墙后进入室内，在男、女厕所内各有一根立管，并对立管进行编号，如 JL-1。从管道平面图中可以看出立管的位置，并能看出每根立管上承接的配水器具和卫生设备。如 JL-2 供应盥洗间内的盥洗槽及污水池共四个水龙头的用水，以及女厕所内的蹲式大便器和男厕所内小便槽的冲洗用水。

污水管道系统 Ⓦ12 承接男厕所内两个蹲便器的污水； Ⓦ13 承接男厕所内小便槽和地漏的污水、女厕所内蹲式大便器和地漏的污水以及盥洗室内盥洗槽和污水池的污水。

3）识读各楼层、地面的标高。从各楼层、地面的标高，可以看出各层高度。厕所、厨房的地面一般较室内主要地面的标高低一些，这主要是为了防止污水外溢。如底层室内地面

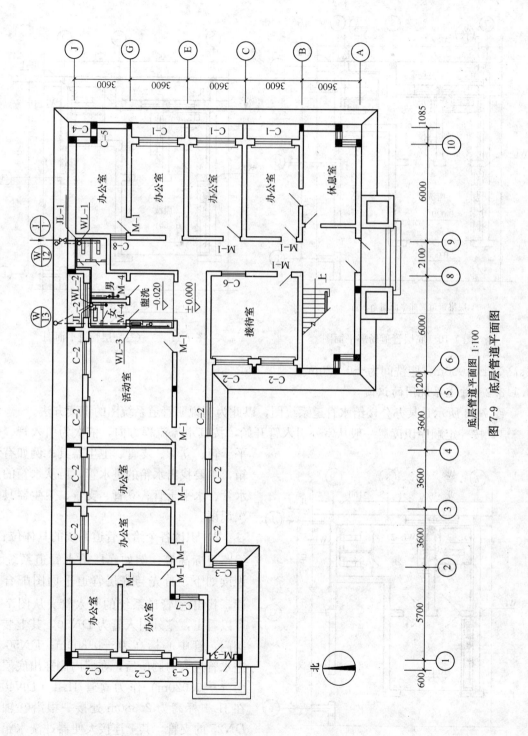

底层管道平面图 1:100

图 7-9　底层管道平面图

169

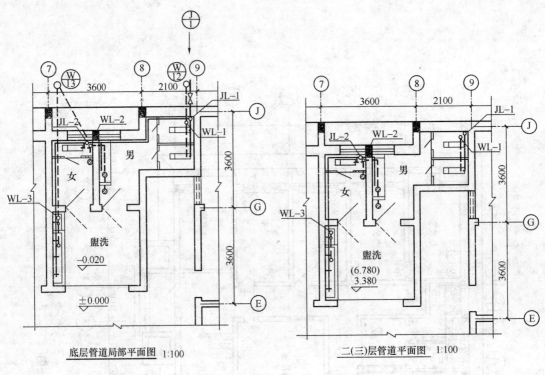

底层管道局部平面图 1:100

图 7-10 底层管道局部平面图

二(三)层管道平面图 1:100

图 7-11 二（三）层管道平面图

标高为±0.000m，盥洗间为—0.020m。

7.1.3.2 管道系统图的识读

图 7-13 所示是某办公楼给水管道系统图，以此为例说明管道系统图的识读方法。

1）按一定顺序识读。一般从室外引入管开始，按其水流流程方向，依次为引入管、水平干管、立管、支管、卫生器具；例如有水箱，则要找出水箱的进水管，再从水箱的进水管、水平干管、立管、支管、卫生器具依次识读。

2）识读各个给水管道系统的具体位置、线路及标高等。例如底层给水管道系统 $\oplus$ 识读如下。首先与底层管道平面图配合识读，找出 $\oplus$ 管道系统的引入管。从图 7-13 可以看出，室外引入管为 $DN50$，其上装一阀门，管中心标高为—0.800m；$DN50$ 的进水管进入男厕所后，在墙内侧穿出底层地面（—0.020m）作为立管 JL-1（$DN40$）。在 JL-1 标高为 2.380m 处接一根沿 ⑨ 轴墙 $DN25$ 的支管，其上连接大便器冲洗水箱两个。在 JL-1 标高为—0.300m 处接一根 $DN50$ 的管道同厕所北墙平行，穿墙后在女

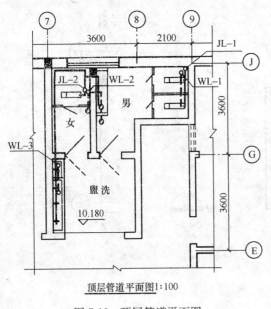

顶层管道平面图 1:100

图 7-12 顶层管道平面图

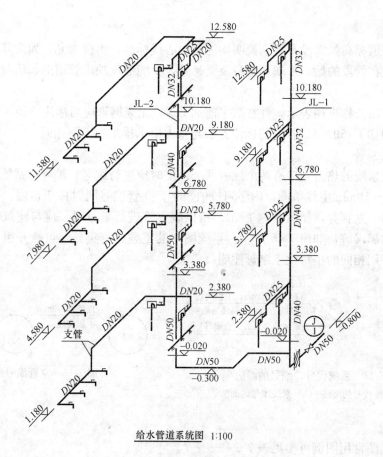

给水管道系统图 1:100

图 7-13　给水管道系统图

厕所墙角处穿出底层地面作为 JL-2（DN50）。在 JL-2 标高为 2.380m 处接出支管，其中一支上接小便槽的冲洗水箱，另一支上连接大便器的冲洗水箱并沿⑦轴墙进入盥洗室，降至标高为 1.180m，其上接四个水龙头。

7.2　采暖施工图

7.2.1　采暖施工图的一般规定

（1）比例

室内采暖工图的比例通常为 1∶200、1∶100、1∶50。室外供热管网施工图的比例见表 7-5。

表 7-5　室外热网施工图常用比例

图　　名			比　　例
锅炉房、热力站和中继泵站图			1∶20、1∶25、1∶30、1∶50、1∶100、1∶200
供热管网管线平面图 供热管网管道系统图	供热规划		1∶5000、1∶10000、1∶20000
	可行性研究		1∶2000、1∶5000
	初步设计		1∶1000、1∶2000、1∶5000
	施工图		1∶500、1∶1000
管线纵断面图			铅垂方向 1∶50、1∶100 水平方向 1∶500、1∶1000
管线横剖面图			1∶10、1∶20、1∶50、1∶100
管线节点、检查室图			1∶20、1∶25、1∶30、1∶50
详图			1∶1、1∶2、1∶5、1∶10、1∶20

（2）标高

水、汽管道标高如果没有特别说明均为管中心线标高，单位为 m，如为其他标高应予以说明。标高注在管段的始、末端，翻身及交叉处，要能够反映出管道的起伏与坡度变化。

（3）管径

焊接钢管用公称直径表示，并在数字前加 DN，无缝钢管应当标注外径×壁厚，并在数字前加 D，例如 $D159×4$。管径的标注方法与室内给水排水施工图相同。

（4）系统编号

室内供暖系统的热力入口有两个或者两个以上时应进行编号。编号由系统代号和顺序号组成，可用 8～10mm 中线单圈，内注阿拉伯数字，立管编号同时标于首层、标准层及系统图相对应的同一立管旁，如图 7-14 所示。给供暖立管进行编号时，应与建筑轴线编号区分开，以避免引起误解，如图 7-15 所示。系统图中的重叠、密集处，可断开引出绘制，相应的断开处最好用相同的小写拉丁字母注明。

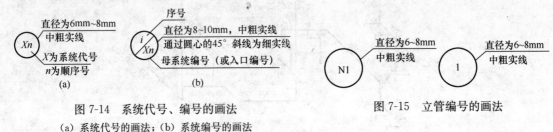

图 7-14　系统代号、编号的画法　　　　　　图 7-15　立管编号的画法

（a）系统代号的画法；（b）系统编号的画法

（5）图例

采暖施工图常用图例可参见表 7-6 和表 7-7。

表 7-6　水、汽管道代号

序　号	代　号	管道名称	备　注
1	RG	采暖热水供水管	可附加 1、2、3 等表示一个代号、不同参数的多种管道
2	RH	采暖热水回水管	可通过实线、虚线表示供、回关系省略字母 G、H
3	LG	空调冷水供水管	—
4	LH	空调冷水回水管	—
5	KRG	空调热水供水管	—
6	KRH	空调热水回水管	—
7	LRG	空调冷、热水供水管	—
8	LRH	空调冷、热水回水管	—
9	LQG	冷却水供水管	—
10	LQH	冷却水回水管	—
11	n	空调冷凝水管	—
12	PZ	膨胀水管	—
13	BS	补水管	—
14	X	循环管	—

序　号	代　号	管道名称	备　注
15	LM	冷媒管	—
16	YG	乙二醇供水管	—
17	YH	乙二醇回水管	—
18	BG	冰水供水管	—
19	BH	冰水回水管	—
20	ZG	过热蒸汽管	—
21	ZB	饱和蒸汽管	可附加1、2、3等表示一个代号、不同参数的多种管道
22	Z2	二次蒸汽管	—
23	N	凝结水管	—
24	J	给水管	—
25	SR	软化水管	—
26	CY	除氧水管	—
27	GG	锅炉进水管	—
28	JY	加药管	—
29	YS	盐溶液管	—
30	XI	连续排污管	—
31	XD	定期排污管	—
32	XS	泄水管	—
33	YS	溢水（油）管	—
34	R_1G	一次热水供水管	—
35	R_1H	一次热水回水管	—
36	F	放空管	—
37	FAQ	安全阀放空管	—
38	O1	柴油供油管	—
39	O2	柴油回油管	—
40	OZ1	重油供油管	—
41	OZ2	重油回油管	—
42	OP	排油管	—

表7-6　水、汽管道阀门和附件图例

序　号	名　称	图　例	备　注
1	截止阀	—▷◁—	—
2	闸阀	—▷◁—	—
3	球阀	▷◁	—

序 号	名 称	图 例	备 注
4	柱塞阀		—
5	快开阀	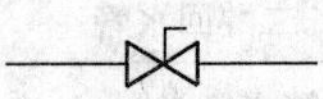	—
6	蝶阀		
7	旋塞阀	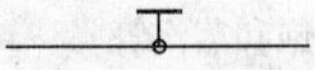	—
8	止回阀		
9	浮球阀		—
10	三通阀		—
11	平衡阀		—
12	定流量阀		—
13	定压差阀		—
14	自动排气阀		—
15	集气罐、放气阀		—
16	节流阀		—
17	调节止回关断阀		水泵出口用
18	膨胀阀		—
19	排入大气或室外		—
20	安全阀	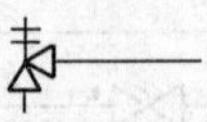	—
21	角阀	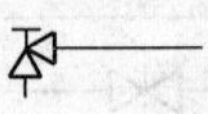	—
22	底阀		—

序 号	名　　称	图　　例	备　　注
23	漏斗		—
24	地漏		—
25	明沟排水		—
26	向上弯头		—
27	向下弯头		—
28	法兰封头或管封		—
29	上出三通		—
30	下出三通		—
31	变径管		—
32	活接头或法兰连接		—
33	固定支架		—
34	导向支架		—
35	活动支架		—
36	金属软管		—
37	可屈挠橡胶软接头		—
38	Y形过滤器		—
39	疏水器		—
40	减压阀		左高右低
41	直通型(或反冲型)除污器		

序号	名称	图例	备注
42	除垢仪	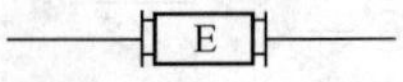	—
43	补偿器	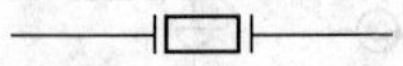	—
44	矩形补偿器		—
45	套管补偿器	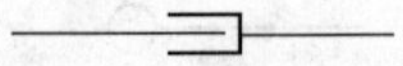	—
46	波纹管补偿器	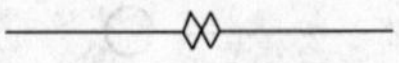	—
47	弧形补偿器		—
48	球形补偿器		—
49	伴热管		—
50	保护套管	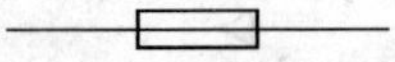	—
51	爆破膜	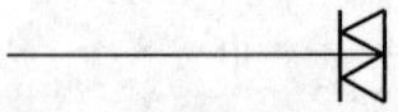	
52	阻火器	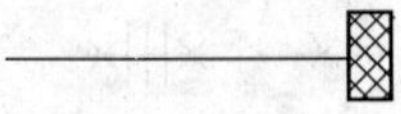	
53	节流孔板、减压孔板	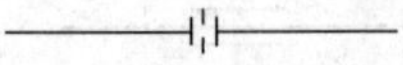	
54	快速接头	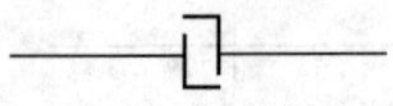	
55	介质流向	→ 或 ⇒	在管道断开处时，流向符号宜标注在管道中心线上，其余可同管径标注位置
56	坡度及坡向	$i=0.003$ 或 —— $i=0.003$	坡度数值不宜与管道起、止点标高同时标注。标注位置同管径标注位置

7.2.2 采暖工程施工图的内容

（1）设计说明书

设计说明书用来说明设计意图和施工中需注意的问题。通常在设计说明书中应说明的事项主要有：总耗热量，热媒的来源以及参数，各个不同房间内的温度、相对湿度，采暖管道材料的种类、规格，管道保温材料、保温厚度以及保温方法，管道及设备的刷油遍数及要求等。

176

（2）施工图

采暖施工图分为室外和室内两部分。室外部分表明1个区域（如1个住宅小区或1个工矿区）内的供热系统热媒输送干管的管网布置情况，其中包括有管道敷设总平面图、管道横剖面图、管道纵剖面图和详图。室内部分反映1幢建筑物的供暖设备、管道安装情况和施工要求。它一般包括供暖平面图、系统图、详图、设备材料表及设计说明。

（3）设备材料表

采暖工程所需要的设备和材料，在施工图册中都列有设备材料清单，以供订货和采购之用。

7.2.3 室内采暖工程施工图的识读

图7-16、图7-17、图7-18是某学校办公楼的底层、标准层和顶层采暖平面图，可以按照以下步骤进行识读。

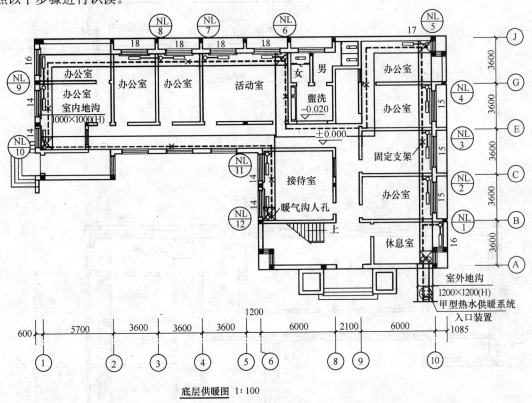

底层供暖图 1:100

图7-16 底层供暖图

1）了解供暖的整体概况。明确供暖管道布置形式、热媒入口、立管数目及管道布置的大致范围。工程为热水供暖系统，其管道布置形式为单管跨越式。从底层平面图上看到该系统的热媒入口在房屋的东南角。图7-16中标明了立管编号，本系统共有12根立管。

2）分楼层识读各房间内供热干管、散热器的平面布置情况及散热器的片数等具体采暖状况。在底层供暖平面图7-16中可知，回水干管安装在底层地沟内，室内地沟用细实线表示。粗虚线则表示的是回水干管。从图中还可看到标注的暖气沟人孔的位置。分别设立在外墙拐角处。共有5个。暖气沟人孔的设置是为检查维修的方便。另外从图中可以看到固定支

177

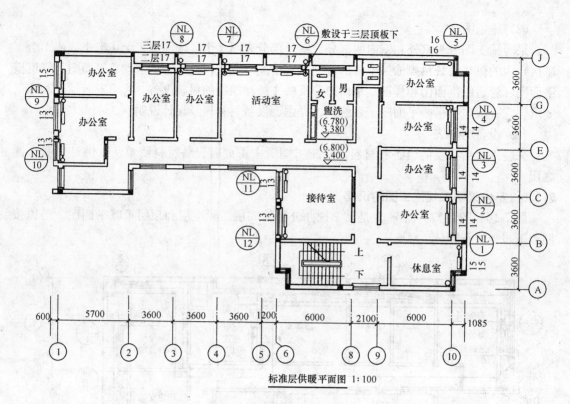

图 7-17 标准层供暖平面图

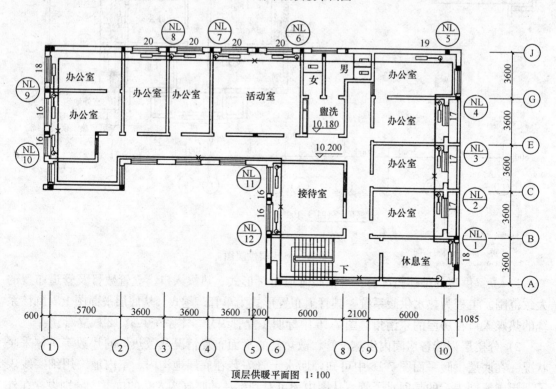

图 7-18 顶层供暖平面图

178

架的布置情况，总共设有 7 个支架。在每个房间设有散热器，散热器一般是沿内墙安装在窗台下，立管处于墙角。散热器的片数可以从图中的数字读出。比如底层休息室的散热器的片数为 16 片。

在标准层供暖平面图 7-17 中，既没有供热干管也没有回水干管，只反映了立管通过支管与散热器的连接情况。在本例中，因顶层（四层）的北外墙向外拉齐，因此立管在三层到四层处拐弯，图中表示出此转弯的位置。并且说明此管线敷设于三层顶板下。

在顶层供暖平面图 7-18 中，用粗实线标明了供热干管的布置，及干管与立管的连接情况。通过对散热器的平面布置情况以及散热器的片数的识读，可发现顶层的散热器的片数比底层及标准层的散热器的片数要多一些。

3）结合供暖系统图，对供暖系统有个完整的了解。

总体而言，阅读供暖平面图时，要明确以下内容：

①建筑物内散热器的平面位置、种类、片数及散热器的安装方式，即散热器是明装、暗装或半暗装的。一般散热器是安装在靠外墙的窗台下，散热器的规格和数量应注写在本组散热器所靠外墙的外侧，若散热器远离房屋的外墙，可就近标注。

②水平干管的布置方式，干管上的阀门、固定支架、补偿器等的平面位置及型号。识读时需注意干管是敷设在最高层、中间层还是底层，以此判断出上分式系统、中分式系统或下分式系统，在底层平面图上还需查明回水干管或者凝结水干管（虚线）的位置以及固定支架等的位置。当回水干管敷设在地沟内时，则需查明地沟的尺寸。

③通过立管编号查清系统立管数量和平面布置。

④查明膨胀水箱、集气罐等设备在管道上的平面布置。

⑤若是蒸汽供暖系统，需查明疏水器等疏水装置的平面位置以及规格尺寸。

⑥查明热媒入口。

7.3 通风空调系统施工图

7.3.1 通风空调系统施工图的一般规定

通风空调系统施工图应符合《建筑给水排水制图标准》（GB/T 50106—2010）和《暖通空调制图标准》（GB/T 50114—2010）的有关规定。

通风空调系统施工图的比例，宜按表 7-8 选用。

表 7-8 通风空调系统施工图常用比例

图　名	常用比例	可用比例
剖面图	1∶50、1∶100	1∶150、1∶200
局部放大图、管沟断面图	1∶20、1∶50、1∶100	1∶25、1∶30、1∶150、1∶200
索引图、详图	1∶1、1∶2、1∶5、1∶10、1∶20	1∶3、1∶4、1∶15

矩形风管的标高标注在风管底，圆形风管为风管中心线标高；圆形风管的管径用 ϕ 表示，如 $\phi120$，表示直径为 120mm 的圆形风管；矩形风管用断面尺寸用长×宽表示，如 200×100，表示长 200mm、宽 100mm 的矩形风管。

通风空调施工图常用图例见表 7-9、表 7-10。

表 7-9　风　道　代　号

序　号	代　号	管道名称	备　注
1	SF	送风管	—
2	HF	回风管	一、二次回风可附加 1、2 区别
3	PF	排风管	—
4	XF	新风管	—
5	PY	消防排烟风管	—
6	ZY	加压送风管	—
7	P（Y）	排风排烟兼用风管	—
8	XB	消防补风风管	—
9	S（B）	送风兼消防补风风管	—

表 7-10　通风空调系统施工图常用图例

序　号	名　称	图　例	备　注
		一、风道、阀门及附件	
1	矩形风管	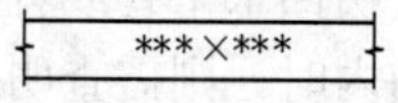 ***×***	宽×高（mm）
2	圆形风管	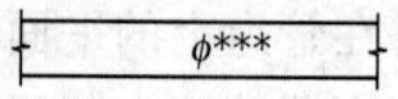 φ***	φ直径（mm）
3	风管向上	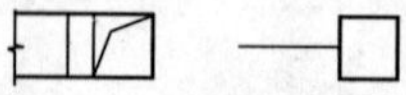	—
4	风管向下	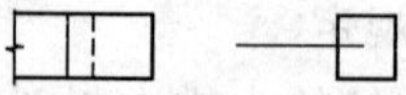	—
5	风管上升摇手弯	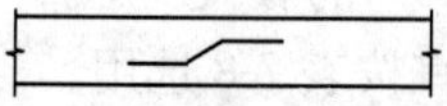	—
6	风管下降摇手弯	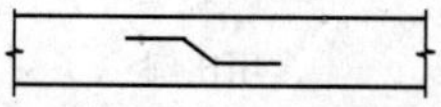	—
7	天圆地方	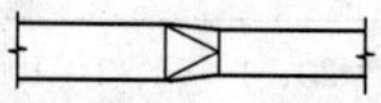	左接矩形风管，右接圆形风管
8	软风管		—
9	圆弧形弯头		—

180

序 号	名 称	图 例	备 注
一、风道、阀门及附件			
10	带导流片的矩形弯头	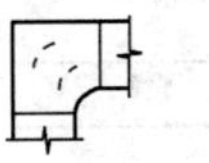	—
11	消声器		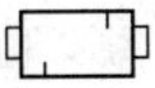
12	消声弯头		
13	消声静压箱		
14	风管软接头	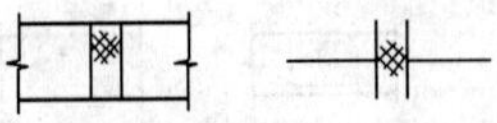	—
15	对开多叶调节风阀	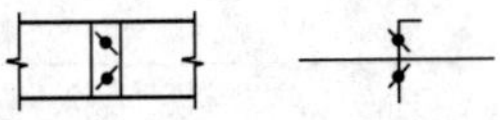	—
16	蝶阀	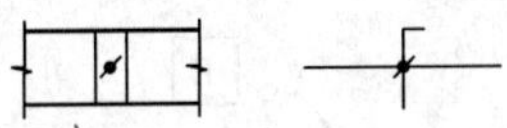	—
17	插板阀	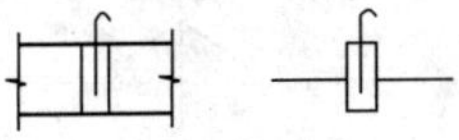	—
18	止回风阀	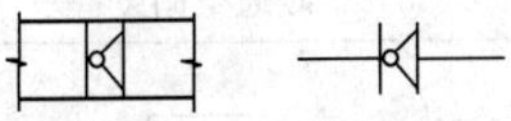	—
19	余压阀	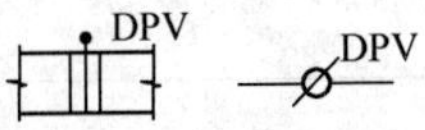 DPV DPV	—
20	三通调节阀	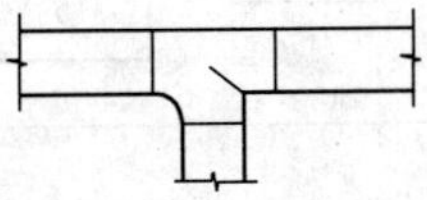	—
21	防烟、防火阀	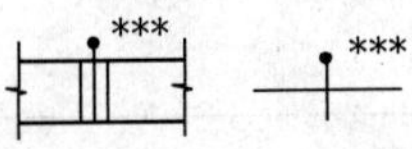 *** ***	＊＊＊表示防烟、防火阀名称代号
22	方形风口	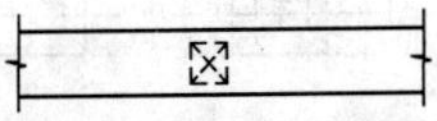	—
23	条缝形风口	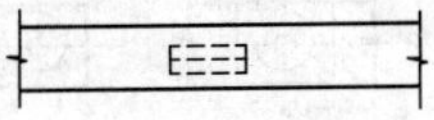	—

序 号	名 称	图 例	备 注
一、风道、阀门及附件			
24	矩形风口	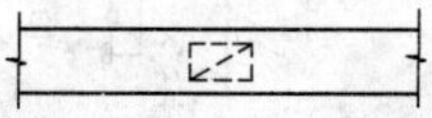	—
25	圆形风口	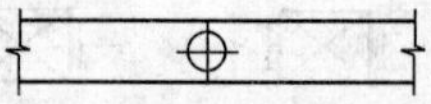	—
26	侧面风口	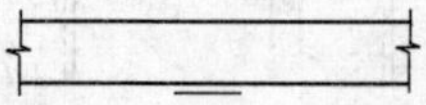	—
27	防雨百叶	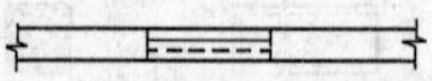	—
28	检修门	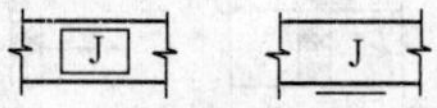 J · J	—
29	气流方向		左为通用表示法，中表示送风，右表示回风
30	远程手控盒	B	防排烟用
31	防雨罩		—
二、暖通空调设备			
1	散热器及手动放气阀	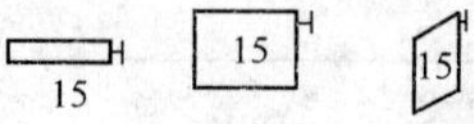 15 15 15	左为平面图画法，中为剖面图画法，右为系统图（Y轴侧）画法
2	散热器及温控阀	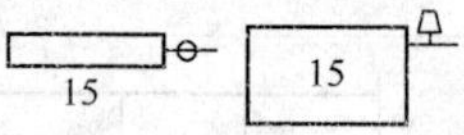 15 15	—
3	轴流风机	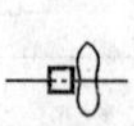	—
4	轴（混）流式管道风机	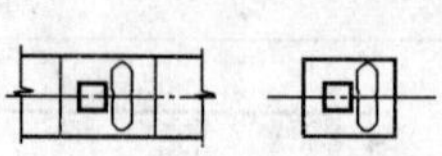	—
5	离心式管道风机	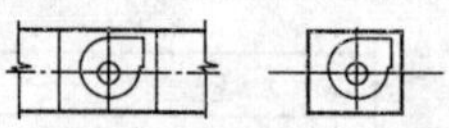	—

序 号	名 称	图 例	备 注
二、暖通空调设备			
6	吊顶式排气扇	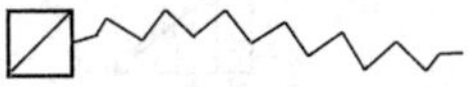	—
7	水泵	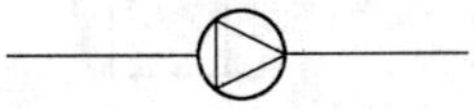	—
8	手摇泵	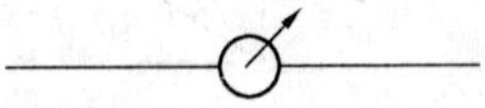	—
9	变风量末端	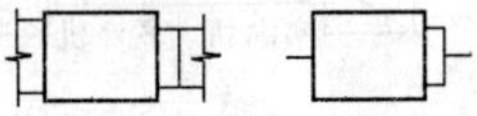	—
10	空调机组加热、冷却盘管		从左到右分别为加热、冷却及双功能盘管
11	空气过滤器	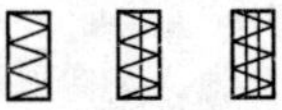	从左至右分别为粗效、中效及高效
12	挡水板		—
13	加湿器	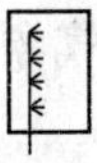	—
14	电加热器	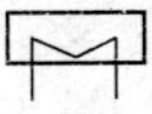	—
15	板式换热器	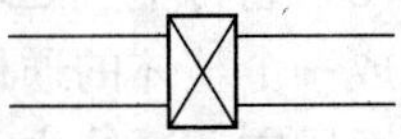	—
16	立式明装风机盘管		—
17	立式暗箱风机盘管	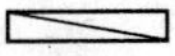	—

序　号	名　　称	图　例	备　　注
二、暖通空调设备			
18	卧式明装风机盘管	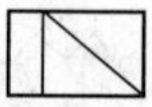	—
19	卧式暗装风机盘管	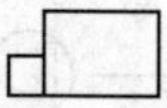	—
20	窗式空调器	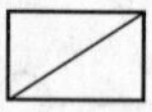	—
21	分体空调器	 室内机　室外机	—
22	射流诱导风机	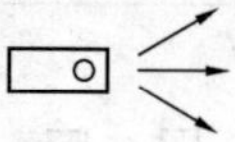	—
23	减振器		左为平面图画法，右为剖面图画法

7.3.2　通风空调系统施工图的内容

（1）设计说明

设计说明中应包括以下内容：

1）工程性质、规模、服务对象及系统工作原理。

2）通风空调系统的工作方式、系列划分和组成以及系统总送风量、排风量和各风口的送风量、排风量。

3）通风空调系统的设计参数。如室外气象参数、室内温湿度、室内含尘浓度、换气次数以及空气状态参数等。

4）施工质量要求和特殊的施工方法。

5）保温、油漆等的施工要求。

（2）空调系统原理图

系统原理方框图是综合性的示意图，它将空气处理设备、通风管路、冷热源管路、自动调节及检测系统联结成一个整体，构成一个整体的通风空调系统。它表达了系统的工作原理及各环节的有机联系。这种图样一般通风空调系统中不绘制，只是在比较复杂的通风空调工程中才绘制。

（3）系统平面图

在通风空调系统中，平面图上表明风管、部件及设备在建筑物内的平面坐标位置。其中包括：

1）风管，送、回（排）风口，风量调节阀，测孔等部件和设备的平面位置、与建筑物墙面的距离及各部位尺寸。

2）送、回（排）风口的空气流动方向。

3）通风空调设备的外形轮廓、规格型号及平面坐标位置。

（4）系统剖面图

剖面图上表明风管、部件及设备的立面位置及标高尺寸。在剖面图上可以看出风机、风管及部件、风帽的安装高度。

（5）系统轴测图

通风空调系统轴测图又称透视图。采用轴测投影原理绘制出的系统轴测图，可以完整而形象地把风管、部件及设备之间的相对位置及空间关系表示出来。系统轴测图上还注明风管、部件及设备的标高，各段风管的规格尺寸，送、排风口的形式和风量值。系统轴测图一般用单线表示。

识读系统图能帮助我们更好地了解和分析平面图和剖面图，更好地理解设计意图。

（6）详图

通风空调详图表明风管、部件及设备制作和安装的具体形式、方法和详细构造及加工尺寸。对于一般性的通风空调工程，通常都使用国家标准图册，只是对于一些有特殊要求的工程，则由设计部门根据工程的特殊情况设计施工详图。

（7）设备和材料清单

通风、空调施工图中的设备材料清单是将工程中所选用的设备和材料列出规格、型号、数量，作为建设单位采购、订货的依据。

7.3.3 通风空调系统施工图的识读

图 7-19 和表 7-11 为某车间排风系统的平面图、剖面图、系统轴测图及设备材料清单。该系统属于局部排风，其作用是将工作台上的污染空气排到室外，以保证工作人员的身体健康。系统工作状况是由排气罩到风机为负压吸风段，由风机到风帽为正压排风段。

表 7-11　设备材料清单

序号	名　称	规　格　型　号	单　位	数　量	说　明
1	圆形风管	薄钢板 $\delta=0.7mm$，$\phi215$	m	8.50	
2	圆形风管	薄钢板 $\delta=0.7mm$，$\phi265$	m	1.30	
3	圆形风管	薄钢板 $\delta=0.7mm$，$\phi320$	m	7.8	
4	排气罩	$500mm\times500mm$	个	3	
5	钢制蝶阀	8#	个	3	
6	伞形风帽	6#	个	1	
7	帆布软管接头	$\phi320/\phi450$ $L=200mm$	个	1	
8	离心风机	4-72-11，No. 4.5A $H=65mm$，$L=2860mm$	台	1	
9	电动机	JO_2-21-4 $N=1.1kW$	台	1	
10	电机防雨罩	下周长 1900 型	个	1	
11	风机减振台座		座	1	

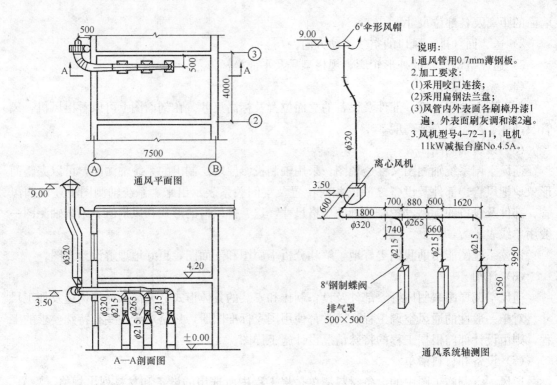

图 7-19　排风系统施工图

（1）施工图设计说明的识读

从施工图设计说明中可以了解到：

1）风管采用 0.7mm 的薄钢板；排风机使用离心风机，型号为 4-72-11，所附电机是 1.1kW；风机减振底座采用 No. 4.5A 型。

2）加工要求：使用咬口连接，法兰采用扁钢加工制作。

3）油漆要求：风管内表面、外表面各刷樟丹漆一遍，灰调和漆两遍。

（2）平面图的识读

通过对平面图的识读可了解到风机、风管的平面布置和相对位置：风管沿③轴线安装，距墙中心 500mm；风机安装在室外在③和Ⓐ轴线交叉处，距外墙面 500mm。

（3）剖面图的识读

通过对 A—A 剖面图的识读可以了解到风机、风管、排气罩的立面安装位置、标高和风管的规格。排气罩安装在室内地面，标高是相对标高±0.00，风机中心标高为＋3.5m。风帽标高为＋9.0m。风管干管为 φ320，支管为 φ215，第一个排气罩和第二个排气罩之间的一段支管为 φ265。

（4）系统轴测图的识读

通过识读平面图和剖面图已对整个排风系统有了一个大致的印象，然后再识读系统轴测图，就可对整个系统有一个清楚的概念了。系统轴测图形象具体地表达了整个系统的空间位置和走向，还反映了风管的规格和长度尺寸，以及通风部件的规格型号等。

实际工作中，细读通风空调施工图时，常将平面图、剖面图、系统轴测图等几种图样结合起来一起识读，可随时对照，一种图未表达清楚的地方可以立即看另一种图。这样既可以节省看图时间，还能对图纸看得深透，还能发现图纸中存在的问题。

上岗工作要点

通过本章课程学习，掌握给水排水工程、室内采暖工程、通风空调系统施工图的识读方法。在实际工作中，能够做到熟练识读。

思 考 题

7-1　给水排水施工图包括哪些内容？

7-2　采暖施工图的一般规定都有哪几方面？

7-3　供暖工程施工图的识读内容有哪些？

7-4　通风空调工程的常用图例有哪些？

第二篇 电气工程

第8章 电气工程常用材料

重 点 提 示

了解电气工程常用材料的类别，熟悉常用材料的规格及用途。

8.1 常用导电材料

8.1.1 导线

导线一般有固定敷设电线、绝缘软电线、仪器设备电线、屏蔽电线、户外用绝缘电线等。

(1) 固定敷设电线

1) 橡胶绝缘电线。它适用于交流电压 500V 以下的电气设备及照明装置，固定敷设。长期允许工作温度不得超过 65℃。

2) 聚氯乙烯绝缘线。它适用于交流电压 450/750V 及其以下的动力装置的固定敷设。长期允许工作温度，BV-105 型不超过 105℃；其他型不超过 70℃。电线敷设温度不低于 0℃。

(2) 绝缘软电线

绝缘软电线基本上分为聚氯乙烯绝缘软电线及橡胶绝缘编织软电线。其中，聚氯乙烯绝缘软电线适用于交流额定电压 450/750V 及其以下的家用电器、小型电动工具、仪器仪表及动力照明等的连接；橡胶绝缘编织软电线适用于接交流额定电压为 300/300V 及其以下的室内照明灯具、家用电器和工具等。橡胶绝缘编织软电线线芯长期允许工作温度不得超过 65℃；聚氯乙烯绝缘软电线 RV-105 允许工作温度不超过 105℃，其他型号工作温度不允许超过 70℃。

(3) 仪器设备电线

仪器设备电线一般有 AV-105 (300/300V) 型电线、AVR-105 (300/300V) 型电线、AVRB(300/300V)型电线、AVRS(300/300V)型电线、AVVR[(椭圆形)300/300V]型电线、AVVR[(圆形)300/300V]型电线等。

188

（4）屏蔽电线

聚氯乙烯绝缘屏蔽电线通常用在交流额定电压 250V 及以下的电气、仪表、电信、电子设备及自动化装置等屏蔽线路中。

（5）户外用绝缘电线

适用于额定电压 450/750V 以下的户外架空固定敷设。

型号及名称如下所示：

BVW——户外用铜芯聚氯乙烯绝缘电线。

BLVW——户外用铝芯聚氯乙烯绝缘电线。

型号中字母含义：

B——固定敷设；L——铝芯；V——聚氯乙烯绝缘；W——户外用。

8.1.2 电缆

电缆是一种多芯导线，通常埋设于土壤中或敷设于沟道、隧道中，不用杆塔，占地少，且传输稳定，安全性能高，它在电路中起着输送及分配电能的作用。在电力系统中，最常见的电缆有电力电缆和控制电缆两大类。

电缆按绝缘材料的不同，有油浸纸绝缘电力电缆及交联聚乙烯绝缘电力电缆，如图 8-1 所示。油浸纸额定工作电压有 1kV、3kV、6kV、10kV、20kV 和 35kV 六种。橡皮绝缘电力电缆额定工作电压有 0.5kV 和 6kV 两种。聚氯乙烯绝缘电力电缆额定工作电压有 1kV 和 6kV 两种。

任何一种电缆都是由导线线芯、绝缘层以及保护层三部分组成。导电线芯用来输送电流；绝缘层用隔离导线线芯，使线芯与线芯以及线芯与铅（铝）包之间有可靠的绝缘。

（1）导线线芯。通常采用高电导率的油浸纸绝缘电力电缆，线芯的截面有 2.5mm^2、4mm^2、6mm^2、10mm^2、16mm^2、25mm^2、35mm^2、50mm^2、70mm^2、95mm^2、120mm^2、150mm^2、185mm^2、240mm^2 等 19 种规格。电缆线芯数有单芯、双芯、三芯和多芯等多种。控制电缆芯数由 2 芯到 40 芯不等。线芯的形状很多，有圆形、半圆形、椭圆形三种。当线芯面积大于 25mm^2 时，通常采用多股导线绞合并压紧而成，这样可以增加电缆的柔软性并且使结构稳定。

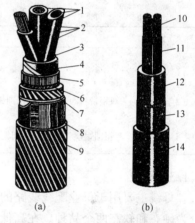

图 8-1　电力电缆

（a）油浸纸绝缘电力电缆；

（b）交联聚乙烯绝缘电力电缆

1—铝芯（或铜芯）；2—油浸纸绝缘层；3—麻筋（填料）；4—油浸纸（统包绝缘）；5—铅包（或铅包）；6—涂沥青的纸带（内护层）；7—浸沥青的麻包（内护层）；8—钢铠（外护层）；9—麻包（外护层）；10—铝芯（或铜芯）；11—交联聚乙烯（绝缘层）；12—聚氯乙烯护套（内护层）；13—钢铠（或铝铠）；14—聚氯乙烯外壳

（2）绝缘层。通常采用纸绝缘、橡皮绝缘、塑料绝缘等材料作绝缘层，其中应用最广的为纸绝缘，它具有耐压强度高、耐热性能好、使用年限长等优点。塑料绝缘电缆具有抗酸碱、防腐蚀和质量轻等特点，将逐步取代油浸纸绝缘电缆，它能节约大量的铅（或铝），适用于有化学腐蚀和高度差较大的场所。目前塑料电缆有两种：一种是聚氯乙烯绝缘及护套电缆；另一种是交联聚乙烯绝缘护套电缆。

189

（3）保护层。纸绝缘电力电缆的保护层分内层、外层两部分。内护层是在绝缘层外面包上一定厚度的铅包或者铝包，保护电缆的绝缘不受潮湿和防止电缆浸渍剂外流以及轻度的机械损伤。外护层是在电缆的铅包或者铝包的外面包上浸渍过沥青混合物的黄麻、钢带或钢丝，保护内护层，防止铅包或者铝包受到机械损伤和强烈的化学腐蚀。

我国的电缆型号，由汉语拼音字母及阿拉伯数字组成，其代表符号含义见表 8-1。外护层数字分别表示不同材质的铠装层及外护层，每一数字表示材料见表 8-2。

表 8-1　电缆型号字母含义

类型、用途	导线材料	绝缘层	内护层	特　性	外护层
Z—纸绝缘电缆	L—铝芯	Z—纸绝缘	H—橡皮套	CY—充油	02，03
YJ—交联聚乙烯电缆	T—铜芯	X—橡皮绝缘	Q—铅包	D—不滴油	20，22
V—塑料电缆	（省略）	V—聚氯乙烯绝缘	L—铝包	F—分相铅包	30，33
K—控制电缆		Y—聚乙烯绝缘	Y—聚乙烯	C—重型	40，42 等
Y—移动电缆		YJ—交联聚乙烯绝缘	V—聚氯乙烯		

表 8-2　铠装层和外护层每一数字表示材料

标　记	铠　装　层	标　记	外　护　层
0	无	0	无
1	—	1	纤维层
2	双钢带（24—钢带，粗圆钢丝）	2	聚氯乙烯套
3	细圆钢丝	3	聚乙烯套
4	粗圆钢丝（44—双粗圆钢丝）	4	—

8.1.3　母线

母线主要用于工业配线线路的主干导线，或者用做大型电气设备的绕组线及连接线。它分为硬态和软态两个品种。在高低压配电所、车间的配电裸导线，一般采用硬态母线结构，其截面有圆形、管形以及矩形等。材料分为铜、铝和钢等。

8.1.4　熔体材料

熔体是熔断器的主要部件，当通过熔断器的电流大于规定值时，熔体会熔断自动断开电路，从而达到保护电力线路和电气设备的目的。

常用的熔体材料包括银、铜、铝、锡、铅和锌等纯金属。

8.2　常用绝缘材料

8.2.1　概述

绝缘材料是不导电的物体，绝缘体严格地说，并非绝对不导电，只是通过电流很小而已。绝缘物体在电气设备中的主要功能是把电位不同的带电部分隔离开。电工常用的绝缘材料，按化学性质可以分为无机绝缘材料、有机绝缘材料和混合绝缘材料。

（1）无机绝缘材料。属于此类材料的包括云母、石棉、大理石、瓷器、玻璃、硫磺等，主要用做电机和电气的绕组绝缘、开关的底板和绝缘子等。

（2）有机绝缘材料。属于此类的材料包括虫胶、树脂、棉纱、纸、麻、蚕丝、人造丝、石油等，有机绝缘材料大多用做制造绝缘漆、绕组导线的被覆绝缘物。

（3）混合绝缘材料。以上一两种材料经加工制成的各种成型绝缘材料，用于电器的底座、外壳等。

8.2.2 绝缘材料性能

常用绝缘材料的性能见表 8-3。绝缘材料的绝缘性能是随着客观条件的改变而变化的，其影响因素有下列几种。

表 8-3 绝缘材料性能

材料名称	绝缘强度有效值 （kV/cm）	20℃时电阻率 （Ω·cm）	抗拉强度 （kN/cm²）	允许工作温度 （℃）
空气	33（峰值）	>10¹⁸		
变压器油	120～160	10¹⁴～10¹⁵		105
电缆油	>180	10¹³～10¹⁴		105
电容器油	>200			105
沥青	100～200	10¹⁵～10¹⁶		105
松香	100～150	10¹⁴～10¹⁵		
橡皮	200～300	10¹⁵		60
青壳纸	20～60	10⁸	7.85～4.91	A 级
黄漆布	240～280	10¹¹	1.96～2.94	105
黄漆绸	320～650	10¹²	1.47～1.96	105
粘胶带	250～350	10¹²	1.37～1.86	60
电木	100～200	10¹³～10¹⁴	2.94～4.91	120
胶纸板	200～230	10⁹～10¹⁰	4.91～6.87	105
有机玻璃	200～300	10¹³	4.91～5.89	60
环氧树脂	250～300	10¹⁵～10¹⁶	5.89～7.85	120～130
聚氯乙烯	300～400	10¹⁴	3.92～5.89	60
普通玻璃	50～300	10⁸～10¹⁷	1.37	<700
陶瓷	18	10¹⁴～10¹⁵	2.45～2.94	<1000
云母	150～500	10¹³～10¹⁵	16.68～29.43	>300

（1）绝缘材料的电阻系数随温度变化，当温度升高时，电阻系数降低。电阻系数的降低会引起漏电流的增大。当漏电流超过一定限度时，引起绝缘迅速老化，而导致事故发生。因此，绝缘电阻是绝缘材料的主要性能之一。通常绝缘材料的温度上限为 100～180℃。

（2）当绝缘体的外加电压超过一定值时，将令其内容结构发生变化以至被击穿。绝缘体被击穿时的电压值称之为绝缘耐压强度。

（3）很多绝缘材料例如纸、木材、绸布等，吸收空气中的水分后，导致绝缘性能变差，所以应该注意材料的防潮。

8.2.3 绝缘材料的应用

（1）树脂

树脂是有机凝固性绝缘材料，它的种类繁多，在电气设备中应用很广。电工常用树脂包括酚醛树脂、环氧树脂、聚氯乙烯、松香等。

（2）绝缘油

绝缘油主要用来填充变压器、油开关、浸渍电容器及电缆等。绝缘油在变压器和油开关中，起着绝缘、散热和灭弧的作用。在使用中常受到水分、温度、金属混杂物、光线以及设备清洗的干净程度等外界因素的影响，加速油的老化。

（3）绝缘漆

绝缘漆可分为浸渍漆、涂漆和胶合漆等。浸渍漆用做浸渍电动机和电气线圈。涂漆用来涂刷线圈和电动机绕组的表面。胶合漆用做黏合各种物质。

（4）橡胶和橡皮

橡胶分为天然橡胶和人工合成橡胶两种。它的优点是弹性大、不透气、不透水、有良好的绝缘性能。但是纯橡胶在加热和冷却时，容易失去原有的性能，所以在实际应用中常在橡胶中加上一定数量的硫磺和其他填料，然后经过特别的热处理，使橡胶能耐热和耐冷，这样处理所得到的橡胶就是橡皮。

（5）玻璃丝

电工用的玻璃丝是用无碱、铝硼硅酸盐的玻璃纤维制成的。它可做成许多种绝缘材料，如玻璃丝带、玻璃纤维管及电线的编织层等。

（6）绝缘包带

绝缘包带主要用于电线、电缆接头的绝缘。绝缘包带的种类很多，常用的有以下几种。

1）黑胶布带。黑胶布带又称为黑胶布，用于低压电线、电缆接头时，为包缠用绝缘材料。它是在棉布上挂胶，卷切而成。其耐电性要求在交流 1000V 电压下保持 1min 不击穿。

2）橡胶带。橡胶带用于电线接头，作为包缠绝缘材料，有生橡胶带和混合橡胶带两种。

3）塑料绝缘带。采用聚氯乙烯和聚乙烯制成的绝缘胶粘带都称之为塑料绝缘带。它的绝缘性能较好，耐潮性和耐蚀性好，可以替代绝缘胶带，也可以作绝缘防腐密封保护层。

（7）电瓷

电瓷是用各种硅酸盐及氧化物的混合物制成。电瓷的性质是在抗大气作用上有极大的稳定性，很高的机械强度、绝热性及耐热性，表面不易产生静电。电瓷主要用做制造各种绝缘子、绝缘套管、灯座、开关、插座、熔断器等。

8.3 常用安装材料

8.3.1 常用导管

由金属材料制成的导管称之为金属导管，有水煤气管、金属软管、薄壁钢管等。由绝缘材料制成的导管称之为绝缘导管，有硬塑料管、半硬塑料管、软塑料管、塑料波纹管等。

（1）焊接管

焊接管在配线工程中适用于有机械外力或者轻微腐蚀气体的场所作明敷设或暗敷设。

（2）金属软管

金属软管又称蛇皮管。它是由双面镀锌薄钢带加工压边卷制而成，轧缝处有的加石棉垫，有的不加。金属管不仅有相当好的机械强度，还有很好的弯曲性，常用于弯曲部位较多的场所和设备出口处。

（3）薄壁钢管

薄壁钢管又称为电线管，其管壁较薄，管子的内、外壁涂有一层绝缘漆，适用于干燥场所敷设。

（4）PVC 塑料管

PVC 硬质塑料管适用于民用建筑或者室内有酸碱腐蚀性介质的场所。PVC 硬质塑料管规格见表 8-4。

表 8-4　PVC 硬质塑料管规格

标准直径（mm）	16	20	25	32	40	50	63
标准壁厚（mm）	1.7	1.8	1.9	2.5	2.5	3.0	3.2
最小内径（mm）	12.2	15.8	20.6	26.6	34.4	43.1	55.5

（5）半硬塑料管

半硬塑料管多用于普通居住和办公室建筑等场所的电气照明、暗敷设配线。

8.3.2　常用钢材

（1）扁钢

扁钢可用于制作各种抱箍、撑铁、拉铁和配电设备的零配件、接地母线以及接地引线等。

（2）角钢

角钢是钢结构中最基本的钢材，可作单独构件，也可以组合使用，广泛用于桥梁、建筑输电塔构件、横担、撑铁、接户线中的各种支架以及电气安装底座、接地体等。

（3）工字钢

工字钢由两个翼缘及一个腹板构成。工字钢广泛用于各种电气设备的固定底座和变压器台架等。

（4）圆钢

圆钢主要用于制作各种金属、螺栓、接地引线及钢索等。

（5）槽钢

槽钢一般用于制作固定底座、支撑、导轨等。

（6）钢板

薄钢板分为镀锌钢板和不镀锌钢板两种。钢板可制作各种电气及设备的零部件、平台、垫板、防护壳等。

（7）铝板

铝板用于制作设备零部件、防护板、防护罩及垫板等。

8.3.3　常用紧固件

（1）塑料胀管

塑料胀管加木螺钉用于固定较轻的构件。此方法多用于砖墙或混凝土结构，不需用水泥预埋，具体方法是用冲击钻钻孔，孔的大小及深度应当与塑料胀管的规格匹配，在孔中填入塑料胀管，再通过木螺钉的拧进使胀管胀开，拧紧后使元件固定在操作面上。

（2）膨胀螺栓

膨胀螺栓用于固定较重的构件。此方法与塑料胀管固定方法相同。钻孔后将膨胀螺栓填入孔中，通过拧紧膨胀螺栓的螺母使膨胀螺栓胀开，因而拧紧螺母后使元件固定在操作面上。

（3）预埋螺栓

预埋螺栓用做固定较重的构件。预埋螺栓一头为螺扣，一头为圆环或燕尾，可以分别预埋在地面内、墙面及顶板内，通过螺扣一端拧紧螺母使元件固定。

（4）六角头螺栓

一头为螺母，一头为丝扣螺母，将六角螺栓穿在两元件之间，靠拧紧螺母来固定两元件。

（5）双头螺栓

两头都为丝扣螺母，将双头螺栓穿在两元件之间，靠拧紧两端螺母来固定两元件。

（6）木螺钉

木螺钉用于木质件之间以及非木质件与木质件之间的联结。

（7）机螺钉

机螺钉用于受力不大且不需要经常拆装的场合，其特点是通常不用螺母，而把螺钉直接旋入被联结件的螺纹孔中，使被联结件紧密连接起来。

上岗工作要点

1. 了解电气工程中的常用导电材料、常用绝缘材料和常用安装材料。
2. 熟悉电气工程中各材料的性能和应用。
3. 通过课堂学习，能分辨出导电和绝缘材料，能进行实际运用。

思 考 题

8-1 电气工程常用的导电材料有哪些？

8-2 电气工程常用的绝缘材料有哪些？主要应用在哪些方面？

8-3 常用的导管有哪些？

8-4 常用的钢材有哪些？

8-5 常用的紧固件有哪些？

第 9 章 变配电设备安装

重点提示

1. 了解建筑供配电系统的组成。
2. 熟悉室内变配电所的形式与主接线，了解室内变配电所的布置。
3. 了解变压器的种类、型号及应用，掌握变压器安装的要求与程序。
4. 熟悉高压电气设备的型号，掌握高压电气设备的安装要求与程序。
5. 熟悉低压电气设备的型号，掌握低压电气设备的安装要求与程序。

9.1 建筑供配电系统的组成

9.1.1 电力系统

在电力系统中，若每个发电厂孤立地向用户供电，其可靠性不高。如当某个电厂发生故障或停机检修时，该地区将被迫停电，所以为了提高供电的安全性、可靠性、连续性、运行的经济性，并且提高设备的利用率，减少整个地区的总备用容量，常将许多的发电厂、电力网和电力用户连成一个整体。由发电厂、电力网和电力用户组成的统一整体称之为电力系统。典型电力系统示意图如图 9-1 所示。

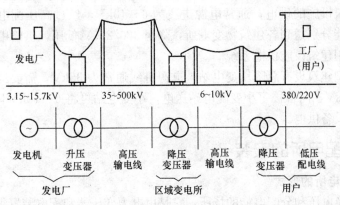

图 9-1 电力系统示意图

（1）发电厂

发电厂是将一次能源（例如水力、火力、风力、原子能等）转换成二次能源（电能）的场所。我国目前主要以火力及水力发电为主。近年来，在原子能发电能力上也有很大提高，相继建成了广东大亚湾、浙江秦山等大型核电站。

（2）电力网

195

电力网是电力系统的有机组成部分，它包括变电所、配电所以及各种电压等级的电力线路。

变电所与配电所是为实现电能的经济输送和满足用电设备对供电质量的要求，需要对发电机的端电压进行多次变换。变电所是接收电能、变换电压及分配电能的场所，可以分为升压变电所和降压变电所两大类。配电所不具有电压变换能力。

电力线路是输送电能的通道。因发电厂与电能用户相距较远，所以要用各种不同电压等级的电力线路将发电厂、变电所与电能用户之间联系起来，以使电能输送到用户。一般将发电厂生产的电能直接分配给用户或者由降压变电所分配给用户的 10kV 及以下的电力线路称之为配电线路，而把电压在 35kV 及以上的高压电力线路称为送电线路。

（3）电力用户

电力用户也称电力负荷。在电力系统中，一切消费电能的用电设备都称为电力用户。电力用户按其用途可分为动力用电设备、工艺用电设备、电热用电设备、照明用电设备等，它们分别将电能转换为机械能、热能及光能等不同形式，适应生产和生活的需要。

9.1.2　建筑供配电系统的组成

建筑供配电是指各类建筑所需电能的供应和分配。各类建筑为了接受从电力系统送来的电能，需要有一个内部的供配电系统。这种接收电源的输入，并且进行检测、计量、变换，然后向电能用户分配电能的系统就称为建筑供配电系统。它是从电源引入线开始到所有用电设备入线端为止的整个网络，由高低压配电线路、变电站（包括配电站）和用电设备组成。

（1）小型民用建筑设施供电系统

小型民用建筑设施的供电，通常只需要设立一个简单的将 6～10kV 电压降为 380/220V 的变电所。对于 100kW 以下用电负荷，通常不设变电所，只采用 380/220V 低压电源进线，设立一个低压配电室即可。

（2）中型民用建筑设施供电系统

中型民用建筑设施的供电，通常电源进线为 6～10kV，经过高压配电所，再用几路高压配电线，将电能分别送到各建筑物变电所，降至 380/220V 低压，供给用电设备。

（3）大型民用建筑设施供电系统

大型、特大型建筑设有总降压变电站，电源进线通常为 35kV，需要经过两次降压，从 35kV 降为 6～10kV，向各楼宇小变配电站送电，小变电站再将 6～10kV 降为 380/220V 电压，对低压用电设备供电。

9.2　室内变配电所的安装

9.2.1　室内变配电所的形式

变电所是变换电压和分配电能的场所，它是由电力变压器和配电装置组成。在变电所中承担输送和分配电能任务的电路，称之为一次电路。一次电路中所有设备称为一次设备。根据变换电压的情况不同，有升压变电所和降压变电所两大类。对于仅装设受、配电设备而没有电力变压器的，称之为配电所。升压变电所是把发电厂产生的 6～10kV 的电压升高至 35kV、110kV、220kV、330kV 或者 500kV，降压变电所是把 35kV、110kV、220kV、330kV 或 500kV 的高压电能降至 6～10kV 后，分配至用户变压器，再降至 380/220V，供用户使用。

降压变电所按其在供电系统中的位置及作用，可以分为大区变电所和小区变电所两种。厂区变电所和居住小区变电所都属于第二类情况，即其高压输入侧电压为 6～10kV，低压输出侧电压为 380/220V，一般称此类变电所为变配电所。

变电所有室内变电所和露天变电所之分。室内变电所可以建在车间内（车间变电所）、与主体建筑隔开的地方（独立变电所）或建在与主体建筑毗邻的地方（附设变电所）。根据作用及功能不同可人为地将配电所分成四部分，即高压配电室、变压器室、低压配电室、控制室。高压配电室的功能是接收电力，低压配电室的作用是分配电力，变压器室的作用是将高压电转变成低压电，控制室的作用是预告信号。小区变配电所常用布置形式如图 9-2 所示。

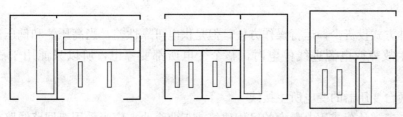

图 9-2　常用 6～10kV 变配电所布置形式

9.2.2　室内变配电所主接线

（1）只有一台变压器的变电所主接线

只有一台变压器的变电所通常容量较小，其主接线图如图 9-3 所示。

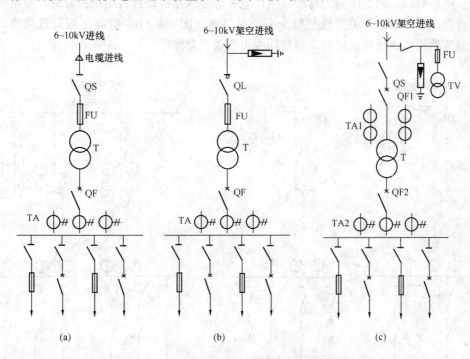

图 9-3　只有一台变压器的 6～10kV 变配电所主接线

（a）高压侧设隔离开关和熔断器；（b）高压侧设负荷开关和高压熔断器；

（c）高压侧设隔离开关和高压断路器

图 9-3 (a) 的高压侧一般可以不用母线 (又称汇流排, 起汇总和分配电能的作用), 仅装设隔离开关和熔断器, 高压隔离开关用于切断变压器和高压侧的联系, 高压熔断器能在变压器故障时熔断使电源切断。低压侧电压为 380/220V, 出线端装有自动空气开关或熔断器, 该系统因隔离开关仅能切断 320kV·A 及以下的变压器空载电流, 所以此类变压器容量宜在 320kV·A 以下。图 9-3 (b) 的高压侧设置负荷开关和高压熔断器, 负荷开关用于正常运行时操作变压器, 熔断器用于短路保护, 低压侧出线端装设自动空气开关, 此类变压器容量可以达到 560~1000kV·A。图 9-3 (c) 高压侧选用隔离开关和高压断路器用于正常运行时接通或者断开变压器, 隔离开关用于变压器在检修时隔离电源, 装设于断路器之前, 断路器用于切断正常以及故障时变压器与高压侧电流, 低压侧出线端仍装设空气开关或者熔断器。

以上三种方式投资少, 运行操作方便, 但是供电可靠性差, 当高压侧和低压侧引线上的某一元件发生故障或电源进线停电时, 整个变电所都要停电, 所以只能用于三类负荷的用户。

(2) 有两台变压器的变电所主接线

对于一、二类负荷或用电量大的民用建筑或工业企业, 应当采用双回路线路或两台变压器的接线, 这样当其中一路进线电源出现故障时, 可通过母线联络开关将断电部分的负荷接到另一路进线上去, 确保用电设备继续工作。

在变配电所高压侧主接线中, 可采用油断路器、负荷开关和隔离开关作为切断电源的高压开关。图 9-4 (a) 的高压侧无母线, 当任意一个变压器检修或者出现故障时, 变电所可以通过闭合低压母线联络开关来恢复整个变电所供电。图 9-4 (b) 的高压侧设置母线, 当任意一个变压器检修或出现故障时, 通过切换可很快恢复操作。

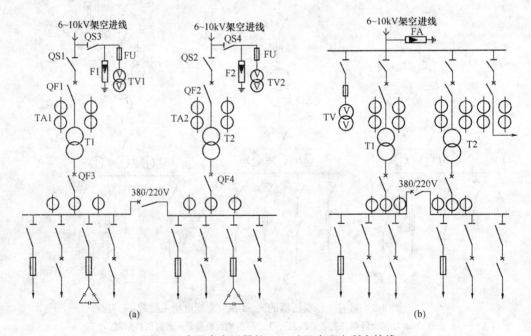

图 9-4 有两台变压器的 6~10kV 变配电所主接线
(a) 高压侧无母线; (b) 高压侧有母线

9.2.3 室内变配电所的布置

6～10kV室内变配电所主要是由高压配电装置、变压器、低压配电装置、电容器等组成，其布置方式取决于各设备数量和规格尺寸，同时符合设计规范。

高压配电室的层高一般为5m（架空进线）或者不小于4m（直埋电缆进线）。高压配电室内净长度≥柜宽×单列台数＋600mm，进深方向是由高压开关柜的尺寸加操作通道决定。操作通道最小宽度单列布置为1.5～2m，双列布置为2～2.5m。

低压配电室层高要求不得低于3.5m。当低压配电屏数量较少时，采用单列布置，其安全通道的宽度不得小于1.5m；当低压配电屏数量较多时，采用双列布置，其安全通道的宽度不得小于2m。为维修方便，低压配电屏应尽量离墙安装，其屏前屏后维护通道最小宽度见表9-1。

表 9-1　低压配电室屏前屏后维护通道宽度　　　　　　　　　mm

配电屏形式	配电屏布置方式	屏前通道	屏后通道
固定式	单列布置	1500	1000
	双列面对面布置	2000	1000
	双列背对背布置	1500	1500
抽屉式	单列布置	1800	1000
	双列面对面布置	2300	1000
	双列背对背布置	1800	1000

变压器室的高度与变压器高度、进线方式及通风条件有关。根据通风要求，变压器室分为抬高和不抬高两种。当地坪不抬高时，变压器放在混凝土地面上，变压器室高度一般为3.5～4.8m；当地坪抬高时，变压器放在抬高地坪上，下面是进风洞，通风散热效果好。地坪抬高的高度通常为0.8m、1.0m、1.2m，变压器室高度一般增加至4.8～5.7m。变压器外壳与变压器室四壁的距离不得小于表9-2所列数值。

表 9-2　变压器至变压器室墙壁和门的最小距离

变压器容量（kV·A）	100～1000	1250 及以上
变压器与后壁、侧墙的距离（m）	0.6～0.8	0.8～1.0
变压器与门的距离（m）	0.8	1.0

图9-5是高压配电室剖面图。图9-5（a）是单列布置，操作柜前操作通道不小于1.5m；图9-5（b）是双面双列布置，柜前操作通道不小于2～3.5m。

图9-6是室内变配电所变压器室结构图。此变压器高压侧为负荷开关和熔断器，作为控制及保护装置，通过电缆地下引入。此变压器室结构特点是高压电缆左侧引入，窄面推进，室内地坪不抬高，低压母线右侧出线。

图9-7是装有PGL型低压配电屏的低压配电室剖面图。图中低压母线经穿墙隔板后进入低压配电室，经过墙上的隔离开关及电流互感器后直接接于配电屏母线上。屏前操作通道不小于1.5m，屏后操作通道不小于1m，配电室高度4000mm。为便于布线和检修，配电屏下面以及后面均设置电缆沟。

图9-8为6～10kV变配电所电气系统图。电源由6～10kV电网用架空线路或电缆引入，

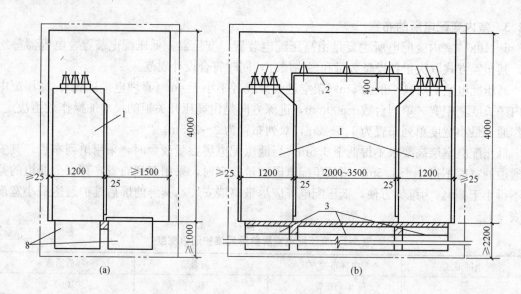

图 9-5　高压配电室剖面图

（a）单列布置；（b）双面双列布置

1—GG1A 型高压开关柜；2—高压母线桥；3—电缆沟

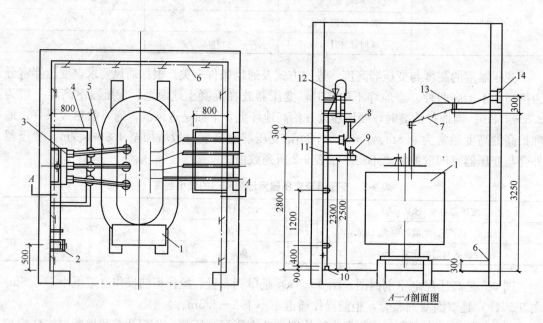

图 9-6　室内变配电所变压器室结构

1—变压器；2—负荷开关操作机构；3—负荷开关；4—高压母线支架；5—高压母线；

6—接地线（PE 线）；7—中性母线；8—熔断器；9—高压绝缘子；10—电缆保护管；

11—高压电缆；12—电缆头；13—低压母线；14—穿墙隔板

经过高压隔离开关 QS 和高压断路器 QF 送到变压器 T，当负荷较小时（如 315kV·A 及以下），可以采用隔离开关——熔断器，也可以采用负荷开关——熔断器，室外变压器也可以采用跌开式熔断器对高压侧进行控制。

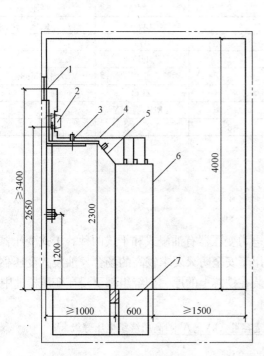

图 9-7　低压配电室剖面图

1—穿墙隔板；2—隔离开关；3—电流互感器；4—低压
母线；5—中性母线；6—低压配电屏；7—电缆沟

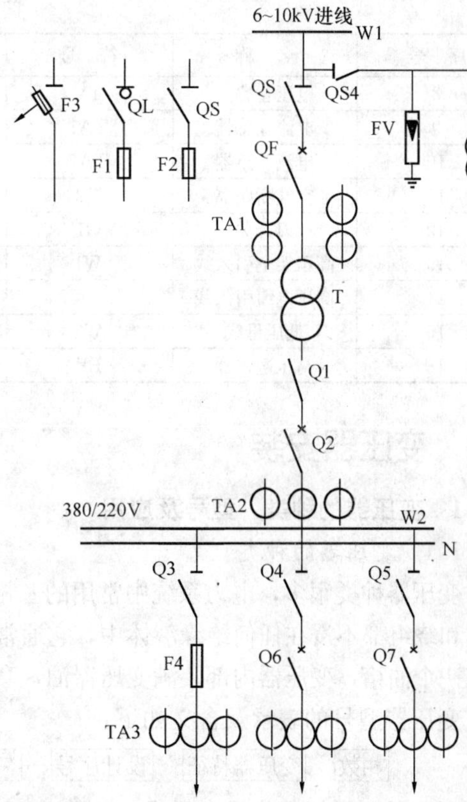

图 9-8　6～10kV 变配电所电力系统图

6～10kV 高压经变压器降为 400/230V 低压后，进入低压配电室，经过低压总开关送入低压母线，再经过低压熔断器和低压开关或其他开关设备送到各用电点。

本系统中高、低压侧均装有电流互感器 TA，高压侧装有电压互感器 TV，用于对线路进行保护及测量。因三相供电线路中三条线的电流有时是相等的，因此图中只在其中两相装设了 TA1，而 TA2 在三相上均进行了装设。

为防止雷电波沿架空线侵入室内，在架空线进线处安装有避雷器 FV。

表 9-3 列出了图 9-8 中常用的一次设备情况。

表 9-3　6～10kV 变配电所主要一次设备

序　号	名　　称	符　号	数　量	常用类型	备　注
1	电力变压器	T	1	S, SL	
2	隔离开关	QS	1	GW1, GN	
3	高压断路器	QF	1	DW, SN	
4	负荷开关	QL	1	FW, FN	
5	跌开式熔断器	F1	3	RW4	户外，小容量变压器
6	熔断器	F2	2	RN1	
7	熔断器	F3	1	RN3	保护电压互感器

序 号	名 称	符 号	数 量	常用类型	备 注
8	电压互感器	TV	1		
9	电流互感器	TA1	2	LMQ	高压
10	电流互感器	TA2	3	LQG	低压
11	空气断路器	Q2	1	DW10	
12	刀开关	Q1	1	HD	
13	高压架空引入线	W1		LJ	大于 25mm²
14	高压电缆引入线			ZLQ	
15	低压母线	W2		TMY, LMY	
16	高压避雷器	FV	3	FZ, FS	

9.3 变压器安装

9.3.1 变压器的种类、型号及应用

9.3.1.1 变压器的种类

变压器种类很多，电力系统中常用的三相电力变压器有油浸式和干式两种。干式变压器的铁芯和绕组都不浸在任何绝缘液体中，它通常用于安全防火要求较高的场合。油浸式变压器外壳是一个油箱，变压器内部装满变压器油，套装在铁芯上的原、副绕组都要浸在变压器油中。

变压器型号的表示及含义如下：

$$\boxed{相数}\ \boxed{变压器特征}\ \boxed{设计序号}\text{—}\boxed{额定容量（kV·A）}/\boxed{高压绕组电压等级 kV}$$

变压器型号标准代号参见表 9-4。

表 9-4　变压器型号标准

名 称	相数及代号	特 征	特征代号
单相电力变压器	单相D	油浸自冷	—
		油浸风冷	F
		油浸风冷、三线圈	FS
		风冷、强迫油循环	FP
三相电力变压器	三相S	油浸自冷铜绕组	—
		有载调压	Z
		铝绕组	L
		油浸风冷	F
		树脂浇筑干式	C
		油浸风冷、有载调压	FZ
		油浸风冷、三绕组	FS
		油浸风冷、三绕组、有载调压	FSZ
		油浸风冷、强迫油循环	FP
		风冷、三绕组、强迫油循环	FPS
三相电力变压器	三相S	水冷、强迫油循环	SP
		油浸风冷、铝绕组	FL

例如 S7-560/10 表示油浸自冷式三相铜绕组变压器，额定容量 560kV·A，高压侧额定电压 10kV。图 9-9 为使用较广泛的三相油浸式电力变压器示意图。

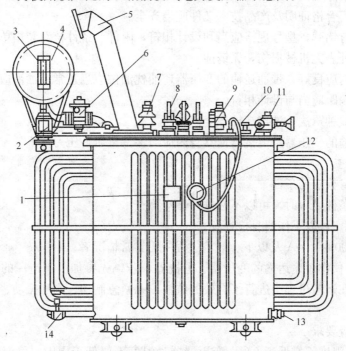

图 9-9　三相油浸式电力变压器

1—铭牌；2—干燥器；3—油标；4—储油器；5—防爆管；6—气体继电器；

7—高压瓷套管；8—低压瓷套管；9—零线瓷套管；10—水银温度计；

11—滤油网；12—接点温度计；13—接地螺钉；14—放油阀

9.3.1.2　变压器的应用

对于电力变压器的额定容量，通用的使用条件如下：

（1）环境温度（周围气温自然变化值）：最高气温为 $+40℃$，最高日平均气温为 $+30℃$，最高年平均气温为 $+20℃$，最低气温为 $-30℃$。

（2）海拔高度：变压器安装地点的海拔高度不超过 1000m。

（3）空气最大相对湿度：当空气温度为 $+25℃$ 时，相对湿度不超过 90%。

（4）安装场所无严重影响变压器绝缘的气体、蒸汽、化学性沉积、污垢、灰尘及其他爆炸性和侵蚀性介质。

（5）安装场所无严重的振动和颠簸。

9.3.2　变压器安装前的准备工作

9.3.2.1　基础验收

变压器就位前，要先对基础进行验收，并且填写"设备基础验收记录"。基础的中心与标高应符合工程设计需要，轨距应当与变压器轮距互相吻合。具体要求如下：

（1）轨道水平误差不得超过 5mm。

（2）实际轨距不应小于设计轨距，误差不得超过 $+5mm$。

（3）轨面对设计标高的误差不得超过 $±5mm$。

203

9.3.2.2 开箱检查

开箱后，应重点检查下列内容，并且填写"设备开箱检查记录"。

（1）设备出厂合格证明及产品技术文件应当齐全。

（2）设备应有铭牌，型号规格应当和设计相符，附件、备件核对装箱单应齐全。

（3）变压器外表无机械损伤，无锈蚀。

（4）油箱密封应良好，带油运输的变压器，油枕油位应当正常，油液应无渗漏。

（5）变压器轮距应当与设计相符。

（6）油箱盖或钟罩法兰连接螺栓齐全。

（7）充氮运输的变压器及电抗器，器身内应当保持正压，压力值不低于 0.01MPa。

9.3.2.3 器身检查

（1）免除器身检查的条件

当满足下列条件之一时，可以不必进行器身检查。

1）制造厂规定可以不作器身检查者。

2）容量为 1000kV·A 及以下、运输过程中无异常情况者。

3）就地生产仅作短途运输的变压器、电抗器，若事先参加了制造厂的器身总装，质量符合要求，并且在运输过程中进行了有效的监督，无紧急制动、剧烈振动、冲撞或严重颠簸等异常情况者。

（2）器身检查要求

1）周围空气温度不宜低于 0℃，变压器器身温度不要低于周围空气温度。当器身温度低于周围空气温度时，应加热器身，最好使其温度高于周围空气温度 10℃。

2）当空气相对湿度小于 75％时，器身暴露在空气中的时间不应超过 16h。

3）调压切换装置吊出检查、调整时，暴露在空气中的时间应当符合表 9-5 规定。

表 9-5 调压切换装置露空时间

环境温度（℃）	>0	>0	>0	>0
空气相对湿度（％）	<65	65～75	75～85	不控制
持续时间（h）	≤24	≤16	≤10	≤8

4）时间计算规定：带油运输的变压器、电抗器，从开始放油时算起；不带油运输的变压器、电抗器，由揭开顶盖或者打开任意一个堵塞算起，到开始抽真空或注油为止。空气相对湿度或露空时间超过规定时，一定要采取相应的可靠措施。

5）器身检查时，场地四周应清洁和有防尘措施；雨、雪天或者雾天，不应在室外进行。

9.3.2.4 变压器干燥

（1）新装变压器是否干燥的判定

1）带油运输的变压器及电抗器

①绝缘油电气强度及微量水试验合格。

②绝缘电阻及吸收比（或极化指数）符合现行国家标准《电气装置安装工程 电气设备交接试验标准》（GB 50150—2006）的相应规定。

③介质损耗角正切值 $\tan\delta$（％）符合规定（电压等级在 35kV 以下及容量在 4000kV·A 以下者，可不作要求）。

2）充气运输的变压器及电抗器

①器身内压力在出厂至安装前均保持正压。

②残油中微量水不应大于 30×10^{-6}。

③变压器及电抗器注入合格绝缘油后，绝缘油电气强度微量水及绝缘电阻应符合现行国家标准《电气装置安装工程 电气设备交接试验标准》（GB 50150—2006）的相应规定。

3）当器身未能保持正压，而密封无明显破坏时，则应当根据安装及试验记录全面分析做出综合判断，决定是否需干燥。

（2）干燥时各部温度监控

1）当为不带油干燥利用油箱加热时，箱壁温度不超过 110℃ 为宜，箱底温度不得超过 100℃，绕组温度不得超过 95℃。

2）带油干燥时，上层油温不应超过 850℃。

3）热风干燥时，进风温度不应超过 100℃。

4）干式变压器进行干燥时，其绕组温度应当根据其绝缘等级而定，见表 9-6。

表 9-6　干式变压器绕组温度

绝缘等级	绕组温度（℃）	绝缘等级	绕组温度（℃）
A 级	80	F 级	120
B 级	95	H 级	145
E 级	100		

5）干燥过程中，当保持温度不变时，绕组的绝缘电阻下降后再回升，110kV 及以下的变压器、电抗器持续 6h 保持稳定，并且无凝结水产生时，可认为干燥完毕。

6）变压器、电抗器干燥后应当进行器身检查，所有螺栓压紧部分应无松动，绝缘表面应无过热等异常情况。如不能及时检查时，应当先注以合格油，油温可预热至 50～600℃，绕组温度应高于油温。

9.3.3　变压器本体及附件安装

变压器安装位置应正确，变压器基础的轨道应水平，轮距与轨距应当配合；装有气体继电器的变压器、电抗器，应当使其顶盖沿气体继电器气流方向有 1％～1.5％ 的升高坡度（制造厂规定不需安装坡度者除外）。当必须与封闭母线连接时，其套管中心线应与封闭母线安装中心线相符。

9.3.3.1　冷却装置安装

（1）冷却器装置在安装前应按制造厂规定的压力值用气压或者油压进行密封试验，并应符合下列要求：

①散热器可用 0.05MPa 表压力的压缩空气检查，应无漏气；或者用 0.07MPa 表压力的变压器油压进行检查，持续 30min，应当无渗漏现象。

②强迫油循环风冷却器可以用 0.25MPa 表压力的气压或油压，持续 30min 进行检查，应无渗漏现象。

③强迫油循环水冷却器用 0.25MPa 表压力的气压或者油压进行检查，持续 1h 应无渗漏；水、油系统应分别检查渗漏。

（2）冷却装置安装前应用合格的绝缘油经净油机循环冲洗干净，并且将残油排尽。

（3）冷却装置安装完毕后应即注满油，以避免由于阀门渗漏造成本体油位降低，使绝缘部分露出油面。

（4）风扇电动机及叶片应安装牢固，并且应转动灵活，无卡阻现象；试转时应无振动、过热；叶片应无扭曲变形或者与风筒擦碰等情况，转向应正确；电动机的电源配线应采用具有耐油性能的绝缘导线；靠近箱壁的绝缘导线应使用金属软管保护；导线排列应整齐；接线盒密封良好。

（5）管路中的阀门应操作灵活，开闭位置应正确；阀门以及法兰连接处应密封良好。

（6）外接油管在安装前，应当进行彻底除锈并清洗干净；管道安装后，油管应涂黄漆，水管涂黑漆，并且应有流向标志。

（7）潜油泵转向应正确，转动时应当无异常噪声、振动和过热现象；其密封应良好，无渗油或进气现象。

（8）差压继电器、流速继电器应经校验合格，并且密封良好，动作可靠。

（9）水冷却装置停用时，应当将存水放尽，以防天寒冻裂。

9.3.3.2 储油柜（油枕）安装

（1）储油柜安装前应清洗干净，除去污物，并且用合格的变压器油冲洗。隔膜式（或胶囊式）储油柜中的胶囊或隔膜式储油柜中的隔膜应当完整无破损，并应和储油柜的长轴保持平行、不扭偏。胶囊在缓慢充气胀开后应当无漏气现象。胶囊口的密封应良好，呼吸应畅通。

（2）储油柜安装前应先安装油位表；安装油位表时应当注意保证放气和导油孔的畅通；玻璃管要完好。油位表动作应灵活，油位表或油标管的指示一定要与储油柜的真实油位相符，不应出现假油位。油位表的信号接点位置正确，绝缘良好。

（3）储油柜利用支架安装在油箱顶盖上。油枕和支架、支架和油箱都用螺栓紧固。

9.3.3.3 套管安装

（1）套管在安装前的检查要求

1）瓷套管表面应无裂缝、伤痕。

2）套管、法兰颈部及均压球内壁应清洗干净。

3）套管应经试验合格。

4）充油套管的油位指示正常，无渗油现象。

（2）当充油管介质损失角正切值 tanδ（％）超过标准，且确认其内部绝缘受潮时，应进行干燥处理。

（3）高压套管穿缆的应力锥进入套管的均压罩内，其引出端头与套管顶部接线柱连接处应当擦拭干净，接触紧密；高压套管与引出线接口的密封波纹盘结构（魏德迈结构）的安装应当严格按制造厂的规定进行。

（4）套管顶部结构的密封垫应当安装正确，密封应良好，连接引线时，不应使顶部结构松扣。

9.3.3.4 升高座安装

（1）升高座安装前，应当先完成电流互感器的试验；电流互感器出线端子板应绝缘良好，其接线螺栓和固定件的垫块应当紧固，端子板应密封良好，无渗油现象。

（2）安装升高座时，应当使电流互感器铭牌位置面向油箱外侧，放气塞位置应在升高座最高处。

（3）电流互感器和升高座的中心应当一致。

（4）绝缘筒应安装牢固，其安装位置不应当使变压器引出线与之相碰。

9.3.3.5　气体继电器（又称瓦斯继电器）安装

（1）气体继电器应作密封试验，轻瓦斯动作容积试验，重瓦斯动作流速试验，各项指标合格后，并且有合格检验证书方可使用。

（2）气体继电器应水平安装，观察窗应装在便于检查一侧，箭头方向应当指向储油箱（油枕），其与连通管连接应密封良好，其内壁应擦拭干净，截油阀应当位于储油箱和气体继电器之间。

（3）打开放气嘴，放出空气，直到有油溢出时，将放气嘴关上，以避免有空气进入使继电保护器误动作。

（4）当操作电源为直流时，必须将电源正极连接到水银侧的接点上，接线应正确，接触良好，以免断开时产生飞弧。

9.3.3.6　干燥器安装

干燥器包括有吸湿器、防潮呼吸器、空气过滤器。

（1）检查硅胶是否失效（对浅蓝色硅胶，变为浅红色即已失效；对白色硅胶一律烘烤）。如已失效，应当在 115～120℃温度下烘烤 8h，使其复原或换新。

（2）安装时，必须将干燥器盖子处的橡皮垫取掉，使其畅通，并且在盖子中装适量的变压器油，起滤尘作用。

（3）干燥器与储气柜间管路的连接应当密封良好，管道应通畅。

（4）干燥器油封油位应在油面线上；但是隔膜式储油柜变压器应按产品要求处理。

9.3.3.7　净油器安装

（1）安装前先用合格的变压器油冲洗净油器，再同安装散热器一样，将净油器与安装孔的法兰连接起来。其滤网安装方向应当正确并在出口侧。

（2）将净油器容器内装满干燥的硅胶粒后充油，油流方向应当正确。

9.3.3.8　温度计安装

（1）套管温度计安装，直接安装在变压器上盖的预留孔内，并且在孔内适当加些变压器油，刻度方向应便于观察。

（2）电接点温度计安装前应当进行计量检定，合格后方能使用。油浸变压器一次元件应安装在变压器顶盖上的温度计套筒内，并且加适当变压器油；二次仪表挂在变压器一侧的预留板上。干式变压器一次元件应按照厂家说明书位置安装，二次仪表装在便于观测的变压器护网栏上。软管不应有压扁或死弯，富余部分应盘圈并固定在温度计附近。

（3）干式变压器的电阻温度计，一次元件预埋在变压器内，二次仪表应安装在值班室或操作台上，温度补偿导线要符合仪表要求，并加以适当的附加温度补偿电阻，校验调试后方可使用。

9.3.3.9　压力释放装置安装

（1）密封式结构的变压器、电抗器、压力释放装置的安装方向应正确，使喷油口不要朝向邻近的设备，阀盖和升高座内部应当清洁，密封良好。

（2）电接点应动作准确，绝缘应良好。

9.3.3.10　电压切换装置安装

（1）变压器电压切换装置各分接点与线圈的连线压接正确，牢固可靠，其接触面接触紧密良好，切换电压时，转动触点停留位置正确，并且与指示位置一致。

（2）电压切换装置的拉杆、分接头的凸轮、小轴销子等应当完整无损，转动盘应动作灵活，密封良好。

（3）电压切换装置的传动机构（如载调压装置）的固定应牢靠，传动机构的摩擦部分应有足够的润滑油。

（4）有载调压切换装置的调换开关触头以及铜辫子软线应完整无损，触头间应有足够的压力（一般为 8～10kg）。

（5）有载调压切换装置转动到极限位置时，应当装有机械联锁与带有限开关的电气联锁。

（6）有载调压切换装置的控制箱，一般应当安装在值班室或操作台上，连线应正确无误，并应当调整好，手动、自动工作正常，档位指示准确。

9.3.3.11　整体密封检查

（1）变压器、电抗器安装完毕后，应当在储油柜上用气压或油压进行整体密封试验，所加压力为油箱盖上能承受 0.03MPa 的压力，试验持续时间为 24h，应当无渗漏。油箱内变压器油的温度不得低于 10℃。

（2）整体运输的变压器、电抗器可不用整体密封试验。

9.3.4　变压器的接地与试运行

9.3.4.1　变压器接地

变压器的接地既有高压部分的保护接地，又有低压部分的工作接地；而低压供电系统在建筑电气工程中普遍采用 TN-S 或 TN-C-S 系统，即不同形式的保护接零系统，并且两者共用同一个接地装置，在变配电室要求接地装置从地下引出的接地干线，以最近的路径直接引至变压器壳体及变压器的中性母线 N（变压器的中性点）及低压供电系统的 PE 干线或 PEN 干线，中间尽可能减少螺栓搭接，决不允许经其他电气装置接地后，串联连接过来，以保证运行中人身和电气设备的安全。油浸变压器箱体、干式变压器的铁芯和金属件及有保护外壳的干式变压器金属箱体，均是电气装置中重要的经常为人接触的非带电可以接近裸露导体，为人身及动物和设备安全，其保护接地要十分可靠。

接地装置引出的接地干线与变压器的低压侧中性点直接连接；变压器箱体、干式变压器的支架或外壳应接 PE 线。所有连接应当可靠，紧固件及防松零件齐全。

9.3.4.2　变压器试运行

（1）送电前的检查

1）变压器试运行前应做全面检查，确认符合试运行条件时方可投入运行。

2）变压器试运行前，必须由质量监督部门检查合格。

3）变压器试运行前的检查。

①各种交接试验单据齐全，数据符合要求。

②变压器应清理、擦拭干净，顶盖上无遗留杂物，本体以及附件无缺损，且不渗油。

③变压器一、二次引线相位正确，绝缘良好。

④接地线良好。

⑤通风设施安装完毕，工作正常；事故排油设施完好；消防设施齐备。

⑥油浸变压器的油系统油门应当打开，油门指示正确，油位正常。

⑦油浸变压器的电压切换装置以及干式变压器的分接头位置放置正常电压档位。

⑧保护装置整定值符合设计规定要求；操作和联动试验正常。

⑨干式变压器护栏安装完毕。各种标志牌挂好，门装锁。

（2）送电试运行

1）变压器第一次投入时，可全压冲击合闸，冲击合闸时通常可由高压侧投入。

2）变压器第一次受电后，持续时间不得少于 10min，无异常情况。

3）变压器应进行 3～5 次全压冲击合闸，并且无异常情况，励磁涌流不应引起保护装置误动作。

4）油浸变压器带电后，检查油系统不得有渗油现象。

5）变压器试运行要注意冲击电流，空载电流，一、二次电压和温度，并且做好详细记录。

6）变压器并列运行前，应当核对好相位。

7）变压器空载运行 24h，无异常情况，才能投入负荷运行。

9.4 高压电气安装

9.4.1 高压电气设备的型号

（1）高压隔离开关

高压隔离开关用符号 QS 表示。高压隔离开关的主要作用是隔离高压电源，以保证其他电气设备及线路的检修。其结构优点是断开后有明显的断开间隙，而且断开间隙的绝缘及相间绝缘都是足够可靠的能够充分保证人身和设备安全，但是由于隔离开关没有灭弧装置，所以不允许带负荷操作，仅允许通断一定的小电流。隔离开关的型号表示如下：

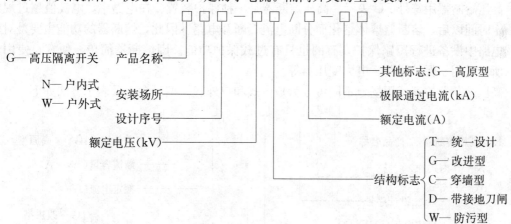

（2）高压负荷开关

高压负荷开关用符号 QL 表示。高压负荷开关有简单的灭弧装置，但是其灭弧能力不高，只能用于切断正常负荷电流，不能切断短路电流，所以此一般需和高压熔断器串联使用。高压负荷开关的外形与隔离开关一样，也就是在隔离开关基础上增加一灭弧装置，所以负荷开关断开时也有明显的断开间隙，也能起到检修时隔离电源保证安全的作用。

高压负荷开关类型较多，FN 系列是使用较广泛的室内式负荷开关。负荷开关型号表示如下：

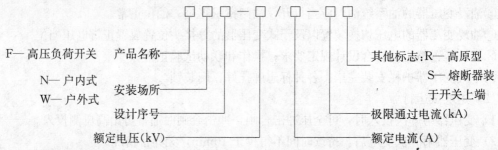

（3）高压断路器

高压断路器用符号 QF 表示。高压断路器不但能通、断正常的负荷电流，还能接通和承受一定时间的短路电流，并且能在保护装置作用下自动跳闸，切除短路故障。高压断路器按照其灭弧介质的不同可以分为油断路器、空气断路器、六氟化硫断路器、真空断路器等。其中，使用较广泛的是油断路器，在高层建筑内大多采用真空断路器。其型号表示如下：

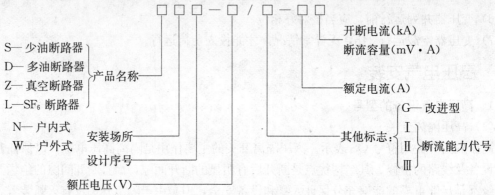

（4）高压熔断器

高压熔断器用符号 FU 表示。高压熔断器是一种保护装置。在电路中，电流值超过规定值一定时间以后，熔断器熔体熔化而分断电流、断开电路。因此，熔断器的功能主要是对电路及电路中设备进行短路保护，有的也具有过载保护功能。因熔断器简单、便宜、使用方便，所以适用于保护线路、电力变压器等。

高压熔断器按其使用场合不同可分为户内式和户外式。型号含义及表示方法如下：

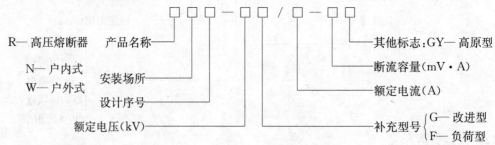

（5）高压开关柜

高压开关柜是按照一定的线路方案将一、二次设备组装在一个柜体内而成的一种高压成套配电装置，在变配电系统中用于保护及控制变压器及高压馈电线路。柜内装有高压开关设备、保护电器、监测仪表及母线、绝缘子等。

常用的高压开关柜分类如下：

1）按元件的固定特点有固定式和手车式两大类；固定式高压开关柜的电气设备全部固定在柜体内，手车式高压开关柜的断路器及操作机构装在可从柜体拉出的小车上，便于检修和更换。固定式因其更新换代快而使用较广泛。

2）按结构特点高压开关柜分为开启式和封闭式。开启式高压开关柜的高压母线外露，柜内各元件间也不隔开，结构简单、造价低。封闭式高压开关柜母线、电缆头、断路器和计量仪表等均被相互隔开，运行较安全。

3）按柜内装设的电气不同，分为断路器柜、互感器柜、计量柜、电容器柜等。高压开关柜型号表示方法如下所示：

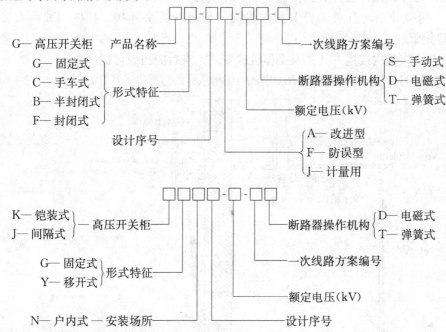

9.4.2 高压电气设备的安装

（1）高压开关的安装

高压开关的安装可以参考全国通用电气装置安装标准图集。高压开关的安装方式有两种，一种是开关直接安装于墙上，（在墙上开关安装位置事先埋设4个开尾螺栓或膨胀螺栓），用来固定本体。另一种是先在墙上埋设角钢支架，按照开关安装孔的尺寸在角钢支架上钻孔，再用螺栓将开关固定在支架上。手动操作机构的安装方法和开关的安装一样必须使用角钢支架。

高压隔离开关和高压负荷开关安装施工程序如下：

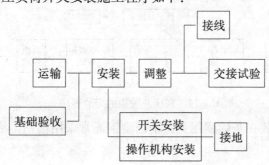

1）用人力或者其他起吊机具将开关本体吊到安装位置（开关转轴中心线距地面高度一般为 2.5m），并且使开关底座上的安装孔套入基础螺栓，找正找平后拧紧螺母。要注意避免开关框架变形，否则会影响操作机构的正常操作。

2）安装操作机构。户内高压隔离开关多使用 CS6 型操作机构，操作机构安装高度一般为固定轴距地面 1～1.2m。操作机构的扇形板与装在开关上的轴臂应当在同一平面上。

当开关转动轴需要延长时，可以采用同一规格的圆钢（一般为 φ30 的圆钢）进行加工。延长轴用轴套与开关转动轴相连，并且应装设轴承支架支撑，两轴承支架间距不大于 1m，在延长轴末端 100mm 处应当设置轴承支架。

3）配装操作拉杆。操作拉杆应当在开关处于完全合闸位置、操作机构手柄到达合闸终点处装配。拉杆两端分别与开关轴臂及操作机构扇形板的舌头连接。拉杆一般用直径为 20mm 的非镀锌钢管加工制作而成。

4）将开关及操作机构接地。开关及操作机构安装完毕后应当做可靠接地。

高压负荷开关和其操作机构的安装图如图 9-10 所示。

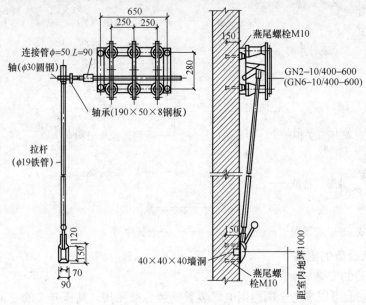

图 9-10　高压负荷开关及其操作机构在墙上安装图

（2）高压开关柜的安装

高压开关柜安装程序如下图 9-11 所示：

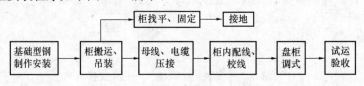

图 9-11　高压开关柜的安装程序

高压开关柜一般安装在基础型钢上。基础型钢通常采用槽钢。槽钢与混凝土基础之间连接的方式有两种：

212

1）在进行混凝土施工时，根据槽钢固定的尺寸预埋地脚螺栓或者预留螺栓安装孔洞，待混凝土强度达到安装要求后，再安放槽钢或先浇筑螺栓于孔洞内，然后安装槽钢。

2）在进行混凝土施工时，预埋一块钢板，再将槽钢与预埋钢板进行焊接。

基础型钢安装时，应用水准仪及水平尺找平、找正。必要时可加垫片。垫片最多不超过3块，焊接后清理、打磨、补刷防锈漆。

高压开关柜的安装标高按照设计图样要求进行。开关柜应按照规定顺序吊装、排列在基础型钢上，并调整好柜与柜之间的间隙和柜的水平度、垂直度，调整时可在柜下加0.5mm厚的垫铁，每处垫铁不超过3块。当柜较少时，先精确地调整第一块柜，然后以第一块柜为标准逐个调整其余的柜；当柜较多时，先调整两端的柜，再挂线逐台调整其余柜。按施工规范规定，柜与柜之间间隙应当在2mm以下，柜的垂直度1.5mm/m，盘面平直度1～5mm。

柜找平、找正后，按照柜底固定螺孔尺寸在基础型钢上开孔，将柜体与基础型钢之间固定，固定螺栓多采用M16。柜体与柜体、柜体与侧面挡板之间都应用镀锌螺栓连接。

每台高压开关柜及基础型钢均应与接地母线连接。柜本体应当有可靠、明显的接地装置，装有电气的可开启柜门，应当用裸铜软导线与接地金属构件做可靠连接。

柜漆层应当完整无损、色泽一致。固定电气的支架应刷漆。

母线配置及电缆压接按母线和电缆的施工要求进行。

送电后空载运行24h无异常现象，才能办理竣工验收手续，交建设单位使用，同时提交各种技术资料。

基础槽钢安装图如图9-12所示。

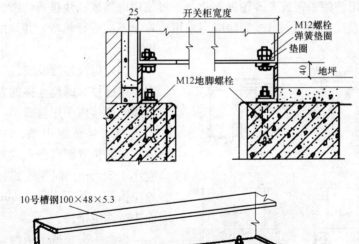

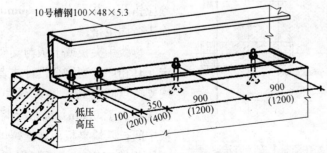

图 9-12　基础槽钢安装图

（3）高压母线的安装

母线分为软母线和硬母线，软母线主要用于大跨度空间的母线架设。变配电工程中常用的是硬母线。硬母线按照材质不同分为铜、铝、钢母线，按截面形状不同又分为矩形母线、槽形母线、环形母线及重型母线等。一般小容量的变配电室常用的母线是铜或铝矩形母线（亦称带形母线）。矩形母线的型号为 TMY，表示为铜质矩形硬母线，LMY 表示为铝质矩形硬母线，其中 T 表示铜，L 表示铝，M 表示母线，Y 表示硬。变配电室用矩形母线是裸导线，安装时各相之间要有足够的间距。

母线安装工艺流程：

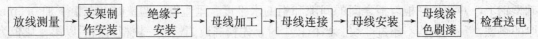

1）放线测量。进入施工现场后应当根据母线及支架的敷设情况，核对图样位置，检查与设备连接是否有足够的安全距离，测量出各段母线加工尺寸、支架尺寸，并且画出草图。

2）母线支架。母线支架采用 L50mm×50mm 的角钢制作，支架形式可以根据图样要求进行。支架通常埋设于建筑结构之上，埋入端开叉制成燕尾状，埋入深度大于 150mm。

支架制作安装完毕后，应除锈刷防腐漆。

3）绝缘子安装。绝缘子有高压、低压之分。常用的有高压支柱型绝缘子、低压电车绝缘子。绝缘子安装前要摇测电阻、检查外观，并且进行螺栓及螺母的浇筑，6～10kV 的支柱绝缘子安装前应当做耐压试验。

绝缘子安装于支架上，绝缘子上安装夹板或者卡板，绝缘子安装时，上下要垫一个石棉垫。

（4）母线加工。母线安装前应进行调直。调直的方法可以采用机械调直法，即用母带调直器进行调直，也可以采用手工调直，用木锤敲打，母线下面垫枕木。

母线剪切可使用手锯或者砂轮锯作业，不得使用电弧或乙炔进行切断。

母线应尽量减少弯曲。母线弯曲应当采用冷弯，不应进行热弯，并采用专门的母线撤弯机进行。

（5）母线连接及安装。母线连接可以采用焊接连接和螺栓连接的方式。铝及铝合金母线的焊接应采用氩弧焊，铜母线焊接可以采用 201 号紫铜焊条、301 号可焊粉或硼砂，焊缝位置距弯曲点或支持绝缘子边缘不应小于 50mm，同一处如有多片母线，其焊缝应错开，并不应小于 50mm。两母线用螺栓进行固定搭接。

母线用夹板或卡板与支架上的绝缘子固定，其相序排列符合设计或者规范要求。母线支持点间隔高压母线不大于 0.7m，低压母线不大于 0.9m。夹板是将母线放在两块板中间，两块夹板用螺栓螺母固定。卡板是一块两端带弯钩的板制作成上端开口的环形，将母线放在中间，卡板扭转一定角度将母线卡住。矩形母线在瓷瓶上安装方法如图 9-13 所示。

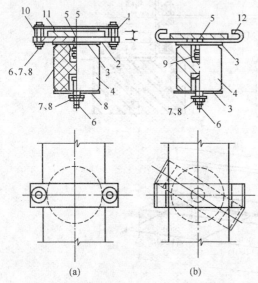

图 9-13 矩形母线在瓷瓶上安装方法
（a）用夹板固定母线；（b）用卡板固定母线
1—上夹板；2—下夹板；3—红钢纸垫圈；4—绝缘子；
5—沉头螺钉；6—螺栓；7、9—螺母；8—垫圈；10—
套筒；11—母线；12—卡板

（6）母线涂色刷漆。母线安装固定后，应当涂刷相色漆。A表示黄色，B表示绿色，C表示红色。

（7）高压母线穿墙施工。高压母线穿墙应当做套管（3个为一组）。穿墙套管安装时，应在墙上事先预留长方形孔洞，在孔洞内装设角钢框架用以固定钢板，按照套管规格在钢板上开钻孔，再将套管用螺栓固定在钢板上，每组用6套螺栓。高压母线穿墙套管做法如图9-14所示。

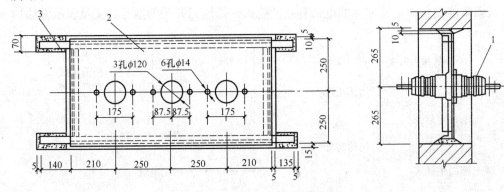

图 9-14　高压母线穿墙套管做法
1—穿墙套管；2—钢板；3—框架

9.5　低压电气安装

低压配电装置一般由线路控制设备、测量仪器仪表、低压母线以及二次接线、保护设备、低压配电屏（箱、盘）等组成；其中，线路控制设备主要包括各种低压开关、自动空气开关、交流接触器、磁力启动器、控制按钮等；测量仪器仪表是指电流表、电压表、功率表、功率因数表及电度表等；保护设备是指低压熔断器、继电器、触电保安器等。

9.5.1　低压电气设备的型号

（1）低压熔断器

低压熔断器是低压配电系统中的保护设备，保护线路以及低压设备免受短路电流或过载电流的损害。其工作过程与高压熔断器相同，都是通过熔体自身的熔化将电路断开，从而起到保护作用的。

常用的低压熔断器有瓷插式、螺旋式、管式以及有填料式等。瓷插式熔断器由于熔丝更换方便，一般用于交流380～220V低压电路中，作为电气设备的短路保护。RT0型有填料式熔断器内用石英砂做填料，其断流能力可以达到1000A，保护性能好。熔断器型号表示方法及含义如下：

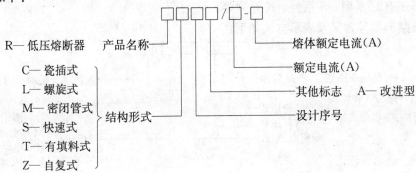

215

例如：熔断器 RC1A/30-10，表示为瓷插式低压熔断器，第一次设计，改进型，熔断器额定电流 30A，熔体额定电流 10A。

（2）低压刀开关

低压刀开关按照操作方式不同可分为单投和双投；按照极数不同可分为单极、双极和三极；按灭弧结构不同可分为带灭弧罩及不带灭弧罩之分。不带灭弧罩的刀开关一般只能在无负荷的状态下操作，起隔离开关的作用；带灭弧罩的开关可通断一定强度的负荷电流，其钢栅片灭弧罩能使负荷电流产生的电弧有效地熄灭。低压刀开关的型号含义及表示方法如下：

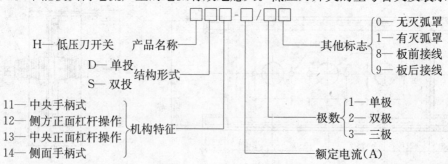

（3）低压负荷开关

低压负荷开关由带灭弧罩的刀开关和熔断器串联组合而成，外装封闭式铁壳或开启式胶盖的开关电气。此类开关具有带灭弧罩刀开关和熔断器的双重功能，既可带负荷操作，又可进行短路保护，具有操作方便、安全经济等优点，可以用做设备及线路的电源开关。常用的负荷开关有 HK 型和 HH 型，其型号含义及表示方法如下：

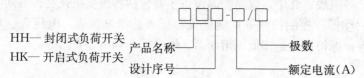

（4）低压断路器

低压断路器又称自动空气开关，它有良好的灭弧性能。其功能与高压断路器类似，既可带负荷通断电路，并能在短路、过负荷和失压时自动跳闸。

低压断路器按结构形式不同可以分为塑料外壳式和框架式两种。塑料外壳式又称装置式，型号代号为 DZ，其全部结构和导电部分都装设在一个外壳内，只在壳盖中央露出操作手柄，供操作用。框架式断路器是敞开装设于塑料或者金属框架上，由于其保护方式和操作方式很多，安装地点灵活，又被称为万能式低压断路器，其型号代号为 DW。目前，常用的新型断路器还有 C 系列、S 系列、K 系列等。

低压断路器型号含义及表示方法如下：

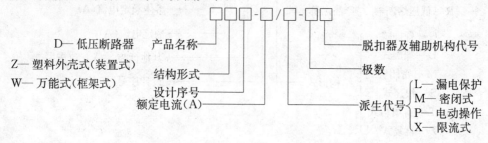

（5）低压配电屏

低压配电屏是按一定的线路方案，将一、二次设备组装在一个柜体内而形成的一种成套配电装置，用在低压配电系统中作动力或者照明配电。低压配电屏按其结构形式不同可分为两大类，即固定式和抽屉式。

低压配电屏型号含义及表示方法如下：

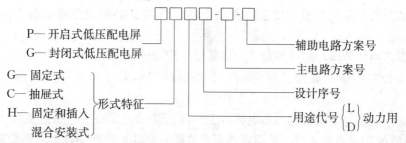

9.5.2 低压电气设备的安装

（1）安装要求

低压电气及其操作机构的安装高度、固定方式，若无设计要求，可按下列要求进行：

1）用支架或垫板（木板无绝缘板）固定在墙或柱子上。

2）落地安装的电气设备，其底面一般应当高出地面 50～100mm。

3）操作手柄中心距离地面通常为 1200～1500mm；侧面操作的手柄距离建筑物或其他设备不宜小于 200mm。

4）成排或集中安装的低压电气应当排列整齐，便于操作和维护。

5）紧固的螺栓规格应选配适当，电器固定要牢固，不应采用焊接。

6）电气内部不应受到额外应力。

7）有防振要求的电气要加设减振装置，紧固螺栓应当有防松措施，如加装锁紧螺母、锁钉等。

（2）刀开关安装

1）刀开关应垂直安装在开关板上（或控制屏、箱上），并且要使夹座位于上方。如夹座位于下方，则在刀开关打开的时候，若支座松动，闸刀在自重作用下向下掉落而发生误动作，会造成严重事故。

2）刀开关用做隔离开关时，合闸顺序是先合上刀开关，再合上其他用以控制负载的开关；分闸顺序则相反。

3）严格按照产品说明书规定的分断能力来分断负荷，无灭弧罩的刀开关通常不允许分断负载，否则，将会导致稳定持续燃弧，使刀开关寿命缩短，严重时还会造成电源短路，开关烧毁，甚至发生火灾。

4）刀片与固定触头的接触良好，大电流的触头或者刀片可适量加润滑油（脂）；有消弧触头的刀开关，各相的分闸动作应当迅速一致。

5）双投刀开关在分闸位置时，刀片应当能可靠地接地固定，不得使刀片有自行合闸的可能。

6）直流母线隔离开关安装。

① 开关无论垂直或水平安装，刀片应当垂直板面上；在混凝土基础上时，刀片底部与

基础间应有不小于 50mm 的距离。

② 开关动触片与两侧压板的距离应当调整均匀。合闸后，接触面应充分压紧，刀片不得摆动。

③ 刀片与母线直接连接时，母线固定端要牢固。

（3）自动开关安装

1）自动开关一般应当垂直安装，其上下端导线接点必须使用规定截面的导线或母线连接。

2）裸露在箱体外部，并且易触及的导线端子应加绝缘保护。

3）自动开关与熔断器配合使用时，熔断器应尽量装于自动开关之前，以保证使用安全。

4）自动开关使用前应将脱扣器电磁铁工作面的防锈油脂擦去，以避免影响电磁机构的动作值。电磁脱扣器的整定值一经调好就不允许随意更动，且使用日久后要检查其弹簧是否生锈卡住，以避免影响其动作。

5）自动开关操作机构安装时，应符合下列规定：

① 操作手柄或传动杠杆的开、合位置应正确，操作力不应当大于产品允许规定值。

② 电动操作机构的接线正确。在合闸过程中，开关不应当跳跃；开关合闸后，限制电动机或电磁铁通电时间的联锁装置应及时动作，使电磁铁或者电动机通电时间不超过产品允许规定值。

③触头接触面应平整，合闸后接触应紧密。

④触头在闭合、断开过程中，可动部分与灭弧室的零件不应当有卡阻现象。

⑤有半导体脱扣装置的自动开关，其接线应当符合相序要求，脱扣装置动作应可靠。

6）直流快速自动开关安装时，应符合下列要求：

① 开关极间中心距离及开关与相邻设备或建筑物的距离均不得小于 500mm，小于 500mm 时，应当加装隔弧板，隔弧板高度不小于单极开关的总高度。

在灭弧量上方应留有不小于 1000mm 的空间；无法达到时，应当按开关容量在灭弧室上部 200~500mm 高度处装设隔弧板。

② 灭弧室内绝缘衬件应当完好，电弧通道应畅通。

③ 有极性快速开关的触头及线圈，其接线端应当标出正、负极性，接线时应与主回路极性一致。

④ 触头的压力、开距及分断时间等应进行检查，并且符合出厂技术条件。

⑤ 开关应按产品技术文件进行交流工频耐压试验，不应有击穿、闪络现象。

⑥ 脱扣装置必须按设计整定值校验，动作应当准确、可靠。在短路（或模拟短路）情况下合闸时，脱扣装置应当能立即自由脱扣。

⑦ 试验后，触头表面如有灼痕，可进行修整。

（4）熔断器安装

1）熔断器及熔体的容量应当符合设计要求：

① 对于变压器、电炉和照明等负载，熔体的额定电流应略大于或等于负载电流。

② 对于输配电线路，熔体的额定电流应略大于或等于线路的安全电流。

③ 对电动机负载，因为启动电流较大，一般可以按下列公式计算：

对于一台电动机负载的短路保护：

$$I_{熔体额定电流} \geqslant (1.5 \sim 2.5) \text{电机额定电流}$$

式中 (1.5～2.5)——系数，视负载性质和启动方式不同而选取；对轻载启动、启动次数少、时间短或降压启动时，取小值；对重载启动，启动频繁、启动时间长或全压启动时，取大值。

对于多台电动机负载的短路保护：

$$I_{熔体额定电流} \geqslant (1.5 \sim 2.5) \text{最大电机额定电流} + \text{其余电动机的计算负荷电流}$$

④ 熔断器的选择：额定电压应不小于线路工作电压；额定电流应大于或等于所装熔体的额定电流。

2) 安装位置及相互间距应便于更换熔体；更换熔丝时，应当切断电源，不允许带负荷换熔丝，并且应换上相同额定电流的熔丝。

3) 有熔断指示的熔芯，其指示器的方向应当装在便于观察侧。

4) 瓷质熔断器在金属底板上安装时，其底座应当垫软绝缘衬垫。安装螺旋式熔断器时，应将电源线接至瓷底座的接线端，以保证安全。若是管式熔断器应垂直安装。

5) 安装应保证熔体和插刀以及插刀和刀座接触良好，以防因熔体温度升高发生误动作。安装熔体时，必须注意不要使它受机械损伤，以防减少熔体截面积，产生局部发热而造成误动作。

(5) 接触器与启动器安装

1) 安装前，应对接触器和启动器的质量进行检查，并且应符合下列规定：

① 电磁铁的铁芯表面应当无锈斑及油垢，将铁芯板面上的防锈油擦净，以免油垢粘住造成接触器断电不释放。触头的接触面应当平整、清洁。

② 接触器、启动器的活动部件动作灵活，无卡阻；衔铁吸合后应当无异常响声，触头接触紧密，断电后应当能迅速脱开。

③ 检查接触器铭牌及线圈上的额定电压、额定电流等技术数据是否符合使用要求；电磁启动器热元件的规格应当按电动机的保护特性选配；热继电器的电流调节指示位置，应当调整在电机的额定电流值上，如设计有要求时，尚应按整定值进行校验。

2) 安装时，接触器的底面和地面垂直，倾斜度不超过5°。

3) 自耦减压启动器安装时，应当符合下列规定：

① 启动器应垂直安装；

② 油浸式启动器的油面不应低于标定的油面线；

③ 减压抽头（65%～80%额定电压）应按负荷的要求进行调整，但是启动时间不得超过自耦减压启动器的最大允许启动时间；

④ 连续启动累计或一次启动时间接近最大允许启动时间时，应当待其充分冷却后方能再启动。

4) 可逆电磁启动器避免同时吸合的联锁装置动作正确、可靠。

5) 星、三角启动器应当在电动机转速接近运行转速时进行切换；自动转换的应当按电动机负荷要求正确调节延时装置。

(6) 控制器安装

控制器可用于改变主电路或激磁电路的接线，也以可用于变换接在电路中的电阻值，控制电动机的启动、调速和反向。根据控制器转换位置的形状，控制器可以分为平面控制器、鼓形控制器、凸轮控制器三种，其安装有以下要求：

1）控制器操作应灵活，挡位准确。

2）操作手柄或手轮的动作方向应尽可能与机械装置的动作方向一致。

3）操作手柄或手轮在各个不同位置时，触头分、合的顺序均应当符合控制器的接线图。

4）控制器触头压力均匀，触头超行程不小于产品技术文件要求。凸轮控制器主触头的灭弧装置应当完好。

5）控制器的转动部分及齿轮减速机构应当润滑良好。

6）凸轮控制器及主令控制器应当装在便于操作和观察的位置上；操作手柄或手轮安装高度一般为 1～1.2m。

（7）变阻器安装

1）变阻器安装时，变阻器滑动触头与固定触头的接触应良好；触头间应当有足够压力；在滑动过程中不得开路。

2）变阻器转换装置的移动应均匀平滑，无卡阻，并且有与移动方向对应的指示阻值变化标志。

① 电动传动的转换装置，其限位开关以及信号联锁接点动作应准确、可靠。

② 齿链传动的转换装置，允许有半个节距的窜动范围。

3）对于频敏变阻器的安装，在调整抽头及气隙时，应当使电动机启动特性符合机械装置的要求。而对用于那些短时间启动的频敏变阻器在电动机启动完毕后应短接切除。

（8）电磁铁安装

1）电磁铁的铁芯表面应洁净无锈蚀，通电前应当除去防护油脂。

2）电磁铁的衔铁及其传动机构的动作应当迅速、准确、无阻滞现象。直流电磁铁的衔铁上应有隔磁措施，以清除剩磁影响。

3）制动电磁铁的衔铁吸合时，铁芯的接触面应当紧密地与其固定部分接触，且不得有异常响声。

4）有缓冲装置的制动电磁铁，应当调节其缓冲器气道孔的螺钉，使衔铁动作至最终位置时平稳，无剧烈冲击。

5）牵引电磁铁固定位置应当与阀门推杆准确配合，使动作行程符合设备要求。

（9）按钮安装

1）安装前，应当对按钮进行必要的选择，其选择要求如下：

① 根据使用场合、所需触头数及颜色来进行选择。

② 电动葫芦不宜选用 LA18 和 LA19 系列按钮，宜采用 LA2 系列按钮。

③ 铸工车间灰尘较多，也不宜选用 LA18 和 LA19 系列按钮，宜选用 LA14—1 系列按钮。

2）按钮及按钮箱安装时，间距为 50～100mm；倾斜安装时，与水平面的倾角不小于 30°。

3）按钮操作应灵活、可靠，无卡阻。

4）集中在一处安装的按钮应当有编号或不同的识别标志，"紧急"按钮应当有鲜明的标记。

9.5.3 电气接线

1）按电气的接线端头标志接线。

2）一般情况下，电源侧导线应当连接在进线端（固定触头接线端），负荷侧的导线应接在出线端（可动触头接线端）。

3）电气的接线螺栓及螺钉应当有防锈镀层，连接时螺钉应拧紧。

4）母线与电气连接时，接触面的要求应当符合有关要求；连接处不同相母线的最小净距不应小于表9-7的规定。

表9-7　不同相母线的最小净距

额定电压 U （V）	最小净距（mm）
$U\leqslant500$	10
$500<U\leqslant1200$	14

5）胶壳闸刀开关接线时，电源进线与出线不能接反，否则更换熔丝时容易发生触电事故。

6）铁壳开关的电源进出线不能接反，60A以上开关的电源进线座在上方，60A以下开关的电源进线座在下方。外壳必须有可靠的接地。

7）电阻器接线时，其接线要求如下：

①电阻器与电阻元件间的连线应使用裸导线，在电阻元件允许发热条件下，能可靠接触。

②电阻器引出线夹板或者螺钉有与设备接线图相应的标号；与绝缘导线连接时，不应由于接头处的温度升高而降低导线的绝缘强度。

③多层叠装的电阻箱，引出导线应用支架固定，但是不可妨碍更换电阻元件。

9.5.4 绝缘电阻的测量

1）测量部位：触头在断开位置时，位于同极的进线与出线端之间；触头在闭合位置时，不同极的带电部件之间；各带电部分与金属外壳之间。

2）测量绝缘电阻使用的绝缘电阻表电压等级和所测的绝缘电阻应符合《电气装置安装工程 电气设备交接试验标准》（GB 50150—2006）的规定。

上岗工作要点

1. 掌握变压器安装的要求与程序，当实际工作中需要时，做到熟练安装。

2. 掌握高压电气设备的安装要求与程序，了解其在实际工作中的应用。

3. 掌握低压电气设备的安装要求与程序，了解其在实际工作中的应用。

思　考　题

9-1　建筑供配电系统的组成部分有哪些？

9-2 高压配电室的布置有哪些要求？

9-3 变压器安装前应做好哪些准备工作？

9-4 低压配电室屏前屏后维护通道最小宽度是多少？

9-5 高压母线穿墙如何处理，简述其过程。

9-6 低压电气设备有哪些？各种设备的型号如何表示其含义？

9-7 低压电气的安装有哪些要求？

第 10 章　配 线 工 程

重 点 提 示

1. 了解室内配线的基本要求，掌握室内配线的施工程序。
2. 熟悉槽板的选用，掌握槽板的安装要求，掌握槽板配线的施工程序。
3. 熟悉线槽的分类及应用，了解线槽配线的敷设方式。
4. 熟悉护套线配线间距，掌握护套线配线的施工程序。
5. 了解配线敷设方式，掌握管内穿线的施工程序。
6. 了解电缆配线的敷设方式，掌握电缆配线的施工程序。
7. 掌握母线安装的技术要求和施工程序。
8. 了解架空配电线路的技术要求和施工程序。

10.1　室内配线工程基本知识

10.1.1　室内配线的概念

敷设在建筑物、构筑物内的配线统称为室内配线。

根据房屋建筑结构及要求的不同，室内配线分为明配和暗配两种，明配指导线采用直接或穿管、线槽等方式敷设于墙壁、顶棚的表面及桁架等处；暗配指导线采用穿管、线槽等方式敷设于墙壁、顶棚、地面及楼板等处的内部。

配线方法包括瓷瓶配线、槽板配线、线槽配线、塑料护套线配线、线管配线、钢索配线等。

10.1.2　室内配线的基本要求

室内配线工程的施工应按已批准的设计进行，并且在施工过程中严格执行《建筑电气工程施工质量验收规范》（GB 50303—2002），保证工程质量。室内配线工程施工，首先应当符合对电气装置安装的基本要求，即安全、可靠、经济、方便、美观。配线工程施工应使整个配线布置合理、整齐、安装牢固，所以要求在整个施工过程中，严格按照技术要求，进行合理的施工。

室内配线工程施工应符合以下一般规定：

1) 所用导线的额定电压应大于线路的工作电压。导线的绝缘应当符合线路的安装方式和敷设环境条件。导线截面应当能满足供电质量和机械强度的要求，不同敷设方式导线线芯允许最小截面见表 10-1 所列数值。

2) 导线敷设时，应尽量避免接头。因为常由于导线接头质量不好而造成事故。若必须接头时，应采用压接或焊接，并且应将接头放在接线盒内。

3）导线在连接和分支处，不应当受机械力的作用，导线与电气端子的连接要牢靠压实。

4）穿入保护管内的导线，在任何情况下都不能有接头，必须接头时，应当把接头放在接线盒、开关盒或灯头盒内。

5）各种明配线应垂直于盒水平敷设，并且要求横平竖直，一般导线水平高度距地不应小于 2.5m，垂直敷设不应当低于 1.8m，否则应加管槽保护，以防机械损伤。

6）明配线穿墙时应当采用经过阻燃处理的保护管保护，穿过楼板时应用钢管保护，其保护高度与楼面的距离不得小于 1.8m，但在装设开关的位置，可与开关高度相同。

7）入户线在进墙的一段应当采用额定电压不低于 500V 的绝缘导线；穿墙保护管的外侧应有防水弯头，且导线应弯成滴水弧状后才能引入室内。

8）电气线路经过建筑物、构筑物的沉降缝处，应当装设两端固定的补偿装置，导线应留有余量。

9）配线工程施工中，电气线路与管道的最小距离应当符合表 10-2 的规定。

10）配线工程施工结束后，应当将施工中造成的建筑物、构筑物的孔、洞、沟、槽等修补完整。

表 10-1　不同敷设方式导线线芯允许最小截面　　　mm^2

敷　设　方　式	线芯最小截面		
	铜芯软线	铜　　线	铝　　线
敷设在室内绝缘支持件上的裸导线	—	2.5	4
2m 及以下		—	
室内		1.0	2.5
室外		1.5	2.5
6m 及以下		2.5	4
12m 及以下		2.5	6
穿管敷设的绝缘导线	1.0	1.0	2.5
槽板内敷设的绝缘导线		1.0	2.5
塑料护套线明敷	—	1.0	2.5

表 10-2　电气线路与管道的最小距离　　　mm

管道名称	配线方式		穿管配线	绝缘导线明配线	裸导线配线
蒸汽管	平行	管道上	1000	1000	1500
		管道下	500	500	1500
	交　叉		300	300	1500
暖气管 热水管	平行	管道上	300	300	1500
		管道下	200	200	1500
	交　叉		100	100	1500
通风、给排水及 压缩空气管	平　行		100	200	1500
	交　叉		50	100	1500

注：1. 蒸汽管道，当在管外包隔热层后，上、下平行距离可减至 200mm；

　　2. 暖气管、热水管应设隔热层；

　　3. 应在裸导线处加装保护网。

10.1.3 室内配线的施工程序

1）定位画线，根据施工图样，确定电气安装位置、导线敷设途径以及导线穿过墙壁和楼板的位置。

2）预埋预留，在土建抹灰前，把配线所有的固定点打好孔洞，埋设好支持构件，但是最好是在土建施工时配合土建搞好预埋预留工作。

3）装设绝缘支持物、线夹、支架或保护管。

4）敷设导线。

5）安装灯具及电气设备。

6）测试导线绝缘，连接导线。

7）校验、自检、试通电。

10.2 槽板配线

槽板配线就是把绝缘导线敷设在槽板底板或者盖板的线槽中，上部再用盖板把导线盖住。多适用于相对湿度在60%以下的干燥房屋中，例如生活间、办公室内明配敷设等。

10.2.1 槽板的选用

电气工程中，常用的槽板有两种：木槽板和塑料槽板。

（1）木槽板

木槽板的线槽有双线、三线两种，其规格和外形如图10-1所示。木槽板应当使用干燥、坚固、无劈裂的木材制成。木槽板的内外均应光滑、无棱刺，且还应经阻燃处理，应当涂有绝缘漆和防火涂料。

槽板布线时，应根据线路每段的导线根数，选用合适的双线槽或者三线槽的槽板。

（2）塑料槽板

塑料槽板应无扭曲变形现象，其内外表面应光滑无棱刺、无脆裂，并应经过阻燃处理，表面上应有阻燃标识。

目前，应用最广的塑料槽板为聚氯乙烯塑料电线槽板。此种槽板耐酸、耐碱、耐油，电气绝缘性能好，其主要技术数据如下：

1）工作温度：≤50℃。

2）规格：双线、三线（图10-1）。

3）击穿电压：14kV/mm。

4）色泽：白色，其他颜色可与厂家商定。

5）附件：接线盒，半圆弧、90°阴角、90°平头、90°阳角收线接尾。

（3）槽板用接线盒

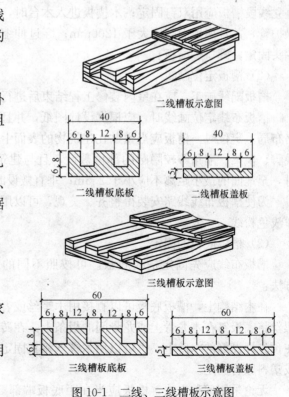

二线槽板示意图

二线槽板底板　二线槽板盖板

三线槽板示意图

三线槽板底板　三线槽板盖板

图10-1　二线、三线槽板示意图

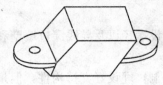

图 10-2　槽板用接线盒

槽板配线使用专用接线盒,如图 10-2 所示。此种接线盒分木槽板用接线盒和塑料槽板用接线盒。两种接线盒的不同点主要是几何尺寸不同,都以槽的横断面尺寸来决定。用于槽板的"T"形接头处,只需要将接线盒的一侧开一个与槽板横断面相符的缺口即可。

这种槽板接线盒,通常用自熄性塑料制成,颜色为白色。

10.2.2　槽板安装

(1) 安装要求

1) 槽板一般用于干燥较隐蔽的场所,导线截面积不大于 10mm²;排列时应当紧贴着建筑物,整齐、牢靠,表面色泽均匀,无污染。

2) 木槽板线槽内应当涂刷绝缘漆,与建筑物接触部分应涂防腐漆。

3) 线槽不要太小,以避免损伤芯线。线槽内导线间的距离不小于 12mm,导线与建筑物和固定槽板的螺钉之间应当有不小于 6mm 的距离。

4) 槽板不要设在顶棚和墙壁内,亦不能穿越顶棚和墙壁。

5) 槽板配线和绝缘子配线接续外,由槽板端部起 300mm 以内的部位,需要设绝缘子固定导线。

6) 槽板底板固定间距不得大于 500mm,盖板间距不应大于 300mm,底板、盖板距起点或终点 50mm 与 30mm 处应当加以固定。

底板宽狭槽连接时应对口;分支接口应当做成 T 字三角叉接;盖板接口和底板接口应错开,距离不小于 100mm;盖板无论在直接段和 90°转角时,接口都应锯成 45°斜口连接;直立线段槽板应用双钉固定;木槽板进入木台时,应当伸入台内 10mm;穿过楼板时,应有保护管,并且离地面高度大于 1200mm;穿过伸缩缝处,应使用金属软保护管作补偿装置,端头固定,管口进槽板。

(2) 槽板定位画线

槽板配线施工,应在室内装修工程结束后进行,槽板安装前应当进行定位画线。

槽板布线定位画线时,应根据设计图纸,并且结合规范的相关规定,确定较为理想的线路布局。定位时,槽板应当紧贴在建筑物的表面上,排列整齐、美观,并应尽可能沿房屋的线脚、横梁、墙角等较隐蔽的部位敷设,且与建筑物的线条平行或垂直。槽板在水平敷设时,至地面的最小距离不应小于 2.5m;垂直敷设时,不应小于 1.8m。

为使槽板布线线路安装得整齐、美观,可以用粉线袋沿槽板水平和垂直敷设路径的一侧弹浅色粉线。

(3) 槽板底板的固定

槽板布线应先固定槽板底板。可按照不同的建筑结构及装饰材料,采用不同的固定方法:

在木结构上,槽板底板可以直接用木螺丝或者钉子固定;在灰板条墙或顶棚上,可用木螺丝将底板钉在木龙骨上或龙骨间的板条上。在砖墙上,可用木螺丝或钉子把槽板底板固定在预先埋设好的木砖上,也可以用木螺丝将其固定在塑料胀管上。在混凝土上,可用水泥钉或塑料胀管固定。

无论采用何种方法,槽板应当在距底板端部 50mm 处加以固定,三线槽槽板应交错固定或用双钉固定，且固定点不应当设在底槽的线槽内。特别是固定塑料槽板时，底板与盖板不能颠倒使用。盖板的固定点间距应小于300mm，在离终点（或起点）30mm处，均应固定。

（4）槽板连接

由于每段槽板的长度各有不同，在整条线路上，不能各段都一样，尤其在槽板转弯和端部更为明显，同时，还受到建筑物结构的限制。

1）槽板对接。槽板底板对接时，接口处底板的宽度应当一致，线槽要对准，对接处斜角角度为45°，接口应紧密，如图10-3（a）所示。在直线段对接时，两槽板应在同一条直线上，其盖板对接如图10-3（b）所示。底板与盖板对接时，底板与盖板均应锯成45°角，以斜口相接。拼接要紧密，底板的线槽要对正；盖板与底板的接口应错开，并且错开距离不小于20mm，如图10-3（c）所示。

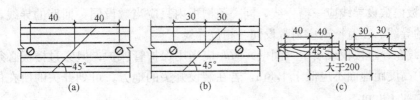

图10-3　槽板对接图
（a）底板对接；（b）盖板对接；（c）底板与盖板对接

2）拐角连接。槽板在转角处应呈90°角，连接时，可以将两根连接槽板的端部各锯成45°斜口，并把拐角处线槽内侧削成圆弧状，以防碰伤电线绝缘，如图10-4所示。

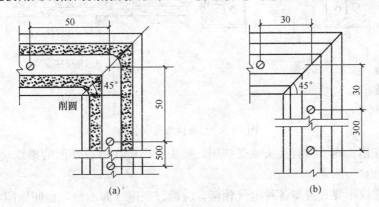

图10-4　槽板拐角部位连接做法
（a）底板拐角；（b）盖板拐角

3）分支拼接。在槽板分支处做"T"字接法时，在分支处应当把底板线槽中部分用小锯条锯断铲平，让导线能在线槽中无阻碍地通过，如图10-5所示。

4）槽板封端。槽板在封端处应全斜角。在加工底板时应当将底板坡向底部锯成斜角。线槽与保护管呈90°连接时，可在底板端部适当位置上钻孔，与保护管进行连接，把保护管压在槽板内，槽板盖板的端部也应当呈斜角封端。

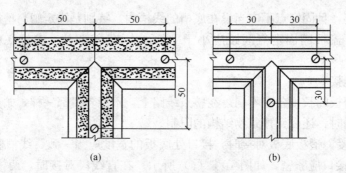

图 10-5　槽板分支拼接做法

(a) 底板分支；(b) 盖板分支

10.2.3　槽板配线施工

（1）导线敷设要求

1）槽板内敷设导线应一槽一线，同一条槽板内只应当敷设同一回路的导线，不准嵌入不同回路的导线。在宽槽内应当敷设同一相位导线。

2）导线在穿过楼板或墙壁（间壁）时，应当用保护管保护；但穿过楼板必须用钢管保护，其保护高度距地面不应低于 1.8m，若在装设开关的地方，可到开关的所在位置。保护管端伸出墙面 10mm。

3）导线在槽板内不得有接头或受挤压；接头应当设在接线盒内。

4）导线接头应使用塑料接线盒（如图 10-6 所示）进行封盖。

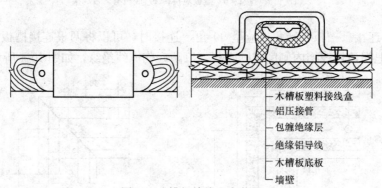

图 10-6　槽板接线盒安装图

5）导线在槽板内不得有接头或受挤压，接头应当设在槽板外面的接线盒内（如图 10-7 所示）或电气内。

6）槽板配线不要直接与各种电气相接，应通过底座（如木台，也叫做圆木或方木）后，再与电气设备相接。底座应当压住槽板端部，做法如图 10-8 所示。

7）导线在灯具、开关、插座及接头处，应留有余量，通常以 100mm 为宜。配电箱、开关板等处，则可按实际需要留出足够的长度。

8）槽板在封端处的安装是将底部锯成斜口，盖板按照底板斜度折覆固定，如图 10-8 所示。

9）跨越变形缝。槽板跨越建筑物变形缝处应断开，导线应当加套软管，并留有适当裕度，应保护软管与槽板结合严密。

（2）铜导线连接

单芯铜导线的连接可采用绞接法，绞接长度不要小于 5 圈。连接前先将铜线拉直，用砂

228

布将接头表面的氧化层打磨干净，用克丝钳拧在一起，以便连接后刷锡。连接完后应当包缠绝缘胶布。连接方法如图10-9所示。

（3）单芯铝导线冷压接

1）用电工刀或剥线钳削去单芯铝导线的绝缘层，并且消除裸铝导线上的污物和氧化铅，使其露出金属光泽。铝导线的削光长度视配用的铝套管长度而定，通常约30mm。

2）削去绝缘层后，铝线表面应光滑，不允许有折叠、气泡和腐蚀点，以及超过允许偏差的划伤、碰伤、擦伤和压陷等缺陷。

3）按预先规定的标记分清相线、零线和各回路，将所需连接的导线拼拢并绞扭成合股线如图10-10所示，但是不能扭结过度。然后，应及时在多股裸导线头子上涂一层防腐油膏，以避免裸线头再度被氧化。

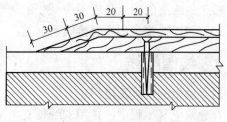

图10-8　槽板封端做法

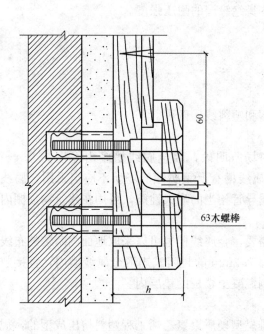

图10-7　槽板进入木台

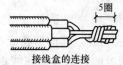

接线盒的连接

图10-9　铜单芯导线接线盒内连接图

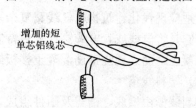

图10-10　单芯铝导线槽板配线裸线头拼拢绞扭图

4）对单芯铝导线压接用铝套管要进行检查：

① 要有铝材材质资料；

② 铝套管要求尺寸准确，壁厚均匀一致；

③ 套管管口光滑平整，且内外侧无毛边、毛刺，端面应当垂直于套管轴中心线；

④ 套管内壁应清洁，无污染，否则应当清理干净后方准使用。

5）将合股的线头插入检验合格的铝套管，让铝线穿出铝套管端头1～3mm。套管应依据单芯铝导线拼拢成合股线头的根数选用。

6）根据套管的规格，使用相应的压接钳对铝套管施压。每个接头可以在铝套管同一边压三道坑（图10-11），一压到位，若φ8mm铝套管施压后窄向为6～6.2mm，压坑中心线必

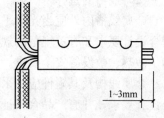

图10-11　单芯铝导线接头
同向压接图

须在纵向同一直线上。一般情况下，尽可能采用正反向压接法，且正反向相差 180°，不得随意错向压接，如图 10-12 所示。

图 10-12　单芯铝导线接头正反向压接图

7）单芯铝导线压接后，在缠绕绝缘带之前，应当对其进行检查。压接接头应当到位，铝套管没有裂纹，三道压坑间距应当一致，抽动单根导线没有松动的现象。

8）根据压坑数目以及深度判断铝导线压接合格后，恢复裸露部分绝缘，包缠绝缘带两层，绝缘带包缠应当均匀、紧密，不露裸线及铝套管。

9）在绝缘层外面再包缠黑胶布或者聚乙烯薄膜粘带等两层，采取半叠包法，并应将绝缘层完全遮盖，黑胶布的缠绕方向和绝缘带缠绕方向一致。

整个绝缘层的耐压强度不应低于绝缘导线本身绝缘层的耐压强度。

10）将压接接头用塑料接线盒封盖。

10.3　线槽配线

10.3.1　线槽的分类及应用

在建筑电气工程中，常用的线槽有金属线槽和塑料线槽两种。

（1）金属线槽

金属线槽配线一般适用于正常环境的室内场所明敷，因金属线槽多由厚度为 0.4～1.5mm 的钢板制成，其构造特点决定了在对金属线槽有严重腐蚀的场所不应当采用金属线槽配线。有槽盖的封闭式金属线槽，具有与金属导管相当的耐火性能，可用在建筑物顶棚内敷设。

为适应现代化建筑物电气线路复杂多变的需要，金属线槽也可以采取地面内暗装的布线方式。它是将电线或者电缆穿在经过特制的壁厚为 2mm 的封闭式矩形金属线槽内，直接敷设在混凝土地面、现浇钢筋混凝土楼板或者预制混凝土楼板的垫层内。

（2）塑料线槽

塑料线槽由槽底、槽盖及附件组成，是由难燃型硬质聚氯乙烯工程塑料挤压成型的，规格较多，外形美观，可以起到装饰建筑物的作用。塑料线槽一般适用于正常环境的室内场所明敷设，也用于科研实验室或者预制板结构而无法暗敷设的工程；还适用于旧工程改造更换线路；同时也用于弱电线路吊顶内暗敷设场所。在高温和易受机械损伤的场所不宜塑料线槽布线。

10.3.2　金属线槽的敷设

（1）线槽的选择

金属线槽内外应当光滑平整、无棱刺、扭曲和变形现象。选择时，金属线槽的规格必须符合设计要求和有关规范的规定，同时，还要考虑到导线的填充率及载流导线的根数，同时满足散热、敷设等安全要求。

金属线槽及其附件应当采用表面经过镀锌或者静电喷漆的定型产品，其规格和型号应符合设计要求，并有产品合格证等。

（2）测量定位

1）金属线槽安装时，应根据施工设计图，用粉袋沿墙、顶棚或者地面等处，弹出线路的中心线并按照线槽固定点的要求分匀档距（档距指两相邻杆塔导线悬挂点间的水平距离），标出线槽支、吊架的固定位置。

2）金属线槽吊点及支持点的距离，应按照工程具体条件确定，一般在直线段固定间距不应大于 3m，在线槽的首端、终端、分支、转角、接头以及进出接线盒处应不大于 0.5m。

3）线槽配线在穿过楼板及墙壁时，应用保护管，且穿楼板处必须用钢管保护，其保护高度距地面不应低于 1.8m。

4）过变形缝时应做补偿处理。

5）地面内暗装金属线槽布线时，应当根据不同的结构形式和建筑布局，合理确定线路路径及敷设位置：

① 在现浇混凝土楼板的暗装敷设时，楼板厚度不得小于 200mm；

② 当敷设在楼板垫层内时，垫层厚度不得小于 70mm，并应避免与其他管路相互交叉。

（3）线槽的固定

1）木砖固定线槽。配合土建结构施工时预埋木砖。加气砖墙或者砖墙应在剔洞后再埋木砖，梯形木砖较大的一面应当朝洞里，外表面与建筑物的表面齐，然后用水泥砂浆抹平，待凝固后，最后把线槽底板用木螺钉固定在木砖上。

2）塑料胀管固定线槽。混凝土墙、砖墙可以采用塑料胀管固定塑料线槽。根据胀管直径和长度选择钻头，在标出的固定点位置上钻孔，不应歪斜、豁口，应当垂直钻孔，然后，将孔内残存的杂物清净，用木槌把塑料胀管垂直敲入孔中，直到与建筑物表面平齐，再用石膏将缝隙填实抹平。

3）伞形螺栓固定线槽。在石膏板墙或其他护板墙上，可以用伞形螺栓固定塑料线槽。根据弹线定位的标记，找好固定点位置，把线槽的底板横平竖直地紧贴在建筑物的表面。钻好孔后将伞形螺栓的两伞叶掐紧合拢插入孔中，在合拢伞叶自行张开后，再用螺母紧固即可，露出线槽内的部分应当加套塑料管。固定线槽时，应先固定两端再固定中间。

（4）线槽在墙上安装

1）金属线槽在墙上安装时，可采用塑料胀管安装。当线槽的宽度 $b \leqslant 100$mm 时，可以采用一个胀管固定；如线槽的宽度 $b > 100$mm 时，应当采用两个胀管并列固定。

① 金属线槽在墙上固定安装的间距是 500mm，每节线槽的固定点不应少于两个。

② 线槽固定螺钉紧固后，其端部应当与线槽内表面光滑相连，线槽槽底应紧贴墙面固定。

③ 线槽的连接应连续无间断，线槽接口应当平直、严密，线槽在转角、分支处和端部均应有固定点。

2）金属线槽在墙上水平架空安装时，不仅可使用托臂支承，还可使用扁钢或角钢支架支承。托臂可以用膨胀螺栓进行固定，当金属线槽宽度 $b \leqslant 100$mm 时，线槽在托臂上可采用一个螺栓固定。

制作角钢或扁钢支架时，下料后，长短偏差不得大于 5mm，切口处应无卷边和毛刺。支架焊接后应当无明显变形，焊缝均匀平整，焊缝处不得出现裂纹、咬边、气孔、凹陷、漏焊等缺陷。

（5）线槽在吊顶上安装

1）吊装金属线槽在吊顶内安装时，吊杆可以用膨胀螺栓与建筑结构固定。当在钢结构

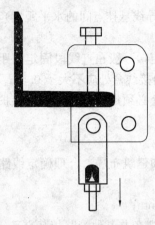

图 10-13　用万能吊具固定

上固定时，可以进行焊接固定，将吊架直接焊在钢结构的固定位置处；也可以使用万能吊具与角钢、槽钢、工字钢等钢结构进行安装，如图 10-13 所示。

2）吊装金属线槽在吊顶下吊装时，吊杆应如图 10-13 所示用万能吊具固定在吊顶的主龙骨上，不允许固定在副龙骨或者辅助龙骨上。

（6）线槽在吊架上安装

线槽用吊架悬吊安装时，可以根据吊装卡箍的不同形式采用不同的安装方法。当吊杆安装完成后，即可进行线槽的组装。

1）吊装金属线槽时，可以根据不同需要，选择开口向上安装或开口向下安装。

2）吊装金属线槽时，应当先安装干线线槽，后装支线线槽。

3）线槽安装时，应当先拧开吊装器，把吊装器下半部套入线槽上，使线槽与吊杆之间通过吊装器悬吊在一起。若在线槽上安装灯具时，灯具可用蝶形螺栓或蝶形夹卡与吊装器固定在一起，然后再把线槽逐段组装成型。

4）线槽与线槽之间应当采用内连接头或外连接头连接，并且用沉头或圆头螺栓配上平垫和弹簧垫圈用螺母紧固。

5）吊装金属线槽在水平方向分支时，应当采用二通接线盒、三通接线盒、四通接线盒进行分支连接。

在不同平面转弯时，在转变处应当采用立上弯头或者立下弯头进行连接，安装角度要适宜。

6）在线槽出线口处应当利用出线口盒［图 10-14（a）］进行连接；末端要装上封堵［图 10-14（b）］进行封闭，在盒箱出线处应当采用抱脚［图 10-14（c）］进行连接。

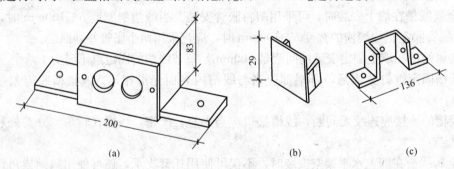

图 10-14　金属线槽安装配件图
（a）出线口盒；（b）封堵；（c）抱脚

（7）线槽在地面内安装

金属线槽在地面内暗装敷设时，应当根据单线槽或双线槽不同结构形式选择单压板或双压板，与线槽组装好后再上好卧脚螺栓。再将组合好的线槽及支架沿线路走向水平放置在地面或楼（地）面的找平层或楼板的模板上，最后再进行线槽的连接。

1）线槽支架的安装距离应视工程具体情况进行设置，通常应设置于直线段大于 3m 或者在线槽接头处、线槽进入分线盒 200mm 处。

2）地面内暗装金属线盒的制造长度一般为 3m，每 0.6m 设一个出线口。当需要线槽与线槽相互连接时，应当采用线槽连接头，如图 10-15 所示。

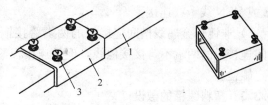

图 10-15　线槽连接头示意图
1—线槽；2—线槽连接头；3—紧定螺钉

线槽的对口处应在线槽连接头中间位置上，线槽接口要平直，紧定螺钉应拧紧，使线槽在同一条中心轴线上。

3）地面内暗装金属线槽为矩形断面，不得进行线槽的弯曲加工，当遇有线路交叉、分支或弯曲转向时，一定要安装分线盒，如图 10-16 所示。当线槽的直线长度超过 6m 时，为了方便线槽内穿线也宜加装分线盒。

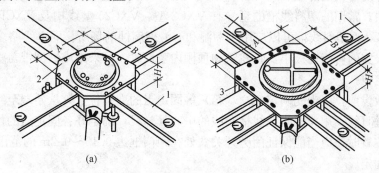

(a)　　　　　　　　　　(b)

图 10-16　单双线槽分线盒安装示意图
（a）单线槽分线盒；（b）双线槽分线盒
1—线槽；2—单槽分线盒；3—双槽分线盒

线槽与分线盒连接时，线槽插入分线盒的长度以不大于 10mm 为宜。分线盒与地面高度的调整依靠盒体上的调整螺栓进行。双线槽分线盒安装时，应当在盒内安装便于分开的交叉隔板。

4）组装好的地面内暗装金属线槽，不明露地面的分线盒封口盖，不得外露出地面；需露出地面的出线盒口和分线盒口不应突出地面，必须与地面平齐。

5）地面内暗装金属线槽端部与配管连接时，应当使用线槽与管过渡接头。当金属线槽的末端无连接管时，应当使用封端堵头拧牢堵严。

线槽地面出线口处，应使用不同需要零件与出线口安装好。

（8）线槽附件安装

线槽附件如直通、三通转角、接头、插口、盒和箱应当采用相同材质的定型产品。槽底、槽盖与各种附件相对接时，接缝处应当严实平整，无缝隙。

盒子均应两点固定，各种附件角、转角、三通等固定点不得少于两点（卡装式除外）。接线盒、灯头盒应当采用相应插口连接。线槽的终端应当采用终端头封堵。在线路分支接头处应当采用相应的接线箱。安装铝合金装饰板时，应当牢固、平整、严实。

（9）金属线槽接地

金属的线槽必须与 PE 或 PEN 线有可靠电气连接，并符合下列要求：

1）金属线槽不应熔焊跨接地线。

2）金属线槽不得作为设备的接地导体，当设计无要求时，金属线槽全长不少于两处与

PE 或 PEN 线干线连接。

3）非镀锌金属线槽间连接板的两端跨接铜芯接地线，截面积不得小于 4mm²，镀锌线槽间连接板的两端不跨接接地线，但是连接板两端不少于 2 个有防松螺帽或防松垫圈的连接固定螺栓。

10.3.3　塑料线槽的敷设

塑料线槽敷设应在建筑物墙面、顶棚抹灰或者装饰工程结束后进行。敷设场所的温度不得低于－15℃。

（1）线槽的选择

选用塑料线槽时，应当根据设计要求和允许容纳导线的根数来选择线槽的型号和规格。选用的线槽应有产品合格证件，线槽内外应当光滑无棱刺，且不应有扭曲、翘边等现象。塑料线槽及其附件的耐火及防延燃应当符合相关规定，一般氧指数不应低于 27%。

电气工程中，常用的塑料线槽的型号有 VXC2 型、VXC25 型线槽及 VXCF 型分线式线槽。其中，VXC2 型塑料线槽可以应用于潮湿和有酸碱腐蚀的场所。弱电线路多为非载流导体，自身引起火灾的可能性极小，在建筑物顶棚内敷设时，可采用难燃型带盖塑料线槽。

（2）弹线定位

塑料线槽敷设前，应当先确定好盒（箱）等固定点的准确位置，从始端至终端按顺序找好水平线或者垂直线。用粉线袋在线槽布线的中心处弹线，确定好各固定点的位置。在确定门旁开关线槽位置时，应当能保证门旁开关盒处在距门框边 0.15～0.2m 的范围内。

（3）线槽固定

塑料线槽敷设时，宜沿建筑物顶棚与墙壁交角处的墙上及墙角和踢脚板上口线上敷设。线槽槽底的固定应当符合下列规定：

1）塑料线槽布线应当先固定槽底，线槽槽底应当根据每段所需长度切断。

2）塑料线槽布线在分支时应当做成"T"字分支，线槽在转角处槽底应锯成 45°角对接，对接连接面应当严密平整，无缝隙。

3）塑料线槽槽底可用伞形螺栓固定或者用塑料胀管固定，也可用木螺丝将其固定在预先埋入在墙体内的木砖上，如图 10-17 所示。

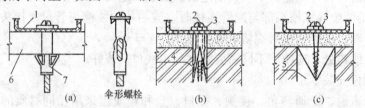

图 10-17　线槽槽底固定

（a）用伞形螺栓固定；（b）用塑料胀管固定；（c）用木砖固定

1—槽底；2—木螺丝；3—垫圈；4—塑料胀管；5—木砖；6—石膏壁板；7—伞形螺栓

4）塑料线槽槽底的固定点间距应当根据线槽规格而定。固定线槽时，应先固定两端再固定中间，端部固定点距槽底终点不得小于 50mm。

5）固定好后的槽底应紧贴建筑物表面，布置合理，横平竖直，线槽的水平度与垂直度允许偏差均不得大于 5mm。

6）线槽槽盖一般为卡装式。安装前，应当比照每段线槽槽底的长度按需要切断，槽盖的长度要比槽底的长度短一些，如图 10-18 所示，其 A 段的长度应当为线槽宽度的一半，在安装槽盖时供做装饰配件就位用。塑料线槽槽盖若不使用装饰配件时，槽盖与槽底应错位搭接。

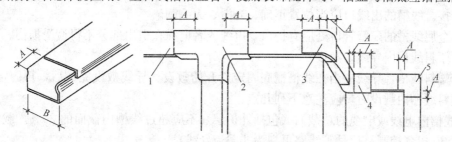

图 10-18　线槽沿墙敷设示意图
1—直线线槽；2—平三通；3—阳转角；4—阴转角；5—直转角

槽盖安装时，应当将槽盖平行放置，对准槽底，用手一按槽盖，即可卡入槽底的凹槽中。

7）在建筑物的墙角处，线槽进行转角及分支布置时，应当使用左三通或右三通。分支线槽布置在墙角左侧时使用左三通，分支线槽布置在墙角右侧时应当使用右三通。

8）塑料线槽布线在线槽的末端应使用附件堵头封堵。

10.3.4　线槽内导线敷设

（1）金属线槽内导线的敷设

1）金属线槽内配线前，应当清除线槽内的积水和杂物。清扫线槽时，可以用抹布擦净线槽内残存的杂物，使线槽内外保持清洁。

清扫地面内暗装的金属线槽时，可以先将引线钢丝穿通至分线盒或出线口，然后将布条绑在引线一端送入线槽内，由另一端将布条拉出，反复多次即可将槽内的杂物和积水清理干净。也可用压缩空气或者氧气将线槽内的杂物积水吹出。

2）放线前应当先检查导线的选择是否符合要求，导线分色是否正确。

3）放线时应边放边整理，不得出现挤压背扣、扭结、损伤绝缘等现象，并应将导线按回路（或系统）绑扎成捆，绑扎时应当采用尼龙绑扎带或线绳，不允许使用金属导线或绑线进行绑扎。导线绑扎好后，应当分层排放在线槽内并做好永久性编号标志。

4）穿线时，在金属线槽内不宜有接头，但是在易于检查（可拆卸盖板）的场所，可允许在线槽内有分支接头。电线电缆及分支接头的总截面（包括外护层），不应超过该点线槽内截面的 75%；在不易于拆卸盖板的线槽内，导线的接头应当置于线槽的接线盒内。

5）电线在线槽内有一定余量。线槽内电线或者电缆的总截面（包括外护层）不应超过线槽内截面积的 20%，载流导线不宜超过 30 根。若无设计要求时，包括绝缘层在内的导线总截面积不应大于线槽截面积的 60%。

控制、信号或与其相类似的线路，电线或者电缆的总截面不应超过线槽内截面的 50%，电线或电缆根数不限。

6）同一回路的相线和中性线，敷设于同一金属线槽内。

7）同一电源的不同回路无抗干扰要求的线路可敷设于同一线槽内；因线槽内电线有相互交叉及平行紧挨现象，敷设于同一线槽内有抗干扰要求的线路用隔板隔离，或者采用屏蔽电线且屏蔽护套一端接地等屏蔽和隔离措施。

8）在金属线槽垂直或倾斜敷设时，应当采取措施防止电线或电缆在线槽内移动，使绝缘造成损坏，拉断导线或者拉脱拉线盒（箱）内导线。

9）引出金属线槽的线路，应当采用镀锌钢管或普利卡金属套管，不宜采用塑料管与金属线槽连接。线槽的出线口应当位置正确、光滑、无毛刺。

引出金属线槽的配管管口处应有护口，电线或者电缆在引出部分不得遭受损伤。

（2）塑料线槽内导线的敷设

对于塑料线槽，导线应当在线槽槽底固定后开始敷设。导线敷设完成后，再固定槽盖。导线在塑料线槽内敷设时，应注意下列几点：

1）线槽内电线或电缆的总截面（包括外护层）不应超过线槽内截面的20%，载流导线不宜超过30根（控制、信号等线路可视为非载流导线）。

2）强、弱电线路不应当同时敷设在同一根线槽内。同一路径无抗干扰要求的线路，可以敷设在同一根线槽内。

3）放线时先将导线放开抻直，从始端到终端边放边整理，导线应当顺直，不得有挤压、背扣、扭结和受损等现象。

4）电线、电缆在塑料线槽内不得有接头，导线的分支拉头应当在接线盒内进行。从室外引进室内的导线在进入墙内一段应当使用橡胶绝缘导线，严禁使用塑料绝缘导线。

10.4　护套线配线

护套线可以分为铅护套线和塑料护套线，目前在建筑电气工程中所采用的护套绝缘线多为塑料护套绝缘线。

塑料护套线主要用于居住以及办公等建筑室内电气照明及日用电气插座线路，可以直接敷设在楼板、墙壁等建筑物表面上，用铝片卡（钢精轧头）或者塑料钢钉电线卡作为塑料护套线的支持物，但是不得在室外露天场所明敷设。

10.4.1　护套线配线间距

塑料护套线的固定间距，应根据导线截面积的大小加以控制，一般应当控制在150～200mm 之间。在导线转角两边、灯具、开关、接线盒、配电板、配电箱进线前50mm 处，还应当加木榫将轧头固定；在沿墙直线段上每隔600～700mm 处，也应加木榫固定。

同时，塑料护套配线时，应尽可能避开烟道和其他发热物体的表面。若与其他各类管道相遇时，应加套保护管并尽可能绕开，其与其他管道之间的最小距离应符合表10-3 的规定。

表 10-3　塑料护套线与其他管道的配线间距

管道类型	最小间距（mm）		管道类型	最小间距（mm）	
蒸汽管道	平行	1000	煤气管道	同一平面	500
	下边	500		不同平面	20
包有隔热层的蒸汽管道	平行	300	通风、上下水、压缩空气管道	平行	200
	交叉	200		交叉	100
电气开关和导线接头与煤气管道之间最小距离		150	配电箱与煤气管道之间最小距离		300
暖热水管道	平行	300			
	下边	200			
	交叉	100			

10.4.2 护套线配线施工

塑料护套线明配线应当在室内工程全部结束之后进行。在冬季敷设时，温度应不低于—15℃,以防止塑料发脆造成断裂，影响工程施工质量。

（1）施工要求

1）护套线最好在平顶下 50mm 处沿建筑物表面敷设；多根导线平行敷设时，一只轧头最多夹三根双芯护套线。

2）护套线之间应当相互靠紧，穿过梁、墙、楼板、跨越线路、护套线交叉时都应套有保护管，护套线交叉时保护管应当套在靠近墙的一根导线上。

塑料护套线穿过楼板采用保护管保护时，必须使用钢管保护，其保护高度距地面不应低于 1.8m，如在装设开关的地方，可以到开关所在位置。

3）护套线过伸缩缝处，线两端应固定牢固，并且放有适当余量；暗配在空心楼板孔内的导线，洞孔口处应当加护圈保护。

4）塑料护套线在终端、转弯和进入电气器具、接线盒处，均应当装设线卡固定，线卡与终端、转弯中点、电气器具或者接线盒边缘的距离为 50～100mm。

5）塑料护套线明配时，导线应平直，不得有松弛、扭绞和曲折的现象。弯曲时，不应损伤护套线的绝缘层，弯曲半径应当大于导线外径的 3 倍。

6）在接地系统中，接地线应沿护套线同时明敷，并且应平整、牢固。

（2）画线定位

用粉线袋按照导线敷设方向弹出水平或者垂直线路基准线，同时标出所有线路装置和用电设备的安装位置，均匀地画出导线的支持点。导线沿门头线及线脚敷设时，可不必弹线，但是线卡必须紧靠门头线和线脚边缘线。支持点间的距离应根据导线截面大小而定，一般为150～200mm。在接近电气设备或者接近墙角处间距有偏差时，应逐步调整均匀，从而保持美观。

（3）固定线卡

在安装好的木砖上，将线卡钉在弹线上，勿使钉帽凸出，以免划伤导线的外护套。在木结构上，可以直接用钉子钉牢。

在混凝土梁或预制板上敷设时，可用胶结剂粘贴在建筑物表面上，如图 10-19 所示。粘结时，必须用钢丝刷将建筑物粘结面上的粉刷层刷净，使线卡底座与水泥直接粘结。

（4）放线

放线是确保护套线敷设质量的重要一步。整盘护套线不能搞乱，不可以使线产生扭曲。因此，放线时需要操作者合作，一人把整盘线按图 10-20 所示套入双手中，另一人握住线头

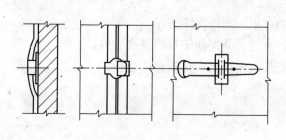

图 10-19　线卡粘结固定

错误　　正确

图 10-20　手工放线

向前拉。放出的线不可以在地上拖拉，以免擦破或弄脏电线的护套层。线放完后先放在地上，量好长度，并且留出一定余量后剪断。

若不小心将电线弄乱或扭弯，需设法校直，其方法如下：

1）把线平放在地上（地面要平），一人踩住导线一端，另一人握住导线的另一端拉紧，用力在地上甩直。

2）将导线两端拉紧，再用木柄沿导线全长来回刮（赶）直。

3）将导线两端拉紧，然后用破布包住导线，用手沿电线全长捋直。

（5）导线敷设工艺

为使线路整齐美观，一定要将导线敷设得横平竖直。几条护套线成排平行敷设时，应上下左右排列紧密，不能有明显空隙。敷线时，应当将线收紧：

1）短距离的直线部分先把导线一端夹紧，再夹紧另一端，最后再把中间各点逐一固定。

2）长距离的直线部分可以在其两端的建筑构件的表面上临时各装一副瓷夹板，把收紧的导线先夹入瓷夹中，再逐一夹上线卡。

3）在转角部分，要顺弯按压，使导线挺直平顺后夹上线卡。

4）中间接头和分支连接处应装置接线盒，接线盒固定应当牢固。在多尘和潮湿的场所应使用密闭式接线盒。

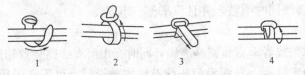

图 10-21　线卡夹持的步骤

5）护套线应置于线卡的钉孔位（或粘贴部分）中间，然后按如图 10-21 所示的步骤进行夹持操作。每夹持 4～5 个线卡后，应当进行一次目测检查，如有偏斜，可用锤敲线卡纠正。

6）塑料护套线在同一墙面上转弯时，一定要保持垂直。导线弯曲半径 R 应不小于护套线宽度的 3 倍。弯曲时不应当损伤护套和芯线外的绝缘层。铅皮护套线弯曲半径不得小于其外径的 10 倍。

（6）护套线暗敷设

护套线暗敷设就是在过路盒（断接盒）至楼板中心灯位之间穿一段塑料护套线，并在盒内留出适当余量，从而和墙体内暗配管内的普通塑料线在盒内相连接。

暗敷设护套线应当在空心楼板穿线孔垂直下方的适当高度设置过路盒（也称断接盒）。板孔穿线时，护套线需要直接通过两板孔端部的接头，板孔孔洞必须对直。此外，还须穿入与孔洞内径一致、长度不小于 200mm 的油毡纸或铁皮制的圆筒加以保护。

对于暗配在空心楼板板孔内的导线，必须使用塑料护套线或者加套塑料护层的绝缘导线，并应满足下列要求：

1）穿入导线前，应当将楼板孔内的积水、杂物清除干净。

2）穿入导线时，不应损伤导线的护套层，并能便于日后更换导线。

3）导线在板孔内不得有接头。分支接头应当放在接线盒内连接。

10.5　线管配线

10.5.1　配管敷设

把绝缘导线穿入保护管内敷设称之为线管配线。线管配线通常有明配和暗配两种。明配是把线管敷设于墙壁、桁架等表面明露处，要横平竖直、整齐美观、固定牢靠且固定点间距均匀。暗配是把线管敷设于墙壁、地坪或者楼板内等处，要求管路短、弯曲少、不外露，以便穿线。

（1）明配线敷设工艺

不同材质的线管敷设工艺细节略有不同，通常明配线管施工工艺流程为：

1）加工工作。按设计图加工好支架、吊架、抱箍、铁件、管弯及套丝（钢管）。各种线管的切断可用带锯的多用电工刀、手钢锯、专用截管器、无齿锯或者砂轮锯进行切管，切口要垂直整齐，管口应刮铣光滑，无毛刺，管内碎屑除净。管的弯曲可以采用冷弯法或热弯法进行揻弯。

2）测定盒、箱及管路固定点位置。按设计图测出盒、箱、出线口的准确位置，弹线定位；把管路的垂直点水平线弹出，按要求标出支架、吊架固定点具体尺寸位置。固定点的距离应均匀，管卡距终端、转弯中点、电气器具或者接线边缘的距离为150～500mm。

3）管路敷设固定。管路敷设固定方法分为膨胀管法、预埋木砖法、预埋铁件焊接法、稳注法、剔注法、抱箍法等。无论采用何种固定方法，均应当先固定两端的支架、吊架，然后拉直线固定中间的支架、吊架。支架、吊架的规格应符合设计要求。当设计无规定时，不应小于以下规定：扁钢支架30mm×3mm；角钢支架25mm×25mm×3mm；埋设支架应有燕尾，埋设深度不应小于120mm。管子的连接方法有阴阳插入法、套接法和专用接头套接法。

4）管路与盒、箱的连接。管路与盒、箱均采用端接头与内锁母连接。硬塑料管与盒（箱）连接时，伸入盒（箱）内的长度应当小于5mm，多根管进入时应长度一致、排列均匀。对于钢管，严禁管口与敲落孔焊接，管口露出盒、箱应小于5mm。

5）管路与其他管路的间距。管路通过建筑物变形缝时，应当在两侧装设接线盒，盒之间的塑料管外应套钢管保护。明配管时与其他管路的间距不得小于以下规定：在热水管下面时为0.2m，上面时为0.3m；蒸汽管下面时为0.5m，上面时为1m；电线管路与其他管路的平行间距不得小于0.1m。

（2）暗敷管路工艺

暗配线管施工工艺流程为：

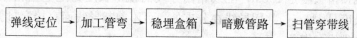

1）弹线定位。按照设计图样要求，在砖墙、混凝土墙等处，确定盒、箱位置进行弹性定位。在混凝土楼板上，标注出灯头盒的位置尺寸。

2）加工管弯。预制管弯可以采用冷揻法和热揻法。

3）稳埋盒、箱。一般可以分为砖墙稳埋盒、箱和模板混凝土墙板稳埋盒、箱。砖墙稳埋盒、箱，可以预留盒、箱孔洞，也可剔洞稳埋盒、箱，再接短管。预留盒、箱孔洞时，依据图样设计位置，随土建施工电工配合，在大约300mm处预留出进入盒、箱的管子长度，将管子甩在盒、箱预留孔外，管端头堵好，待最后一管一孔地进入盒、箱稳埋完毕。剔洞埋盒、箱时，按弹出的水平线，对照图样设计找出盒、箱的准确位置；剔洞，所剔孔洞应比盒、箱稍大一些；洞剔好后，清理孔中杂物并且浇水湿润；用高强度等级水泥砂浆填入洞内将盒、箱稳埋端正，待水泥砂浆凝固后，最后接入短管。

4）暗敷管路。埋设深度与建筑物、构筑物表面的距离不得小于15mm。地面内敷设的管子，其露出地面的管口以距地面高度不小于200mm为宜；进入配电箱的管路，管口高出基础面不得小于50mm。

5）扫管穿带线。管路敷设完毕后，应当及时清扫线管，堵好管口，封好盒子口，等待土建完工后穿线。

10.5.2 管内穿线

管内穿线的工艺流程一般表示为：

（1）选择导线

根据设计图样要求选择导线。进户线的导线最好使用橡胶绝缘导线。相线、中性线及保护线的颜色应加以区别，用淡蓝色的导线作为中性线，用黄绿颜色相间的导线作为保护地线。

（2）扫管

管内穿线一般应当在支架全部架设完毕及建筑抹灰、粉刷及地面工程结束后进行。在穿线前将管中的积水以及杂物清除干净。

（3）穿带线

导线穿管时，应当先穿一根直径为1.2～2.0mm的铁丝作带线，在管路的两端均应留有10～15mm的余量。当管路较长或者弯曲较多时，也可在配管时就将带线穿好。一般在现场施工中，对于管路较长、弯曲较多的情况，由一端穿入钢带线有困难，多采用从两端同时穿钢带线，且将带线头弯成小钩，若估计一根带线端头超过另一根带线端头时，用手旋转较短的一根，使两根带线绞在一起，再把一根带线拉出，此时就可以将带线的一头与需要穿的导线结扎在一起，所穿电线根数较多时，可将电线分段结扎。

（4）放线与断线

放线时，应当将导线置于放线架或放线车上。剪断导线时，接线盒、开关盒、插座盒及灯头盒内的导线预留长度是15cm；配线箱内导线的预留长度为配电箱箱体周长的1/2；出户导线的预留长度是1.5m。共用导线在分支处，可不剪断导线而直接穿过。

（5）导线与带线的绑扎

1）当导线根数较少时，例如二至三根导线，可将导线前端的绝缘层削去，然后将线芯直接插入带线的盘圈内并折回压实，绑扎牢固。使绑扎处形成一个平滑的锥形过渡部位。

2）当导线根数较多或导线截面较大时，可将导线前端的绝缘层削去，然后将线芯斜错排列在带线上，用绑线缠绕绑扎牢固。使绑扎接头处形成一个平滑的锥形过渡部位，便于穿线。

（6）管内穿线、管口带护口

导线与带线绑扎后进行管内穿线。当管路较长或者转弯较多时，在穿线的同时往管内吹入适量的滑石粉。拉线时应当由两人操作，较熟练的一个担任送线，另一人担任拉线，两人送拉动作要配合协调，不可以硬送硬拉。当导线拉不动时，两人配合反复来回拉 1～2 次再向前拉，不可过分勉强而将引线或者导线拉断。导线穿入钢管时，管口处应当装设护线套保护导线；在不进入接线盒（箱）的垂直管口，穿入导线后应将管口密封。同一交流回路的导线应当穿于同一根钢管内。导线在管内不得有接头和扭结，其接头应放在接线盒（箱）内。管内导线包含绝缘层在内的总截面积不应大于管子内径截面积的 40%。

（7）导线连接

导线连接应具备以下三个条件：①导线接头不能增加电阻值；②受力导线不能降低原机械强度；③不能降低原绝缘强度。为了满足以上三点要求，在导线做电气连接时，必须先削掉绝缘再进行连接，而后加焊，包缠绝缘。

（8）绝缘摇测

线路敷设完毕后，需进行线路绝缘电阻值摇测，检验是否达到设计规定的导线绝缘电阻。照明电路一般选用 500V、量程为 0～500MΩ 的兆欧表摇测。

10.6 电缆配线

10.6.1 电缆直埋敷设

（1）直埋电缆敷设前，应当在铺平夯实的电缆沟内先铺一层 100mm 厚的细砂或软土，作为电缆的垫层。直埋电缆周围是铺砂好还是铺软土好，应当根据各地区的情况而定。

软土或砂子中不应含有石块或其他硬质杂物。如果土壤中含有酸或碱等腐蚀性物质，则不能做电缆垫层。

（2）在电缆沟内放置滚柱，其间距与电缆单位长度的质量有关，通常每隔 3～5m 放置一个，注意在电缆转弯处应加放一个，以不使电缆下垂碰地为原则。

（3）电缆放在沟底时，边敷设边检查电缆是否受伤。放置电缆的长度不要控制过紧，应按全长预留 1.0%～1.5% 的裕量，并且做波浪状摆放。在电缆接头处也要留出裕量。

（4）直埋电缆敷设时，严禁将电缆平行敷设在其他管道的上方或者下方，并应符合下列要求：

1）电缆与热力管线交叉或接近时，若不能满足表 10-1 所列数值要求，应在接近段或交叉点前后 1m 范围内做隔热处理，隔热方法如图 10-22 所示，使电缆周围土壤的温升不超过 10℃。

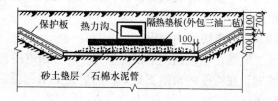

图 10-22　电缆与热力管线交叉隔热做法

2）电缆与热力管线平行敷设时距离不得小于 2m。若有一段不能满足要求时，可以减少但不得小于 500mm。这时，应在与电缆接近的一段热力管道上加装隔热装置，使电缆周围土壤的温升不超过 10℃。

3）电缆与热力管道交叉敷设时，其净距虽能够满足 ≥500mm 的要求，但检修管路时可能伤及电缆，应当在交叉点前后 1m 的范围内采取保护措施。

如将电缆穿入石棉水泥管中加以保护，其净距可以减为 250mm。

（5）10kV 及以下电力电缆之间，以及 10kV 及以下电力电缆与控制电缆之间平行敷设时，最小净距为 100mm。

10kV 以上电力电缆之间以及 10kV 及以上电力电缆和 10kV 及以下电力电缆或与控制电缆之间平行敷设时，最小净距为 250mm。特殊情况下，10kV 以上电缆之间及与相邻电缆间的距离可降低至 100mm，但应选用加间隔板电缆并列方案；如果电缆均穿在保护管内，并列间距也可降至 100mm。

（6）电缆沿坡度敷设的允许高差及弯曲半径应当符合要求，电缆中间接头应保持水平。当多根电缆并列敷设时，中间接头的位置宜相互错开，其净距不宜小于 500mm。

（7）电缆敷设完后，再在电缆上面覆盖 100mm 的砂或者软土，然后盖上保护板（或砖），覆盖宽度应当超出电缆两侧各 50mm。板与板连接处应紧靠。

（8）覆土前，沟内如有积水则应当抽干。覆盖土要分层夯实，最后清理场地，做好电缆走向记录，并应当在电缆引出端、终端、中间接头、直线段每隔 100m 处和走向有变化的部位挂标志牌。

标志牌可以采用 C15 钢筋混凝土预制，安装方法如图 10-23 所示。标志牌上应注明线路编号、电压等级、电缆型号、截面、起止地点、线路长度等内容，以便于维修。标志牌规格宜统一，字迹应当清晰不易脱落。标志牌挂装应牢固。

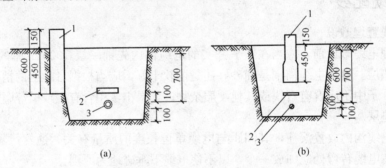

图 10-23　直埋电缆标志牌的装设

（a）埋设于送电方向右侧；（b）埋设于电缆沟中心

1—电缆标志牌；2—保护板；3—电缆

（9）在含有酸碱、矿渣、石灰等场所，电缆不应直埋；若必须直埋，应当采用缸瓦管、水泥管等防腐保护措施。

10.6.2　电缆沟内敷设

电缆在电缆沟内敷设，应先挖好一条电缆沟，电缆沟壁要用防水水泥砂浆抹面，再把电缆敷设在沟壁的角钢支架上，然后盖上水泥板。电缆沟的尺寸根据电缆多少（一般不宜超过12 根）而定。

这种敷设方式较直埋式投资高，但是检修方便，能容纳较多的电缆，在厂区的变、配电所中应用很广。在容易积水的地方，应当考虑开挖排水沟。

（1）电缆敷设前，应先检验电缆沟以及电缆竖井，电缆沟的尺寸以及电缆支架间距应满足设计要求。

（2）电缆沟应平整，且有 0.1% 的坡度。沟内需要保持干燥，并能防止地下水浸入。沟内应设置适当数量的积水坑，应及时将沟内积水排出，一般每隔 50m 设一个，积水坑的尺寸以 400mm×400mm×400mm 为宜。

（3）敷设在支架上的电缆，按照电压等级排列，高压在上面，低压在下面，控制与通信电缆在最下面。若两侧装设电缆支架，则电力电缆与控制电缆、低压电缆应分别安装在沟的两边。

（4）电缆支架横撑间的垂直净距，无设计规定时，通常对电力电缆不小于 150mm；对控制电缆不小于 100mm。

（5）在电缆沟内敷设电缆时，其水平间距不应小于下列数值：

1）电缆敷设在沟底时，电力电缆间为 35mm，但是不小于电缆外径尺寸；不同级电力电缆与控制电缆间为 100mm；控制电缆间距不作规定。

2）电缆支架间的距离应按照设计规定施工，当设计无规定时，则不应大于表 10-4 的规定值。

表 10-4　电缆支架之间的距离　　　　　　　　　　　　m

电　缆　种　类	支架敷设方式	
	水平	垂直
电力电缆（橡胶及其他油浸纸绝缘电缆）	1.0	2.0
控制电缆	0.8	1.0

注：水平与垂直敷设包括沿墙壁、构架、楼板等处所非支架固定。

（6）电缆在支架上敷设时，拐弯处的最小弯曲半径应当符合电缆最小允许弯曲半径。

（7）电缆表面距地面的距离不应小于 0.7m，穿越农田时不得小于 1m；66kV 及以上电缆不应小于 1m。仅在引入建筑物、与地下建筑物交叉及绕过地下建筑物处，可埋设浅些，但应当采取保护措施。

（8）电缆应埋设于冻土层以下；当无法深埋时，应当采取保护措施，以防电缆受到损坏。

10.6.3　电缆竖井内敷设

敷设在竖井内的电缆，电缆的绝缘或护套应当具有非延燃性。通常采用较多的为聚氯乙烯护套细钢丝铠装电力电缆，因为此类电缆能承受的拉力较大。

（1）在多、高层建筑中，通常低压电缆由低压配电室引出后，沿电缆隧道、电缆沟或电缆桥架进入电缆竖井，再沿支架或桥架垂直上升。

（2）电缆在竖井内沿支架垂直布线。所用的扁钢支架与建筑物之间的固定应当采用 M10×80mm 的膨胀螺栓紧固。支架设置距离是 1.5m，底部支架距楼（地）面的距离不应小于 300mm。

扁钢支架上，电缆宜采用管卡子固定，各电缆之间的间距不得小于 50mm。

（3）电缆沿支架的垂直安装，如图 10-24所示。小截面电缆可在电气竖井内敷设，也

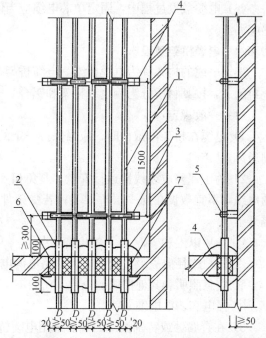

图 10-24　电缆布线沿支架垂直安装

1—电缆；2—电缆保护管；3—支架；4—膨胀螺栓；
5—管卡子；6—防火隔板；7—防火堵料

可沿墙敷设，此时可使用管卡子或者单边管卡子用 $\phi 6 \times 30mm$ 塑料胀管固定，如图 10-25 所示。

（4）电缆在穿过楼板或墙壁时，应当设置保护管，并用防火隔板、防火堵料等做好密封隔离，保护管两端管口空隙应当做密封隔离。

（5）电缆布线过程中，垂直干线与分支干线的连接，一般采用 T 形接头法。为了接线方便，树干式配电系统电缆应尽可能采用单芯电缆；单芯电缆 T 形接头大样如图 10-26 所示。

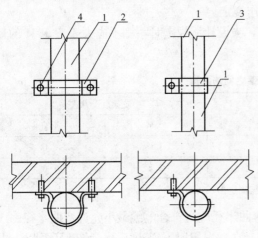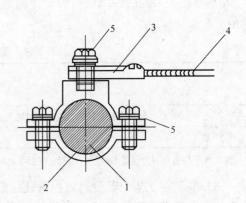

图 10-25　电缆沿墙固定
1—电缆；2—双边管卡子；3—单边管卡子；
4—塑料胀管

图 10-26　单芯电缆"T"形接头大样图
1—干线电缆芯线；2—U 形铸铜卡；3—接线耳；
4—T 形出支线；5—螺栓、垫圈、弹簧垫圈

（6）电缆敷设过程中，固定单芯电缆应当使用单边管卡子，以减少单芯电缆在支架上的感应涡流。

10.6.4　电缆桥架敷设

架设电缆的构架称为电缆桥架。电缆桥架按结构形式可分为托盘式、梯架式、组合式、全封闭式，按其材质分为钢电缆桥架和铝合金电缆桥架。

（1）一般规定

1）电缆在桥架内敷设时，应当保持一定的间距；多层敷设时，层间应加隔栅分隔，以利通风。

2）为了保障电缆线路运行安全，避免相互间的干扰和影响，以下不同电压、不同用途的电缆，不宜敷设在同一层桥架上；若受条件限制需要安装在同一层桥架上时，应用隔板隔开。

① 1kV 以上和 1kV 以下的电缆。

② 同一路径向一级负荷供电的双路电源电缆。

③ 应急照明和其他照明的电缆。

④ 强电和弱电电缆。

3）在有腐蚀或特别潮湿的场所采用电缆桥架布线时，最好选用外护套具有较强的耐酸、碱腐蚀能力的塑料护套电缆。

（2）敷设

1）电缆沿桥架敷设前，应当防止电缆排列不整齐，出现严重交叉现象，必须事先将电

缆敷设位置排列好，规划出排列图表，按照图表进行施工。

2）施放电缆时，对于单端固定的托臂可在地面上设置滑轮施放，放好后拿到托盘或梯架内；双吊杆固定的托盘或者梯架内敷设电缆，应将电缆直接在托盘或梯架内安放滑轮施放，电缆不得直接在托盘或者梯架内拖拉。

3）电缆沿桥架敷设时，应单层敷设，电缆与电缆之间可无间距敷设，电缆在桥架内应排列整齐，不应交叉，并且敷设一根、整理一根、卡固一根。

4）垂直敷设的电缆每隔 1.5～2m 处应当加以固定；水平敷设的电缆，在电缆的首尾两端、转弯及每隔 5～10m 处进行固定，对电缆在不同标高的端部也应当进行固定。大于 45°倾斜敷设的电缆，每隔 2m 设一固定点。

5）电缆固定可以用尼龙卡带、绑线或者电缆卡子进行固定。为了运行中巡视、维护和检修的方便，在桥架内电缆的首端、末端和分支处应当设置标志牌。

6）电缆出入电缆沟、竖井、建筑物、柜（盘）、台处以及导管管口处等做密封处理。出入口、导管管口的封堵作用是防火、防小动物入侵、防异物跌入的需要，均是为安全供电而设置的技术防范措施。

7）在桥架内敷设电缆，每层电缆敷设完成后应当进行检查；全部敷设完成后，经检验合格，才能盖上桥架的盖板。

10.6.5　电力电缆连接

电缆敷设完毕后，各线段一定要连接为一个整体。电缆线路的首、末端称为终端，中间的接头则称为中间接头，主要作用是保证电缆密封、线路畅通。电缆接头处的绝缘等级，应符合要求，使其安全可靠地运行。电缆头外壳和电缆金属护套及铠装层均应良好接地，接地线截面不小于 $10mm^2$ 为宜。

10.7　母线安装

10.7.1　母线下料、矫直与弯曲

10.7.1.1　母线下料

母线下料有手工下料和机械下料两种方法。手工下料可以用钢锯；机械下料可用锯床、电动冲剪机等。下料时应注意下列几点：

（1）根据母线来料长度合理切割，以免浪费。

（2）为便于日久检修拆卸，长母线应当在适当的部位分段，并用螺栓连接，但是接头不宜过多。

（3）下料时母线要留适当裕量，防止弯曲时产生误差，造成整根母线报废。

（4）下料时，母线的切断面应平整。

10.7.1.2　母线矫直

运到施工现场的母线往往不是很平直的，所以，安装前必须矫正平直。矫直的方法有手工矫直和机械矫直两种。

（1）机械矫直

对于大截面短型母线多用机械矫直。矫正施工时，可以将母线的不平整部分放在矫正机的平台上，再转动操作圆盘，利用丝杠的压力将母线矫正平直。机械矫直较手工矫直更为简单便捷。

（2）手工矫直

手工矫直时，可将母线放在平台或者平直的型钢上。对于铜、铝母线应用硬质木槌直接敲打，而不能用铁锤直接敲打。如果母线弯曲过大，可用木槌或垫块（铝、铜、木板）垫在母线上，然后用铁锤间接敲打平直。敲打时，用力要适当，不能过猛，否则会引起母线再次变形。

对于棒型母线，矫直时应当先锤击弯曲部位，再沿长度轻轻地一边转动一边锤击，依靠视力来检查，直到成直线为止。

10.7.1.3 母线弯曲

将母线加工弯制成一定的形状，称为弯曲。母线一般宜进行冷弯，但应尽可能减少弯曲。若需热弯，对铜加热温度不宜超过 $350℃$，铝不宜超过 $250℃$，钢不宜超过 $600℃$。对于矩形母线，最好采用专用工具和各种规格的母线冷弯机进行冷弯，不得进行热弯；弯出圆角后，也不应进行热搋。

（1）弯曲要求

母线弯曲前，应按照测好的尺寸，将矫正好的母线下料切断后，按照测出的弯曲部位进行弯曲，其要求如下：

1）母线开始弯曲处距最近绝缘子的母线支持夹板边缘不得大于 $0.25L$，但不得小于 50mm。

2）母线开始弯曲处距母线连接位置不得小于 50mm。

3）矩形母线应减少直角弯曲，弯曲处不得有裂纹以及显著的起皱，母线的最小弯曲半径应符合表 10-5 的规定。

4）多片母线的弯曲度应一致。

表 10-5 母线最小弯曲半径（R）值

母线种类	弯曲方式	母线断面尺寸（mm）	最小弯曲半径（mm）		
			铜	铝	钢
矩形母线	平弯	50×5 及其以下	$2a$	$2a$	$2a$
		125×10 及其以下	$2a$	$2.5a$	$2a$
	立弯	50×5 及其以下	$1b$	$1.5b$	$0.5b$
		125×10 及其以下	$1.5b$	$2b$	$1b$
棒形母线		直径为 16 及其以下	50	70	50
		直径为 30 及其以下	150	150	150

（2）弯曲形式

母线弯曲有四种形式：平弯（宽面方向弯曲）、立弯（窄面方向弯曲）、扭弯（麻花弯）、折弯（灯叉弯），如图 10-27 所示。

1）平弯：首先在母线要弯曲的部位画上记号，再将母线插入平弯机的滚轮内，需弯曲的部位放在滚轮下，校正无误后，拧紧压力丝杠，慢慢压下平弯机的手柄，使母线逐渐弯曲。

对于小型母线的弯曲，可以用台虎钳弯曲，但大型母线则需用母线弯曲机进行弯制。弯制时，先将母线扭弯部分的一端夹在台虎钳上，为免钳口夹伤母线，钳口与母线接触处应垫以铝板或硬木。母线的另一端用扭弯器夹住，之后双手用力转动扭弯器的手柄，让母线弯曲达到需要形状为止。

2）立弯：将母线需要弯曲的部位套在立弯机的夹板上，然后装上弯头，拧紧夹板螺钉，校正无误后，操作千斤顶，让母线弯曲。

3）扭弯：将母线扭弯部位的一端夹在虎钳上，钳口部分垫上薄铝皮或者硬木片。在距钳口大于母线宽度 2.5 倍处，使用母线扭弯器［图 10-28（a）］夹住母线，用力扭转扭弯器手柄，使母线弯曲达到所需要的形状为止。此种方法适用于弯曲 100mm×8mm 以下的铝母线。超过此范围就需将母线弯曲部分加热再行弯曲。

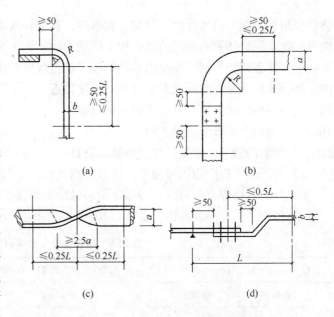

图 10-27　母线弯曲图

(a) 平弯；(b) 立弯；(c) 扭弯；(d) 折弯

a—母线宽度；b—母线厚度；L—母线两支持点间的距离

4）折弯：可用于手工在虎钳上敲打成型，也可以用折弯模［图 10-28（b）］压成。方法是先将母线放在模子中间槽的钢框内，然后用千斤顶加压。图中 A 为母线厚度的 3 倍。

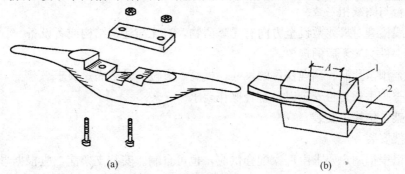

图 10-28　母线扭弯与折弯

(a) 母线扭弯器；(b) 母线折弯模具

A—母线折弯部分长度；1—折弯模；2—母线

10.7.2　母线搭接面加工

母线的接触面加工必须平整，无氧化膜，其加工方法有手工锉削及使用机械铣、刨和冲压三种方法。经加工后其截面减少值：铜母线不得超过原截面的 3%；铝母线不应超过原截面的 5%。接触面应保持洁净，并且涂以电力复合脂。具有镀银层的母线搭接面，不得任意锉磨。

对不同金属的母线搭接，除铝—铝之间可以直接连接外，其他类型的搭接，表面需进行处理。对铜—铝搭接，在干燥室内安装，铜导体表面应搪锡，在室外或者特别潮湿的室内安

247

装，应当采用铜—铝过渡段。对铜—铜搭接，在室外或者在有腐蚀性气体、高温且潮湿的室内安装时，铜导体表面必须搪锡；在干燥的室内，铜—铜也可以直接连接。钢—钢搭接，表面应搪锡或者镀锌。钢—铜或铝搭接，钢、铜搭接面必须搪锡。对铜—铝搭接，在干燥的室内，铜导体应搪锡，室外或者空气相对湿度接近 100％的室内，应当采用铜—铝过渡板，铜端应搪锡。封闭母线螺栓固定搭接面应镀银。

10.7.3 铝合金管母线的加工制作

1）切断的管口应平整，并且与轴线垂直。

2）管子的坡口应用机械加工，坡口应当光滑、均匀、无毛刺。

3）母线对接焊口距母线支持器支板边缘距离不得小于 50mm。

4）按制造长度供应的铝合金管，其弯曲度不得超过表 10-6 的规定。

表 10-6　铝合金管允许弯曲度值

管子规格（mm）	单位长度内的弯度（mm）	全长内的弯度（mm）
直径为 150 以下冷拔管	<2.0	<2.0×L
直径为 150 以下热挤压管	<3.0	<3.0×L
直径为 150～250 热挤压管	<4.0	<4.0×L

注：L 为管子的制造长度，m。

10.7.4 放线检查

（1）进入现场先依照图纸进行检查，根据母线沿墙、跨柱、沿梁至屋架敷设的不同情况，核对是否与图纸相一致。

（2）放线检查对母线敷设全方向有无障碍物，有无与建筑结构或者设备、管道、通风等工程各安装部件交叉矛盾的现象。

（3）检查预留孔洞、预埋铁件的尺寸、标高、方位，是否满足要求。

（4）检查脚手架是否安全以及符合操作要求。

10.7.5 支架、绝缘子安装

（1）支架安装

支架可以根据用户要求由厂家配套供应，也可自制。安装支架前，应根据母线路径的走向测量出较准确的支架位置。支架安装时，应当注意以下几点：

1）支架架设安装应符合设计规定。当在墙上安装固定时，宜与土建施工密切配合，埋入墙内或事先预留安装孔，尽可能避免临时凿洞。

2）支架安装的距离应均匀一致，两支架间距离偏差不应大于 5cm。当裸母线为水平敷设时，不超过 3m，当垂直敷设时，不超过 2m。

3）支架埋入墙内部分必须开叉成燕尾状，埋入墙内深度应当大于 150mm，当采用螺栓固定时，应使用 M12×150mm 开尾螺栓，孔洞要用混凝土填实，灌注牢固。

4）支架跨柱、沿梁或屋架安装时，所用抱箍、螺栓、撑架等要紧固，并且应避免将支架直接焊接在建筑物结构上。

5）遇有混凝土板墙、梁、柱、屋架等无预留孔洞时，允许使用锚固螺栓方式安装固定支架；有条件时，也可以采用射钉枪。

6）封闭插接母线的拐弯处及与箱（盘）连接处必须加支架。直段插接母线支架的距离不应大于 2m。

7）封闭插接式母线支架有下列两种安装形式。埋注支架用水泥砂浆的灰砂比为 1：3，所用的水泥为 42.5 级及其以上的水泥。埋注时，应当注意灰浆饱满、严实、不高出墙面，埋深不少于 80mm。

① 母线支架与预埋铁件采用焊接固定时，焊缝应当饱满；

② 采用膨胀螺栓固定时，选用的螺栓应适配，连接应当固定。同时，固定母线支架的膨胀螺栓不少于两个。

8）封闭插接式母线的吊装有单吊杆和双吊杆之分。一个吊架应当用两根吊杆，固定牢固，螺扣外露 2～4 扣，膨胀螺栓应当加平垫圈和弹簧垫，吊架应用双螺母夹紧。

9）支架及支架与埋件焊接处刷防腐油漆应当均匀，无漏刷，不污染建筑物。

（2）绝缘子安装

1）绝缘子夹板、卡板的安装要紧固。夹板、卡板的制作规格需要与母线的规格相适配。

2）无底座和顶帽的内胶装式的低压绝缘子和金属固定件的接触面之间应垫以厚度不小于 1.5mm 的橡胶或者石棉板等缓冲垫圈。

3）支柱绝缘子的底座、套管的法兰以及保护罩（网）等不带电的金属构件，均应接地。

4）母线在支柱绝缘子上的固定点应当位于母线全长或两个母线补偿器的中心处。

5）悬式绝缘子串的安装应当符合下列要求：

① 除设计原因外，悬式绝缘子串应当与地面垂直，当受条件限制不能满足要求时，可有不超过 5°的倾斜角。

② 多串绝缘子并联时，每串所受的张力应当均匀。

③ 绝缘子串组合时，连接金具的螺栓、销钉以及锁紧销等必须符合现行国家标准，且应完整，其穿向应一致，耐张绝缘子串的碗口应当向上，绝缘子串的球头挂环、碗头挂板及锁紧销等应互相匹配。

④ 弹簧销应有足够弹性，闭口销必须分开，并且不得有折断或裂纹，严禁用线材代替。

⑤ 均压环、屏蔽环等保护金具应当安装牢同，位置应正确。

⑥ 绝缘子串吊装前应当清擦干净。

6）三角锥形组合支柱绝缘子的安装，除应当符合上述规定外，还应符合产品的技术要求。

10.7.6　裸母线安装

对矩形母线在支持绝缘子上固定的技术要求，是为保证母线通电后，在负荷电流下不发生短路环涡流效应，使母线可以自由伸缩，防止局部过热及产生热膨胀后应力增大而影响母线安全运行。裸母线安装应当符合以下规定：

1）先在支柱绝缘子上安装母线固定金具。母线在支柱绝缘子上的固定方式有：螺栓固定、卡板固定（图 10-29）、夹板固定。其中，螺栓固定是直接用螺柱将母线固定在瓷瓶上。

管形母线安装在滑动式支持器上时，支持器的轴座与管形母线之间应当有 1～2mm 的间隙。

多片矩形母线间，应当保持不小于母线厚度的间隙；相邻的间隔垫边缘间距离应大

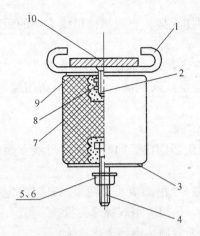

图 10-29　卡板固定母线

1—卡板；2—埋头螺栓；3—红钢
纸垫片；4—螺栓；5、6—螺母、
垫圈；7—瓷瓶；8—螺母；9—红
钢纸垫片；10—母线

于 5mm。

2）母线敷设应当按设计规定装设补偿器（伸缩节），设计未规定时，最好每隔下列长度设一个：

① 铝母线：20～30m；

② 铜母线：30～50m；

③ 钢母线：35～60m。

母线补偿器由厚度为 0.2～0.5mm 的薄片叠合而成，不应有裂纹、断股和折皱现象；其组装后的总截面应当不小于母线截面的 1.2 倍。

3）硬母线跨柱、梁或跨屋架敷设时，母线在终端及中间分段处应当分别采用终端及中间拉紧装置。终端或者中间拉紧固定支架宜装有调节螺栓的拉线，拉线的固定点应能承受拉线张力，并且同一档距内，母线的各相弛度最大偏差应小于 10％。

母线长度超过 300～400m 而需换位时，换位不得小于一个循环。槽形母线换位段处可用矩形母线连接，换位段内各相母线的弯曲程度应当对称一致。

4）母线与母线或母线与电气接线端子的螺栓搭接面的安装，应当符合下列要求：

① 母线接触面加工后必须保持清洁，并且涂以电力复合脂。

② 母线平置时，贯穿螺栓应从下往上穿，其余情况下，螺母应置于维护侧，螺栓长度宜露出螺母 2～3 扣。

③ 贯穿螺栓连接的母线两外侧均应当有平垫圈，相邻螺栓垫圈间应有 3mm 以上的净距，螺母侧应装有弹簧垫圈或者锁紧螺母。

④ 螺栓受力应均匀，不应当使电气的接线端子受到额外应力。

⑤ 母线的接触面应连接紧密，连接螺栓应当用力矩扳手紧固，其紧固力矩值应符合表 10-7 的规定。

表 10-7　钢制螺栓的紧固力矩值

螺栓规格（mm）	力矩值（N·m）	螺栓规格（mm）	力矩值（N·m）
M8	8.8～10.8	M16	78.5～98.1
M10	17.7～22.6	M18	98.0～127.4
M12	31.4～39.2	M20	156.9～196.2
M14	51.0～60.8	M24	274.6～343.2

母线与螺杆形接线端子连接时，母线的孔径不应当大于螺杆形接线端子直径 1mm。丝扣的氧化膜必须刷净，螺母接触面必须平整，螺母与母线间应当加铜质搪锡平垫圈，并且应有锁紧螺母，但不得加弹簧垫。

5）母线安装控制技术数据见表 10-8。

表 10-8　母线安装控制技术数据

项　目	控制技术数据
夹板和母线 之间的间隙	同一垂直部分其余的夹板和母线之间应留有 1.5～2mm 的间隙
最小安全距离	符合设计要求及相关规定
支持点的间距	对低压母线不得大于 900mm 对高压母线不得大于 1200mm
支持点误差	1) 水平段：两支持点高度误差不大于 10mm，全长不大于 10mm 2) 垂直段：两支持点垂直误差不大于 2mm，全长不大于 5mm 3) 间距：平行部分间距应均匀一致，误差不大于 5mm
螺栓垫圈间距离	相邻螺栓垫圈间应有 3mm 以上的距离

10.7.7　母线接地保护、试验与试运行

母线是供电主干线，凡与其相关的可以接近的裸露导体要接地或接零的理由主要是：发生漏电可导入接地装置，确保接触电压不危及人身安全，并且也给具有保护或讯号的控制回路正确发出讯号提供可能。

母线绝缘子的底座、套管的法兰、保护网（罩）及母线支架等可接近裸露导体应与 PE 线或 PEN 线连接可靠。为防止保护线线间的串联连接，不得将其作为 PE 线或 PEN 线的接续导体。

（1）母线试验

母线和其他供电线路一样，安装完毕后，需要做电气交接试验。必须注意，6kV 以上（含 6kV）的硬母线试验时与穿墙套管要断开，因有时两者的试验电压是不同的。

1）穿墙套管、支柱绝缘子及母线的工频耐压试验，其试验电压标准如下：

35kV 及以下的支柱绝缘子，可以在母线安装完毕后一起进行。试验电压应符合表 10-9 的规定。

表 10-9　穿墙套管、支柱绝缘子及母线的工频耐压试验
电压标准［1min 工频耐受电压（kV）有效值］　　　　　　　　　kV

额定电压（kV）		3	6	10
支柱绝缘子		25	32	42
穿墙 套管	纯瓷和纯瓷充油绝缘	18	23	30
	固体有机绝缘	16	21	27

2）母线绝缘电阻。母线绝缘电阻不作规定，也可以参照表 10-10 的规定。

表 10-10　常温下母线的绝缘电阻最低值

电压等级（kV）	1 以下	3～10
绝缘电阻（MΩ）	1/1000	>10

3）抽测母线焊（压）接头的直流电阻。对焊（压）接头有怀疑或者采用新施工工艺时，可抽测母线焊（压）接头的 2%，但是不少于 2 个，所测接头的直流电阻值不应大于同等长度母线的 1.2 倍（对软母线的压接头应不大于 1）；对大型铸铝焊接母线，则可以抽查其中

的 20%～30%，同样应符合上述要求。

4）高压母线交流工频耐压试验必须按现行国家标准《电气装置工程 电气设备交接试验标准》（GB 50150—2006）的规定交接试验合格。

5）低压母线的交接试验应符合下列要求：

① 规格、型号应符合设计要求。

② 相间和相对地间的绝缘电阻值应大于 0.5MΩ。

③ 母线的交流工频耐压试验电压为 1kV，当绝缘电阻值大于 10MΩ 时，可以采用 2500V 兆欧表摇测替代，试验持续时间 1min，无击穿闪络现象。

（2）母线试运行

1）试运行条件。变配电室已达到送电条件，土建和装饰工程及其他工程全部完工，并清理干净。与插接式母线连接设备以及连线安装完毕，绝缘良好。

2）通电准备。对封闭式母线进行全面的整理，清扫干净，接头连接紧密，相序正确，外壳接地（PE）或者接零（PEN）良好。绝缘摇测及交流工频耐压试验合格才能通电。

3）试验要求。低压母线的交流耐压试验电压为 1kV，当绝缘电阻值大于 10MΩ 时，可以用 2500V 绝缘电阻表摇测替代，试验持续时间 1min，无闪络现象；高压母线的交流耐压试验，必须符合现行国家标准《电气装置安装工程 电气设备交接试验标准》（GB 50150—2006）的规定。

4）结果判定。送电空载运行 24h 无异常现象，办理验收手续，交于建设单位使用，同时提交验收资料。

10.8 架空线路安装

10.8.1 架空线路的组成

架空线路是电力线路的重要组成部分。架空线路系线路架在杆塔上，其构造是由基础、电杆、横担、金具、绝缘子、导线和拉线等部分组成。其电杆装置构成如图 10-30 所示。

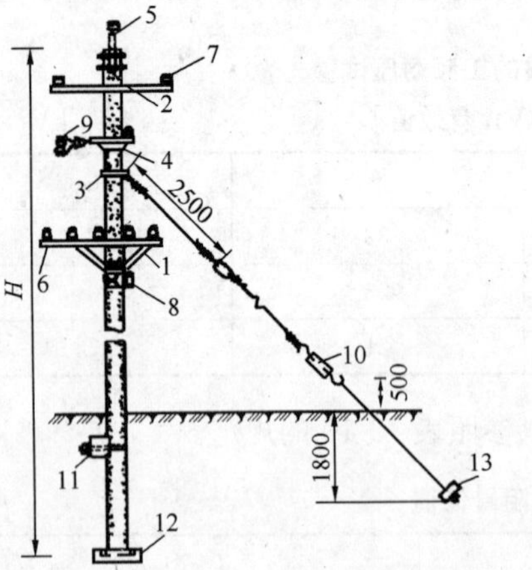

图 10-30 钢筋混凝土电杆装置示意图
1—低压五线横担；2—高压二线横担；3—拉线抱箍；4—双横担；5—高压杆顶支座；6—低压针式绝缘子；7—高压针式绝缘子；8—蝶式绝缘子；9—悬式绝缘子和高压蝶式绝缘子；10—花篮螺丝；11—卡盘；12—底盘；13—拉线盘

10.8.2 拉线的装设

（1）安装要求

1）拉线与电杆之间的夹角不宜小于 45°；当受地形限制时，可以适当小些，但不应小于 30°。

2）终端杆的拉线及耐张杆承力拉线应当与线路方向对正，分角拉线应与线路分角线方向对正，防风拉线应和线路方向垂直。

3）采用绑扎固定的拉线安装时，拉线两端应当设置心形环。

4）当一根电杆上装设多股拉线时，拉线不应当有过松、过紧、受力不均匀等现象。

5）埋设拉线盘的拉线坑应有滑坡（马道），回填土应当有防沉土台，拉线棒与拉线盘的连接应使用双螺母。

6) 居民区、厂矿内，混凝土电杆的拉线从导线之间穿过时，应当装设拉线绝缘子。在断线情况下，拉线绝缘子距地面不得小于2.5m。

拉线穿过公路时，对路面中心的垂直距离不得小于6m。

7) 合股组成的镀锌铁线用做拉线时，股数不得少于三股，其单股直径不应小于4.0mm，绞合均匀，受力相等，不应当出现抽筋现象。

合股组成的镀锌铁线拉线采用自身缠绕固定时，最好采用直径不小于3.2mm的镀锌铁线绑扎固定。绑扎应整齐紧密，其缠绕长度为：三股线不得小于80mm，五股线不应小于150mm，花缠不应小于250mm，上端不得小于100mm。

8) 钢绞线拉线可以采用直径不小于3.2mm的镀锌铁线绑扎固定。绑扎应整齐、紧密，缠绕长度不能小于表10-11所列数值。

表10-11　缠绕长度最小值

钢绞线截面 （mm²）	缠绕长度（mm）				
	上　端	中端有绝缘子的两端	与拉棒连接处		
			下　端	花　缠	上　端
25	200	200	150	250	80
35	250	250	200	300	80
50	300	300	250	250	80

9) 拉线在地面上下各300mm部分，为防止腐蚀，应涂刷防腐油，然后用浸过防腐油的麻布条缠卷，并且用铁线绑牢。

10) 采用UT型线夹及楔形线夹固定的拉线安装时，应当符合以下规定：

① 安装前丝扣上应涂润滑剂。

② 线夹舌板与拉线接触应紧密，受力后无滑动现象，线夹的凸度应当在尾线侧，安装时不得损伤导线。

③ 拉线弯曲部分不应有明显松股，拉线断头处与拉线主线应当可靠固定。线夹处露出的尾线长度不宜超过400mm。

④ 同一组拉线使用双线夹时，其尾线端的方向应当作统一规定。

⑤ UT型线夹或花篮螺栓的螺杆应露扣，并且应有不小于1/2螺杆丝扣长度可供调紧。调整后，UT型线夹的双螺母应当并紧，花篮螺栓应封固。

11) 采用拉桩杆拉线的安装应当符合下列规定：

① 拉杆桩埋设深度不应小于杆长的1/6。

② 拉杆桩应向张力反方向倾斜15°~20°。

③ 拉杆坠线与拉桩杆夹角不应小于30°。

④ 拉桩坠线上端固定点的位置距拉桩杆顶应为0.25m，距地面不得小于4.5m。

⑤ 拉桩坠线采用镀锌铁线绑扎固定时，缠绕长度可以参照表10-11所列数值。

(2) 拉线盘的埋设

在埋设拉线盘之前，首先应将下把拉线棒组装好，再进行整体埋设。拉线坑应有斜坡，回填土时应当将土块打碎后夯实。拉线坑宜设防沉层。

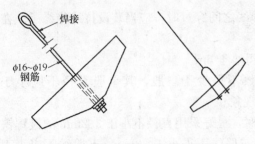

焊接

$\phi16\sim\phi19$
钢筋

图 10-31　拉线盘

拉线棒应与拉线盘垂直，其外露地面部分长度应当为 $500\sim700$mm。目前，普遍采用的拉线棒为圆钢拉线棒，其下端套有丝扣，上端有拉环，安装时拉线棒穿过水泥拉线盘孔，放好垫圈，拧上双螺母即可，如图 10-31 所示。把拉线棒装好之后，将拉线盘放正，让底把拉环露出地面 $500\sim700$mm，即可分层填土夯实。

拉线盘选择及埋设深度，以及拉线底把所使用的镀锌线和镀锌钢绞线与圆钢拉线棒的换算，可参照表 10-12。

表 10-12　拉线盘的选择及埋设深度

拉线所受拉力 (kN)	选用拉线规格		拉线盘规格 (m)	拉线盘埋深 (m)
	$\phi4.0$ 镀锌铁线 (股数)	镀锌钢绞线 (mm²)		
15 及以下	5 及以下	25	0.6×0.3	1.2
21	7	35	0.8×0.4	1.2
27	9	50	0.8×0.4	1.5
39	13	70	1.0×0.5	1.6
54	2×3	2×50	1.2×0.6	1.7
78	2×13	2×70	1.2×0.6	1.9

拉线棒地面上、下 $200\sim300$mm 处，均要涂以沥青，泥土中含有盐碱成分较多的地方，还需从拉线棒出土 150mm 处起，缠卷 80mm 宽的麻带，缠到地面以下 350mm 处，并浸透沥青，以防腐蚀。涂油和缠麻带，都应当在填土前做好。

（3）拉线上把安装

拉线上把安装在混凝土电杆上，须用拉线抱箍以及螺栓固定。其方法是用一只螺栓将拉线抱箍抱在电杆上，再把预制好的上把拉线环放在两片抱箍的螺孔间，穿入螺栓拧上螺母固定好。上把拉线环的内径以能穿入 $\phi16$ 螺栓为宜，但是不能大于 $\phi25$。

在来往行人较多的地方，拉线上应当装设拉线绝缘子。其安装位置是当拉线断线而沿电杆下垂时，使绝缘子距地面的高度在 2.5m 以上，不致触及行人，并且使绝缘子距电杆最近距离也应当保持 2.5m，使人不致在杆上操作时触及接地部分，如图 10-32 所示。

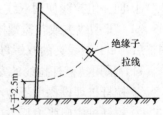

绝缘子
拉线

大于2.5m

图 10-32　拉紧绝缘子安装位置

（4）收紧拉线做中把

下部拉线盘埋设完毕，上把做好后可收紧拉线，使上部拉线和下部拉线连接起来，成为一个整体。

收紧拉线可以使用紧线钳，其方法如图 10-33 所示。在收紧拉线前，先将花篮螺栓的两端螺杆旋入螺母内，让它们之间保持最大距离，以备继续旋入调整。然后将紧线钳的钢丝绳伸开，一只紧线钳夹握在拉线高处，然后将拉线下端穿过花篮螺栓的拉环放在三角圈槽里，向上折回，并且用另一只紧线钳夹住，花篮螺栓的另一端套在拉线棒的拉环上，在所有准备工作做好之后，将拉线慢慢收紧，紧到一定程度时，检查一下杆身和拉线的各部位，无问题后，再继续收紧，把电杆校正，如图 10-33（b）所示。对于终端杆和转角杆，拉线收紧后，杆顶可以向拉线侧倾斜电杆梢径的 1/2，最后用自缠法或者另缠法绑扎。

为了防止花篮螺栓螺纹倒转松退，可以用一根 $\phi 4.0$ 镀锌铁线，两端从螺杆孔穿过，在螺栓中间绞拧两次，再分向螺母两侧绕 3 圈，之后将两端头自相扭结，使调整装置不可能任意转动，如图 10-34 所示。

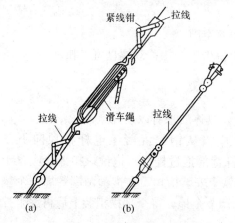

图 10-33　收紧拉线做中把方法

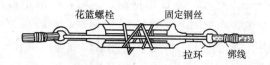

图 10-34　花篮螺栓的封缠

10.8.3　横担安装

为了方便施工，通常都在地面上将电杆顶部的横担、金具等全部组装完毕，然后整体立杆。若电杆竖起后组装，则应从电杆的最上端开始安装。

（1）横担的安装位置

杆上横担安装的位置应当符合下列要求：

1）直线杆的横担，应当安装在受电侧。

2）转角杆、分支杆、终端杆以及受导线张力不平衡的地方，横担应当安装在张力的反方向侧。

3）多层横担均应当装在同一侧。

4）有弯曲的电杆，横担均应当装在弯曲侧，并使电杆的弯曲部分与线路的方向一致。

（2）横担的安装要求

1）直线杆单横担应装于受电侧，90°转角杆以及终端杆单横担应装于拉线侧。

2）导线为水平排列时，上层横担距杆顶距离应当大于 200mm。

3）横担安装应平整，横担端部上下歪斜、左右扭斜偏差均不应大于 20mm。

4）带叉梁的双杆组立后，杆身和叉梁均不应当有鼓肚现象。叉梁铁板、抱箍与主杆的连接牢固、局部间隙不得大于 50mm。

5）10kV 线路与 35kV 线路同杆架设时，两条线路导线之间垂直距离不得小于 2m。

6）高、低压同杆架设的线路，高压线路横担应当在上层。架设同一电压等级的不同回路导线时，应当把线路弧垂较大的横担放置在下层。

7）同一电源的高、低压线路宜同杆架设。为维修和减少停电，直线杆横担数不宜超过 4 层（包括路灯线路）。

8）螺栓的穿入方向应符合下列要求：

① 对平面结构：顺线路方向，单面构件从送电侧穿入或按统一方向；横线路方向，两侧由内向外，中间由左向右（面向受电侧）或者按统一方向；双面构件由内向外；垂直方

向，由下向上。

② 对立体结构：水平方向由内向外；垂直方向，由下向上。

9）以螺栓连接的构件应符合下列规定：

① 螺杆应与构件面垂直，螺头平面与构件间不得有空隙。

② 螺栓紧好后，螺杆丝扣露出的长度：单螺母不得少于 2 扣；双螺母可平扣。

③ 必须加垫圈者，每端垫圈不得超过 2 个。

（3）横担安装施工

横担的安装应根据架空线路导线的排列方式而定，具体要求有以下几点：

1）导线水平排列。当导线采取水平排列时，应当从钢筋混凝土电杆杆顶向下量200mm，然后安装 U 形抱箍。这时，U 形抱箍从电杆背部抱过杆身，抱箍螺扣部分应置于受电侧。在抱箍上安装好 M 形抱铁，然后在 M 形抱铁上安装横担。在抱箍两端各加一个垫圈并用螺母固定，但先不要拧紧螺母，应留有一定的调节余地，待全部横担装上后再逐个拧紧螺母。

2）导线三角排列。当电杆导线进行三角排列时，杆顶支持绝缘子应当使用杆顶支座抱箍。如使用 a 型支座抱箍，可由杆顶向下量取 150mm，应当将角钢置于受电侧，再将抱箍用 M16×70mm 方头螺栓，穿过抱箍安装孔，用螺母拧紧固定。安装好杆顶抱箍后，再安装横担。

横担的位置由导线的排列方式来决定，导线使用正三角排列时，横担距离杆顶抱箍为0.8m；导线使用扁三角排列时，横担距离杆顶抱箍为 0.5m。

3）瓷横担安装。瓷横担安装应当符合下列规定：

① 垂直安装时，顶端顺线路歪斜不得大于 10mm；

② 水平安装时，顶端应向上翘起 5°～10°，顶端顺线路歪斜不得大于 20mm；

③ 全瓷式瓷横担的固定处应当加软垫；

④ 电杆横担安装好以后，横担应当平正。双杆的横担，横担与电杆的连接处的高差不应大于连接距离的 5/1000；左右扭斜不得大于横担总长度的 1/100；

⑤ 同杆架设线路横担间的最小垂直距离见表 10-13。

表 10-13　同杆架设线路横担间的最小垂直距离　　　　　　　　　　　　　　　m

架设方式	直线杆	分支或转角杆
1～10kV 与 1～10kV	0.80	0.50
1～10kV 与 1kV 以下	1.20	1.00
1kV 以下与 1kV 以下	0.60	0.30

10.8.4　绝缘子安装

绝缘子的组装方式应当防止瓷裙积水。耐张串上的弹簧销子、螺栓及穿钉应由上向下穿，当有特殊困难时，可以由内向外或由左向右穿入；悬垂串上的弹簧销子、螺栓及穿钉应当向受电侧穿入。

绝缘子的安装应遵守下例规定：

1）绝缘子在安装时，应当清除表面灰土、附着物及不应有的涂料，还应根据要求进行外观检查及测量绝缘电阻。

2）安装绝缘子采用的闭口销或开口销不得有断、裂缝等现象，工程中使用闭口销比开口销具有更多的优点，当装入销口后，能自动弹开，不需要将销尾弯成 45°，当拔出销孔时，也比较容易。它具有销住可靠、带电装卸灵活的特点。当使用开口销时应当对称开口，开口角度应为 30°～60°。工程中严禁用线材或者其他材料代替闭口销、开口销。

3）绝缘子在直立安装时，顶端顺线路歪斜不得大于 10mm；在水平安装时，顶端宜向上翘起 5°～15°，顶端顺线路歪斜不得大于 20mm。

4）转角杆安装瓷横担绝缘子，顶端竖直安装的瓷横担支架应当安装在转角的内角侧。

5）全瓷式瓷横担绝缘子的固定处应加软垫。

10.8.5 放线、紧线

10.8.5.1 放线

放线就是将导线从线盘上放出来架设在电杆的横担上。常用的放线方法有施放法和展放法。施放法是将线盘架设在放线架上拖放导线；展放法是将线盘架设在汽车上，行驶中展放导线。

导线放线通常是按照每个耐张段进行的，其具体操作如下：

1）放线前，应当选择合适位置，放置放线架和线盘，线盘在放线架上要使导线从上方引出。

若采用拖放法放线，施工前应沿线路清除障碍物，石砾地区应垫以隔离物（草垫），以避免磨损导线。

2）在放线段内的每根电杆上挂一个开口放线滑轮（滑轮直径不应小于导线直径的 10 倍）。铝导线必须选用铝滑轮或者木滑轮，这样既省力又不会磨损导线。

3）在放线过程中，线盘处应当有专人看守，负责检查导线的质量和防止放线架的倾倒。放线速度应尽可能均匀，不突然加快。

4）当发现导线存在问题，而又不能及时进行处理时，应当作显著标记，如缠绕红布条等，以便于导线展放停止后，专门进行处理。

5）展放导线时，还必须有可靠的联络信号，沿线还要有人看护导线不受损伤，不使导线发生环扣（导线自己绕成小圈）。导线跨越道路和跨越其他线路处也应当设人看守。

6）放线时，线路的相序排列应当统一，对设计、施工、安全运行以及检修维护都是有利的。高压线路面向负荷从左侧起，导线排列相序为 L_1、L_2、L_3；低压线路面向负荷从左侧起，导线排列相序为 L_1、N、L_2、L_3。

7）在展放导线的过程中，对已展放的导线应当进行外观检查，导线不应发生磨伤、断股、扭曲、金钩、断头等现象。如有损伤，可以根据导线的不同损伤情况进行修补处理。

1kV 以下电力线路采用绝缘导线架设时，展放中不应当损伤导线的绝缘层和出现扭、弯等现象，对破口处应进行绝缘处理。

8）当导线沿线路展放在电杆根旁的地面上以后，可以由施工人员登上电杆，将导线用绳子提升至电杆横担上，分别摆放好。对截面较小的导线，可以将 4 根导线一次吊起提升至横担上；导线截面较大时，用绳子提升时，可以一次吊起 2 根。

10.8.5.2 紧线

紧线的方法有导线逐根均匀收紧和三线同时收紧或两线同时收紧两种。

1）紧线前必须先做好耐张杆、转角杆及终端杆的本身拉线，然后再分段紧线。

2）在展放导线时，导线的展放长度应当比档距长度略有增加，平地时一般可增加 2%，山地可增加 3%，还应尽可能在一个耐张段内。导线紧好之后剪断导线，避免造成浪费。

3）紧线前，在一端的耐张杆上，首先把导线的一端在绝缘子上做终端固定，然后在另一端用紧线器紧线。

4）紧线前，在紧线段耐张杆受力侧除有正式拉线外，应当装设临时拉线。一般可用钢丝绳或具有足够强度的钢线拴在横担的两端，以免紧线时横担发生偏扭。待紧完导线并固定好以后，才可以拆除临时拉线。

5）紧线时在耐张段操作端，直接或者通过滑轮组来牵引导线，使导线收紧后，再用紧线器夹住导线。

6）紧线时，一般应当做到每根电杆上有人，以便及时松动导线，使导线接头能顺利地越过滑轮和绝缘子。

10.8.6　导线的连接与固定

10.8.6.1　导线的连接

导线放完后，导线的断头全部要连接启来，使其成为连通的线路。常用的连接方法为钳压连接法和爆炸压接法。

（1）钳压连接法

导线放完后，如果导线的接头在跳线处，可以采用线夹法连接；如果接头处在其他位置，则采用钳接法连接。钳接法是将要连接的两根导线的端头，穿入铝压接管中，利用压钳的压力使铝管变形，把导线挤压钳紧。目前，铝绞线以及钢芯铝绞线的连接，多采用钳压法连接。铜导线可以仿照铝导线压接方法进行压接。

1）施工准备。导线连接前，应当先将准备连接的两个线头用绑线扎紧再锯齐，然后清除导线表面和连接管内壁的氧化膜。因铝在空气中氧化速度很快，在短时间内即可形成一层表面氧化膜，如此便增加了连接处的接触电阻，故在导线连接前，需清除氧化膜。在清除过程中，为防止再度氧化，应当先在连接管内壁和导线表面涂上一层电力复合脂，然后用细钢丝刷在油层下擦刷，使之与空气隔绝。刷完后，如果电力复合脂较为干净，可不要擦掉；如果电力复合脂已被沾污，则应擦掉重新涂刷一层，最后带电力复合脂进行压接。

2）压接顺序。压接铝绞线时，压接顺序从连接管的一端开始；压接钢芯铝绞线时，压接顺序由中间开始分别向两端进行。压接铝绞线时，压接顺序由导线断头开始，按照交错顺序向另一端进行，如图 10-35 所示。

当压接 240mm² 钢芯铝绞线时，可以用两只连接管串联进行，两管间的距离不应少于 15mm。每根压接管的压接顺序是从管内端向外端交错进行，如图 10-36 所示。

3）压接连接。当压接钢芯铝绞线时，连接管内两导线之间要夹上铝垫片，填在两导线间，可增加接头握裹力，并使其接触良好。被压接的导线，应当以搭接的方法，由管两端分别插入管内，使导线的两端露出管外 25～30mm，并且使连接管最边上的一个压坑位于被连接

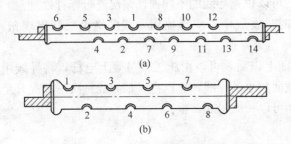

图 10-35　导线压接顺序
(a) 钢芯铝绞线压接顺序；(b) 铝绞线压接顺序

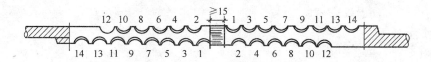

图 10-36 240mm² 钢芯铝绞线压接顺序

导线断头旁侧。压接时，导线端头应当用绑线扎紧，以防松散。

每次压接时，当压接钳上杠杆碰到顶住螺钉为止。此时应当保持一分钟后才能放开上杠杆，以确保压坑深度准确。压完一个，再压第二个，直到压完为止。压接后的压接管，不能有弯曲，其两端应涂以樟丹油，压后要进行检查，如果压管弯曲，要用木槌调直，压管弯曲过大或者有裂纹的，要重新压接。

4）压缩高度。为保证压缩后的高度符合设计要求，可根据导线的截面来选择压模，并且适当调整压接钳上支点螺钉，使其适合于压模深度，压缩处椭圆槽（凹口）距管边的高度 h 值，如图 10-37 所示。其允许误差为：钢芯铝绞线连接管±0.5mm；铝绞线连接管±0.1mm；铜绞线连接管±0.5mm。

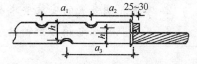

图 10-37　压缩后的高度

（2）爆炸压接法

钢芯铝绞线的连接，除了可以采用钳压法连接外，还可以采用钳压管爆炸压接法，即用钳压管原来长度的 1/3～1/4，经炸药起爆后，把导线连接启来的一种方法，适用于野外作业。

10.8.6.2　导线的固定

导线在绝缘子上通常用绑扎方法来固定，绑扎方法因绝缘子形式及安装地点不同而各异，常用的方法有顶绑法、侧绑法、终端绑扎法等。

上岗工作要点

掌握室内配线、槽板配线、护套线配线、管内穿线、电缆配线以及母线安装的施工程序，了解它们在实际工作中的应用。

思　考　题

10-1　简述室内配线的基本要求。

10-2　简述室内配线的施工程序。

10-3　简述槽板配线的施工过程。

10-4　线槽的分类有哪些？

10-5　护套线配线间距有什么要求？

10-6　简述护套线配线施工过程。

10-7　简述电缆敷设的方法。

10-8　简述母线的安装过程。

10-9　架空配电线路的组成包括哪些部分？

10-10　简述架空线路的安装过程。

第11章 电气照明工程

```
┌─────────────────────────────────────────────────────────┐
│                   重 点 提 示                             │
│                                                           │
│  1. 了解室内照明供电线路的组成、布置以及敷设方式。        │
│  2. 掌握照明装置的安装要求与安装程序。                    │
│  3. 掌握照明配电箱与控制电气的安装要求与安装程序。        │
└─────────────────────────────────────────────────────────┘
```

11.1 概述

11.1.1 照明的基本知识

11.1.1.1 电气照明的分类

(1) 正常照明。正常照明是指满足一般生活、生产需要的室内、外照明。所有居住的房间和供工作、运输、人行的走道及室外场地，都应设置正常照明。

(2) 应急照明。应急照明是指因正常照明的电源发生故障而启用的照明。它又可以分为备用照明、安全照明和疏散照明等。

(3) 警卫照明。警卫照明是指在一般工厂中不必设置，但对某些有特殊要求的厂区、仓库区及其他有警戒任务的场所应设置的照明。

(4) 值班照明。值班照明是指在非工作时间内，为需要值班的场所提供的照明。

(5) 障碍照明。障碍照明是指为了保障飞机起飞和降落安全及船舶航行安全而在建筑物上装设的用于障碍标志的照明。

(6) 装饰照明。装饰照明是指为美化市容夜景以及节日装饰和室内装饰而设计的照明。

11.1.1.2 电气照明的基本要求

电气照明的基本要求为适宜的照度水平、照度均匀、照度的稳定性、合适的亮度分布、消除频闪、限制眩光、减弱阴影、光源的显色性要好。

11.1.1.3 电气照明的供电方式

(1) 照明电压

在一般小型民用建筑中，照明进线电源电压应当为220V单相供电。当照明容量较大的建筑物，例如超过30A时，其进线电源应当采用380/220V三相四线制供电。

当照明器的端电压发生偏移时一般不应当高于其额定电压的105%，也不宜低于额定电压的下列数值：

1) 对视觉要求较高的室内照明为97.5%。

2) 一般工作场所的室内照明、露天工作场所照明为95%，对远离变电所的小面积工作场所允许降低到90%。

3）事故照明、道路照明、警卫照明以及电压为 12～36V 的照明为 90％，其中 12V 电压系用于检修锅炉用的手提行灯，36V 用于一般手提行灯。

（2）正常照明

正常照明的供电方式一般可以由电力与照明共用的 380/220V 电力变压器供电。如生产厂房中接于变压器—干线式电力系统的单独回路上；对某些大型厂房或重要建筑可由两个或多个不同变压器的低压回路供电；如某些辅助建筑或者远离变电所的建筑，可采用电力与照明合用的回路。当电压偏移或者波动过大，不能保证照明质量和灯泡寿命时，照明部分可采用有载调压变压器或者照明专用变压器供电。

（3）事故照明

事故照明供电方式有两种：供继续工作使用的供电方式和供疏散人员或安全通行的供电方式。

1）供继续工作。对于供继续工作用的事故照明应当接于与正常照明不同的电源，即另一个独立电源的供电线路上，或者由与正常照明电源不同的 6～10kV 线路供电的变压器低压侧、自备快速启动发电机以及蓄电池组供电。其供电系统图示例如图 11-1 所示。

2）供疏散人员或安全通行。对于供疏散人员或者安全通行的事故照明，其电源可接在与正常照明分开的线路上，并且不得与正常照明共用一个总开关。当只需装设单个或少量的事故照明时，可使用成套应急照明灯。

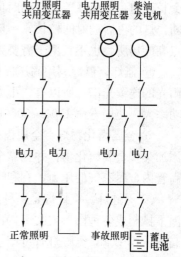

图 11-1　事故照明供电系统示例

11.1.2　电光源的选择、分类及性能

（1）电光源的选择

1）按照明设施的目的和用途选择电光源。

2）按环境要求选择电光源。

3）按投资与年运行费选择电光源。

（2）电光源的分类

电光源按发光原理分为两大类热辐射光源和气体放电光源。

1）热辐射光源利用电流将灯丝加热到白炽程度而辐射出的可见光称之为热辐射光源。

① 白炽灯。白炽灯是利用通过电流的钨丝被加热到白炽状态而发光的一种热辐射光源。白炽灯具有结构简单、使用方便、显色性好等特点，但是发光效率低，抗振性较差，随着钨丝的温度上升及长时间的工作，钨丝逐渐蒸发变细，灯泡壳发黑，最后灯丝细到一定的程度就会熔断。尤其是在白炽灯开灯的瞬间，电流很大，由于温度的快速变化而产生机械应力，更容易使灯丝损坏。

② 卤钨灯。卤钨灯有碘钨灯和溴钨灯。在白炽灯泡内充入微量的卤化物，利用卤钨循环提高发光效率，故其发光效率比白炽灯高 30％。为使卤钨循环顺利进行，卤钨灯必须水平安装，倾斜角不应大于 4°，不能与易燃物接近，不允许采用人工冷却措施（例如电风扇冷却），勿溅上雨水。否则将影响灯管的寿命。

2）气体放电光源利用电流通过灯管中蒸气而产生弧光放电或者非金属电离而发出可见光的原理制造的光源。

① 荧光灯。荧光灯是利用汞蒸气在外加电源作用下产生弧光放电，可发出大量的可见光及大量的紫外线，紫外线再激励管内壁的荧光粉使之发出大量的可见光。荧光粉的化学成分决定其发光颜色。荧光灯由镇流器、启辉器、灯管和电极等组成。

② 高压汞灯。高压汞灯亦称高压水银荧光灯。它是荧光灯的改进产品，属于高气压的汞蒸气放电光源，它不需启辉器来预热灯丝。高压汞灯分为外镇流和内镇流两种形式，外镇流式必须同相应功率的镇流器串联使用，工作时放电管内的水银气化，其压力达1～3个大气压。因水银的紫外线照射玻璃外壳表面的荧光粉而发出荧光，故称为高压荧光灯。

③ 低压钠灯。低压钠灯的工作原理是通电后低气压钠蒸气放电中，钠原子被激发而产生弧光放电发光。低压钠灯的启动电压高，触发电压400V以上，从启动到稳定需要8～10min。

④ 高压钠灯。高压钠灯利用高压钠蒸气放电发光的一种高强度弧光气体放电光源。其辐射光的波长集中在人眼感受较灵敏的区域内，所以其光效高，为荧光高压汞灯的2倍，寿命长，但是显色性差、启动时间也较长，此种灯从点亮到稳定工作约4～8min。当电源中断，灯的再启动时间较长，一般在10～20min以内，所以不能作应急照明或其他需要迅速点亮的场所，也不宜用于需要频繁开启及关闭的地方，否则会影响其使用寿命。

⑤ 氙灯。氙灯利用高压氙气放电产生强光的弧光放电灯。点燃后产生很强的接近于太阳光的连续光谱，所以有"小太阳"的美称。氙灯显色性很好，光效较高（40～60lm/W），功率大，使用寿命1000～5000h。

⑥ 金属卤化物灯。金属卤化物灯在高压汞灯的基础上为改善光色，在高压汞灯灯管内添加某些金属卤化物，并且靠金属卤化物的循环作用，不断向电弧提供相应的金属蒸气，提高管内金属蒸气的压力，有利于发光效率的提高，可获得比高压汞灯更高的光效和显色性。

⑦ 霓虹灯。霓虹灯是一种辉光放电光源，它是用细长、内壁涂有荧光粉的玻璃管在高温下撼制成各种图形或文字，再抽成真空，在灯管中充入少量的氖、氦、氩和汞等气体。在高电压作用下，霓虹灯管可产生辉光放电现象，从而发出各种鲜艳的光色。

（3）电光源的性能

常用电光源的主要技术性能比较见表11-1。

表11-1 常用电光源的主要技术性能比较

特征参数	白炽灯	卤钨灯	荧光灯	高压汞灯	高压钠灯	氙 灯
额定功率（W）	10～1000	10～2000	6～125	50～1000	35～1000	1500～10000
发光效率（lm/W）	7～19	15～25	27～75	32～53	65～130	20～40
平均寿命（h）	1000	3000	1500～5000	2500～5000	16000～24000	500～1000
启动时间（min）	瞬时	瞬时	1～3s	4～8	4～8	1～2s
再启动时间（min）	瞬时	瞬时	瞬时	5～10	10～20	瞬时
功率因数（cosφ）	1.0	1.0	0.4～0.6	0.44～0.67	0.44	0.4～0.9
色温（K）	2400～2900	2700～3400	6500	4400～5500	1900～2100	1900～2100
显色指数（%）	95～99	95～99	70～95	30～40	20～25	90～94
频闪效应	无	无	有	有	有	有
表面亮度	大	大	小	较大	较大	大
电压变化对光通量影响	大	大	较大	较大	较大	较大
环境温度对光通量影响	小	小	较大	较小	较小	小
耐振性	差	差	中	好	较好	好

11.1.3 灯具的选择与分类

（1）灯具的选择

灯具的选择应首先满足使用功能和照明质量的要求，应当优先采用高效节能电光源和高效灯具，同时便于安装与维护，并且长期运行费用低。因此，灯具的选择应考虑配光特性、使用场所的环境条件、安全用电要求、外形与建筑风格的协调以及经济性。

（2）灯具的分类

1）按光通量在上、下空间分布的比例分类，见表11-2。

表 11-2　灯具按光通量分类

类　别	光通量分布特性（%）		特　　点
	上半球	下半球	
直接型	0～10	100～90	光线集中，工作面上可获得充分照度，有强烈的弦光
半直接型	10～40	90～60	光线集中工作面上，空间环境有适当照度，比直接型弦光小
漫射型	40～60	60～40	空间各方向光通量基本一致，无眩光
半间接型	60～90	40～10	增加反射光的作用，使光线比较均匀柔和，光线利用率较低，阴影基本消除
间接型	90～100	10～0	扩散性好，光线柔和均匀，无眩光，但光线的利用率低

2）按灯具外壳结构特点分类，见表11-3。

表 11-3　灯具按结构特点分类

结构形式	特　　点
开启型	灯具是敞口的或无罩的，光源与外界环境直接相通
闭合型	透明罩将光源包合启来，但内外空气仍能自由流通
封闭型	透明罩固定处加一般封闭，与外界隔绝比较可靠，但内外空气仍可有限流通
密封型	透明罩固定处加严密封闭，与外界隔绝相当可靠，内外空气不能流通
防爆型	透明罩本身及其固定处和灯具特别坚实，并且有一定的隔爆间隙，即使发生爆炸也不宜破裂，能安全使用在爆炸危险性介质的场所
防腐蚀型	光源封闭在透光罩内，不使具有腐蚀性的气体进入灯内，灯具的外壳是用耐腐蚀的材料制成的

3）按灯具的安装方式分类，见表11-4。

表 11-4　灯具按安装方式分类

安装方式	特　　点
墙壁灯	安装在墙壁上、庭柱上，用于局部照明、装饰照明或没有顶棚的场所
吸顶式	将灯具吸附在顶棚面上，主要用于设有吊顶的房间。吸顶式的光带适用于计算机房、变电站等
嵌入式	适用于有吊顶的房间，灯具是嵌入在吊顶内安装的，可以有效消除眩光。与吊顶结合能形成美观的装饰艺术效果
半嵌入式	将灯具的一半或一部分嵌入顶棚，其余部分露在顶棚外，介于吸顶式和嵌入式之间。适用于顶棚吊顶深度不够的场所，在走廊处应用较多
吊　灯	最普通的一种灯具安装形式，主要利用吊杆、吊链、吊管、吊灯线来吊装灯具

安装方式	特　　点
地脚灯	主要作用是照明走廊，便于人员行走。适用于医院病房、公共走廊、宾馆客房、卧室等
台灯	主要放在写字台、工作台、阅览桌上，作为书写阅读使用
落地灯	主要用于高级客房、宾馆、带茶几沙发的房间以及家庭的床头或书架旁
庭院灯	灯头或灯罩多数向上安装，灯管和灯架多数安装在庭院地坪上，特别适用于公园、街心花园、宾馆以及机关、学校的庭院内
道路广场灯	主要用于夜间的通行照明。广场灯用于车站前广场、机场前广场、港口、码头、公共汽车站广场、立交桥、停车场、集合广场、室外体育场等
移动式灯	适用于室内、外移动性的工作场所以及室外电视、电影的摄影等场所
自动应急照明灯	适用于宾馆、饭店、医院、影剧院、商场、银行、邮电、地下室、会议室、动力站房、人防工程、隧道等公共场所。可以作应急照明、紧急疏散照明、安全防灾照明等

11.2　照明供电线路的布置与敷设

11.2.1　室内照明供电线路的组成

（1）低压配电线路

低压配电线路是将降压变电所降至 380/220V 的低压，输送和分配给各低压用电设备的线路。如室内照明供电线路的电压，除特殊需要外，一般采用 380/220V、50Hz 三相五线制供电，就是由市电网的用户配电变压器的低压侧引出三根相（火）线和一根零线。相线与相线之间的电压为 380V，可以供动力负载使用；相线与零线之间的电压为 220V，可以供照明负载使用。

（2）室内照明供电线路的组成

1）进户线从外墙支架到室内总配电箱的这段线路称之为进户线。进户点的位置即建筑照明供电电源的引入点。

2）配电箱是接受和分配电能的电气装置。对用电负荷小的建筑物，可以只安装一只配电箱；对用电负荷大的建筑物，如果多层建筑可以在某层设置总配电箱，而在其他楼层设置分配电箱。在配电箱中应当装有空气开关、断路器、计量表、电源指示灯等。

3）干线从总配电箱引至分配电箱的一段供电线路称之为干线，其布置方式有放射式、树干式、混合式。

4）支线从分配电箱引至电灯等用电设备的一段供电线路，又称为回路。支线的供电范围一般不超过 20～30m，支线截面不宜过大，一般应当在 1.0～40mm² 范围之内。

室内照明供电线路的组成如图 11-2 所示。

11.2.2　室内照明供电线路的布置

室内照明供电线路布置的原则，应力求线路短，以节约导线。但是对于明装导线要考虑整齐美观，一定要沿墙面、顶棚作直线走向。对于同一走向的导线，即使长度要略为增加，仍应当采取同一合并敷设。

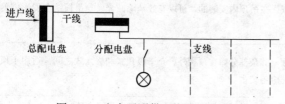

图 11-2　室内照明供电线路的组成

（1）进户线

进户点的选择应符合下列条件：确保用电与运行维护方便；供电点尽可能

接近用电负荷中心；考虑市容美观和邻近进户点的一致性。一般应尽可能从建筑的侧面和背面进户。进户点的数量不要过多，建筑物的长度在 60m 以内者，都采用一处进线；超过 60m 的可根据需要采用两处进线。进户线距室内地平面不应低于 3.5m，对于多层建筑物，一般可以由二层进户。按照结构形式常用的有架空进线和电缆埋地进线两种进线方式。

（2）干线

室内照明干线的基本接线方式分为放射式、树干式和混合式三种，如图 11-3 所示。

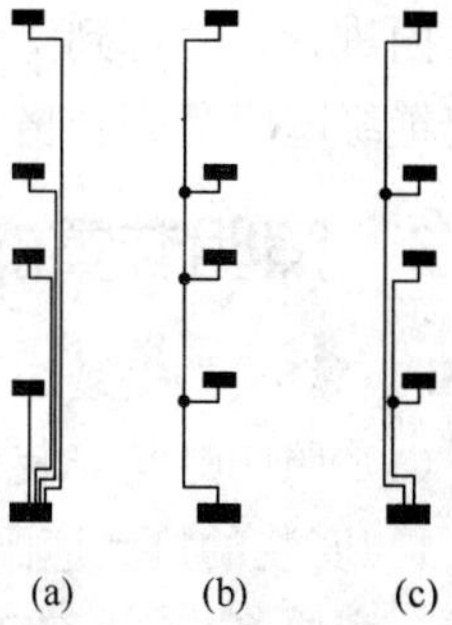

1）放射式。由变压器或者低压配电箱（柜）低压母线上引出若干条回路，再分别送给各个用电设备，即各个分配电箱都是由总配电箱（柜）用一条独立的干线连接。其特点是干线的独立性强而互不干扰，即当某干线出现故障或者需要检修时，不会影响到其他干线的正常工作，故供电可靠性较高，但是该接线方式所用的导线较多。

图 11-3　室内照明干线的
基本接线方式
(a) 放射式；(b) 树干式；
(c) 混合式

2）树干式。由变压器或者低压配电箱（柜）低压母线上仅引出一条干线，沿干线走向再引出若干条支线，然后再引至各个用电设备。此方式结构简单、投资和有色金属用量较少，但在供电可靠性方面不如放射式。一旦干线某处出现故障，有可能影响其他干线与支线。树干式多适用于供电可靠性无特殊要求、负荷容量小、布置均匀的用电设备。

3）混合式。混合式是放射式和树干式相结合的接线方式，在优缺点方面介于放射式与树干式之间。此方式目前在建筑中应用广泛。

（3）支线

布置支线时，应当先将电灯、插座或其他用电设备进行分组，并尽可能地均匀分成几组，每一组由一条支线供电，每一条支线连接的电灯数不得超过 20 盏。一些较大房间的照明，如阅览室、绘图室等应当采用专用回路，走廊、楼梯的照明也宜用独立的支线供电。插座是线路中最容易发生故障的地方，如果需要安装较多的插座时，可考虑专设一条支线供电，以提高照明线路的供电可靠性。

11. 2. 3　室内照明供电线路的敷设

室内照明线路一般由导线、导线支撑保护物及用电器具等组成，其敷设方式通常分为明线敷设与暗线敷设两种，按照配线方式的不同有塑料护套线、金属线槽、塑料线槽、硬质塑料管、电线管、焊接钢管等敷设方法。

（1）明线敷设

导线沿建筑物的墙面或者顶棚表面、桁架、屋柱等外表面敷设，导线裸露在外称为明线敷设。此敷设方式的优点是工程造价低、施工简便、维修容易；缺点是由于导线裸露在外，容易受到有害气体的腐蚀，受到机械损伤而发生事故，并且也不够美观。明线敷设的方式包括瓷夹板敷设、瓷柱敷设、槽板敷设、铝皮卡钉敷设和穿管明敷设等多种形式。

（2）暗线敷设

管子（如焊接钢管、硬塑料管等）预先埋入墙内、楼板内或者顶棚内，然后再将导线穿入管中称为暗线敷设。此敷设方式的优点是不影响建筑物的美观，防潮，防止导线受到有害气体的腐蚀和意外的机械损伤。但它的安装费用高，耗费大量的管材。因导线穿入管内，而管子又是埋在墙内，在使用过程中检修较困难，所以在安装过程中要求比较严格。

敷设时应注意：钢管弯曲半径不得小于该管径的 6 倍，钢管弯曲的角度不应小于 90°；管内所穿导线的总面积不得超过管内截面的 40%，为了防止管内过热，在同一根管内，导线数目不应超过 8 根；管内导线不允许有接头和扭拧现象，一切导线的接头及分支都应在接线盒内进行；考虑到安全的因素，全部钢管应当有可靠的接地，安装完毕后，必须用兆欧表检查绝缘电阻是否合格。

11.3 照明装置的安装

11.3.1 灯具的安装

（1）照明灯具安装一般规定

1）安装的灯具应配件齐全，无机械损伤及变形，油漆无脱落，灯罩无损坏；螺口灯头接线一定要将相线接在中心端子上，零线接在螺纹的端子上；灯头外壳不能有破损和漏电。

2）照明灯具使用的导线按机械强度最小允许截面应当符合表 11-5 的规定。

表 11-5 照明灯具使用的导线线芯最小截面

安装场所及用途		线芯最小截面（mm²）	
		铜芯软线	铜 线
照明灯头线	民用建筑室内	0.5	0.5
	工业建筑室内	0.5	1.0
	室外	1.0	1.0

3）灯具安装高度按施工图样设计要求施工，如果图样无要求时，室内一般在 2.5m 左右，室外在 3m 左右；地下建筑内的照明装置应当有防潮措施；配电盘及母线的正上方不得安装灯具；事故照明灯具应当有特殊标志。

4）嵌入顶棚内的装饰灯具应当固定在专设的框架上，电源线不应贴近灯具外壳，灯线应留有余量，固定灯罩的框架边缘应当紧贴在顶棚上，嵌入式日光灯管组合的开启式灯具、灯管应排列整齐，金属间隔片不得有弯曲扭斜等缺陷。

5）灯具质量大于 3kg 时，要固定在螺栓或者预埋吊钩上，并不得使用木楔，每个灯具固定用螺钉或螺栓不少于 2 个，当绝缘台直径在 75mm 及以下时，可以采用 1 个螺钉或螺栓固定。

6）软线吊灯，灯具质量在 0.5kg 及以下时，使用软电线自身吊装，大于 0.5kg 的灯具灯用吊链，软电线编叉在吊链内，使电线不受力；吊灯的软线两端应当做保护扣，两端芯线搪锡；顺时针方向压线。当装升降器时，要套塑料软管，并且采用安全灯头；当采用螺口头时，相线应接于螺口灯头中间的端子上。

7）除敞开式灯具外，其他各类灯具灯泡容量在 100W 及以上者使用瓷质灯头；灯头的绝缘外壳不应有破损和漏电；带有开关的灯头，开关手柄应当无裸露的金属部分；装有白炽灯泡的吸顶灯具，灯泡不要紧贴灯罩；当灯泡与绝缘台间距离小于 5mm 时，灯泡与绝缘台间应当采取隔热措施。

（2）吊灯安装

安装吊灯需要吊线盒和绝缘台。绝缘台规格应当根据吊线盒或灯具法兰大小选择，大小要合适。在混凝土结构上固定绝缘台时，应当预埋木砖、螺栓、铁件等。如果在混凝土楼板上预埋有接线盒，也可以直接将绝缘台用螺钉固定在接线盒上。装绝缘台时，应先将绝缘台的出线孔钻好，锯好进线槽（明敷时），再将导线从绝缘台出线孔穿出（导线端头绝缘部分应高出台面），将绝缘台固定好，然后在绝缘台口装吊线盒，由吊线盒的接线螺钉上引出导线（一般采用塑料软线），软线的另一端接到灯头上，软线的长度视悬吊高度而定。因吊线盒的接线螺钉不能承受灯具的重量，所以，软线在吊线盒及灯头内应当打线结，线结卡在盒盖的线孔处。软线在灯头内也应当打线结，线结卡在灯头盖线孔处。

图 11-4 是软线吊灯安装示意图，吊灯质量限于 0.5kg 以下，超过者应加装吊链或钢管。采用钢管，当吊灯质量超过 3kg 时，应当预埋吊钩或螺栓。图 11-5 是花灯安装示意图。

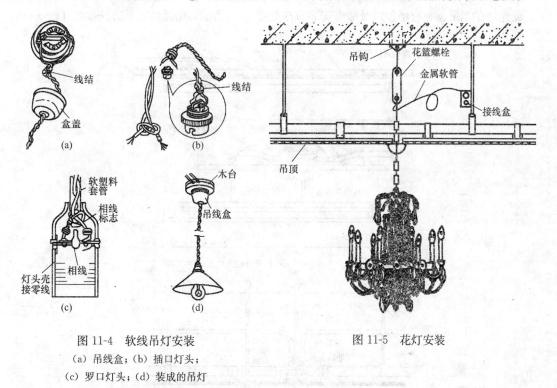

图 11-4　软线吊灯安装
（a）吊线盒；（b）插口灯头；
（c）罗口灯头；（d）装成的吊灯

图 11-5　花灯安装

（3）吸顶灯安装

吸顶灯造型多种多样、各具特色，适用于不同的场合。按照安装形式可分为明装和嵌入式两种，其光源为白炽灯或荧光灯，或者两种灯的组合。

1）较小的吸顶灯一般可直接在现场先安装绝缘台，然后根据灯具的结构将其与绝缘台安装为一体。较大的方形或长方形吸顶灯，要先组装，然后再到现场安装，也可以在现场边组装边安装。

2）安装有绝缘台的吸顶灯，在确定好的灯位处，首先将导线由绝缘台的出线孔穿出，再根据结构采用不同的安装方法。无绝缘台时，可以直接将灯具底板与建筑物表面固定。若白炽灯与绝缘台间距离小于 5mm，应当在灯泡与绝缘台间铺垫 3mm 厚的石棉板或石棉布隔热，以免绝缘台受热烤焦而引起火灾。

3）吸顶灯质量大于 3kg 时，应当将灯具（或绝缘台）直接固定在预埋螺栓上，如图 11-6 所示，或者用膨胀螺栓固定。

4）吸顶灯在试灯后安装灯罩时，应当特别注意白炽灯泡不得紧贴在灯罩上，否则灯罩

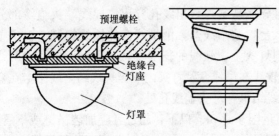

图 11-6　吸顶灯安装

会因高温而损坏。

（4）荧光灯安装

荧光灯有吸顶、链吊和管吊、墙壁安装几种。安装时应当注意灯管、镇流器、辉光启动器、电容器的互相匹配，不可随意代用。尤其是带有附加线圈的镇流器接线不能接错，否则会损坏灯管。

荧光灯在无吊顶和有吊顶以及墙壁安装方法如图 11-7 所示，格栅灯安装方法如图 11-8 所示。

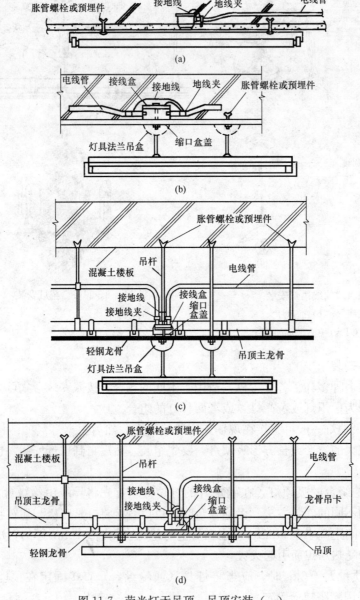

图 11-7　荧光灯无吊顶、吊顶安装（一）

（a）混凝土楼板下吸顶式；（b）混凝土楼板下吊杆式；（c）吊顶下吊杆式；（d）吊顶下吸顶式

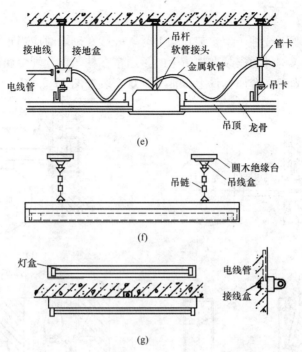

图 11-7 荧光灯无吊顶、吊顶安装（二）

（e）吊顶内嵌入式；（f）吊链式；（g）盒式壁装

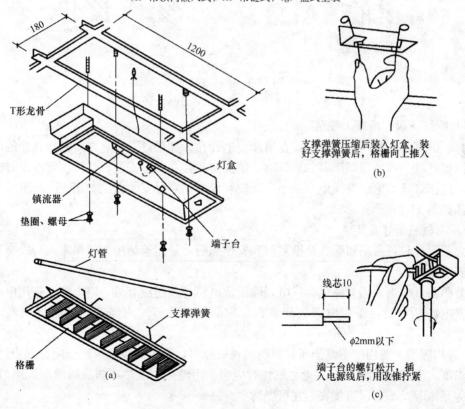

图 11-8 格栅灯安装

（a）安装示意图；（b）格栅安装；（c）端子接线

（5）壁灯安装

壁灯可以安装在墙上或柱子上。装在墙上时，一般在砌墙时应当预埋木砖（不宜用木楔代替木砖）或预埋金属构件。安装在柱子上时，通常在柱子上预埋金属构件或用抱箍将金属构件固定，再将壁灯固定在金属构件上。常见壁灯安装如图 11-9 所示。

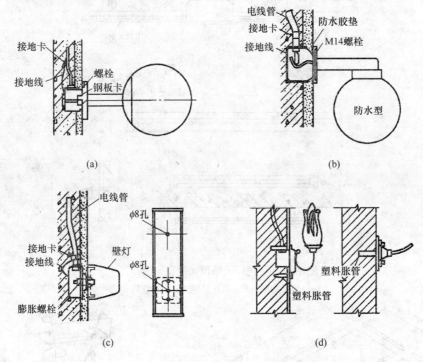

图 11-9　壁灯安装
（a）方式一；（b）方式二；（c）方式三；（d）方式四

（6）筒灯、射灯吊顶上安装

筒灯、射灯安装时与装修配合，在吊顶板上开孔。如果灯具较重，要制作独立的吊架或者吊链固定灯具。吊装带镇流器的筒灯时，镇流器宜独立固定安装。灯具顶部应留有空间用于散热，连接灯具的绝缘导线应当采用金属软管保护。筒灯安装方法如图 11-10 所示，射灯安装方法如图 11-11 所示。

（7）应急照明灯安装

应急照明灯包括备用照明、疏散照明和安全照明，是建筑物中为了保障人身安全和财产安全的安全设施。

应急照明灯应当采用双路电源供电，除正常电源外，还应有另一路电源（备用电源）供电，正常电源断电后，备用电源应能够在设定时间（几秒）内向应急照明灯供电，使之点亮。

1）备用照明。备用照明是当正常照明出现故障时，设置的应急照明。应急照明灯具中，运行时温度大于 60℃ 的灯具，靠近可燃物时应当采用隔热、散热等防火措施。采用白炽灯、卤钨灯等光源时，不可以直接安装在可燃物上。

2）疏散照明。疏散照明是在紧急情况下的应急照明，按照其安装位置分为应急出口（安全出口）照明和疏散走道照明。灯具可采用荧光灯或者白炽灯。疏散照明灯具宜设在安

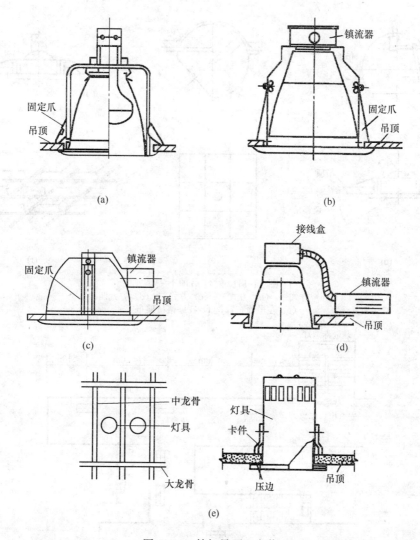

图 11-10　筒灯吊顶上安装

（a）不带镇流器；（b）顶装镇流器；（c）侧装镇流器；（d）吊装镇流器；（e）筒灯与吊顶连接

全出口的顶部以及楼梯间、疏散走道口转角处距地面 1m 以下的墙面上。疏散走道上的标志灯，应当有指示疏散方向的箭头标志，标志灯间距不宜大于 20m（人防工程中不宜大于 10m）。楼梯间的疏散标志灯最好安装在休息平台板上方的墙角处或墙壁上，并应用箭头及阿拉伯数字标明上、下层的层号。

3）安全照明。安全照明也是一种应急照明，通常在正常照明出现故障时，能及时提供照明，使现场人员解脱危险。安全出口标志灯最好安装在疏散门口的上方，距地面不小于 2m。安全出口标志灯应有图形和文字符号。疏散、安全出口标志灯安装如图 11-12 所示。

11.3.2　插座的安装

插座是长期带电的电气，是各种移动电气的电源接取口，例如台灯、电视机、计算机、洗衣机和壁扇等，也是线路中最容易发生故障的地方。插座的接线孔都有一定的排列位置，不能接错，特别是单相带保护接地插孔的三孔插座，一旦接错，就容易发生触电伤亡事故。插座接线时，应当仔细辨认识别盒内分色导线，正确地与插座进行连接。

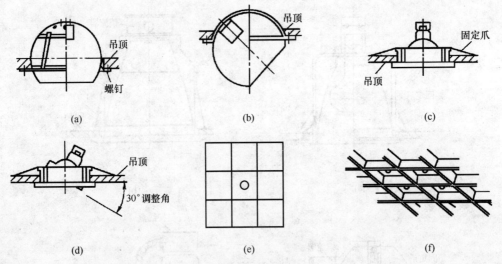

图 11-11　射灯吊顶上安装
（a）方式一；（b）方式二；（c）方式三；（d）方式四；
（e）在吊顶布置；（f）在卵格吊顶布置

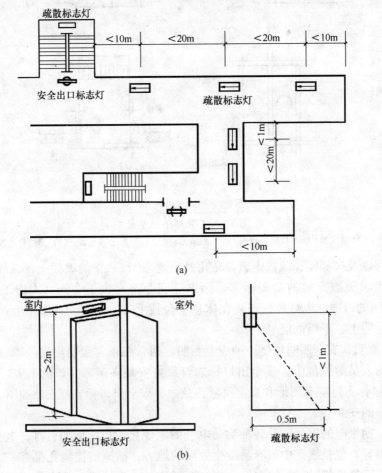

图 11-12　标志灯安装（一）
（a）标志灯设置；（b）标志灯安装高度

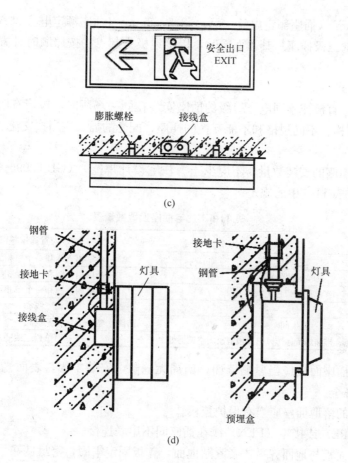

图 11-12 标志灯安装（二）

（c）明装标志灯；（d）暗装标志灯

在电气工程中，插座宜由单独的回路配电，且一个房间内的插座宜由同一回路配电。当灯具及插座混为一回路时，其中插座数量不宜超过 5 个（组）；当插座为单独回路时，数量不宜超过 10 个（组）。但住宅可不受上述规定限制。

（1）技术要求

插座的形式、基本参数与尺寸应当符合设计的规定。其技术要求为：

1）插座的绝缘应能够承受 2000V（50Hz）历时 1min 的耐压试验，而不发生击穿或闪络现象。

2）插头从插座中拔出时，6A 插座每一极的拔出力不得小于 3N（二、三极的总拔出力不大于 30N）；10A 插座每一极的拔出力不得小于 5N（二、三、四极的总拔出力分别不大于 40N、50N、70N）；15A 插座每一极的拔出力不得小于 6N（三、四极的总拔出力分别不大于 70N、90N）；25A 插座每一极的拔出力不得小于 10N（四极总拔出力不大于 120N）。

3）插座通过 1.25 倍额定电流时，其导电部分的温升不应超过 40℃。

4）插座的塑料零件表面应当无气泡、裂纹、铁粉、肿胀、明显的擦伤和毛刺等缺陷，并且应具有良好的光泽。

5）插座的接线端子应当能可靠地连接一根与两根 1～2.5mm² （插座额定电流 6A、

10A）、1.5～4mm²（插座额定电流 15A）、2.5～6mm²（插座额定电流 25A）的导线。

6）带接地的三极插座从其顶面看时，以接地极为起点，按照顺时针方向依次为"相"、"中"线极。

（2）安装要求

1）当交流、直流或不同电压等级的插座安装在同一场所时，应当有明显的区别，并且必须选择不同结构、不同规格和不能互换的插座；配套的插头应当按交流、直流或不同电压等级区别使用。

2）住宅内插座的安装数量，不应少于《住宅设计规范》（GB 50096—2011）电源插座的设置数量，见表 11-6 中的规定。

表 11-6　住宅插座设置数量表

空　间	设置数量和内容
卧室	一个单相三线和一个单相二线的插座两组
兼起居的卧室	一个单相三线和一个单相二线的插座三组
起居室（厅）	一个单相三线和一个单相二线的插座三组
厨房	防溅水型一个单相三线和一个单相二线的插座两组
卫生间	防溅水型一个单相三线和一个单相二线的插座一组
布置洗衣机、冰箱、排油烟机、排风机及预留家用空调器处	专用单相三线插座各一个

3）暗装的插座面板应当紧贴墙面，四周无缝隙，安装牢固，表面光滑整洁，无碎裂、划伤，装饰帽齐全。

4）舞台上的落地插座应当有保护盖板。

5）接地（PE）或接零（PEN）线在插座间不串联连接。

6）地插座面板与地面齐平或者紧贴地面，盖板固定牢固，密封良好。

（3）安装位置

1）一般距地高度为 1.3m，在托儿所、幼儿园、住宅以及小学校等不低于 1.8m；同一场所安装的插座高度应尽可能一致。

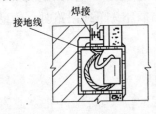

图 11-13　暗插座安装

2）车间及试验室的明、暗插座通常距地不低于 0.3m，特殊场所暗装插座，如图 11-13 所示，一般不低于 0.15m；同一室内安装的插座不得大于 5mm；并列安装不大于 0.5mm。暗设的插座应当有专用盒，盖板应紧贴墙面。

3）特殊情况下，如接插座有触电危险家用电器的电源时，采用能断开电源的带开关插座，开关断开相线；潮湿场所采用密封型并且带保护地线触头的保护型插座，安装高度不低于 1.5m。

4）为安全使用，插座盒（箱）不应当设在水池、水槽（盆）及散热器的上方，更不能被挡在散热器的背后。

5）插座如设在窗口两侧时，应当对照采暖图，插座盒应当设在与采暖立管相对应的窗口另一侧墙垛上。

6）插座盒不应设在室内墙裙或踢脚板的上皮线上，也不应当设在室内最上皮瓷砖的上口线上。

7）插座盒也不宜设在小于 370mm 墙垛（或混凝土柱）上。如果墙垛或柱为 370mm 时，应设在中心处，以求美观大方。

8）住宅厨房内设置供排油烟机使用的插座，应当设在煤气台板的侧上方。

9）插座的设置还应当考虑躲开煤气管、表的位置，插座边缘距煤气管、表边缘不得小于 0.15m。

10）插座与给、排水管的距离不得小于 0.2m，插座与热水管的距离不得小于 0.3m。

（4）插座接线

插座接线时可参照图 11-14 进行，同时还应当符合下列各项规定：

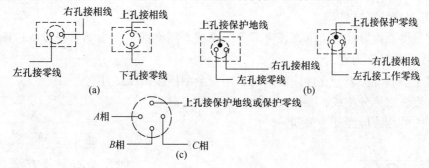

图 11-14　插座的接线图

(a) 两孔插座；(b) 三孔插座；(c) 四孔插座

1）插座接线的线色应正确，盒内出线除末端外应当做并接头，分支接至插座，不允许拱头（不断线）连接。

2）单相两孔插座，面对插座的右孔（或上孔）与相线（L）连接，左孔（或下孔）与中性线（N）连接。

3）单相三孔插座，面对插座的右孔与相线（L）连接，左孔与中性线（N）连接，PE 或 PEN 线接在上孔。

4）三相四孔及三相五孔插座的 PE 或 PEN 线接在上孔，同一场所的三相插座，接线相序应一致。

5）插座的接地端子（E）不与中性线（N）端子连接；PE 或 PEN 线在插座间不串联连接，插座的 L 线和 N 线在插座间也不应串接，插座的 N 线不与 PE 线混同。

6）照明与插座分回路敷设时，插座与照明或者插座与插座各回路之间，均不能混同。

11.3.3　照明开关的安装

（1）安装方式

照明的电气控制方式有两种：一种是单灯或者数灯控制；另一种是回路控制。单灯控制或数灯控制采用照明开关，即普通的灯开关。灯开关的品种、型号很多。为了方便实用，同一建筑物、构筑物的开关采用同一系列的产品，亦可利于维修和管理。

（2）安装位置

开关的安装位置应便于操作，还应当考虑门的开启方向，开关不应设在门后，否则很不方便使用。对住宅楼的进户门开关位置不但是要考虑外开门的开启方向，还要考虑用户在装修时，后安装的内开门的开启方向，以防止开关被挡在内开门的门后。

《建筑电气工程施工质量验收规范》（GB 50303—2002）规定：开关边缘距门框边缘的

距离 0.15～0.2m，开关距地面高度 1.3m。

开关的安装位置应区分不同的使用场所选择恰当的安装地点，以利美观协调和方便操作。

（3）接线盒检查清理

用錾子轻轻地将盒子内部残留的水泥、灰块等杂物剔除，用小号油漆刷将接线盒内杂物清理干净。清理时注意检查是否有接线盒预埋安装位置错位（即螺钉安装孔错位 90°）、螺钉安装孔耳缺失、相邻接线盒高差超标等现象，如果有应及时修整。如接线盒埋入较深，超过 1.5cm 时，应当加装套盒。

（4）开关接线

1）首先将盒内导线留出维修长度后剪除余线，用剥线钳剥出适宜长度，以刚好能够完全插入接线孔的长度为宜。

2）对于多联开关需分支连接的应当采用安全型压接帽压接分支。

3）应当注意区分相线、零线及保护地线，不得混乱。

4）开关的相线应经开关关断。

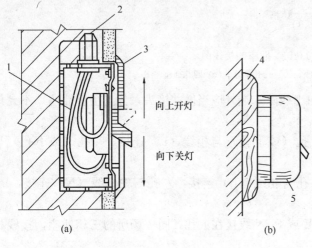

图 11-15　单极明开关安装

(a) 暗开关；(b) 明开关

1—开关盒；2—电线管；3—开关面板；4—木台；5—开关

（5）明开关安装

明开关的安装方法如图 11-15 所示。通常情况下，安装位置应距地面 1.3m，距门框 0.15～0.2m。拉线开关相邻间距一般不得小于 20mm，室外需用防水拉线开关。

（6）暗开关安装

暗开关有扳把开关如图 11-16 所示、跷板开关、卧式开关、延时开关等。与暗开关相同安装方法还有拉线式暗开关。按照不同布置需要有单联、双联、三联、四联等形式。

照明开关要安装在相线（火线）上，使开关断开时电灯不带电。扳把开关位置应当为上合（开灯）下分（关灯）。安装位置通常距离地面为 1.3m，距门框为 0.15～0.2m。单极开关安装方法如图 11-15 所示，二极、三极等多极暗开关安装方法如图 11-15（a）所示的断面形式，只在水平方向增加安装长度。安装时，先将开关盒预埋在墙内，但是要注意平正，不能偏斜；盒口面要与墙面一致。待穿完导线后，方可接线，接好线后装开关面板，使面板紧贴墙面。扳把开关安装位置如图 11-16 所示。

（7）拉线开关安装

槽板配线和护套配线及瓷珠、瓷夹板配线的电气照明用拉线开关，它的安装位置离地面一般在 2～3m，离顶棚 200mm 以上，距离门框为 0.15～0.2m，如图 11-17（a）所示。拉线的出口朝下，用木螺钉固定在圆木台上。但是有些地方为了需要，暗配线也采用拉线开关，如图 11-17（b）所示。

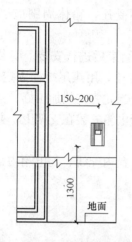

图 11-16 扳把开关安装位置

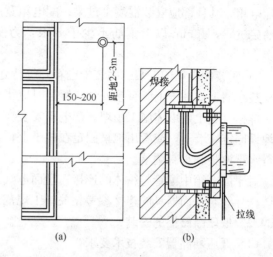

图 11-17 拉线开关安装
(a) 安装位置；(b) 暗配线安装方法

11.4 照明配电箱与控制电气的安装

11.4.1 照明配电箱的安装

（1）配电箱的分类

配电箱（盘）是电气线路中的重要组成部分，按照用途不同可分为电力配电箱和照明配电箱两种，分为明装和暗装；按照产品划分有定型产品（标准配电箱、盘）、非定型成套配电箱（非标准配电箱、盘）以及现场制作组装的配电箱。

（2）配电箱位置的确定

电气线路引入建筑物以后，首先进入总配电箱，再进入分配电箱，用分支线按回路接到照明或者电力设备、器具上。

选择配电箱位置的原则：电器多、用电量大的地方，尽可能接近负荷中心，设在进出线方便、操作方便、易于检修、通风、干燥、采光良好，且不得妨碍建筑物美观的地方；对于高层建筑和民用住宅建筑，各层配电箱应尽可能在同一方向、同一部位上，以便导线的敷设与维修管理。

（3）配电箱安装的一般规定

在配电箱内，有交流、直流或不同电压时，应当有明显的标志或分设在单独的板面上；导线引出板面，均应当套设绝缘管；三相四线制供电的照明工程，其各相负荷应均匀分配，并标明用电回路名称；配电箱安装垂直偏差不得大于 3mm。暗设时，其面板四周边缘应紧贴墙面，箱体与建筑物接触的部分应当刷防腐漆；照明配电箱安装高度，底边距地面一般为1.5m；配电板安装高度，底边距地面不得小于 1.8m。

（4）照明配电箱的安装

1）暗装配电箱的安装。暗装配电箱应按照图样配合土建施工进行预埋。配电箱运到现场后应当进行外观检查和检查产品合格证。在土建施工中，到达配电箱安装高度，将箱体埋入墙内，箱体应放置平正，箱体放置后用托线板找好垂直使之符合要求。宽度超过 500mm

的配电箱，其顶部应安装混凝土过梁；配电箱宽度为 300mm 及其以上时，在顶部应当设置钢筋砖过梁，φ6mm 以上钢筋不少于 3 根，为使箱体本身不受压，箱体周围应当用砂浆填实。

2）明装配电箱的安装。明装配电箱须等待建筑装饰工程结束后进行安装。明装配电箱可安装在墙上或柱子上，直接安装在墙上时应当先埋设固定螺栓，用燕尾螺栓固定箱体时，燕尾螺栓宜随土建墙体施工预埋。配电箱安装在支架上时，应当先将支架加工好，然后将支架埋设固定在墙上，或者用抱箍固定在柱子上，再用螺栓将配电箱安装在支架上，并且对其进行水平调整和垂直调整。

对于配电箱中配管与箱体的连接，盘面电气元件的安装，盘内配线、配电箱内盘面板的安装，导线与盘面器具的连接参考相关施工规范。

11.4.2　低压断路器的安装

（1）低压断路器安装技术要求

1）低压断路器在安装前应当将脱扣器电磁铁工作面的防锈油脂抹净，以避免影响电磁机构的动作，使其符合产品技术文件的规定。

2）低压断路器与熔断器配合使用时，熔断器应安装在电源侧；熔断器应当尽可能装于断路器之前，以保证使用安全；低压断路器操作机构的安装应当符合相关要求。

3）电磁脱扣器的整定值一旦调好后就不允许随意更动，使用后要检查其弹簧是否生锈卡住，以避免影响其动作。

4）断路器在分断短路电流后，应当在切除上一级电源的情况下及时检查触头。若发现有严重的电灼痕迹，可用干布擦去；如果发现触头烧毛，可用砂纸或细锉小心修整，但主触头一般不允许用锉刀修整。

5）应定期清除断路器上的积尘及检查各种脱扣器的动作值，操作机构在使用一段时间后（1～2 年），在传动机构部分应当加润滑油。

6）灭弧室在分断短路电流后，或者较长时间使用之后，应清除灭弧室内壁和栅片上的金属颗粒和黑烟灰，如果灭弧室已破损，决不能再使用。

（2）低压断路器的接线

1）裸露在箱体外部且易触及的导线端子，应当加绝缘保护。

2）有半导体脱扣装置的低压断路器，其接线应当符合相序要求，脱扣装置的动作应可靠。

11.4.3　漏电断路器的安装

1）漏电保护器应安装在进户线截面较小的配电盘上或者照明配电箱内，安装在电度表之后，熔断器之前，对于电磁式漏电保护器，也可以装于熔断器之后。

2）所有照明线路导线（包括中性线在内），一律需通过漏电保护器，且中性线必须与地绝缘。

3）电源进线一定要接在漏电保护器的正上方，即外壳上标有"电源"或"进线"端；出线均接在下方，即标有"负载"或"出线"端。如果把进线、出线接反了，将会导致保护器动作后烧毁线圈或者影响保护器的接通、分断能力。

4）漏电保护器安装后若始终合不上闸，应当将保护器"负载"端上的电线拆开，说明用户线路对地漏电超过了额定漏电动作电流值，应该对线路进行整修，合格后才能送电。若保护器"负载"端线路断开后仍不能合闸，则说明保护器有故障，应当送有关部门进行修理，用户切勿乱调乱动。

5）漏电保护器在安装后先带负荷分、合开关三次，不应出现误动作；再用试验按钮试验三次，应能正确动作（即自动跳闸，负载断电）。按动试验按钮时间不要太长，以免烧坏保护器，然后用试验电阻接地试验一次，应当能正确动作，自动切断负载端的电源。

检验方法：取一只 7kΩ 的试验电阻，一端连接漏电保护器的相线输出端，另一端接触一下良好的接地装置，保护器应立即动作，否则此保护器为不合格产品，不能使用。严禁用相线直接碰触接地装置试验。

6）运行中的漏电保护器，每月至少用试验按钮试验一次，用以检查保护器的动作性能是否正常。

上岗工作要点

1. 掌握灯具、插座以及照明开关的安装要求与安装程序，在实际工作中，能够熟练安装灯具、插座以及照明开关。

2. 掌握照明配电箱、低压断路器以及漏电断路器的安装要求与安装程序，在实际工作中，能够熟练掌握照明配电箱、低压断路器以及漏电断路器的知识。

思 考 题

11-1 电气照明的分类有哪些？电气照明的供电方式有哪些？

11-2 灯具的分类有哪些？如何进行选择？

11-3 室内照明供电线路是由什么组成的？

11-4 室内照明供电线路如何进行布置和敷设？

11-5 灯具、插座、照明开关如何进行安装？

11-6 照明配电箱、低压断路器、漏电断路器如何进行安装？

第 12 章　电气动力工程

```
┌─────────────────────────────────────────────────────────────┐
│                    重 点 提 示                               │
│  1. 掌握吊车滑触线的安装要求和安装程序。                     │
│  2. 了解电动机的类型，掌握电动机的安装程序。                 │
│  3. 掌握控制设备的安装要求。                                 │
│  4. 了解电动机调试的内容与方法。                             │
└─────────────────────────────────────────────────────────────┘
```

12.1　吊车滑触线的安装

12.1.1　安装要求

（1）滑触线的安装准备工作

滑触线的安装准备工作包括定位、支架以及配件加工、滑触线支架的安装、托脚螺栓的胶合组装、绝缘子的安装等。

（2）滑触线的加工安装

滑触线尽量选用质量较好的材料。滑触线连接处要保持水平，毛刺边应事先锉光，以避免妨碍集电器的移动。

滑触线固定在支架上以后能在水平方向自由伸缩。滑触线之间的水平与垂直的距离应一致。如滑触线较长，为防电压损失超过允许值，需在滑触线上加装辅助导线。滑触线长度超过 50m 时应当装设补偿装置，以适应建筑物沉降和温度变化而引起的变形。补偿装置两端的高差，不得超过 1mm。滑触线与电源的连接处应上锡，以保证接触良好。滑触线电源信号指示灯一般应当采用红色的、经过分压的白炽灯泡，信号指示灯应安装在滑触线的支架或者墙壁等便于观察和显示的地方。

12.1.2　安装程序

吊车滑触线的安装程序为测量定位、支架加工及安装、瓷瓶的胶合组装、滑触线底加工及架设、刷漆着色。角钢滑触线安装如图 12-1 所示。角钢滑触线固定如图 12-2 所示。滑触线安装完毕后，应当清除滑触线上的钢丝、焊渣等杂物。除滑触线与集电器接触面外，其余均应当刷红丹漆和红色面漆各一道，以显示是带电体，并防止角钢生锈。

角钢滑触线在通电前必须进行绝缘电阻测定。测试前应当拆下信号指示灯泡并断开吊车滑触线电源。通常使用兆欧表分别测试三根滑触线对吊车钢轨（相对地）和滑触线（相与相）的绝缘电阻，其绝缘电阻值不得小于 0.5MΩ。

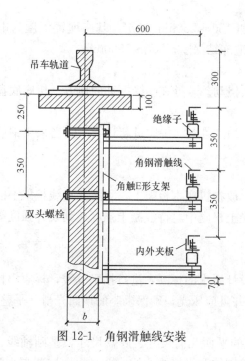

图 12-1 角钢滑触线安装

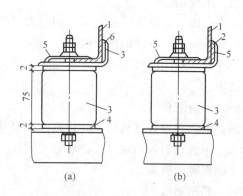

图 12-2 角钢滑触线固定

(a) 无辅助母线；(b) 有辅助母线

1—角钢滑触线；2—辅助母线；3—绝缘子；
4—垫圈；5—压板；6—垫板

12.2 电动机的安装

12.2.1 电动机的类型

建筑设备中普遍采用三相交流异步电动机，如图 12-3 所示。对于三相笼式异步电动机，凡中心高度为 80～355mm，定子铁芯外径为 120～500mm 的称之为小型电动机；凡中心高度为 355～630mm，定子铁芯外径为 500～1000mm 的称之为中型机；凡中心高度大于 630mm，定子铁芯外径大于 1000mm 的称之为大型电动机。

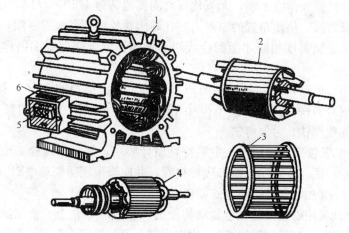

图 12-3 三相交流异步电动机的构造

1—定子；2—笼型转子；3—金属笼；4—绕线转子；5—接线盒；6—铭牌

12.2.2 电动机机座安装

(1) 机座尺寸

应按设计要求或者电动机底盘尺寸、每边加 150～250mm 确定。基座埋置深度为电动机底脚螺栓长度的 1.5～2 倍，埋深应当超过当地冻结深度，500～1500mm。

（2）机座构造

机座应置于在原土层上，基底的持力层严禁挠动。若处在易受振动的地方。机座底盘还应当做成锯齿形，以增加抗振性。

机座常规采用混凝土浇筑，其强度等级为 C20。若电动机质量超过 lt，应当采用钢筋混凝土机座。

（3）地脚螺栓

根据电动机地脚螺栓孔眼间距的标准尺寸，放在机座木板架上，将螺栓按线板架上的位置标志点距进行组装固定牢固，然后浇固在混凝土机座中，待混凝土强度达到设计强度等级后，才能将螺栓拧紧。

（4）底座灌浆

待混凝土机座达到设计强度等级后，按照设计要求的标高，进行抄平放线，标志出标准标高和中心线。再用 1∶1 水泥砂浆平涂一层，并且应压光，确保机座的顶面光滑、平整。

（5）安装要求

1）首先应按机座设计要求或者电动机外形的平面几何尺寸、底盘尺寸、基础轴线、标高、地脚螺栓（螺孔）位置等，弹出宽度中心控制线和纵横中心线，并且根据这些中心线放出地脚螺栓中心线。

2）根据电动机底座和地脚螺栓的位置，确定垫铁放置的位置，在机座表面画出垫铁尺寸范围，并且在垫铁尺寸范围内砸出麻面，麻面面积必须大于垫铁面积；麻面呈麻点状，凹凸要分布均匀，表面呈水平，最后应使用水平尺检查。

3）垫铁应按砸完的麻面标高配制，每组垫铁总数常规不得超过三块，其中包含一组斜垫铁。

①垫铁加工。垫铁表面应平整，无氧化皮，斜度通常为 1/10、1/12、1/15、1/20。

②垫铁位置及放法。垫铁布置的原则为：在地脚螺栓两侧各放置一组，并尽可能使垫铁靠近螺栓。斜垫铁必须斜度相同才能配合成对。把垫铁配制完后要编组作标记，以便对号入座。

③垫铁与机座、电动机之间的接触面积不应小于垫铁面积的 50％；斜铁应配对使用，一组只有一对。配对斜铁的搭接长度不得小于全长的 3/4，相互之间的倾斜角不大于 30°。垫铁的放置应当先放厚铁，后放薄铁。

4）地脚螺栓的长度及螺纹质量一定要符合设计要求，螺帽与螺栓必须匹配。每个螺栓不得垫两个以上的垫圈，或者用大螺母代替垫圈，并应当采用防松动垫圈。螺栓拧紧后，外露丝扣应不少于 2～3 扣，并且应防止螺帽松动。

5）中小型电动机用螺栓安装在金属结构架的底板或者导轨上。金属结构架、底板及导轨材料的品种、规格、型号及其结构形式均应当符合设计要求。金属构架、底板、导轨上螺栓孔的中心必须和电动机机座螺栓孔中心相符。螺栓孔必须是机制孔，严禁采用气焊割孔。

12.2.3　电动机的就位与校正

12.2.3.1　电动机的就位

（1）电动机整体安装

1）基础检查：外部观察，应当没有裂纹、气泡、外露钢筋以及其他外部缺陷，然后用铁锤敲打，声音应清脆，不应当瘖哑，不发"叮当"声。再经试凿检查，水泥应无崩塌或散落现象，再检查基础中心线的正确性，地脚螺栓孔的位置、大小以及深度，孔内是否清洁，基础标高、装定子用凹坑尺寸等是否正确。

2）在基础上放上楔形垫铁和平垫铁，安放位置应当沿地脚螺栓的边沿和集中负载的地方，应尽量放在电动机底板支撑筋的下面。

3）将电动机吊到垫铁上，并且调节楔形垫铁使电动机达到所需的位置、标高及水平度。电动机水平面的找正可以用水平仪。

4）调整电动机与连接机器的轴线，这两轴的中心线必须严格在一条直线上。

5）通过上述 3）、4）项内容的反复调整后，将它与传动装置连接起来。

6）二次灌浆，5～6d 后拧紧地脚螺栓。

（2）电动机本体的安装

1）定子为两半者，其结合面应研磨、合拢并且用螺栓拧紧，其结合处用塞尺检查应无间隙。

2）定子定位后，应装定位销钉，与孔壁的接触面积不得小于 65%。

3）穿转子时，定子内孔应当加垫保护。

4）联轴节的安装的要求

①联轴节应当加热装配，其内径受热膨胀比轴径大 0.5～1.0mm 为宜，位置应准确。

②弹性连接的联轴节，其橡皮栓应当能顺利地插入联轴节的孔内，并不得妨碍轴的轴向窜动。

③刚性连接的联轴节，互相连接的联轴节各螺栓孔应当一致，并使孔与连接螺栓精确配合，螺帽上应有防松装置。

④齿轮传动的联轴节，其轴心距离为 50～100mm 时，其咬合间隙不得大于 0.10～0.30mm；齿的接触部分不应小于齿宽的 2/3。

⑤联轴节端面的跳动允许值一般为：刚性联轴节 0.02～0.03mm；半刚性联轴节 0.04～0.05mm。

12.2.3.2 电动机的校正

电动机的校正有纵向校正、横向水平校正和传动装置校正。电动机吊上基础以后，可用普通的水准器（水平仪）进行水平校正，如图 12-4 所示。若不平，可用 0.5～5mm 厚的钢片垫在电动机机座或者安装底板下面，来调整电动机的水平，直至符合要求为止，垫片同基础面接触应严密，稳固电动机的垫片一般不超过三片。

在电动机与被驱动的机械通过传动装置互相连接之前，还一定要对传动装置进行校正。由于传动装置的种类不同，校正方法也有差异，一般有传动带传动、联轴器传动和齿轮传动三种传动装置。

（1）传动带传动装置的校正

以传动带作传动时，电动机带轮及被驱动的带轮的两个轴应平行，两个带轮宽度的中心线应在同一条直线上。

如果两个带轮的宽度相同，校正时可以在带轮的侧

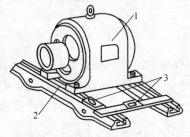

图 12-4　用水平仪校正电动机水平

1—电动机；2—电动机底板；

3—水平仪

面进行。利用一根细绳，一人拿绳的一端，另一人将细绳拉直，使细绳靠近轮缘，若两轮已平行，则细绳必然同时碰触到，如图12-5所示两轮的A、B、C、D四个点上，若两轴不平行，则会成为图中实线所示位置，应当进一步进行调整。

假如带轮的宽度不同，可先准确地量出两个带轮宽度的中心线，并在轮上用粉笔做出记号，如图12-6所示的1、2和3、4所示的两根线，再用细绳对准1、2这根线，并将细绳向3、4处拉直，若两轴已平行，则细绳与带轮上3、4那根线应重合。

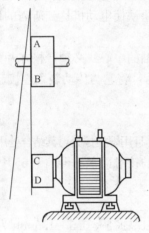

图 12-5 宽度相同的
带轮校正法

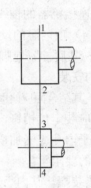

图12-6 宽度不同的
带轮校正法

采用传动带传动的电动机轴及传动装置的轴除了中心线应当平行外，电动机及传动装置的带轮，自身垂直度全高不宜超过0.5mm，且与两带轮相对应的槽应在同一直线上。

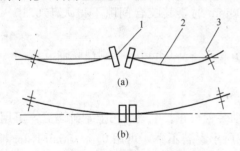

图 12-7 轴的弯曲
(a) 联轴器接触面不平行；
(b) 联轴器接触面平行
1—联轴器；2—转轴；3—轴承

（2）联轴器传动装置的校正

联轴器俗称靠背轮，当电动机与被驱动的机械使用联轴器连接时，用联轴器传动的机组其转轴在转子和轴的自身重量作用下，在垂直平面有一挠度使轴弯曲。如果两相连机器的转轴安装得比较水平，则联轴器的两接触平面将不会平行，处于如图12-7（a）所示的位置上。若此时连接好联轴器，当联轴器的两接触面相接触后，电机和机器的两轴承将会产生很大的应力，机组在运转时会产生振动。严重时，能损坏联轴器，甚至会扭弯、扭断电动机或被驱动机械的主轴。为避免此种现象的发生，在安装时一定要使两外端轴承要比中间轴承略高一些，使联轴器两平面平行，还要使转轴的轴线在联轴器处重合，如图12-7（b）所示。

检验联轴器安装是否符合要求，一般是利用两个百分表，分别检测它的径向位移和轴向位移。

如果精度要求不高，也可以用钢板尺校准联轴器，校正时先取下联轴器的连接螺栓，用钢板尺测量转轴器的径向间隙 a 和轴向间隙 b，如图12-8所示，然后把转轴的联轴器转180°，再测量 a 与 b 的数值。如此反复测量几次，若每个位置上测得的 a、b 值的偏差不超过规定的数值，可认为联轴器两端面平行，且轴的中心对准，否则，要进一步校正。

采用联轴器（靠背轮）传动装置，轴向和径向允许偏差，采用弹性连接时，均不得小于 0.05mm，刚性连接的均不得大于 0.02mm。互相连接的联轴器螺栓孔应一致，螺母应有防松装置。

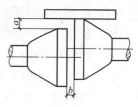

图 12-8　用钢板尺
校正联轴器

（3）齿轮传动的校正

当电动机通过齿轮和被驱动的机械连接时，圆齿轮必须使两轴中心线保持平行，两齿轮应啮合良好，接触部分不得小于齿宽的 2/3。伞形齿轴中心线应按规定角度交叉，咬合程度应一致。

在校正时，可以用颜色印迹法来检查两齿轮啮合是否良好，也可以用塞尺测量两齿轮间的齿间间隙，间隙应适当、均匀。

12.2.4　电动机的接线

（1）电动机配管与穿线

电动机配管管口应当在电动机接线盒附近，从管口到电动机接线盒的导线应用塑料管或金属软管保护；在易受机械损伤以及高温车间，导线必须用金属软管保护，软管可用尼龙接头连接；室外露天电动机进线，管子应做防水弯头，进电动机导线应由下向上翻，要做滴水弯；三相电源线需穿在一根保护管内，同一电动机的电源线、控制线、信号线可以穿在同一根保护管内；多股铜芯线在 10mm² 以上应焊铜接头或冷压焊接头，多股铝芯线 10mm² 以上应使用铝接头与电动机端头连接，电动机引出线编号应当齐全。裸露的不同相导线间和导线对地间最小距离应当符合下列规定：

1）额定电压在 500～1200V 之间时，最小净距应为 14mm。

2）额定电压小于 500V 时，最小净距应为 10mm。

（2）电动机接地

电动机外壳应可靠接地（接零），接地线应当接在电动机指定标志处；接地线截面通常按电源线截面的 1/3 选择，但是最小铜芯线不小于 1.5mm²，铝芯线不小于 2.5mm²，最大铜芯线不大于 25mm²，铝芯线不大于 35mm²。

12.2.5　电动机的试验

电压 1000V 以下，容量 100kV·A 以下的电动机试验项目有测量绕组的绝缘电阻；测量可变电阻器、启动电阻器、灭磁电阻器的绝缘电阻；检查定子绕组极性及连接的正确性；电动机空载运行检查空载电流。

12.3　控制设备的安装

电动机的控制设备有刀开关、开启式负荷开关、铁壳开关、组合开关、低压断路器、熔断器、接触器、继电器。

12.3.1　开启式负荷开关安装

手柄向上合闸，不得倒装或平装。以防闸刀在切断电流时，刀片和夹座间产生电弧。

接线时，应当把电源接在开关的上方进线接线座上，电动机的引线接下方的出线座。

安装时应使刀片和夹座呈直线接触，并且应接触紧密。支座应有足够压力，刀片或夹座不应歪扭。

12.3.2 铁壳开关安装

(1) 铁壳开关安装应垂直安装。安装的位置应当以便于操作和安全为原则。

(2) 铁壳开关外壳应做可靠接地和接零。

(3) 铁壳开关进出线孔均应有绝缘垫圈或护帽。

(4) 接线。电源线与开关的静触头相连，电动机的引出线同负荷开关熔丝的下桩头相连，开关拉断后，闸刀与熔丝不带电，以便于维修和更换熔丝。

12.3.3 继电器安装

(1) 熔断器及熔体的容量设计要求如下：

1) 对于变压器、电炉和照明等负载，熔体的额定电流应略大于或者等于负载电流。

2) 对于输配电线路，熔体的额定电流应略小于或者等于线路的安全电流。

3) 熔断器的选择：额定电压应不小于线路工作电压；额定电流应大于或等于所装熔体的额定电流。

(2) 安装位置及相互间距应便于更换熔体；更换熔丝时，应当切断电源，更不允许带负荷换熔丝，并应换上相同额定电流的熔丝。

(3) 有熔断指示的熔芯，其指示器的方向应当装在便于观察侧。

(4) 瓷质熔断器在金属底板上安装时，其底座应当垫软绝缘衬垫。安装螺旋式熔断器时，应将电源线接至瓷底座的接线端，以确保安全。如是管式熔断器应垂直安装。

(5) 安装应保证熔体和插刀以及插刀和刀座接触良好，以防因熔体温度升高发生误动作。安装熔体时，必须注意不要使它受机械损伤，以防减少熔体截面积，产生局部发热而造成误动作。

12.4 电动机的调试

电动机的调试是电动机安装工作的最后一道工序，也是对安装质量的全面检查。通常电动机的第一次启动要在空载情况下进行。空载运行时间为 2h，记录空载电流，检查机身和轴承的温升，一切正常后即可带负荷试运转。

12.4.1 电动机调试的内容

(1) 电动机在试运行检查接通电源前，应当再次检查电动机的电源进线、接地线与控制设备的连接线等是否符合要求。

(2) 检查电动机绕组和控制线路的绝缘电阻是否满足要求，一般应不低于 $0.5M\Omega$。

(3) 电动机的引出线端与导线或电缆的连接牢固正确，引线端子与导线间的连接要垫弹簧垫圈，螺母应拧紧。

(4) 扳动电动机转子时应当转动灵活，无碰卡现象。

(5) 检查转动装置，皮带不能过松、过紧，皮带连接螺钉应紧固，皮带扣应完好，无断裂和损伤现象。联轴器的螺栓以及销子应紧固。

(6) 检查电动机所带动的机器是否已做好启动准备，准备好后，方能启动。如果电动机所带动的机器不允许反转，应当先单独试验电动机的旋转方向，使其和机器旋转方向一致后，再进行联机启动。

12.4.2 电动机调试的方法

(1) 电动机应按操作程序启动，并且指定专人操作。空载运行 2h，记录电动机空载电流。正常后，再进行带负荷运行。交流电动机带负荷启动，在冷态时，可以连续启动二次；在热态时，可以连续启动一次。

（2）电动机在运行中应当无杂声，无过热现象，电动机振动幅值以及轴承温升应在允许范围之内。

（3）电动机试车完毕，交工验收提交以下技术资料文件。

1）变更设计部分的实际施工图。

2）变更设计的证明文件。

3）制造厂提供的产品说明书、试验记录及安装图样等技术文件。

4）安装技术记录（包括干燥记录、抽芯检查记录等）。

5）调整试验记录。

上岗工作要点

1. 掌握吊车滑触线的安装要求和安装程序，实际工作中需要时，做到熟练安装。

2. 掌握电动机的安装程序，实际工作中需要时，做到熟练安装。

3. 掌握控制设备的安装要求，了解其在实际工作中的应用。

思 考 题

12-1 简述吊车滑触线的安装程序。

12-2 简述电动机的安装程序。

12-3 电动机的控制设备有哪些？

12-4 简述电动机调试的方法。

第13章 防雷与接地装置安装

重 点 提 示

1. 了解电气接地材料、类型以及接地装置的选择，熟练掌握低压电网的接地方式。
2. 掌握防雷装置的安装要求与安装程序。
3. 掌握接地装置的安装要求与安装程序。

13.1 电气接地概述

13.1.1 电气接地材料

（1）防雷接地材料

避雷针（带）及其引下线及接地装置用的紧固件，除地脚螺栓外，均应为镀锌制品；接地装置宜用钢材，在有腐蚀性较强的场所，应当采用热镀锌的钢接地体或适当加大截面，接地装置的导体截面按符合热稳定和机械强度的要求应当不小于表13-1中所列数值。

表 13-1　钢接地体和接地线的最小规格

种类规格及单位		地 上		地 下
		室 内	室 外	
圆钢直径（mm）		5	6	8 (10)
扁 钢	截 面（mm²）	24	48	48
	厚 度（mm）	3	4	4 (6)
角钢厚度（mm）		2	2.5	4 (6)
钢管管壁厚度（mm）		2.5	2.5	3.5 (4.5)

注：1. 表中括号内的数值系指直流电力网中经常流过电流的接地线和接地体的最小规格；

2. 电力线路杆塔的接地体引出线的截面不应小于50mm²，引出线应热镀锌。

（2）低压电气设备接地材料

低压电气设备地面上外露的接地线的截面不得小于表13-2所列的数值。

表 13-2　低压电气设备地面上外露的接地线的最小截面　　　mm²

名称	铜	铝	钢
明敷的裸导体	4	6	12

名称	铜	铝	钢
绝缘导体	1.5	2.5	—
电缆的接地芯或与相线包在同一保护外壳内的多芯导线的接地芯	1	1.5	—

不得使用蛇皮管、保温管的金属外皮或者金属网以及电缆金属护层作接地线。

（3）通信接地材料

对于通信接地，其垂直接地体最好采用钢管、圆钢和角钢，水平接地体宜采用扁钢，引入线宜采用外加绝缘的扁钢或者绝缘导线。其规格应符合下列要求：

1）接地体材质要求如下：

①钢管壁厚不应小于 3.5mm。

②圆钢直径不应小于 10mm。

③角钢厚度不应小于 4mm。

④扁钢厚度不应小于 4mm；截面不应小于 $100mm^2$。

线路及用户终端设备的垂直及水平接地体的最小规格可以适当低于上述数值。

2）接地引入线材质要求如下：

①扁钢：厚度不应小于 4mm，截面不应小于 $100mm^2$。

②导线：要求接地电阻小于 10Ω 时，铜芯不应小于 $16mm^2$；要求接地电阻大于或等于 10Ω 时；铜芯不应小于 $10mm^2$；作为用户终端设备避雷器用时，铜芯不应小于 $2.5mm^2$。

3）站内接地线（不包括兼作直流电源馈电线的接地线）材质有以下要求：

①铜芯不应小于 $35mm^2$（总配线架至接地排）。

②铜芯不应小于 $16mm^2$（要求接地电阻小于 10Ω 时通信设备用）。

③铜芯不应小于 $10mm^2$（要求接地电阻大于或等于 10Ω 的通信设备用）。

④铝芯不应小于 $25mm^2$（工频交流设备用）。

4）当总配线架避雷器的接地端不是通过接地排与入站电缆金属护套或者屏蔽层相连而是直线连接时，总配线架到接地排的站内接地线截面允许不小于 $10mm^2$。

5）在腐蚀性较强的土壤中埋设的接地体应当镀锌。在土壤电阻率小于 $20\Omega \cdot m$ 的地区或腐蚀性强的地区，还应当增大接地体的厚度、直径或采用耐腐蚀的接地体。

6）阴极保护设备的接地体应当采用耐腐蚀材料。

13.1.2 电气接地类型

电力系统和电气设备的接地，按其不同的作用分为工作接地、保护接地、重复接地和接零。为防止雷电的危害所作的接地称之为过电压保护接地。此外，还有静电接地和隔离接地等。

（1）工作接地

在正常或事故情况下，为了保证电气设备可靠地运行，必须在电力系统中某点（例如发电机或变压器的中性点、防止过电压的避雷器的某点等）直接或者经特殊装置如消弧线圈、电抗、电阻、击穿熔断器与地作金属连接，称之为工作接地。这种接地，一般在中性点接地系统中采用，如图 13-1 所示。

（2）保护接地

电气设备的金属外壳，因绝缘损坏有可能带电，为防止这种电压危及人身安全的接地，称之为保护接地，如图 13-2 所示。这种接地一般在中性点不接地系统中采用。

（3）重复接地

将零线上的一点或者多点与地再次做金属的连接称为重复接地，如图 13-1 所示。

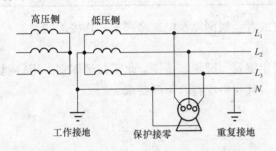

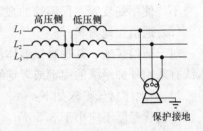

图 13-1　工作接地、重复接地和接零示意图　　　图 13-2　保护接地示意图

（4）接零

与变压器和发电机接地中性点连接的中性线，或者直流回路中的接地中线相连称为接零，如图 13-1 所示。

（5）过电压保护接地

过电压保护装置或设备的金属结构为消除过电压危险影响的接地，称之为过电压保护接地。

（6）静电接地

为防止可能产生或者聚集电荷，对设备、管道和容器等所进行的接地，称之为静电接地。

（7）隔离接地

把电气设备用金属机壳封闭，防止外来信号干扰，或者把干扰源屏蔽，使它不影响屏蔽体外的其他设备的金属屏蔽接地，称之为隔离接地。

13.1.3　低压电网的接地方式

在低压电网中，其常用的接地方式有 TT 系统、TN 系统和 IT 系统三种。其中，IT 系统除了在煤矿等处广泛采用外，在工业与民用建筑中却很少采用。目前我国一些较大的企事业单位，在自用配电变压器的独立电网中，通常均采用 TN-C-S 系统。而对于具有较多携带式或移动式的单相用电设备场所，例如多层厂房、宾馆、医院等，提倡采用 TN-S 系统。这种一般称之为三相五线制配电系统，中性线（N）和保护线（PE）是分开的，所以它不会因为中性线断线而失去保护作用。

（1）TT 系统

电源端直接接地，电气设备金属外壳接到电力系统的接地点无关的接地体，即接地制，如图 13-3 所示。

（2）TN 系统

电源端直接接地，电气设备金属外壳与中性线相连接，就是接零制。根据中性线和电气设备金属外壳连接的不同方式，又分为 TN-C 系统、TN-C-S 系统和 TN-S 系统三种。

1）TN-C 系统。在整个系统中，保护导线及中性线是合用的（简称 PEN），如图 13-4 所示。

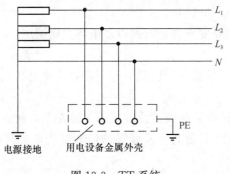

图 13-3 TT 系统

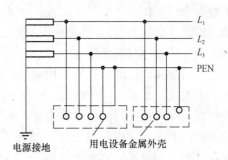

图 13-4 TN-C 系统

2）TN-C-S 系统。在整个系统中，保护导线及中性线是部分合用的，如图 13-5 所示。

3）TN-S 系统。在整个系统中，保护导线及中性线是分开的，如图 13-6 所示。

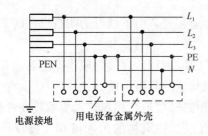

图 13-5 TN-C-S 系统

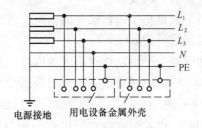

图 13-6 TN-S 系统

（3）IT 系统

电源端不接地或者接入阻抗接地，电气设备金属外壳直接与接地体相连接的，称为不接地系统或者阻抗接地系统，如图 13-7 所示。

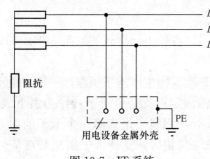

图 13-7 IT 系统

13.1.4 接地装置的选择

（1）自然接地体与接地线

1）交流电气设备可以利用的自然接地体主要有以下几种：

①埋设在地下的金属管道（易燃或易爆物质的管道除外）。

②金属井管。

③与大地有可靠连接的建筑物的金属结构。

④水工构筑物以及其类似的构筑物的金属管、桩。

2）交流电气设备可利用的接地线主要有以下几种：

①建筑物的金属结构（梁、桩等）以及设计规定的混凝土结构内部的结构钢筋。

②生产用的起重机轨道、配电装置的外壳、走廊、平台、电气竖井、起重机与升降机的构架、运输皮带的钢架、电除尘器的构架等金属结构。

291

③配线的钢管。

3）交流电气设备不能采用的接地体及接地线主要有：

①地下裸铝导体。

②蛇皮管（金属软管）、管道保温层的金属外皮或者金属网以及电缆金属护层。

（2）人工接地体与接地线

为了节约金属，接地装置宜采用钢材。接地装置的导体截面应当符合热稳定和机械强度的要求，但不应小于表13-1所列规格。

因钢接地体（线）耐受腐蚀能力差，钢材镀锌后耐腐蚀性能提高1倍左右，而热镀锌防腐蚀效果好。因此，大中型发电厂、110kV及以上变电所或者腐蚀性较强场所的接地装置应当采用热镀锌钢材或适当加大截面。

低压电气设备地面上外露的铜和铝接地线的最小截面应当符合表13-2的规定。

13.2 防雷装置安装

13.2.1 防雷引下线安装

防雷引下线是将接闪器接受的雷电流引到接地装置，引下线分为明敷设和暗敷设两种。

（1）引下线的设置

除利用混凝土中钢筋作引下线的以外，引下线应镀锌，焊接处当涂防腐漆，在腐蚀性较强的场所，引下线还应适当加大截面或者采取其他的防腐措施。

1）引下线应沿建筑物外墙敷设，并且经最短路径接地，建筑艺术要求较高者也可暗敷，但截面应加大一级。引下线不宜敷设在阳台附近以及建筑物的出入口和人员较易接触到的地点。

2）根据建筑物防雷等级不同，防雷引下线的设置也不相同。一级防雷建筑物专设引下线时，其根数不应少于两根，间距不得大于18m；二级防雷建筑物引下线的数量不应少于两根，间距不应大于20mm；三级防雷建筑物，为防雷装置专设引下线时，其引下线数量不宜少于两根，间距不得大于25mm。

（2）引下线支架安装

因引下线的敷设方法不同，使用的固定支架也不相同。各种不同形式的支架，如图13-8所示。

当确定引下线位置后，明装引下线支持卡子应当随着建筑物主体施工预埋。一般在距室外护坡2m高处，预埋第一个支持卡子，再将圆钢或扁钢固定在支持卡子上，作为引下线。按主体工程施工进度，在距第一个卡子正上方1.5～2m处，用线坠吊直第一个卡子的中心点，埋设第二个卡子，依此向上逐个埋设，其间距应当均匀相等。支持卡子露出长度应一致，突出建筑外墙装饰面15mm以上。

（3）引下线明敷设

明敷设引下线必须在调直后进行。如引下线材料为扁钢，可以放在平板上用手锤调直；如引下线为圆钢，可以将其一端固定在锤锚的机具上，另一端固定在绞磨或倒链的夹具上，冷拉调直，也可以用钢筋调直机进行调直。

经调直后的引下线材料，运到安装地点后，可以用绳子提拉到建筑物最高点，由上而下逐点使其与埋设在墙体内的支持卡子进行套环卡固，用螺栓或者焊接固定，直到断接卡子

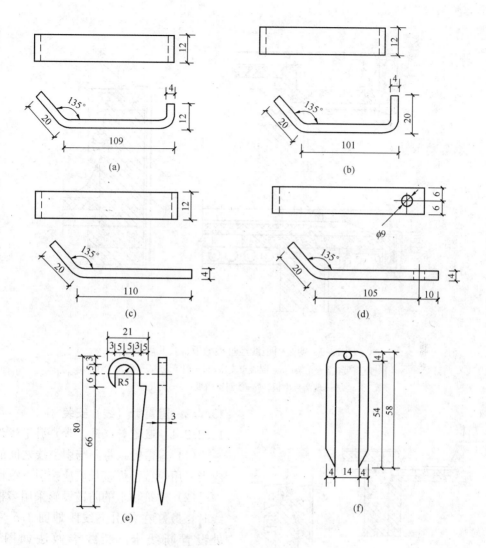

图 13-8 引下线固定支架

(a)、(b) 固定钩；(c)、(d) 托板；(e)、(f) 卡钉

为止。

引下线路径尽可能短而直。当通过屋面挑檐板等处，需要弯折时，不应当构成锐角转折，应做成曲径较大的慢弯。弯曲部分线段的总长度，应当小于拐弯开口处距离的 10 倍。引下线通过挑檐板及女儿墙时，其做法如图 13-9 所示。

（4）引下线沿墙或混凝土构造柱暗敷设

引下线沿砖墙或混凝土构造柱内暗设时，暗设引下线一般应当使用截面不小于 $\phi 12$ 镀锌圆钢或－25×4 镀锌扁钢。常将钢筋调直后先与接地体（或断接卡子）连接好，由下至上展放（或一段段连接）钢筋，敷设路径应尽可能短而直，可直接通过挑檐板或女儿墙与避雷带焊接，如图 13-10 所示。

当引下线沿建筑物外墙抹灰层内安装时，应当在外墙装饰抹灰前把扁钢或圆钢避雷带由上至下展放好，并用卡钉或者方卡钉固定好，其垂直固定距离为 1.5～2m。

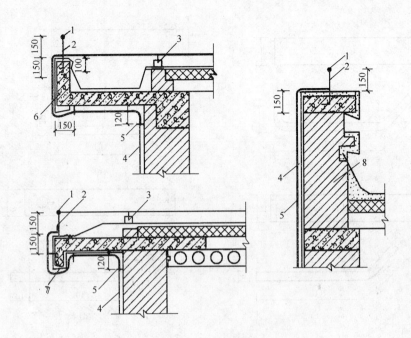

图 13-9　明装引下线经过挑檐板、女儿墙做法
1—避雷带；2—支架；3—混凝土支座；4—引下线；5—固定卡子；
6—现浇挑檐板；7—预制挑檐板；8—女儿墙

13.2.2　避雷针（线）安装

13.2.2.1　避雷针（线、带）引下线施工

（1）避雷针（带）与引下线之间的连接应当采用焊接，焊接长度应按引下线计算。

（2）建筑物上的防雷设施采用多根引下线时，最好在各引下线距地面 1.5～1.8m 处设置断线卡。断线卡做法如图 13-11 所示。

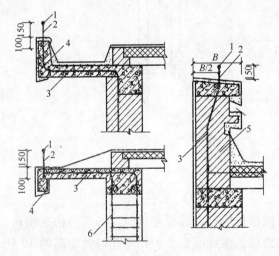

图 13-10　暗装引下线通过挑檐板、女儿墙做法
1—避雷带；2—支架；3—引下线；4—挑檐板；
5—女儿墙；6—柱主筋

（3）引下线应沿建筑物外墙敷设，并且经最短路径接地。建筑艺术要求较高者，也可暗敷，但是截面应加大一级（即：明装时用 $\phi 8$ 镀锌圆钢，暗装时用 $\phi 12$ 镀锌圆钢）。

明敷引下线距墙面的距离，通常不大于 15mm。引下线支持件：水平敷设时，支持件间距为 1～1.5m；垂直敷设时，为 1.5～2m；转弯处为 0.5～1m。固定支持件形式如图 13-12 所示。

（4）装有避雷针的金属筒体（例如烟囱），当筒体壁厚大于 4mm 时，可作为避雷针的引下线；筒体底部应当有对称的两处与接地体相连，如图 13-13 所示。

当烟囱上安装多支避雷针时，其接地线一律连在同一个闭合环上。用铁爬梯作引下线时，应当将爬梯连成电气通路。

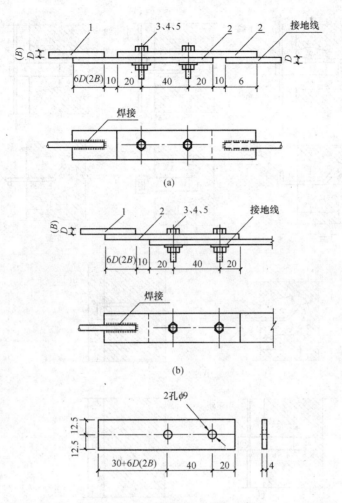

图 13-11　避雷引下线的断线卡做法

(a) 断接卡 (一)；(b) 断接卡 (二)

1—引下线（镀锌扁钢或圆钢）；2—连接板（应热镀锌）；

3、4、5—配套镀锌螺栓和垫圈（M8mm×30mm）

13.2.2.2　避雷针安装施工

（1）在屋面上安装

1）保护范围的确定。对于单支避雷针，其保护角 α 可以按 45°或 60°考虑。两支避雷针外侧的保护范围按照单支避雷针确定，两针之间的保护范围，对民用建筑可按简化两针间的距离不得小于避雷针的有效高度（避雷针突出建筑物的高度）的 15 倍，并且不宜大于 30m 来布置，如图 13-14 所示。

2）安装施工。在屋面安装避雷针，混凝土支座应当与屋面同时浇筑。支座应设在墙或梁上，否则应进行校验。地脚螺栓应预埋在支座内，且至少要有 2 根与屋面、墙体或梁内钢筋焊接。在屋面施工时，可以由土建人员预先浇筑好。待混凝土强度满足施工要求后，然后安装避雷针，连接引下线。

施工前，先组装好避雷针，在与避雷针支座底板上相应的位置，焊上一块肋板，再将避雷针立起，找直、找正之后进行点焊，最后加以校正，焊上其他三块肋板。

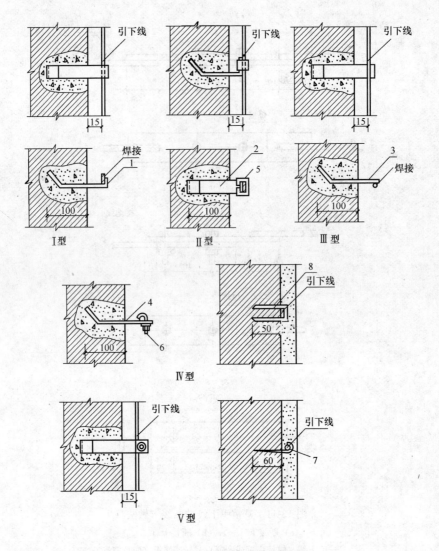

图 13-12　引下线固定方法安装图

1、2、3、4—支架（—12×4 制作）；5—套环（—12×4 制作）；

6—螺栓钩（φ8），包括 M8 螺母及垫圈；7—钩钉（卡钉）；

8—方卡钉（φ4 镀锌钢丝制作）

　　避雷针要求安装牢固，并且与引下线焊接牢固，屋面上有避雷带（网）的还要与其焊成一个整体，如图 13-15 所示。

　　（2）在墙上安装

　　避雷针是建筑物防雷最初采用的方法之一。《全国通用电气装置标准图集》（D562）中规定避雷针在建筑物墙上的安装方法如图 13-16 所示。避雷针下覆盖的一定空间范围内的建筑物都可以受到防雷保护。

　　图中的避雷针（即接闪器）就是受雷装置。制作方法如图 13-17 所示，针尖采用圆钢制成，针管采用焊接钢管，都应热镀锌。镀锌有困难时，可刷红丹一度，防腐漆二度，以防锈蚀；针管连接处应当将管钉安好后，再行焊接。

　　避雷针安装应当位置正确，焊接固定的焊缝饱满无遗漏，螺栓固定的应备帽等防松零件

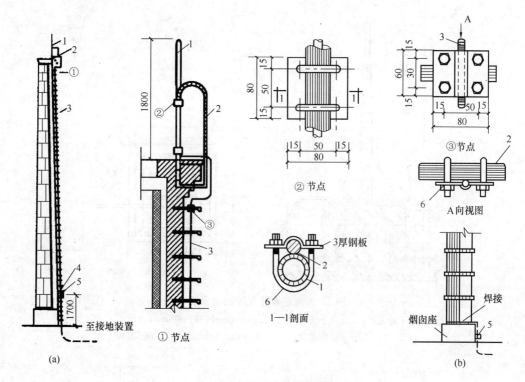

图 13-13　烟囱防雷装置做法

(a) 砖烟囱；(b) 铁烟囱

1—避雷针；2—铁爬梯；3—接地引下线（φ8 圆钢）；4—断线卡；5—保护管；6—U 形卡子

齐全，焊接部分要补刷的防腐油漆完整。

（3）独立避雷针安装

独立避雷针施工时应当注意下列问题：

1）制作要符合设计（或标准图）的要求。垂直度误差不得超过总长度的 0.2%，固定针塔或针体的螺母均应当采用双螺母。

2）独立避雷针接地装置的接地体应当离开人行道、出入口等经常有人通过停留的地方不得少于 3m，有条件时，越远越好。达不到时可以用下列方法补救：

①水平接地体局部区段埋深大于 1m。

②接地带通过人行道时，可以包敷绝缘物，使雷电流不从这段接地线流散入地，或流散的电流大大减少。

③在接地体上面敷设一层 50～80mm 的沥青层或采用沥青、碎石及其他电阻率高的地面。

3）用塔身作接地引下线时，为确保良好的电气通路，紧固件及金属支持件一律热镀锌，无条件时，应当刷红丹一道、防腐漆两道。

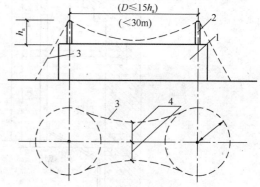

图 13-14　双支避雷针简化保护范围示意

1—建筑物；2—避雷针；3—保护范围；

4—保护宽度

h_a—避雷针的有效高度

297

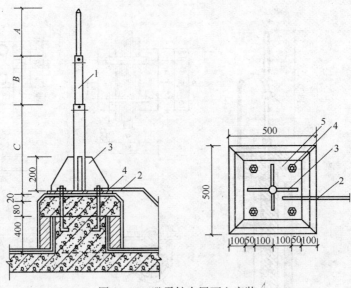

图 13-15　避雷针在屋面上安装

1—避雷针；2—引下线；3——100mm×8mm，$L=200$mm 筋板；

4—M25×350mm 地脚螺栓；5——300mm×8mm，$L=300$mm 底板

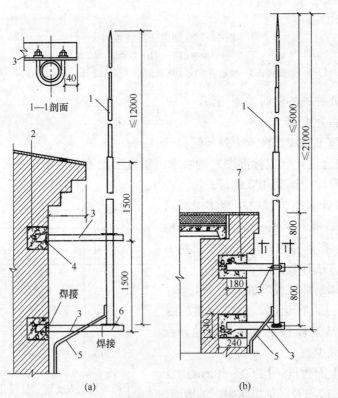

（a）　　　　　　　　　　（b）

图 13-16　避雷针在建筑物墙上安装图

（a）在侧墙；（b）在山墙

1—接闪器；2—钢筋混凝土梁 240mm×240mm×2500mm，当避雷针高<1m 时，改为 240mm×240mm×370mm 预制
混凝土块；3—支架（L63×6mm）；4—预埋铁板（100mm×100mm×4mm）；5—接地引下线；6—支持板
（$\delta=6$mm）；7—预制混凝土块（240mm×240mm×37mm）

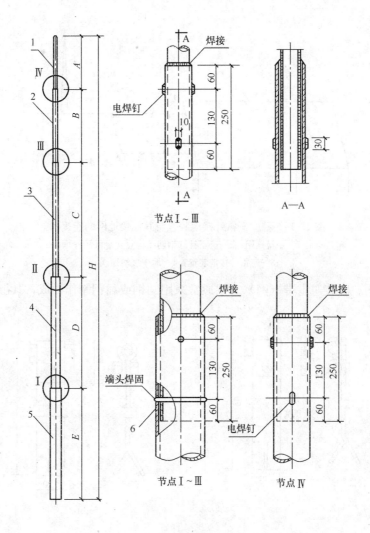

图 13-17　避雷针制作图

1—针尖（φ20 圆钢制作，尖端 70mm 长呈圆锥形）；2—管针（G25mm 钢管）；
3—针管（G40mm 钢管）；4—（G50mm 钢管）；5—针管（G70mm 钢管）；
6—穿钉（φ12）

4）独立避雷针宜设独立接地装置，如果接地电阻不合要求，该接地装置可与其他电气设备的主接地网相连，如图 13-18 所示，但是地中连线长度不得小于 15m，即 BD' 不足 15m 时，可沿 $ABCD$ 连线。

5）装在独立避雷针塔上照明灯的电源引入线，一定要采用直埋地下的带金属护层的电缆或钢管配线，电缆护层或金属管必须接地，并且埋地长度应在 10m 以上才能与配电装置接地网相连，或者与电源线、低压配电装置相连接。

13.2.3　接闪器安装

接闪器是建筑物防雷装置的一部分，有避雷针和避雷带、网等。接闪器是接受雷电电流的装置，最后沿引下线引入到装置中。

（1）支座、支架的制作与安装

明装避雷带（网）时，应当根据敷设部位选择支持件的形式。敷设部位不同，其支持件

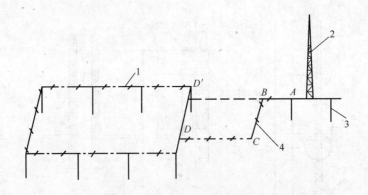

图 13-18　独立避雷针接地装置与其他接地网的连接图

1—主接地网；2—避雷针（钢筋结构独立避雷针）；

3—避雷针接地装置；4—地中接地连线

的形式也不相同。明装避雷带（网）支架通常采用圆钢或扁钢制作而成，其形式有多种，如图 13-19 所示。

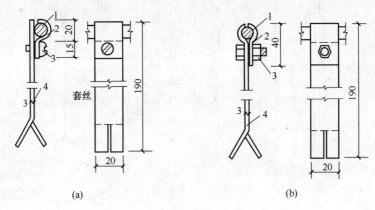

图 13-19　明装避雷带（网）支架

(a) 支座内支架一；(b) 支座内支架二

1—避雷带（网）；2—扁钢卡子；3—M5mm 螺栓；4——20mm×3mm 支架

1）避雷带（网）沿屋面安装时，通常沿混凝土支座固定。在施工前，应预制混凝土支座。支座的安装位置应当由避雷带（网）的安装位置决定。

支座可以在建筑物屋面面层施工过程中现场浇制，也可预制砌牢或与屋面防水层进行固定。避雷带（网）距屋面边缘不得大于 500mm，在避雷带（网）转角中心严禁设置避雷带（网）支座。

①在屋面上制作或安装支座时，应当在直线段两端点拉通线，确定好中间支座位置。中间支座间距为 1～1.5m，相互间距离应当均匀分布，在转弯处支座间距为 0.5m（距转弯中点距离 0.25m）。

②支座在防水层上安装时，待屋面防水工程结束后，将混凝土支座分档摆好，在支座位置上烫好沥青，把支座与屋面固定牢固，然后安装避雷带（网）。

2）避雷带（网）沿女儿墙安装时，应使用支架固定，并且应尽可能随结构施工预埋支架。支架应与墙顶面垂直。

①在预留孔洞内埋设支架时，应当先用素水泥浆湿润；放置好支架后，再用水泥砂浆注牢。支架支起的高度不应小于150mm，待达到强度后再敷设避雷带（网）。

②避雷带（网）在建筑物天沟上安装使用固定时，应当随土建施工先设置好预埋件。支架与预埋件应进行焊接固定。

3）避雷带在建筑物屋脊和檐口上安装时，可以使用混凝土支座或支架固定。

①使用支座固定避雷带时，应当配合土建施工，现场浇制支座。浇制时，先将脊瓦敲去一角，使支座同脊瓦内的砂浆连成一体。

②使用支架固定避雷带时，需用电钻将脊瓦钻孔，然后将支架插入孔内，并用水泥砂浆填塞牢固。

在屋脊上固定支座和支架，水平间距为1～1.5m，转弯处为0.25～0.5m。

（2）避雷带（网）安装施工

1）明装避雷带（网）应当采用镀锌圆钢或扁钢制成。镀锌圆钢直径应为$\phi12$。镀锌扁钢－25×4或－40×4。在使用前，应当对圆钢或扁钢进行调直加工，对调直的圆钢或扁钢，一直沿支座或支架的路径进行敷设，如图13-20所示。

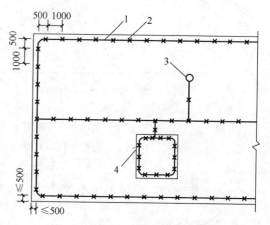

图13-20　避雷带在挑檐板上安装平面示意图
1—避雷带；2—支架；3—突出屋面的金属管道；
4—建筑物突出物

2）在避雷带（网）敷设的同时，应当与支座或支架进行卡固或焊接连成一体，并同防雷引下线焊接好。其引下线的上端与避雷带（网）的交接处，应当弯曲成弧形。

3）当避雷带沿女儿墙及电梯机房或者水池顶部四周敷设时，不同平面的避雷带（网）至少应有两处互相连接，连接应当采用焊接。

4）避雷带在屋脊上安装，如图13-21所示。

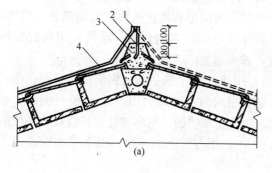
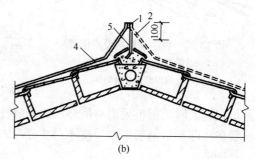

图13-21　避雷带及引下线在屋脊上安装
（a）用支座固定；（b）m支架固定
1—避雷带；2—支架；3—支座；4—引下线；5—1∶3水泥砂浆

建筑物屋顶上的突出金属物体，例如旗杆、透气管、铁栏杆、爬梯、冷却水塔、电视天

301

线杆等，都必须和避雷带（网）焊接成一体。

5）避雷带（网）在转角处应当随建筑造型弯曲，一般不宜小于90°，弯曲半径不宜小于圆钢直径的10倍，或者扁钢宽度的6倍，绝对不能弯成直角，如图13-22所示。

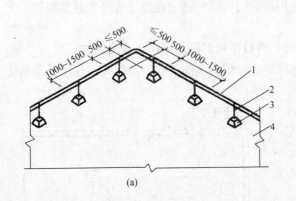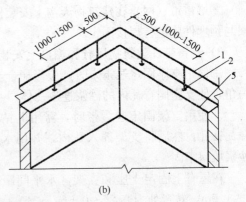

图 13-22　避雷带（网）在转弯处做法

（a）在平屋顶上安装；（b）在女儿墙上安装

1—避雷带；2—支架；3—支座；4—平屋面；5—女儿墙

6）避雷带（网）沿坡形屋面敷设时，应当与屋面平行布置，如图13-23所示。

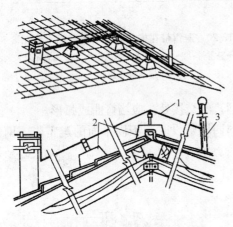

图 13-23　坡形屋面敷设避雷带

1—避雷带；2—混凝土支座；
3—突出屋面的金属物体

7）避雷带通过建筑物伸缩沉降缝处，可以将避雷带向侧面弯成半径为100mm的弧形，并且支持卡子中心距建筑物边缘减至400mm；此外，也可将避雷带向下部弯曲，或者用裸铜绞线连接避雷带。

8）避雷带（网）安装完成后，应平直牢固，不得有高低起伏和弯曲现象，平直度每2m检查段允许偏差值不要大于3‰，全长不宜超过10mm。

（3）暗装避雷带（网）的安装

暗装避雷网是利用建筑物内的钢筋做避雷网，以起到建筑物防雷击的作用。因其比明装避雷网美观，越来越被广泛利用。

1）用建筑物V形折板内钢筋作避雷网。建筑物有防雷要求时，可以利用V形折板内钢筋作避雷网。在施工时，折板插筋与吊环和网筋绑扎，通长筋和插筋、吊环绑扎。折板接头部位的通长筋在端部预留钢筋头，长度不得少于100mm，便于与引下线连接。引下线的位置由工程设计决定。

等高多跨搭接处通长筋与通长筋应绑扎。非等高多跨交接处，通长筋之间应用φ8圆钢连接焊牢，绑扎或者连接的间距为6m。

V形折板钢筋作防雷装置，如图13-24所示。

2）用女儿墙压顶钢筋作暗装避雷带。女儿墙压顶为现浇混凝土的，可以利用压顶板内的通长钢筋作为暗装防雷接闪器；女儿墙压顶为预制混凝土板的，应当在顶板上预埋支架设

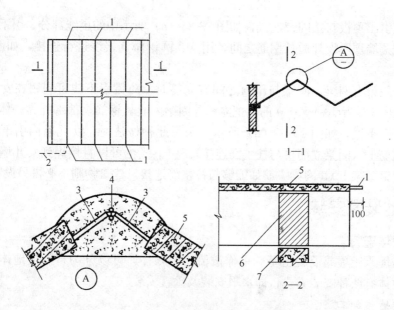

图 13-24 V形折板钢筋作防雷装置示意图

1—通长筋预留钢筋头；2—引下线；3—吊环（插筋）；4—附加

通长 ϕ6 筋；5—折板；6—三角架或三角墙；7—支托构件

接闪带。

用女儿墙现浇混凝土压顶钢筋作暗装接闪器时，防雷引下线可以采用不小于 ϕ10 圆钢，如图 13-25（a）所示，引下线和接闪器（即压顶内钢筋）的焊接连接，如图 13-25（b）所示。

在女儿墙预制混凝土板上预埋支架设接闪带时，或者在女儿墙上有铁栏杆时，防雷引下

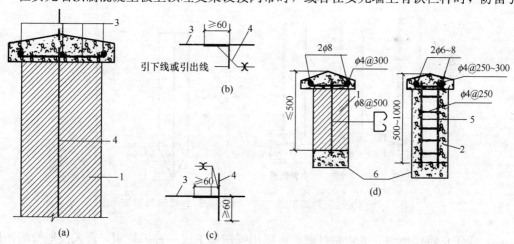

图 13-25 女儿墙及暗装避雷带做法

（a）压顶内暗装避雷带做法；（b）压顶内钢筋引下线（或引出线）连接做法；（c）压顶上

有明装接闪带时引下线与压顶内钢筋连接做法；（d）女儿墙结构图

1—砖砌体女儿墙；2—现浇混凝土女儿墙；3—女儿墙压顶内钢筋；

4—防雷引下线；5—4ϕ10 圆钢连接线；6—圈梁

线应当由板缝引出顶板与接闪带连接，如图 13-25（a）所示中的虚线部分，引下线在压顶处同时应当与女儿墙顶厚设计通长钢筋之间，用 ϕ10 圆钢做连接线进行连接，如图 13-25（c）所示。

女儿墙一般设有圈梁，圈梁与压顶之间有立筋时，防雷引下线可利用在女儿墙中相距 500mm 的 2 根 ϕ8 或者 1 根 ϕ10 立筋，把立筋与圈梁内通长钢筋全部绑扎为一体更好，女儿墙不需再另设引下线，如图 13-25（d）所示。采用此种做法时，女儿墙内引下线的下端需要焊至圈梁立筋上（圈梁立筋再与柱主筋连接）。引下线也可以直接焊到女儿墙下的柱顶预埋件上（或者钢屋架上）。圈梁主筋如能够与柱主筋连接，建筑物则不必再另设专用接地线。

13.3 接地装置安装

13.3.1 接地体安装

接地体是埋入土壤或混凝土基础中作散流用的导体，可以分为自然接地体和人工接地体。人工接地体有两种安装方式，即水平安装及垂直安装。

13.3.1.1 接地体加工

接地体安装前，应按照设计所提供的数量和规格进行加工。一般接地体多采用镀锌角钢或镀锌钢管制作。

（1）当接地体采用钢管时，应选用直径为 38～50mm，壁厚不小于 3.5mm 的钢管。然后按照设计的长度切割（一般为 2.5m）。钢管打入地下的一端加工成一定的形状，若为一般松软土壤时，可切成斜面形。为了避免打入时受力不均使管子歪斜，也可加工成扁尖形；如土质很硬，可将尖端加工成锥形；如图 13-26 所示。

（2）采用角钢时，通常选用 50mm×50mm×5mm 的角钢，切割长度一般也是 2.3m。图 13-27 为角钢一端加工成尖头形状的加工图。

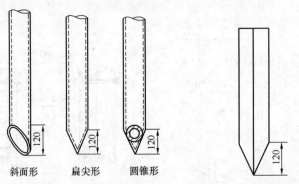

图 13-26　接地钢管加工图　　　　图 13-27　接地角钢加工图

（3）为防止将接地钢管或角钢打劈，可以用圆钢加工成一种护管帽，套入接地管端，用一块短角钢（约 10cm）焊在接地角钢的一端，如图 13-28 所示。

13.3.1.2 接地体安装施工

（1）安装要求

1）接地体打入地中，一般采用锤打入。打入时，可以按设计位置将接地体打在沟的中心线上。

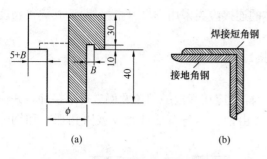

图 13-28　接地钢管和角钢的加固方法

(a) 护管帽加工图；(b) 短角钢焊接示意图

ϕ—钢管内径；B—钢管管壁厚度

当接地体露在地面上的长度约为 150～200mm（沟深 0.8～1m）时，可以停止打入，使接地体最高点距施工完毕后的地面有 600mm 的距离。

2）敷设的管子或角钢及连接扁钢应避开其他地下管路、电缆等设施。通常与电缆及管道等交叉时，相距不小于 100mm，与电缆和管道平行时不小于 300～350mm。

3）敷设接地时，接地体应与地面保持垂直。若泥土很干很硬，可浇上一些水使其疏松，以易于打入。

4）利用自然接地体和外引接地装置时，应使用不少于两根导体在不同地点与人工接地体相连接，但对电力线路除外。

5）直流电力回路中，不应当利用自然接地体作为电流回路的零线、接地线或接地体。直流电力回路专用的中性线、接地体及接地线不应与自然接地体连接。

自然接地体的接地电阻值符合要求时，通常不敷设人工接地体，但发电厂、变电所和有爆炸危险场所除外。当自然接地体在运行时连接不可靠及阻抗较大不能满足接地要求时，应当采用人工接地体。

(2) 垂直接地体

1）垂直接地体的间距在垂直接地体长度为 2.5m 时，通常不小于 5m。直流电力回路专用的中性线、接地体及接地线不得与自然接地体有金属连接；如无绝缘隔离装置时，相互间的距离不得小于 1m。

2）垂直接地体一般使用 2.5m 长的钢管或者角钢，其端部按图 13-29 加工。埋设沟挖好后应立即安装接地体和敷设接地扁钢，以防土方侧坍。接地体一般采用手锤将接地体垂直打入土中，如图 13-30 所示。

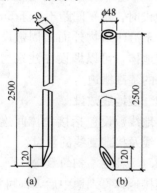

图 13-29　垂直接地体端部

(a) 角钢；(b) 钢管

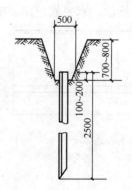

图 13-30　接地体的埋设

接地体顶面埋设深度不应小于 0.6m。角钢及钢管接地体应当垂直配置。

接地体与建筑物的距离以不小于 1.5m 为宜。

3）接地体一般使用扁钢或者圆钢。接地体的连接应当采用焊接（搭接焊），其焊接长度必须为：

①扁钢宽度的2倍（且至少有三个棱边焊接）。

②圆钢直径的6倍。

③圆钢与扁钢连接时，为了达到连接可靠，除了应在其接触部位两侧进行焊接外，并应焊以由钢带弯成的弧形或直角形卡子，或者直接由钢带本身弯成弧形（或直角形）和钢管（或角钢）焊接，如图13-31所示。

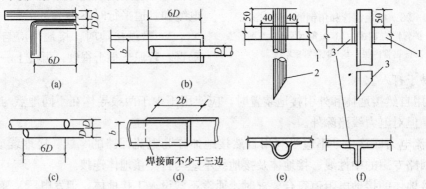

图13-31　接地体连接

（a）圆钢直角搭接；（b）圆钢与扁钢搭接；（c）圆直线搭接；（d）扁钢与扁钢搭接；

（e）垂直接地体为钢管与水平接地体扁钢连接；（f）垂直接地体为角钢与水平

接地体扁钢连接（D为直径）

1—扁钢；2—钢管；3—角钢

（3）水平接地体

水平接地体大多用于环绕建筑四周的联合接地，常用—40mm×40mm镀锌扁钢，要求最小截面不得小于100mm²，厚度不应小于4mm。由于接地体垂直放置时，散流电阻较小，所以，当接地体沟挖好后，应当垂直敷设在地沟内（不应平放），顶部埋设深度距地面不小于0.6m，如图13-32所示。水平接地体多根平行敷设时，水平间距不小于5m。

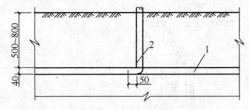

图13-32　水平接地体安装

1—接地体；2—接地线

对于沿建筑物外面四周敷设成闭合环状的水平接地体，可以埋设在建筑物散水及灰土基础以外的基础槽边。

13.3.2　接地线敷设

接地线敷设包括接地体间连接用的扁钢及接地干线及接地支线的敷设。

13.3.2.1　接地扁钢的敷设

当接地体打入地中后，即可沿沟敷设扁钢。扁钢敷设位置、数量和规格应当符合设计规定。

扁钢敷设前应检查和调直，再将扁钢放置于沟内，依次将扁钢与接地体用焊接的方法连接。扁钢应侧放而不可以平放，因侧放时散流电阻较小。扁钢与钢管连接的位置距接地体最高点约100mm，如图13-33所示。焊接时应将扁钢拉直。

扁钢与钢管焊好后，经过检查认为接地体埋设深度、焊接质量等一律符合要求时，即可将沟填平。

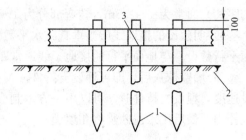

图 13-33　接地体的安装
1—接地体；2—地沟面；3—接地卡子焊接处

13.3.2.2　接地干线与支线的敷设

接地干线与支线的作用是将接地体和电气设备连接起来。它不起接地散流作用，因此，埋设时不一定要侧放。

（1）敷设要求

1）室外接地干线与支线一般敷设在沟内。敷设前应当按设计规定的位置先挖沟，沟的深度不应小于 0.5m，宽约为 0.5m，然后将扁钢埋入。回填土应压实，但是不需要打夯。

2）接地干线和接地体的连接，接地支线与接地干线的连接应当采用焊接。

3）接地干线支线末端露出地面应当大于 0.5m，以便接引地线。

4）室内的接地线多为明设，但是一部分设备连接的支线需经过地面，也可以埋设在混凝土内。明敷设的接地线大多数是纵横敷设在墙壁上，或者敷设在母线架和电缆架的构架上。

（2）预留孔与埋设保护套

接地扁钢沿墙壁敷设时，有时要穿过墙壁和楼板，为保护接地线和易于检查，可在穿墙的一段加装保护套和预留孔。

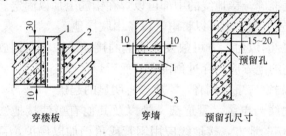

穿楼板　　　穿墙　　　预留孔尺寸

图 13-34　保护套安装和预留尺寸图
1—保护套；2—楼板；3—砖墙

1）预留孔。当土建浇制板或砌墙时，按照设计的位置预留出穿接地线的孔，预留孔的大小应当比敷设接地线的厚度、宽度各大出 6mm 以上。施工时按此尺寸截一段扁钢预埋在墙壁内，当混凝土还没有凝固时抽动扁钢，以便于将来完全凝固后易于抽出。也可以在扁钢上包一层油毛毡或者几层牛皮纸埋设在墙壁内。预留孔距墙壁表面应为 15～20mm，以便敷设接地线时整齐美观，如图 13-34 所示。

2）保护套。如用保护套时，应将保护套埋设好。保护套可以用厚 1mm 以上铁皮做成方形或圆形，大小应当使接地线穿入时，每边有 6mm 以上的空隙，其安装方式如图 13-34 所示。

（3）埋设支持件

明敷设在墙上的接地线应当分段固定，固定方法是在墙上埋设支持件，将接地扁钢固定在支持件上。图 13-35 为常用的一种支持件。

1）施工前，用 40mm×4mm 的扁钢按照如图 13-35 所示的尺寸将件作好。

2）为使支持件埋设整齐，在墙壁浇捣前先埋入一块方木预留小孔，砖墙可以在砌砖时直接埋入。

3）埋设方木时应拉线或画线，孔的深度及宽度各为 50mm，孔之间的距离（即支持件的距离）通常为 1~1.5m，转弯部分为 1mm。

4）明敷设的接地线应当垂直或水平敷设，当建筑物的表面为倾斜时，也可沿建筑物表面平行敷设。与地面平行的接地干线通常距地面为 200~300mm。

5）墙壁抹灰后，即可埋设支持件。为保证接地线全长与墙壁保持相同的距离和加快埋设速度，埋设支持件时，可以用一方木制成的样板，其施工如图 13-36 所示。先将支持件放入孔内，最后用水泥砂浆将孔填满。

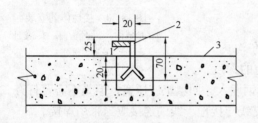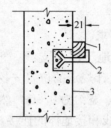

图 13-35　接地线支持件　　　　　　图 13-36　接地线支持件埋设
1—接地线；2—支持件；3—墙壁　　　　1—方木样板；2—支持件；3—墙壁

其他形式支持件埋设的施工方法也基本相同。

（4）接地线的敷设

敷设在混凝土内的接地线，多数是到电气设备的分支线，在土建施工时就应当敷设好。

1）敷设时应按照设计将一端放在电气设备处，另一端放在距离最近的接地干线上，两端都应当露出混凝土地面。露出端的位置应准确，接地线的中部可以焊在钢筋上加以固定。

2）所有电气设备都需单独地埋设接地分支线，不可以将电气设备串联接地。

3）当支持件埋设完毕，水泥砂浆完全凝固以后，方可敷设在墙上的接地线。将扁钢放在支持件内，不得放在支持件外。经过墙壁的地方应当穿过预留孔，然后焊接固定。

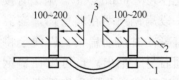

图 13-37　接地线经过伸缩缝
1—接地线；2—建筑物；3—伸缩缝

敷设的扁钢应事先调直，不应当有明显的起伏弯曲。

4）接地线与电缆、管道交叉处以及其他有可使接地线遭受机械损伤的地方，接地线应用钢管或角钢加以保护，否则接地线与上述设施交叉处应当保持 25mm 以上的距离。

5）接地线经过建筑物的伸缩缝时，如采用焊接固定，应当将接地线通过伸缩缝的一段作为弧形，如图 13-37 所示。

13.3.3　接地电阻测试

接地装置的接地电阻是接地体的对地电阻及接地线电阻的总和。

接地电阻的数值＝接地电阻对地电压/通过接地体流入地中电流。

13.3.3.1　对接地电阻的要求

（1）低压电力网的电力装置对接地电阻有以下要求：

1）低压电力网中，电力装置的接地电阻不宜超过 4Ω。

2）从单台容量在 1000kV·A 的变压器供电的低压电力网中，电力装置的接地电阻不宜大于 10Ω。

3）使用同一接地装置并联运行的变压器，总容量不得超过 100kV·A 的低压电力网中，电力装置的接地电阻不宜超过 10Ω。

4）在土壤电阻率高的地区，应达到以上接地电阻值有困难时，低压电力设备的接地电阻允许提高到30Ω。

（2）重复接地的接地电阻通常不超过10Ω。

（3）测量接地装置的接地电阻，如设计无规定时，可以参照表13-3的规定。

（4）测量企业的建筑物及构筑物防雷接地装置的接地电阻，若无设计要求时可参照下列要求检查：

1）管道进入有爆炸危险厂房时，距厂房最近支柱的接地电阻，第一根应不大于5Ω，第二根不应大于10Ω，第三根不应大于30Ω。

2）当管道与爆炸危险的厂房平行，并且二者之间的距离小于10m时，应沿管道每隔30～40m（靠近厂房的一段）接地一次，其接地电阻值不应大于20Ω。

3）在其他场合，管道的接地电阻均不应大于30Ω。

4）储存易燃液体并带有呼吸阀，并且壁厚小于4mm的密闭储罐（如汽油、氢气、煤气的储存罐），接地电阻不应大于10Ω，壁厚大于4mm的密闭储罐，接地电阻不应大于30Ω。

5）高炉、煤气洗涤塔、煤气管道的煤气放散管、氧气管道，可用做防雷接地装置，但必须可靠接地，且接地电阻不应大于10Ω。

（5）在土壤电阻率ρ大于$15 \times 10^4 \Omega \cdot cm$的地区，小接地短路电流系统及低压系统电气设备的接地装置，若要求达到规定值确有困难时，允许将规定的接地电阻值提高为$\dfrac{\rho}{5 \times 10^4}$倍，但其值不应超过20Ω。而对大接地短路电流系统则不应超过5Ω。

表 13-3　电气接地装置的接地电阻值

序号	接 地 装 置 名 称	接地电阻值（Ω）
1	大接地短路电流（500A以上）的电气设备	$R \leqslant 0.5$
2	小接地短路电流（500A以下）的电气设备	$R \leqslant 10$
3	露天配电装置用避雷针的集中接地装置	$R \leqslant 10$
4	高压架空电力线路电杆 $\rho \leqslant 10^4$ $10^4 < \rho < 5 \times 10^4$ $5 \times 10^4 < \rho < 10 \times 10^4$ $10 \times 10^4 < \rho < 20 \times 10^4$	$R \leqslant 10$ $R \leqslant 15$ $R \leqslant 20$ $R \leqslant 30$
5	户外柱上电气设备	$R \leqslant 10$
6	100kV·A以上的变压器低压中性点直接接地系统	$R \leqslant 4$
7	100kV·A以下的变压器低压中性点直接接地系统	$R \leqslant 10$
8	静电接地 但为了防止设备漏电或雷击危险，其接地电阻值宜在	4～10之间
9	电话	$R \leqslant 100$
10	电弧炉	$R \leqslant 4$
11	火药库，油库及精苯车间避雷针	$R \leqslant 5$
12	高频电热设备（如高频电炉）	$R \leqslant 4$
13	医疗设备，X光设备	$R \leqslant 4$

序号	接 地 装 置 名 称	接地电阻值（Ω）
14	晶闸管装置	$R \leqslant 4$
15	屏蔽接地	$R \leqslant 4$
16	电除尘（整流柜室和电除尘器连在一起）	$R \leqslant 1$
17	工业电子设备	$R \leqslant 4$
18	微波站，电视台的天线防雷接地	$R \leqslant 5$
	机房防雷	$R \leqslant 1$
19	电气试验设备接地	$R \leqslant 4$
20	矿山 1kV 以上牵引变电所 1kV 以下变电所 土壤电阻率高于 $5 \times 10^4 \Omega \cdot cm$ 时，1kV 以上变电所 土壤电阻率高于 $5 \times 10^4 \Omega \cdot cm$ 时，1kV 以下变电所 井下牵引变电所 移动式设备与架空接地线之间	$R \leqslant 0.5$ $R \leqslant 4$ $R \leqslant 5$ $R \leqslant 15$ $R \leqslant 2$ $R \leqslant 1$
21	烟囱与水塔的防雷线	$R \leqslant 30$
22	仪表接地	$R \leqslant 100$
23	电流互感器二次绕组	$R \leqslant 10$

注：ρ 为土壤电阻率，其单位为 $\Omega \cdot cm$。

13.3.3.2　接地电阻的测量

测量接地电阻经常采用绝缘电阻表。现以使用 ZC-8 型绝缘电阻表为例，介绍如下的测量原理和使用方法。

（1）测量原理

绝缘电阻表的工作线路原理如图 13-38 所示。在使用时，摇把以 120r/min 以上速度转

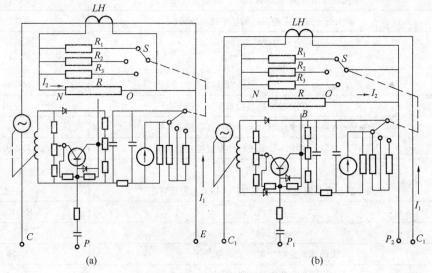

图 13-38　ZC-8 型绝缘电阻表接线原理图

（a）3 个端钮的仪表线路；（b）4 个端钮的仪表线路

动时，产生110~115Hz的交流电流。仪表的接线端钮 E 与接地极 E' 相连，另外两个端钮 P 及 C 连接于相应的接地测针 P'（电位探测针）及 C'（电流探测针）。电流 I_1 从发电机经过电流互感器 LH 的一次绕组、接地极 E'、大地和电流探测针 C' 而回到发电机，如图13-39所示。

由电流互感器二次侧产生电流 I_2 接于电位器 R_s，检流计前为晶体管相敏放大器，使不平衡电位经过放大后再到检流计，以使检流计灵敏度得到提高。

R_1~R_3 为分流电阻，借助开关 S 改变分流电阻从而改变 I_2，这可以得到三个不同电阻量程即：0~1000Ω；0~100Ω；0~10Ω。

（2）测量方法

用这种测量仪测量接地电阻的方法为：

1）把电位探测针 P' 插在被测接地 E' 及电流探测针 C' 之间，依直线布置彼此相距20m。如果检流计的灵敏度过高，可以把电位探测针插浅一些；如果检流计灵敏度不够，可以沿电位探测针和电流探测针注水使土壤湿润。

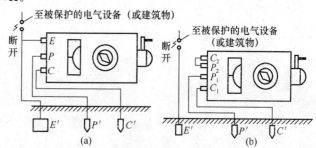

图13-39　ZC-8型绝缘电阻表使用时的接线图
（a）3个端钮的测量接地线路；（b）4个端钮的绝缘电阻表接地测量电阻线路

2）用导线将 E'、P'、C' 连于仪表相应的端钮 E、P、C。

3）将仪表放置水平位置，检查检流计的指针是否指于中心线上，可以调整零位调整器校正。

4）将"倍率标度"置于最大倍数，缓慢转动发电机的摇把，同时转动"测量标度盘"，让检流计的指针处于中心线。

5）当检流计的指针接近平衡时，加快发电机摇把的转速，使其达到120r/min以上，调整"测量标度盘"使指针指于中心线上。

6）如"测量标度盘"的读数小于1时，应当将"倍率标度"置于较小的倍数，再重新调整"测量标度盘"得到正确读数。

在使用小量程绝缘电阻表测量小于1Ω的接地电阻时，应当将 C_2、P_2 间联结片打开，分别用导线连接到被测接地体上，这样可消除测量时连接导线电阻附加的误差。

上岗工作要点

1. 熟练掌握低压电网的接地方式，在实际工作中，能够熟练应用。

2. 掌握防雷装置［防雷引下线、避雷针（线）、接闪器］的安装要求与安装程序，了解其在实际工作中的应用。

3. 掌握接地装置（接地体、接地线以及接地电阻）的安装要求与安装程序，了解其在实际工作中的应用。

思 考 题

13-1　接地的方式有哪些?

13-2　低压配电系统的接地形式有哪些?

13-3　独立避雷针施工时应当注意什么?

13-4　通信接地装置材料的品种规格有哪些?

13-5　接地装置的安装要求有哪些?

第14章 建筑弱电系统安装

<table>
<tr><td colspan="2" align="center">重 点 提 示</td></tr>
</table>

重 点 提 示

1. 了解有线电视系统的基本构成，并熟悉该系统的常用材料及安装程序。
2. 了解电话通信系统的组成，并熟悉该系统的常用材料及安装程序。
3. 了解火灾自动报警系统的组成及分类，并熟悉该系统的常用材料及安装程序。
4. 简单了解其他建筑弱电系统，如安保系统、建筑小区智能化系统、计算机管理系统等。

14.1 有线电视系统安装

有线电视系统和卫星电视系统是采用电缆（含光缆）作为传输媒介，将电视信号通过电视分配网络传送到用户，统称之为电缆电视系统。电缆电视系统的安装效果主要取决于元件的选择及系统的调试。

14.1.1 有线电视系统的基本构成

有线电视系统大体由四个主要部分组成，分别是信号源接收系统、前端系统、干线传输系统和用户分配系统。信号源接收系统有接收天线、天线放大器、变频器等，主要功能就是对电视信号进行接收。前端系统主要有频道放大器、频率转换器、导频信号发生器、调制器、混合器等部件。前端系统的主要作用是对电视信号进行处理，这种处理有信号的放大、信号频率的配置、信号电平的控制、信号的编码等。干线传输系统处于前端和分配系统之间，干线传输系统的设备除干线放大器外，还有电源、电源通过型分支器、分配器及干线电缆等。干线系统将经过前端系统处理后的电视信号传输给用户分配系统。用户分配系统是有线电视系统中的末端系统，主要设备有分配放大器、分支器、分配器、系统输出端以及电缆线路等，其功能是将电视信号分配到每个用户，分配过程中要确保每个用户的信号质量。

14.1.2 有线电视系统的安装

14.1.2.1 天线的安装

在选择好天线的形式、最佳架设位置、高度及方向后，就可进行具体的安装。天线的安装可分为基座制作、天线组装及天线架设三个步骤进行。

（1）天线基座制作

普通天线基座的形式很多，常用的有三种：预埋螺栓式天线基座、槽钢式天线基座及预埋钢管天线基座，具体规格尺寸分别如图 14-1、图 14-2、图 14-3 所示。

上述基座在土建施工时配合土建预埋。在浇筑混凝土基座时，应当在距底座中心适当半径处，每隔 120°方位处浇筑 3 个拉索基座，拉索基座应当置于顶层承重墙上，也可置于非承

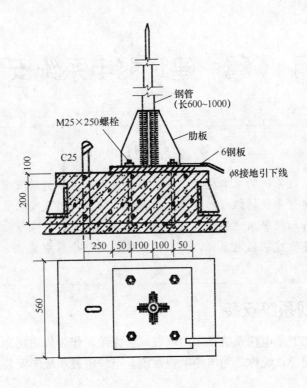

图 14-1　预埋螺栓天线基座

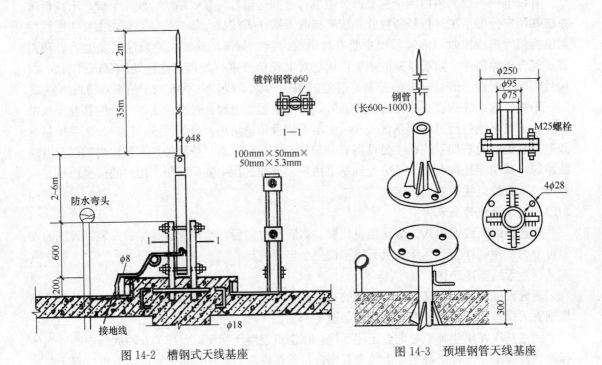

图 14-2　槽钢式天线基座　　　　　　图 14-3　预埋钢管天线基座

重墙上，具体位置可视具体设计屋面而定，但应当保证钢丝绳拉索与水平夹角在 30°～60°之间拉紧。在浇筑基座的同时应当在天线基座边沿适当位置上，预埋几根电缆导入管（装几副天线就预埋几根），导入管上端应当处理成防水弯或者使用防水弯头，并且将暗设接地圆钢敷设好一同埋入到基座内。

天线立杆前应当检查基座预埋的质量，不得有松动现象，地脚螺栓的螺纹应完好并与螺母配合良好。

（2）天线的组装

天线是由若干个分散零部件组装而成，组装时应当按照施工图和天线产品说明书及天线技术要求进行。

首先在横杆（支架或侧臂）上水平装回形振子，再将所在振子的上、下夹片用螺栓和蝶形螺母固定好。在回形振子后面安装上比回形振子长 15％～25％的反射器，在回形振子前面装比回形振子短 15％～25％的引向器。引向器要指向电视台的发射天线方向，距回形振子近的引向器长些，距离回形振子越远的引向器越短（高频道有时全部引向器一样长），所有振子安装完之后要调整到同一平面，同时装上天线放大器、带通滤波器、阻抗匹配器，最后拧紧全部蝶形螺母。

按从高频到低频的顺序和测定的方向，把各频道天线按照上述做法组装在天线杆上适当部位，原则上两副天线的高频道天线在上边，而低频道天线在下边，三副以上时高频道天线在横杆上，而低频道天线在竖杆上，层与层间的距离要大于 1.5m。

（3）天线的架设

天线架设时应当注意统一指挥，立杆时用力要均衡，防止杆身来回摇摆，防止发生意外。

1）天线竖杆和横杆的连接。天线的竖杆是用做支撑接收天线的。天线竖杆可以由三段连接组成，三段钢管外径尺寸分别取 70mm、60mm、50mm，各段钢管连接处需插入300mm 左右再焊接。天线的横杆可以分为支架及侧壁，支架可以用 U 形螺栓与竖杆连接，侧臂与竖杆焊接连接时，应当焊接两处，每段焊接缝长都应大于 60mm。竖杆和侧臂采用螺栓连接时，应使用 M12×140mm 螺栓紧固。

2）竖杆。竖杆是用来支撑天线用的。竖杆的现场应干净整齐，与竖杆无关的构件放到不妨碍竖杆以外的地方。先把上、中、下三节杆连接好，用螺栓紧固，然后把天线杆的拉索钢丝绳绑扎好，挂在杆上，各钢丝绳拉索卡应卡牢，中间绝缘子套接好，花篮螺钉松至适当位置，并且放在拉绳的拉索上，把天线杆放在起杆位置，把杆底座放在基座旁，准备工作就绪。

在对接好竖杆后，将天线底座用预埋好的螺栓固定在混凝土基座上，可以用铅丝绑扎铰接，并把拉线按角度撒开，起立的方向应当有一根拉线作为起立的主牵引线，人员分配好后将杆立起。然后，把天线竖杆底座用预埋在基座内的地脚螺栓固定，天线杆底座要水平固定、牢固，如果采用槽钢固定竖杆的底座，起立前应将竖杆先插入底座的固定位置上，先穿入一根固定螺栓，把杆竖直后再穿入其他螺栓紧固。为使安装好的天线能承受大风的侵袭，必须加固竖杆，其方法是：以竖杆为中心，在半径为 3m 的圆周上，在大约 120°方位预埋 3个拉线耳环（具体方位可视现场情况而定），用 3 根拉索加固，再用花篮螺钉校正钢丝绳拉索的松紧程度，并且用 8～10 号线把花篮螺钉封住。拉索竖杆的角度通常为 30°～60°。

天线架设完毕后，检查各接收频道安装位置正常与否。将天线输出的 75Ω 同轴电缆接场强计输入端，测量信号电平大小，微调天线方向使场强计显示最大。测量电平正常时，接电视接收机检查图像及伴音质量。有重影时，须反复微调天线方向直至消除重影为止。各频道天线调整完毕后，才可接入天线系统的前端设备中。

14.1.2.2 系统前端的安装

系统前端的主要作用有如下四点：

1）将天线接收的各频道电视信号进行调整。

2）然后经混合器混合后送入干线。

3）将电视信号变换成另一频道的信号，然后按这一频道信号进行传输。

4）自办节目信号通过调制器变换成某个频道的电视信号送入混合器。

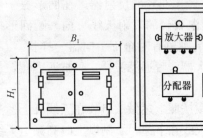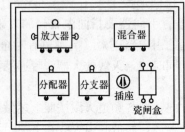

图 14-4　前端箱安装示意图

如果传输距离长，由于电缆对不同频道信号衰减不同等原因，加入导频信号发生器，进行自动增益控制和自动斜率控制。

前端的全部设备有频道放大器、衰减器、混合器、宽带放大器、电源和分配系统的分配器、分支器等，集中布置在一个钢结构的箱内，称前端箱，如图 14-4 所示。前端箱的规格和结构类似于普通电工设备中的配电箱，前端箱可以分为壁挂式、嵌入式和台式三种。安装形式上可以分为暗装式和明装式两种。前端箱的大小除要能安装下前端所需的设备外，还应当考虑到电源插座（以供有源部件使用）和照明灯。在确定各部件的安装位置时，需考虑到各部件之间电缆连接的走向是否合理。

14.1.2.3 线路敷设

在有线电视系统中常用的传输线是同轴电缆。同轴电缆的敷设有明敷设和暗敷设两种。其敷设方法可参照现行电气装置安装工程施工及验收规范，并且应完全符合《有线电视系统工程技术规范》（GB 50200—1994）的要求。

用户线进入房屋内可穿管暗敷，也可以用卡子明敷在室内墙壁上，或布放在吊顶上。不论采用何种方式，都应当做到牢固、安全、美观。走线应注意横平竖直。

线路穿管暗敷是常用的方法，一般管路有以下三种埋入方式。

1）宾馆、饭店通常有专用管道井，室内有顶棚，冷、暖通风管道，电话，照明等电缆均设置其中。共用天线系统电缆通常也敷设在这里，这样既便于安装，又便于维修。

2）大板结构建筑，可分两种情况，一是外挂内浇的结构，管道敷设可以预先浇筑在墙内。另一种是内浇外挂的结构，管道可以预埋在内墙交接处预留的管沟内。

3）砖混结构建筑，可以在土建施工时将管道预埋在砖层夹缝中。

14.1.2.4 用户盒安装

用户终端盒又称用户接线盒，是系统向用户提供信号的装置，通过电缆与电视机的天线输入端相连接，一般有单孔和双孔两种。

用户盒的安装也分明装与暗装。无论是暗装还是明装，终端盒的面板都是一样的，图

14-5 为其面板的外形。明装用户盒（插座）只有塑料盒一种，用户盒直接用塑料胀管和木螺钉固定在墙上。由于盒突出墙体，应特别注意施工时的保护，以免碰坏。在室内墙壁上安装的系统用户盒，应做到牢固、接线牢靠、美观，接收机至用户盒的连接应当采用阻抗为 75Ω、屏蔽系数高的同轴电缆，并且长度不宜超过 3m。

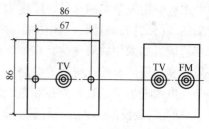

图 14-5　终端盒面板外形图

　　暗装盒通常采用铁制品，但是近来使用塑料制品的也越来越多。暗装用户盒应在土建主体施工时。把盒的底座与电缆保护管预先埋入墙体内，盒口应和墙体抹灰面平齐，待装饰工程结束后，开始穿放电缆，接线安装盒体面板，面板要紧贴建筑物的表面。暗装用户盒、管的预埋方法可以参见钢管、硬质塑料管暗敷设的有关内容。一般用户盒底边距地 0.3～1.8m，用户盒与电源插座盒尽可能靠近，间距一般为 0.25m。

14.1.2.5　系统供电

　　有线电视系统采用 50Hz、220V 电源作系统工作电源。工作电源最好从最近的照明配电箱直接分回路引入电视系统供电，但是前端箱与交流配电箱的距离一般不小于 1.5m。

14.1.2.6　防雷接地

　　电视天线防雷与建筑物防雷采用一组接地装置，接地装置制做成环状，接地引下线不少于 2 根，从户外进入建筑物的电缆及线路，其吊挂钢索、金属导体、金属保护管均应当在建筑物引入口处就近与建筑物防雷引下线相接。在建筑物屋顶面上，不得明敷天线馈线或电缆，也不能够利用建筑的避雷带作支架敷设。

14.1.2.7　系统调试与验收

　　为使有线电视系统能够得到更好的接收效果，须在安装完毕后，对全系统进行认真的调试。系统调试内容包含天线系统调整、前端设备调试、干线系统调试、调试分配系统、验收。

14.2　电话通信系统

14.2.1　电话通信系统的组成

　　电话通信系统由电话交换设备、传输系统和用户终端设备三个组成部分构成。

14.2.2　电话通信设备安装

　　电话通信设备的安装要接受邮电部门的监督指导。有关技术措施均要符合国家和邮电部门颁布的标准、规范、规程，同电信局取得联系和配合，在电信局的指导下进行工作。

　　（1）分线箱（盒）的装设

　　建筑物内的分线箱（盒）多在墙壁上安装，可以分为明装和暗装两种。在墙壁表面安装明装分线箱（盒）时，应当将分线箱（盒）用木钉固定在墙壁上的木板上，木板四周应比分线箱（盒）各边大 2cm，装设应当端正牢固，木板上应至少用 3 个膨胀螺栓固定在墙上，分线箱（盒）底部距地面通常不低于 2.5m。暗装电缆接头箱、分线箱等统称为壁龛。壁龛是埋置在墙内的长方体形的木质或者铁质箱子，供电话电缆在上升管路和楼层管路内分支、接续、安装分线端子板用。分线箱是内部仅有端子板的壁龛。壁龛一般是木板或者钢板制成的，木板应用较坚实的木材，厚度为 2～2.5cm，壁龛内部和外面均应涂防腐漆，以免腐蚀。壁龛的外门结构、造型、选用的木材和表面油漆等应根据房屋建筑的要求，并且与墙面的装修相适应。如采用铁质壁龛，在加工和安装时，应事先在预留壁龛中穿放电缆和导线的孔，铁质壁龛内还需要按标准布置线路，安装固定电缆、导线的卡子。壁龛的大小决定上升电缆和分支电缆进出的条数、外径和电缆的容量及端子板的大小和电缆的情况（如有无闭接头等）。壁龛的装设高度一般以利于工作和引线短为原则，壁龛的底部一般离地500～1000mm。

（2）交接箱安装

交接箱的安装可分为两种：架空式和落地式，主要安装在建筑物外。

（3）电话机安装

为便于维护、检修及交换电话机，电话机不直接与线路接在一起，而是通过接线盒与电话线路连接。在室内线路明敷时，采用明装接线盒，明装接线盒共有 4 个接头，即 2 根进线、2 根出线。电话机两条引线无极性区别，可任意连接。

室内采用线路暗敷，电话机接至墙壁式出线盒上，此种接线盒有的需将电话机引线接入盒内的接线柱上，有的则用插座连接。墙壁出线盒的安装高度通常距地 30cm，根据用户需要也可以装于距地 1.3m 处，这个位置适用于安装墙壁电话机。

14.3 火灾自动报警系统

14.3.1 火灾自动报警系统的组成

火灾自动报警系统通常是由火灾探测器、区域报警控制器、集中报警控制器及联动与控制装置等组成。

14.3.2 火灾自动报警系统的分类

（1）火灾自动报警系统基本形式有区域报警系统、集中报警系统和控制中心报警系统三种。

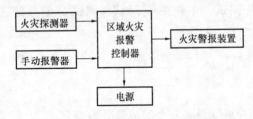

图 14-6　区域报警系统原理框图

1）区域报警系统。区域报警系统是由区域火灾报警控制器和火灾探测器等构成，如图 14-6 所示，适用于二级保护对象。

2）集中报警系统。集中报警系统是由集中火灾报警控制器、区域火灾报警控制器和火灾探测器等组成，如图 14-7 所示，适用于一级和二级保护对象。

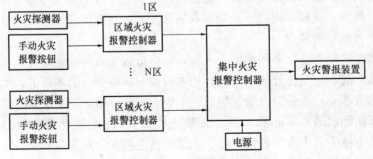

图 14-7　集中报警系统原理框图

318

3）控制中心报警系统。控制中心报警系统是由消防控制室的集中火灾报警控制器、区域火灾报警控制器、专用消防联动控制设备及火灾探测器等组成，如图 14-8 所示，适用于特级和一级保护对象。

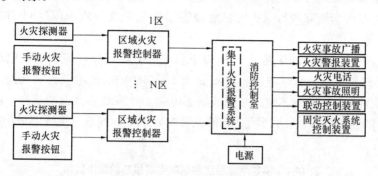

图 14-8　控制中心报警系统原理框图

（2）系统的主要功能及工作方式

火灾自动报警控制系统的工作流程如图 14-9 所示，其主要工作方式是：当火灾发生时，在火灾的初期阶段，火灾探测器依据现场探测到的温度、烟、可燃气体等情况，首先将动作发送给所在区域的报警显示器以及消防控制室的系统主机，当系统不设区域报警显示器时，将直接发送给系统主机。当人员发现后，用手动报警器或者消防专用电话报警给系统主机。消防系统主机在收到报警信号后，先将迅速进行火情确认，当确定火情后，系统主机将依据

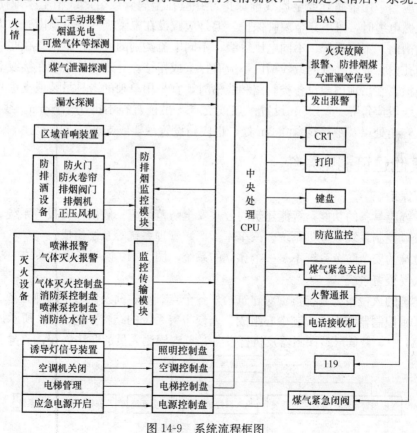

图 14-9　系统流程框图

火情及时做出一系列预定的动作指令。

14.3.3 火灾自动报警系统的线路敷设

火灾自动报警系统的传输线路应当采用金属管，经阻燃处理的硬质塑料管或封闭式线槽保护，配管、配线应当遵守现行《火灾自动报警系统施工及验收规范》（GB 50166—2007）的有关规定。

火灾自动报警系统的传输线路及 50V 以下供电和控制线路，应当采用电压等级不低于交流 250V 铜芯绝缘导线或铜芯电缆。采用交流 220/380V 的供电及控制线路，应当采用电压等级不低于交流 500V 的铜芯绝缘导线或铜芯电缆。导线线芯截面的选择，除满足自动报警装置技术条件的要求外，还应当满足机械强度的要求，导线或电缆线芯最小截面不得小于表 14-1 的规定。

表 14-1　铜芯绝缘导线和铜芯电缆线芯的最小截面　　　　　　　mm²

序　号	类　别	线芯的最小截面积
1	穿管敷设的绝缘导线	1.00
2	线槽内敷设的绝缘导线	0.75
3	多芯电缆	0.50

消防控制、通信和警报线路采用暗敷设时，最好采用金属管或阻燃硬塑料管保护，并应敷设在不燃烧体（主要指混凝土层）的结构层内，并且保护层厚度不宜小于 30mm。当采用明敷设时，应当采用金属管或金属线槽保护，并应在金属管或金属线槽上采取防火保护措施。采用阻燃电缆时，可不穿金属管保护，但是应敷设在电缆竖井或吊顶内有防火保护措施的封闭式线槽内。不同系统、不同电压等级、不同电流类别的线路，不得穿在同一管内或线槽的同一槽孔内。导线在管或线槽内不应有接头或扭结。导线的接头应在接线盒内焊接或者用端子连接。在吊顶内敷设各类管路和线槽时，宜采用单独的卡具吊装或支撑物固定。通常线槽的直线段应每隔 1～1.5m 设置吊点或支点，吊顶直径不得小于 6mm。线槽接头处、改变走向或转角处以及距接线盒 0.2m 处，也应当设置吊架或支点。

14.4　其他建筑弱电系统

14.4.1　安保系统

根据系统应具备的功能，智能建筑的公共安全防范系统一般由入侵报警系统、电视监控系统、出入口控制系统、巡更系统、汽车库（场）管理系统等系统组成。

智能建筑的安全防范系统不是一个孤立的系统，图 14-10 说明了安防系统的基本框架。

（1）入侵报警系统

智能建筑的入侵报警系统负责对建筑内外各个点、线、面及区域的侦测任务。它一般由探测器、区域控制器和报警控制中心组成。入侵报警系统的结构如图 14-11 所示。

图 14-11 中，最低层是探测器及执行设备，负责探测人员的非法入侵，有异常情况时发

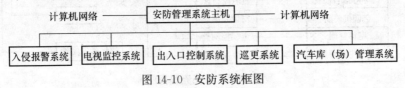

图 14-10　安防系统框图

出声光报警，同时向区域控制器发送信息。区域控制器主要负责下层设备的管理，同时向控制中心传送相关区域内的报警情况。一个区域控制器及一些探测器、声光报警设备就可以组成一个简单的报警系统，但是在智能建筑中还必须设置监控中心，监控中心由微型计算机、打印机与 UPS 电源等部分组成，其主要作用是实施整个入侵报警系统的监控与管理。

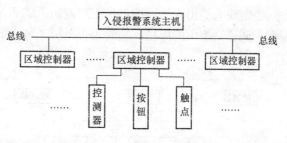

图 14-11 入侵报警系统结构图

（2）电视监控系统

在智能建筑安防系统中，电视监控系统使管理人员在控制室中能够观察到所有重要地点的人员活动状况，为安防系统提供了动态图像信息，为消防等系统的运行提供了监视手段。

电视监控系统主要是由摄像、传输、控制和显示与记录四大部分构成。

1）摄像部分。摄像系统包括安装在现场的摄像机、镜头、防护罩、支架及电动云台等设备，其任务是对物体进行摄像并且将其转换成电信号。

2）传输部分。传输系统包括视频信号的传输和控制信号的传输，是由线缆、调制和解调设备、线路驱动设备等组成。

3）显示与记录部分。显示与记录设备安装在控制室内，主要由监视器、长延时录像机（或硬盘录像系统）及一些视频处理设备构成。

4）控制设备。控制设备包括视频切换器、画面分割器、视频分配器、矩阵切换器等设备。

电视监控系统的系统图如图 14-12 所示。

（3）出入口控制系统

为了安全保卫的需要，智能建筑一般只允许被授权的人进入相应确定的区域。出入口控制系统的主要任务是对进出建筑物或建筑物内特定区域的人员进行监控。

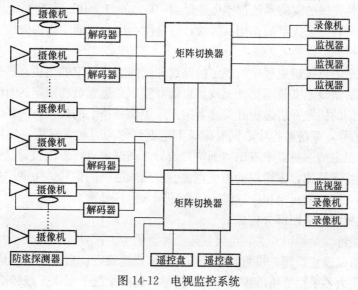

图 14-12 电视监控系统

要实现人员出入的监控，出入口控制系统的首要任务是能够识别进出人员的身份；进而根据存储子系统中的信息，判断是否已授予该人员进出的权利；最后完成控制命令的传送与执行，包括开、关门动作。为保证系统的安全可靠，每一次出入动作都应作为一个时间而加以存储记录。存储上述信息除了可用于考勤等目的外，在消防与安全事件中，还可通过对持卡人行踪的跟踪，提供有价值的数据与信息。出入口控制系统是由中央管理机、控制器、读卡器、执行机构等四大部分组成，如图14-13所示。

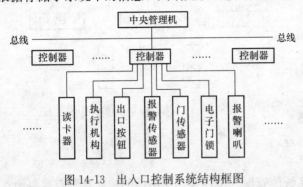

图 14-13 出入口控制系统结构框图

1）中央管理机是出入口控制系统神经中枢的中央管理机（PC机），根据业主要求确定授权形式与内容，负责发卡与写卡任务，并且协调监控整个出入口控制系统的运行。

2）控制器根据读卡器的信息，向能控制门开启或者关闭的执行机构发出操作命令，是控制器的主要任务。出入口控制器不但能将出入事件信息发送至中央管理机，还可连接多个报警输入与报警输出，兼有防盗报警等功能。出入口控制器需通过计算机网络，向上与中央管理机连接，向下与多台读卡器相连。

3）卡与读卡器被授权允许进出的人员，通过卡表明其身份与资格。在同一系统中，虽然卡的物理特性是相同的，但是因中央管理机写入的内容不同，故持卡者被授权出入的区域范围与权利不同。为了识别上述不同的授权，在出入口控制系统中必须装设读卡器。读卡器的功能是识别持卡人的出入区域授权，当允许进入读卡器控制区时，发出开门指令，否则不授权开门，还可联动电视监控系统等设备，通过集成实现更多的功能。

4）执行器执行机构是实现门禁功能的最后一个关键部位，可以利用电信号控制电子门锁以实现门的开闭动作。

（4）巡更系统

目前任何一种先进的安防系统都不可能做到100％的自动化。安防系统应强调技防与人防的结合，不能忽视保安人员的作用。因此，在智能大厦或智能小区中应该设巡更系统，由保安人员定期进行巡逻。

保证巡更值班人员按巡更程序所规定的路线和时间到达指定的巡更点进行巡视，不能迟到。一般在巡更的路线上安装巡更开关或巡更信号箱。巡更人员在规定的时间内到达指定的巡更点，使用专门的钥匙开启巡更开关或者按下巡更信号箱上的按钮，向系统监控中心发出"巡更到位"的信号，系统监控中心同时记录下巡更到位的时间、巡更点编号等信息。若在规定的时间内，指定的巡更点未发出"到位"信号，该巡更点将发出报警信号；若未按顺序开启巡更开关或按下按钮，未巡视的巡更点也会发出未巡视的信号，中断巡更程序并且记录在系统监控中心，同时发出警报。这时，应立即派人前往处理。

巡更系统主要由以下四部分构成：

1）巡更开关可以是带锁开关，也可是巡更棒、磁卡、IC卡等其他形式的产品。

2）控制器可以独立设置，也可与安全防范系统或建筑设备自动化系统共用。

3）传输通道大多采用价格低廉的双绞线传输，特殊情况下采用无线传输等方式。

4）中央操作站多由 PC 机、网络通信接口、打印机与 UPS 电源等组成，可独立设置，也可与其他系统共用。

（5）停车场管理系统

停车场自动管理系统是由车辆自动识别子系统、收费子系统、保安监控子系统组成。一般包括中央控制计算机、自动识别装置、临时车票发放以及检验装置、挡车器、车辆探测器、监控摄像机、车位提示牌等设备。

1）中央控制计算机是停车场自动管理系统的控制中枢。它负责整个系统的协调与管理，包括软硬件参数控制、信息交流和分析、命令发布等。

2）车辆自动识别装置是停车场自动管理的核心技术。车辆自动识别装置通常采用磁卡、条码卡、IC 卡、远距离 RF 射频识别卡等。

3）临时车票发放及检验装置放在停车场出入口处，对于临时停放的车辆自动发放临时车票。车票可以采用简单便宜的热敏票据打印机打印条码信息，记录车辆进入的时间、日期等信息，再在出口处或者其他适当地方收费。

4）挡车器是在每个停车场的出入口安装的，它受系统的控制升起或者落下，只对合法车辆放行，以防止非法车辆进出停车场。

5）车辆探测器及车位提示牌、车辆探测器一般设在出入口处，对进出车场的每辆车进行检测、统计。将进出车场的车辆数量传给中央控制计算机，通过车位提示牌显示车场中车位状况，并且在车辆通过检测器时控制挡车栏杆落下。

6）监控摄像机设置在车辆进出口等处，把进入车场的车辆输入计算机。当车辆驶出出口时，验车装置将车卡和该车进入时的照片同时调出检查无误后放行，以免车辆的丢失。

14.4.2 建筑小区智能化系统

智能化住宅小区指通过综合配置住宅小区内的各个功能子系统，以综合布线为基础框架，以计算机网络为管理的自动化新型住宅小区。智能化住宅小区从现代生活的需求出发，综合运用计算机、信息、通信、控制等科学技术，以智能控制系统、社区信息平台、安防系统、小区物业管理系统以综合服务信息服务系统为依托，使用高科技手段构建小区高速互联网络信息服务平台，为小区住户提供安全、环保、高效、舒适、方便的生活空间。

（1）小区及家庭综合布线系统

智能化小区中使用家庭布线系统技术，系统将数据网络、电话通信、楼宇对讲、紧急求助、自动抄表、防盗报警、物业内部通信等多种功能由家庭综合布线来实现。

（2）小区安保防范系统

小区安保防范系统主要是由周界报警系统、IC 卡车辆出入管理系统、电视监控系统、巡更系统、背景音响以及紧急广播系统组成。

在小区围墙布置探测器，由监控中心通过报警主机进行管理。系统设防以后，一旦有移动物体经过栏杆，探测器就向报警主机传输报警信号，提醒值班人员注意，同时显示报警区域。用户驾车进出小区时，只需使用 IC 卡在读卡器前刷卡，即能瞬时完成识别工作，并且记录到物业数据库，可实现无人管理，节省开支。在小区主要出入口、进出通道、停车场、超市等重要地方安置摄像机，对进入小区内的人员进行跟踪监视，每天 24h 不间断地对小区进行安全防范。巡更系统是人防、物防、技防中，对人防进行有效管理的技防手段，人防与技防的有效结合，可弥补某些技术手段上和人员素质上的缺陷。在室外绿化带和公共建筑区域，安装多个造型优美的防水型扬声器。整个小区广播系统可以分为多个区域，进行单独/全体广播或喊话。如发生意外情况时，还可以用于紧急广播。

（3）室内安保防范系统

室内安保防范系统主要是由楼宇（可视）对讲系统、家庭防盗报警系统、燃气泄漏报警系统及公共照明智能控制系统组成。

楼宇（可视）对讲系统应用在封闭式管理小区中，可以实现来访人员、住户双方的相互通话，并且由住户控制开锁，从而有效地杜绝了无关人员进入小区及各单元。家庭防盗报警系统与楼宇对讲系统结合运用，在进出大门以及一、二层用户的四周窗门上安装门磁开关报警探头，以防人员的非法入侵。当燃气泄漏时，燃气探头将燃气泄漏的地址通过中继器传给主机。主机具有两个报警阶段：一级报警时由主机通过控制中继器联动声光报警，并且打开排气扇。二级报警时可切断气源，并将切断气源的状态反馈到主机。楼内过道采用声控系统，当有声音时智能系统把电源自动打开。室外采用光控系统，当光线达到一定暗度时，灯会自动开启。

（4）卫星电视接收系统

随着物质生活水平的不断提高，人们对电视文艺节目有更高的要求，收看有意义、内容健康的电视节目已成为一大需求。小区的卫星电视系统不但要接收多套节目，还要收看效果良好。

（5）小区物业系统

小区物业信息服务主要包括有物业管理、信息查询、VOD 视频点播、房产物业管理及报修、网上商城、网上教室、保健中心、远程医疗、证券实时交易、网上借书阅览、休闲娱乐场馆以及公众服务信息等。

14.4.3 计算机管理系统

智能建筑中计算机管理系统是一个典型的分布式计算机系统，它是由多台分散的 PC 机连接成网络，并且采用分布式操作系统。它具有以下特点：传输速度快；具有系统自行配置和容错能力；可以灵活地配置为星形、总线形及二者结合；可以很好地适应大容量动态数据存取；具有良好的兼容性、通用性，可方便地与其他类型的网络连接；网络各终端之间的连线距离可以达 1000m 以上；网络成本低。

中央计算机系统采用两台计算机作为并行处理主机（一主一备）和一主一备（热备份）的通信与数据网关，可确保系统长期工作的稳定可靠。为实现对火灾报警系统的二次监控和提供相应联动，需通过一台智能通信接口，建立起火灾报警系统与大厦设备自控系统的联系。该系统应当具有很强的扩充能力，并预留与其他计算机网络联网的通信接口界面。

1）系统操作管理。设定系统操作员的操作密码、操作级别、软件操作权限、设备控制权。系统对进入系统或者广域网的操作人员，以本人操作密码的方式鉴别及管理。系统只赋予操作员进行已授权的数据访问以及修改权和设备控制。

2）系统信息页。利用电脑显示器信息窗口，提供实时的采样点状态信息（包括采样点编号、地址、时间、警报状态、操作员确认时间）。

3）图形监控。当系统采用多窗口图形技术，在同一个显示器上可以显示多个窗口图形。

4）警报监视。当某采样点超限或者报警时，中心监控电脑的显示器立即显示该采样点所在的建筑平面图，图上该点的动态图形标记除了表示警报状态外，其标记还明显闪烁。系统设置若干个报警类别，以便于让操作员按轻重缓急来处理这些报警点。所以即使在多个传感器或探测器同时警报时，也不会丢失报警信息。

5）系统故障自诊断。当系统的硬件或者软件发生故障时，系统通过动态图形标记或文字的方式，提示系统故障所在位置和原因，以便于迅速排除故障和缩短维修时间。

6）直接数字控制。系统软件提供直接数字控制模式，此模式主要用于空调系统、冷热源系统、变配电系统及保安系统的逻辑控制。

7）组合控制设定。组合控制软件模块可以将需要同时控制的若干个不同的控制对象组合在一起。如果可以将若干个消防通道门、区域紧急照明、自动广播系统组合在同一个控制的组合中，操作人员只要用鼠标器触发一个控制图形开关，就可同时控制该组控制对象。

8）节假日设定。系统软件提供若干年的节假日或者特定日期设定，以便系统在这些特定的日期中执行一些特定的时间或者事件响应程序。

9）设备节能控制。该系统提供对建筑物内设备的监控及节能控制，包括最佳启动时间设定、空调设备节能管理、空调设备节能操作、分散电力需求监控等。

10）系统远程通信是指不同地理位置的建筑物之间建立通信网络，进行广域范围的集成化管理资讯交换。当系统发生故障之后，立刻将故障状态通过远程通信网络传到设备的制造厂，同时打印记录故障的时间、设备内容等资料，以最快的速度进行维修。

上岗工作要点

1. 了解有线电视系统的组成，通过实际操作，熟悉其安装程序及应用。
2. 了解电话通信系统的组成，通过实际操作，熟悉其安装程序及应用。
3. 了解火灾自动报警系统的组成及分类，熟悉其在实际生活中的应用。

思 考 题

14-1 简述有线电视系统的基本构成。

14-2 天线的安装有哪些步骤？

14-3 电话通信系统的组成包括哪些？

14-4 火灾自动报警系统基本形式有哪些？

14-5 什么是智能化住宅小区？

第15章 建筑电气及弱电工程施工图

重 点 提 示

1. 了解建筑电气施工图的分类，熟悉建筑电气施工图的表示方法。
2. 掌握建筑电气施工图的识读特点、程序及要求，能正确识别常用图例。
3. 掌握室内照明工程、弱电系统工程施工图的识读方法。

15.1 建筑电气施工图的分类

15.1.1 基本图

电气施工图主要包括图纸目录、设计说明、系统图、平面图、立（剖）面图（变配电工程）、控制原理图、设备材料表等。

（1）设计说明

在电气施工图中，设计说明包括供电方式、电压等级、主要线路敷设形式及在图中未能表达的各种电气安装高度、工程主要技术数据、施工和验收要求及有关事项等。

设计说明，根据工程规模及需要说明的内容多少，有的可以单独编制说明书，有的因内容简短，可以写在图面的空余处。

（2）主要设备材料表

设备材料表列出该项工程所需要的各种主要设备、管材、导线等器材的名称、型号、规格、材质、数量，是提供订货、采购设备、材料使用的。设备材料表上所列主要材料的数量，因与工程量的计算方法和要求不同，不能作为工程量编制预算，只能作为参考数量。

（3）系统图

系统图是依据用电量及配电方式绘制出来的。系统图是示意性地把整个工程的供电线路用单线联结形式表示的线路图，它不表示空间位置关系。

通过识读系统图可了解以下内容：

1）整个变、配电系统的联结方式，从主干线至各分支回路分成几级来控制，有多少个分支回路。

2）主要变电设备、配电设备的名称、型号、规格和数量。

3）主干线路的敷设方式、型号、规格。

（4）电气平面图

电气平面图通常分为变配电平面图、动力平面图、照明平面图、弱电平面图、室外工程平面图，在高层建筑中还有标准层平面图、干线布置图等。

电气平面图的特点是将同一层内不同安装高度的电气设备以及线路都放在同一平面上来

表示。

通过电气平面图的识读，可了解以下内容：

1）了解建筑物的平面布置、轴线分布、尺寸及图纸比例。

2）了解各种变、配电设备的编号、名称，各种用电设备的名称、型号及它们在平面图上的位置。

3）弄清楚各种配电线路的起点和终点、敷设方式、型号、规格、根数及在建筑物中的走向、平面和垂直位置。

（5）控制原理图

控制电气是指对用电设备进行控制和保护的电气设备。

控制原理图是根据控制电气的工作原理，按照规定的线段和图形符号绘制成的电路展开图，通常不表示各电气元件的空间位置。

控制原理图具有线路简单、层次分明、易于掌握、便于识读及分析研究的特点，是二次配线的依据。控制原理图不是每套图纸都有，仅当工程需要时才绘制。

识读控制原理图应当掌握不在控制盘上的那些控制元件和控制线路的联结方式。识读控制原理图应当与平面图核对，以免漏算。

15.1.2　详图

（1）电气工程详图是指盘、柜的盘面布置图及某些电气部件的安装大样图。大样图的特点是对安装部件的各部位都注有详细尺寸，通常是在没有标准图可选用并且有特殊要求的情况下才绘制。

（2）标准图。标准图是一种具有通用性质的详图，表示一组设备或者部件的具体图形和详细尺寸，便于制作安装。但它一般不能作为单独进行施工的图纸，仅能作为某些施工图的一个组成部分。

15.2　建筑电气施工图的识读特点、程序及要求

15.2.1　电气施工图的识读特点

电气安装工程施工图除少量的投影图外，主要是一些系统图、原理图和接线图。对于投影图的识读，其关键是要解决好平面和立体的关系，即搞清电气设备的装配、联结关系。对于系统图、原理图和接线图，由于它们都是用各种图例符号绘制的示意性图样，不表示平面和立体的实际情况，只表示各种电气设备、部件之间的联结关系。所以，识读电气施工图必须按以下要求进行：

（1）要很好地熟悉各种电气设备的图例符号。在此基础上，才能按照施工图主要设备材料表中所列各项设备以及主要材料分别研究其在施工图中的安装位置，以便对总体情况有一个概括了解。

（2）对控制原理图，要搞清主电路（一次回路系统）和辅助电路（二次回路系统）的相互关系控制原理及其作用。

控制回路和保护回路是为主电路服务的，它的作用是对主电路的启动、停止、制动、保护等。

（3）对于每一回路的识读应当从电源端开始，顺电源线，依次通过每一电气元件时，都要弄清楚它们的动作及变化，以及因这些变化可能造成的连锁反应。

（4）仅仅掌握电气制图规则及各种电气图例符号，对理解电气图是远远不够的。必须具备有关电气的一般原理知识和电气施工技术，才能够真正达到看懂电气施工图的目的。

15.2.2 电气施工图的识读程序、要求

电气施工平面图是编制预算计算工程量的主要依据，它比较全面地反映了工程的基本状况。电气工程所安装的电气设备、元件的种类、数量、安装位置，管线的敷设方式、走向、材质、型号、规格、数量等都可在识读平面图过程中计算出来。为在比较复杂的平面布置中搞清系统电气设备、元件间的联结关系，还需要进一步识读外部接线图，因这是为接线图简化了平面布置而又保留了主要设备的联结关系。进而识读高、低压配电系统图，在理清电源的进出、分配情况后，重点对控制原理图进行识读，以了解各电气设备、元件在系统中的作用。在此基础上，再对平面图进行识读，就可对电气施工图有进一步理解。

一套电气施工图一般有数十张，多则上百张，虽每张图纸都从不同方面反映了设计意图，但是对编制预算而言，并不是都用得到的。预算人员识读电气施工图应该有所侧重。平面图和立面图是编制预算最主要的图纸，应当进行重点识读。识读平、立面图的主要目的在于能够准确地计算工程量，为正确编制预算打好基础。但识读平、立面施工图还需要结合其他相关图纸相互对照识读，有利于加深对平、立面图的正确理解。

在切实掌握平、立面图以后，应当对下述问题有完整而明确的解答，否则需要重新看图。

（1）对于整个单位工程所选用的各种电气设备的数量和作用有全面的了解。

（2）对于采用的电压等级，高、低压电源进出回路及电力的具体分配情况有清楚的概念。

（3）对于电力拖动、控制及保护原理有大致的了解。

（4）对于各种类型的电缆、管道、导线的根数、长度、起止位置、敷设方式有详细的了解。

（5）对于需要制作加工的非标准设备及非标准件的品种、规格、数量等有精确的统计。

（6）对于防雷、接地装置的布置，材料的品种、规格、型号、数量要有清楚的了解。

（7）需要进行调整、试验的设备系统，结合定额规定以及项目划分，要有明确的数量概念。

（8）对于设计说明中的技术标准、施工要求以及与编制预算有关的各种数据，都已经掌握。

电气工程识图，仅仅是停留在图面上是不够的，还必须和以下几方面结合起来，才能把施工图吃透、算准：

（1）在识图的全过程中要同熟悉预算定额结合起来。将预算定额中的项目划分、包含工序、工程量的计算方法、计量单位等同施工图有机结合起来。

（2）要识好施工图，还须进行认真、细致地调查了解工作，要深入现场，深入工人群众，了解实际情况，将在图面上表示不出的一些情况弄清楚。

（3）识读施工图要结合有关的技术资料，将有关的规范、标准、通用图集以及施工组织设计、施工方案等一起识读，以利于弥补施工图中的不足之处。

（4）要学习和掌握必要的电气技术基础知识及积累现场施工的实践经验。只有这样才能更好地理解和吸收理论知识，提高预算工作的水平和质量。

15.3 建筑电气施工图的表示方法

电气施工图是通过各种线型和符号等方法来表达设计意图的，识读电气施工图必须要掌握它。

15.3.1 线型

电气施工图上的线型与其他专业施工图上的线型是一样的，但是它的含义却完全不同。

电气施工图线型的含义如下：

（1）实线：用以表示基本线、简图主要内容用线、可见轮廓线、可见导线。

（2）虚线：用以表示辅助线、屏蔽线、机械连接线、不可见轮廓线、不可见导线、计划扩展内容用线。

（3）点画线：用以表示分界线、结构围框线、功能围框线、分线围框线。

（4）双点画线：辅助围框线。

图线的宽度通常在 0.25mm，0.35mm，0.5mm，0.7mm，1.0mm，1.4mm 系列中选取。一般只选用两种宽度的图线，粗线的宽度为细线的两倍。但在某些图中，可能需要两种以上宽度的图线，在这种情况下，线的宽度应当以 2 的倍数依次递增。

平行线之间的最小间距不应小于粗线宽度的两倍，同时不小于 0.7mm。

指引线的表示方法：指引线应当是细的实线，指向被注释处，并在其末端加注如下的标记：

如末端在轮廓线内，用一黑点。

如末端在轮廓线上，用一箭头。

如末端在电路线上，用一短斜线。

15.3.2 符号

常用的电气图形标准符号见表 15-1。

表 15-1　常用电气图形标准符号表

名　　称	图形符号	名　　称	图形符号
导线和连接器件 1. 导线		柔软导线	
		屏蔽导线	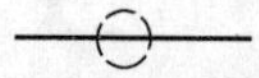
导线、导线组、电线、电缆、电路、传输通路、线路、母线一般符号 示例：3 根导线 示例：1 根导线 示例：直流电路 110V，2 根铝导线，导线截面面积均为 120mm²	 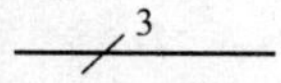  3 —— 110V 2×120mm² A_1	电缆中的导线（示出 3 股）	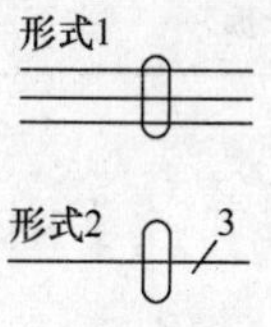 形式1 形式2　　3
示例：3 根交流电路 50Hz，380V，3 根导线的截面面积均为 120mm²，中性线截面面积为 50mm²	3N~50Hz380V 3×120+1×50	绞合导线（示出 2 股）	
		5 根导线中箭头所指的 2 根导线在 1 根电缆中	

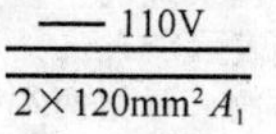

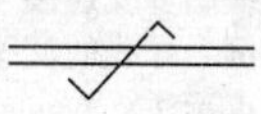

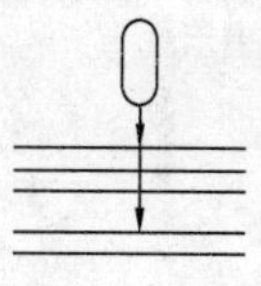

名　称	图形符号	名　称	图形符号
同轴对、同轴电缆 注：若只部分是同轴结构，切线仅画在同轴的一边 示例：同轴对连接到端子		导线或电缆的分支和合并	
屏蔽同轴对，屏蔽同轴电缆		导线的不连接（跨越） 示例：单线表示法 示例：多线表示法	
未连接的导线或电缆			
未连接的特殊绝缘的导线或电缆		导线直接连接 导线接头	
2. 端子和导线的连接		一组相似连接件的公共连接 注：相似连接件的总数注在公共连接符号附近 示例：复接的单行程选择器（表示 10 个触点）	10
导线的连接点	●		
端子 注：必要时圆圈可画成圆黑点	○		
可拆卸的端子	∅		
导线的连接	形式1 形式2	导线的换位，相序的变更或极性的反向（示出用单线表示 n 根导线） 示例：示出相序的变更	n L_1 L_3
端子板（示出带线端标记的端子板）	11 12 13 14 15 16		
导线的多线连接 示例：导线的交叉连接（点）单线表示法 示例：导线的交叉连接（点）多线表示法	形式1 形式2	多相系统的中性点（示出用单线表示） 示例：每相两端引出，示出外部中性点的三相同步发电机	n $3\sim$ GS

名　称	图形符号		名　称	图形符号
3. 连接器件	优选形	其他形	电缆直通接线盒 多线表示 单线表示	
插座或插座的一个极				3　　　3
插头或插头的一个极			电缆连接盒，电缆分线盒 多线表示 单线表示	
插头和插座				3　　　3 3
多极插头插座（示出6个极） 多线表现形式 单线表现形式		6	电缆气闭套管（梯形长边为高压边）	
连接器的固定部分			5. 电机的类型	
连接器的可动部分			电机的一般符号 符号内的星号必须用下述字母代替： C 同步变流机 G 发电机 GS 同步发电机 M 电动机 MG 能作为发电机或电动机使用的电机 MS 同步电动机 注：可以加上符号－或～ SM 伺服电机 TG 测速发电机 TM 力矩电动机 IS 感应同步器	✳
配套连接器（插头一边固定而插座一边可动）				
接通的连接片	形式1 形式2			
断开的连接片				
插头插座式连接片 插头—插头 插头—插座 带插座通路的插头—插头			6. 变压器一般符号	
			铁芯 带间隙的铁芯	
滑动（滚动）连接器				形式1	形式2
4. 电缆附件			双绕组变压器 示例：示出瞬时电压极性标记的双绕组变压器，流入绕组标记端的瞬时电流产生辅助磁通	
电缆密封终端头（示出一根三芯电缆） 多线表示 单线表示				
不需要示出电缆芯数的电缆终端头			三绕组变压器	
电缆密封终端头（示出三根单芯电缆）				

名　称	图形符号		名　称	图形符号
自耦变压器			接触器 （在非动作位置触点断开）	
电抗器、扼流图			接触器 （在非动作位置触点闭合）	
电流互感器 脉冲变压器			具有自动释放的接触器	
7. 交流器			断路器	
直流变流器方框符号			隔离开关	
整流器方框符号			具有中间断开位置的双向隔离开关	
桥式全波整流器方框符号				
逆变器方框符号			负荷开关	
整流器、逆变器方框符号			具有自动释放的负荷开关	
原电池或蓄电池 注：长线代表正极，短线代表负极			手工操作带有阻塞器件的隔离开关	
蓄电池组或原电池组 注：如不会引起混乱，原电池或蓄电池符号也可以表示电池组，但其电压或电池的类型和数量应标明	形式1 形式2		熔断器一般符号	
带抽头的原电池组或蓄电池组			供电端由粗线表示的熔断器	
8. 开关、控制和保护装置			带机械连杆的熔断器（撞击器式熔断器）	
开关一般符号	形式1 形式2		具有报警触点的三端熔断器	
			具有独立报警电路的熔断器	
多极开关一般符号 单线表示 双线表示			跌开式熔断器	

332

名　　　称	图形符号	名　　　称	图形符号
熔断器式开关		相位表	φ
熔断器式隔离开关		频率表	Hz
熔断器式负荷开关		示波器	
火花间隙		记录式功率表	W
双火花间隙		组合式记录功率表和无功功率表	W | var
避雷器		记录式示波器	
保护用充气放电管		小时计	h
保护用对称充气放电管		安培小时计	Ah
9. 测量仪表、灯和信号器件		电度表（瓦特小时计）	Wh
电压表	V	电度表（反测量单向传输能量）	Wh
电流表	A	灯、信号灯的一般符号 注：1. 如果要求指示颜色，则在靠近符号处标出下列字母： RD　红 YE　黄 GN　绿 BU　蓝 WH　白 2. 如果要求指出灯的类型，则在靠近符号处标出下列字母： Ne　氖 Xe　氙 Na　钠 Hg　汞 I　碘 IN　白炽 EL　电发光 ARO　弧光 FL　荧光 IR　红外线 UV　紫外线 LED　发光二极管	⊗
无功电流表	A / $I\sin\varphi$		
功率表	W		
无功功率表	var		
功率因数表	$\cos\varphi$		

名　称	图形符号	名　称	图形符号
闪光型信号灯		导线、电缆、线路、传输通道一般符号	
机电型指示器信号元件		地下线路	
		水下（海底）线路	
带有一个去激（励）位置和两个工作位置的机电型位置指示器		架空线路	
		管道线路 注：管道数量、截面尺寸或其他特性可标注在管道线路的上方 示例：6孔管道的线路	
音响信号装置 别名：电喇叭、电铃、单击电铃、电动汽笛			
电警笛、报警器		挂在钢索上的线路	
蜂鸣器		事故照明	
10. 电力和照明布置		50V 及其以下电力及照明线路	

名　称	规划的	运行的	名　称	图形符号
			控制及信号线路（电力及照明用）	
发电站（厂）			用单线表示的多种线路	
热电站			用单线表示的多回路线路（或电缆管束）	
水力发电站				
火力发电站			母线一般符号 当需要区别交直流时： 交流母线 直流母线	
核能发电站				
变电所、配电所			装在支柱上的封闭式母线	
			装在吊钩上的封闭式母线	
变电所（示出改变电压）	V/V	V/V	滑触线	
杆上变电站			中性线	
			保护线	

名　称	图形符号	名　称	图形符号
保护和中性共用线		带撑拉杆的电杆	
具有保护线和中性线的三相配线		引上杆 注：黑点表示电缆	
向上配线		活动电杆	
向下配线		带照明灯的电杆 （1）一般画法 a—编号 b—杆型 c—杆高 d—容量 A—连接相序 （2）需要示出灯具的投照方向时 （3）需要时允许加画灯具本身图形	(1) $a\dfrac{b}{c}Ad$ (2) (3) $a\dfrac{b}{c}Ad$
垂直通过配线			
盒（箱）一般符号			
带配线的用户端			
配电中心（表示五根导线管）		拉线一般符号	形式1 形式2
连接盒（或接线盒）		有 V 形拉线的电杆	形式1 形式2
电杆的中间符号（单杆、中间杆） 注：可加注文字符号表示 A—杆材或所属部门； B—杆长； C—杆号	$\bigcirc\begin{array}{l}A\text{-}B\\C\end{array}$	有高桩拉线的电杆	形式1 形式2
单接腿杆		装设单担的电杆	
双接腿杆		装设双担的电杆	
H 形杆	$\bigcirc^{H}$	装设十字担的电杆 （1）装设双十字的电杆 （2）装设单十字的电杆	(1) (2)
L 形杆	$\bigcirc^{L}$		
A 形杆	$\bigcirc^{A}$	保护阳极 示例：镁保护阳极	Mg
三角杆	$\bigcirc^{\triangle}$		
四角杆（井形杆）	$\bigcirc^{\#}$		
试线杆		电缆铺砖保护	- - - - - - -
分区杆（S杆）	$\bigcirc^{S}$	电缆穿管保护 注：可加注文字符表示其规格数量	
带撑杆的电杆			

名　　　称	图形符号	名　　　称	图形符号
电缆上方敷设防雷排流线		多种电源配电箱（屏）	
母线伸缩接头		直流配电盘（屏） 注：若不混淆，直流符号可用符号－	
电缆中间接线盒			
电缆分支接线盒		交流配电盘（屏）	
接地装置 （1）有接地极 （2）无接地极	(1) (2)	启动器一般符号	
		阀的一般符号	
电缆绝缘套管		电磁阀	
电缆平衡套管		电动阀	
电缆直通套管		电磁分离器	
电缆交叉套管		电磁制动器	
电缆分歧套管			
电缆结合型接头套管		按钮一般符号 注：若不混淆，小圆允许涂黑	
人孔一般符号 注：需要时可按实际形状绘制		按钮盒 （1）一般或保护型按钮盒 　　示出一个按钮 　　示出两个按钮 （2）密闭型按钮盒 （3）防爆型按钮盒	(1) (2) (3)
手孔一般符号			
电力电缆与其他设施交叉 a—交叉点编号 （1）电缆无保护管 （2）电缆有保护	(1) a (2) a	带指示灯的按钮	
		限制接近的按钮（玻璃罩等）	
屏、台、箱、框一般符号		单相插座	
动力或动力－照明配电箱 注：需要时符号内可标示电流种类符号		暗装	
信号板、信号箱（屏）		密闭（防水）	
照明配电箱（屏） 注：需要时允许涂红			
事故照明配电箱（屏）		防爆	

続表

名　称	图形符号	名　称	图形符号
带保护接点的插座 带接地插孔的单相插座		单极开关	
暗装		暗装	
密闭（防水）		密闭（防水）	
防爆		防爆	
带接地插孔的三相插座		双极开关	
暗装		暗装	
密闭（防水）		密闭（防水）	
防爆		防爆	
插座箱（板）		三极开关	
		暗装	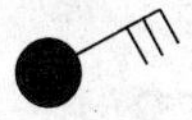
		密闭（防水）	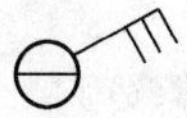
多个插座（示出3个）		防爆	
		单极拉线开关	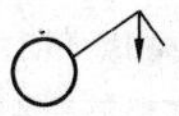
		单极双控拉线开关	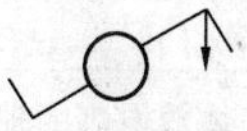
具有护板的插座		单极限时开关	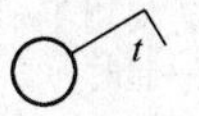
具有单极开关的插座		双控开关（单极三线）	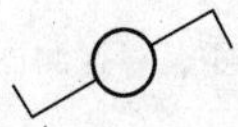
具有联锁开关的插座		具有指示灯的开关	
		多拉开关（如用于不同照度）	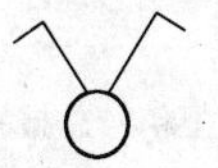
具有隔离变压器的插座		中间开关	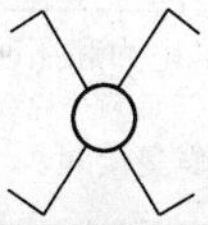
带熔断器的插座		调光器	
开关一般符号		限时装置	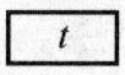

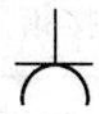

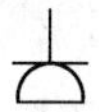

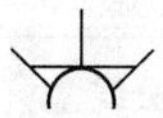

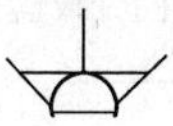

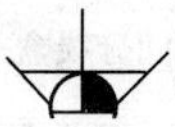

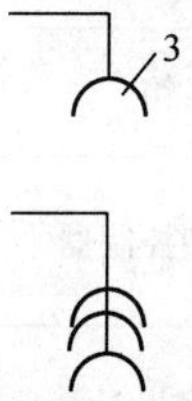

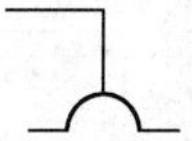

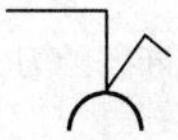

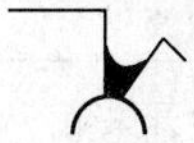

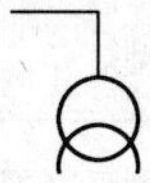

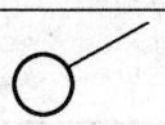

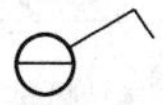

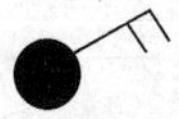

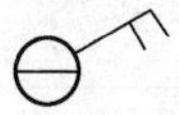

337

名　称	图形符号	名　称	图形符号
定时开关		壁龛交接箱	
钥匙开关		分线盒的一般符号 注：可加注 $\dfrac{A-B}{C}D$ A—编号 B—容量 C—线序 D—用户线	
灯或信号灯的一般符号			
投光灯一般符号			
聚光灯		室内分线盒 注：同分线盒一般符号注	
泛光灯		室外分线盒 注：同分线盒一般符号注	
示出配线的照明引出线位置		分线箱 注：同分线盒一般符号注	
在墙上的照明引出线			
荧光灯一般符号		壁龛分线盒 注：同分线盒一般符号注	
三管荧光灯			
五管荧光灯	5	避雷针	
防爆荧光灯		电源自动切换箱（屏）	
在专用电路上的事故照明灯		电阻箱	
自带电源的事故照明灯装置 （应急灯）		鼓型控制器	
气体放电灯的辅助设备 注：仅用于辅助设备与光源 不在一起时		自动开关箱	
警卫信号探测器		刀开关箱	
警卫信号区域报警器		带熔断器的刀开关箱	
		熔断器箱	
警卫信号总报警器		组合开关箱	
11. 电力和照明布置参考符号		深照型灯	
电缆交接间		广照型灯（配照型灯）	
架空交接箱		防水防尘灯	
落地交接箱		球型灯	

338

名　称	图形符号	名　称	图形符号
局部照明灯		防爆灯	
矿山灯		天棚灯	
安全灯		弯灯	
花灯		壁灯	

15.3.3 标注符号及标注方法

在电气工程施工图中对用电设备、灯具、导线敷设等采用代号标注。其标注符号及标注方法见表 15-2。

表 15-2 标注符号及标注方法

用电设备标注法 $\frac{a}{b}$ 或 $\frac{a}{b}-\frac{c}{d}$		照明灯具标注法 $a-b\frac{c\times d}{e}f$	
a	设备编号	a	灯数
b	额定容量（kV·A）	b	型号或符号
c	熔断片或释放器的电流（A）	c	每盏灯具的灯泡数
d	标高（m）	d	灯泡容量（W）
电气设备标注法 $a\frac{b}{c}$		e	安装高度
a	设备编号	f	安装方式
b	型号	吸顶灯为 $a-b\frac{c\times d}{}$	
c	设备容量	照明灯具安装方式	
开关箱及熔断器标注法 $a-b-c/I$		D	吸顶安装
a	设备编号	B	壁式安装
b	型号	X	线吊式安装
c	熔断器电流（A）	L	链吊式安装
I	熔断片电流（A）	G	管吊式安装
线路标注方法 $a-b（c\times d）e-f$		线路敷设部位的代号	
a	回路编号	S	沿钢索敷设
b	导线型号	LM	沿屋架或屋架下弦明敷
c	导线根数	ZM	沿柱明敷
d	导线截面	QM	沿墙明敷
e	敷设方式及穿管管径	PM	沿顶棚明敷
f	敷设部位	PNM	在能进入的吊顶内明敷
线路敷设方式的代号		LA	暗设在梁内
CP	瓷瓶或瓷珠配线	ZA	暗设在柱内
CJ	瓷夹或瓷卡配线	QA	暗设在墙内
VJ	塑料夹配线	PA	暗设在层面内或顶棚内
QD	铝片卡配线	DA	暗设在地面内或地板内
G	穿钢管敷设	PNA	暗设在不能进入的吊顶内
DG	穿电线管敷设	GD	沿电缆沟敷设
VG	穿塑料管敷设	DL	沿吊车梁敷设
RVG	穿塑料软管敷设		
SPG	穿蛇皮管敷设		

15.4 室内照明工程施工图的识读

室内照明工程施工图，主要是反映室内照明设备、照明器具（灯具、开关等）安装和照明线路敷设的图样。室内照明工程施工图常用的包括室内照明系统图、平面图和详图等。

15.4.1 室内照明系统图

室内照明系统图主要用做反映整个建筑物内照明全貌的图样，表明导线进入建筑物后电能的分配方式、导线的连接形式及各回路的用电负荷等。

15.4.2 室内照明平面图

室内照明平面图是反映电源进户线、照明配电箱、照明器具的安装位置，导线的规格、型号、根数、走向及其敷设形式，灯具的型号、规格及安装方式和安装高度等的图样。它是照明施工的主要依据。

15.4.3 详图

施工详图是反映电气设备、灯具、接线等具体做法的图样。只有对具体做法有特殊要求时才绘制施工详图，一般情况可以按通用或标准图册的规定进行施工。

15.4.4 照明工程施工图的识读步骤

电气照明工程施工图的识读步骤，通常是从进户装置开始到配电箱，再按配电箱的回路编号排序，逐条线路进行识读直到开关及灯具为止。

（1）进户装置。了解进户装置的安装位置、电源线以及进户线的型号、规格、根数、敷设方式，进户横担的形式等。

（2）照明配电箱。了解照明配电箱的型号、规格、安装位置、箱内电气设备以及元件的设置。

（3）配电回路。了解各回路导线的型号、规格、根数、走向以及敷设方式，灯具以及开关的型号、规格、安装位置等。

15.4.5 照明工程施工图识读示例

图 15-1 和图 15-2 是某水处理车间照明工程系统图及平面图，以此图为例介绍电气照明工程施工图的识读方法。

（1）施工说明

识读施工说明（图 15-2）可以知道：

1）照明设备和器具的安装高度：照明配电箱底边离地面 1.7m；拉线开关除盐间距离地面 3m，其他房间距顶棚约 0.2m。

2）照明导线的型号、规格和敷设方式：底层采用 BLV-500，2.5mm² 穿电线管暗敷。电线管的规格，穿 2~3 根导线用 DN20 电线管，穿 4~6 根导线用 $DN25$ 电线管；二层采用 BLV-500 2×2.5mm² 塑料护套线，沿墙或者平顶用木榫铝皮轧头明敷。

（2）识读系统图

识读图 15-1 系统图可以知道：

照明配电箱型号为 XXM-2-305，配电箱分四个回路，这四个回路分别是：1a、2b、3c、4a。用电设备容量为 3.72kW。

（3）识读平面图

通过识读图 15-2 平面图可掌握以下情况：

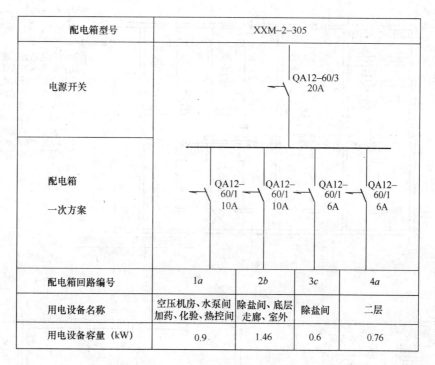

配电箱型号	XXM–2–305			
电源开关	QA12–60/3 20A			
配电箱 一次方案	QA12– 60/1 10A	QA12– 60/1 10A	QA12– 60/1 6A	QA12– 60/1 6A
配电箱回路编号	1a	2b	3c	4a
用电设备名称	空压机房、水泵间 加药、化验、热控间	除盐间、底层 走廊、室外	除盐间	二层
用电设备容量（kW）	0.9	1.46	0.6	0.76

图 15-1　照明配电箱系统图

1）电源引入线。照明配电箱的电源从安装在附近的 N2 动力配电箱引入。电源引入线使用 BLV-500 型，规格为 $3×6+1×4$，穿 DN25 电线管沿墙明配。

2）照明配电箱。照明配电箱设置在空压机房的北墙上，配电箱的底边离地面 1.7m。从配电箱引出三路电源向个各房间供电。

3）各回路的管线走向及灯具情况。

① 1a 回路从配电箱引出后沿墙向上敷设从屋顶向空压机房两只配照型工厂灯供电，在第一只灯具处分出一分支沿屋顶敷到西墙，在此处又分为三路分支，一路沿墙向北敷设到热控室向两只单管荧光灯供电，第二路沿墙向南敷设到加药间向两只广照型防水防尘灯供电，第三路穿过山墙和走廊进入水泵间后又分为三个分支，第一个分支沿墙向北敷设向化验室两只单管日光灯供电，第二分支沿墙向南敷设向楼梯间一只大平圆吸顶灯供电，第三路向水泵间两只配照型工厂灯供电。

② 2b 和 3c 两个回路四根导线穿一根电线管从配电箱引出后沿墙向上敷设至屋顶，穿过热控室到除盐间南墙及走廊附近分为三个分支，其中一分支沿走廊敷设，向走廊内两只和雨篷下一只，共三只大平圆吸顶灯以及厕所内 1 只圆球吸顶灯供电，另一分支沿⑤轴线向西敷设到外墙面向安装在①轴线外墙上的三只广照型防水防尘壁灯供电，第三分支则仍与 3c 回路一起沿墙向上敷设到除盐间屋顶向两只广照型防水防尘灯供电。3c 在⑨轴线处沿墙向下敷设到离地面 4m 处分为三个分支，其中一分支沿墙向西敷设到墙角处沿Ⓐ轴线向南敷设向三只广照型防水防尘壁灯供电，另一分支则沿墙向东敷设到墙角处沿Ⓐ轴线向南敷设向三只防水防尘灯供电，第三分支向安装在雨篷下面的一只大平圆吸顶灯供电。

③ 4a 回路由照明配电箱引出后向上敷设穿过楼板向二楼各房间的 24 只单管日光灯和走廊内两只大平圆吸顶灯供电。

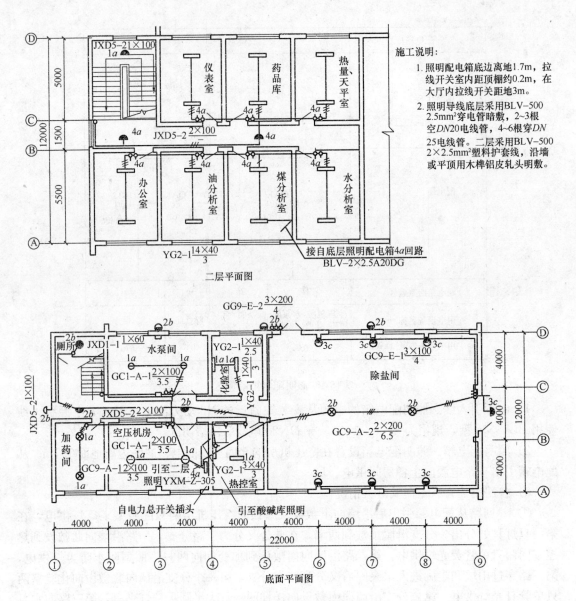

图 15-2 照明平面图

4）灯具的安装高度及灯具的瓦数及规格型号等标注的很清楚。控制灯具的开关均为拉线开关。安装在室外的是瓷质防雨式拉线开关，安装在走廊两头的有 2 个双联拉线开关，其余都为胶木拉线开关。

15.5 弱电工程施工图的识读

　　建筑弱电系统工程施工图主要有弱电系统平面图、弱电系统图和安装详图等几种。弱电系统平面图与照明电气平面图相似，主要是用来表示各种装置、设备元器件和线路平面位置的图样。弱电系统图则是用来表示弱电系统中各种设备和元器件的组成、元器件之间相互连接关系的图样，对指导安装和系统调试有重要的作用。

15.5.1 弱电系统平面图

弱电系统平面图比照明电气平面图复杂，是指导弱电设备布置安装、信号传输线路敷设的依据。主要表达各种弱电设备、装置、元器件和传输线路的位置关系，一般情况下施工中应首先识读弱电系统平面图，了解和掌握各种系统的概况。住宅弱电系统平面图如图15-3所示。

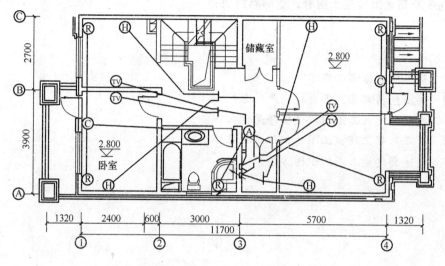

图 15-3　住宅弱电系统平面图

15.5.2 弱电系统图和弱电装置原理框图

住宅建筑的弱电工程中还有弱电系统图和弱电装置原理框图等。弱电系统图是表示弱电系统中设备和元件的组成、元件和器件之间相互的连接关系，用于指导弱电系统整体安装施工。弱电装置原理框图则是说明弱电设备的功能、作用、原理的图样，主要用于系统调试。一般弱电系统工程的系统调试主要由专业施工队负责，住宅装修施工中很少直接接触，所以只要了解各分项工程简单的系统图就可以了。住宅建筑常见弱电系统图如图15-4所示。

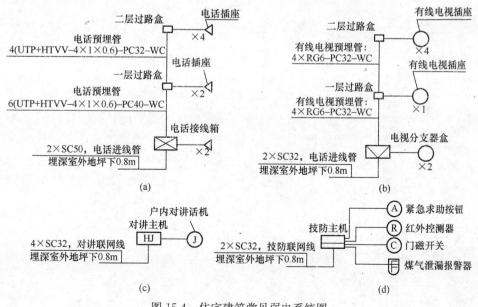

图 15-4　住宅建筑常见弱电系统图

通过对本章室内照明工程施工图和弱电系统工程施工图的学习，在以后的工作中，涉及建筑电气及弱电工程施工图时，能够熟练识读。

思 考 题

15-1　基本图包括哪些内容？

15-2　详图包括哪些？各自特点是什么？

15-3　建筑电气施工图的识读程序是什么？

15-4　电气照明工程施工图的识读步骤是什么？

15-5　简述弱电施工图的识图方法。

参 考 文 献

[1]　中华人民共和国公安部. GB/T 50016—2006. 建筑防火设计规范[S]. 北京：中国计划出版社，2006.

[2]　中国建筑标准设计研究所. GB 50303—2002. 建筑电气工程施工质量验收规范[S]. 北京：中国计划出版社，2002.

[3]　辽宁省设计厅. GB 50242—2002. 建筑给排水及采暖工程施工质量验收规范[S]. 北京：中国建筑工业出版社，2002.

[4]　中华人民共和国建设部和国家质量监督检验检疫总局. GB 50150—2006. 电气装置安装工程　电气设备交接试验标准[S]. 北京：中国计划出版社，2006.

[5]　刘昌明，鲍东杰. 建筑设备工程 [M]. 武汉：武汉理工大学出版社，2007.

[6]　张建. 建筑给排水工程 [M]. 北京：中国建筑工业出版社，2006.

[7]　陆文华. 电气设备安装与调试技术 [M]. 上海：上海科学技术出版社，2002.

[8]　叶刚. 施工员必读 [M]. 北京：中国电力出版社，2004.

[9]　林向淮，安志强. 电工识图入门 [M]. 北京：机械工业出版社，2005.

[10]　中国建筑工程总公司. 通风空调工程施工工艺标准 [M]. 北京：中国建筑工业出版社，2003.

[11]　房志勇. 房屋建筑构造学 [M]. 北京：中国建材工业出版社，2003.

[12]　丁春静. 建筑识图与房屋构造 [M]. 重庆：重庆大学出版社，2003.

[13]　柳金海. 建筑给排水、采暖、供冷、燃气工程便携手册 [M]. 北京：机械工业出版社，2006.

[14]　唐定曾，崔顺芝，唐海. 现代建筑电气安装 [M]. 北京：中国电力出版社，2001.